영재 교육을 위한

창의력 수학 II

기하

영재 교육을 위한
창의력 수학 II
기하

지 은 이 남호영·박제남·장영호
펴 낸 이 박문규
펴 낸 곳 경문사
출판등록 1979년 11월 9일 제9-9호
주 소 (121-818) 서울 마포구 동교동 184-17
전 화 02-332-2004 팩스 02-336-5193
이 메 일 kms2004@kyungmoon.com
홈페이지 www.kyungmoon.com

초판 1쇄 발행 2006년 6월 15일
초판 2쇄 발행 2008년 5월 1일

ISBN 89-7282-938-2 03410
ISBN 89-7282-936-6 (세트)

* 책값은 뒤표지에 있습니다.

영재 교육을 위한

창의력 수학 II

기하

남호영 · 박제남 · 장영호 지음

KM 경문사

머리말

아주 오래된 이야기이지만 기원전 알렉산드리아 대학에서 유클리드에게 기하학을 배우던 학생들 중에는 왕자도 있었다. 왕자가 좀더 쉽게 배울 수 있는 방법을 묻자 유클리드는 "기하학에는 왕도가 없습니다."라고 대답하였다고 전해진다. 기원전이든 지금이든, 알렉산드리아든 어디든 이 대답에는 변함이 없을 것이다. 수학을 재미있고 쉽게 가르치라는 요구가 거세지면서 '재미있는 수학'이라는 제목을 내걸면서 마치 하룻밤에 수학을 정복할 수 있는 듯이, 마치 놀이를 하듯 흥미진진하게 공부할 수 있는 듯이 유혹하는 책을 어렵잖게 볼 수 있다. 그러나 김치가 매운 것이 사실이듯, 수학은 결코 쉬운 학문이 아니다.

쉽고 어려움은 그것을 겪는 과정에서 달라질 수 있다.(그렇다! 김치도 맛을 알게 되면 맵다기보다는 시원하고 맛이 있다고 생각한다.) 어렵던 것도 몇 번 보면 쉬워질 수 있다. 더 놀라운 것은 어려운 것에도 재미를 느낄 수 있다는 사실이다. 이해하기 어렵거나 해결하기 어려울 때 며칠 덮어놓았다가 다시 들여다보고 또 덮어놓았다가 들여다보기를 반복하다보면 어느덧 어려움 자체를 즐기는 자신을 발견하게 될 것이다. 이때는 이미 어려움과 재미가 뒤섞여 쉬움과 어려움, 재미있음과 재미없음이라는 구분이 의미 없는 경지에 이르게 되는 것이다. 이 책은 바로 이러한 경지에 이르고 싶은 사람을 위한 책이다. 자신을 영재라고 생각하든 그렇지 않든 관계없이 수학을 '해보고 싶다'는 생각을 가진 용기 있는 사람을 위한 책이다.

이 책은 인하대학교 과학영재교육원에서 2003년부터 최근까지 강의했던 교재를 기본으로 하여 만든 것이다. 기본적인 내용은 중 · 고등학교 수학에 기반하고 있으며, 해당 주제의 출발은 중 · 고등학교 수학교육 과정을 원칙으로 하였기 때문에 흐름을 따라가는 것이 낯설지는 않을 것이다. 그러나 해당 주제에 대한 깊은 이해를 위해서라면 현행 교육 과정에 제시된 중 · 고등학교 수학을 넘어서는 것을 망설이지 않았다.

책을 즐기는 데 특징을 알면 많은 도움이 되기 때문에 이 책의 특징을 몇 가지 소개하고자 한다.

첫째, 이 책은 주제별로 장이 구분되어 있다. 여러 학년에 걸친 강의 교재를 주제별로 묶고 보완하는 과정을 거치면서 장의 첫머리에는 해당 주제에 대한 기본적인 내용을 담고 뒤쪽으로 갈수록 점점 심화된 내용을 담도록 배치하였다. 따라서 장의 뒤쪽으로 가면서 점점 어려움을 느낀다면 잠시 중단하고 다른 장을 먼저 보는 것도 좋은 방법이다.

두 번째 특징은 서로 연관된 내용의 위치가 실려 있는 각주이다. 책을 처음 볼 때는 차례대로 보더라도 나중에 연관된 내용이 있는 부분을 중심으로 다시 한 번 본다면 머릿속에 그림이 그려지듯이 가닥을 잡을 수 있을 것이다. 예를 들어, 무리수는 1권의 10장 유리수와 무리수에서 주로 다루지만 1권의 7장 몫과 나머지, 8장 방정식과 부등식, 9장 원주율, 2권의 6장 정다면체, 9장 닮음과 프랙털에도 등장한다. 각 장마다 무리수가 해당 주제에 관련된 모습으로 등장하는데, 각주를 이용하여 하이퍼링크처럼 무리수에 대한 부분을 읽어나간다면 무리수에 대한 개념을 총체적으로 파악하는 데 매우 큰 도움이 될 것이다.

세 번째 특징은 기존 단행본이나 영재 교육 관련 자료집에 담겨 있지 않은 새로운 내용들이 많이 실려 있다는 점이다. 이 책에는 카탈란 수가 등장하는데, 학생들이 카탈란 수를 꼭 배워야 할 필요는 없지만 카탈란 수가 학생들이 흔히 접하지 못했던 새로운 소재로서 수학적 해석 능력과 탐구력을 높이는 도구가 되는 것은 사실이다. 또, 고등학교에서 $f(x)$의 역함수 $f^{-1}(x)$를 구하다보면 일반적으로는 $f^{-1}(x)$와 $1/f(x)$이 다르지만 어떤 경우에는 마치 역수처럼 $f^{-1}(x)=1/f(x)$이 성립하기도 한다. 어떤 경우에 $f^{-1}(x)=1/f(x)$이 성립하는가를 탐구하는 것은 고등학교 교육 과정을 벗어나지만 영재 교육의 소재로서는 충분히 의미 있는 것이다.

넷째, 이 책에는 거의 종이를 넘길 때마다 참고문헌이 달려 있다고 해도 과언이 아닐 정도로 많은 참고문헌이 소개되어 있다. 몇 년간 수고한 저자들의 노력이 엿보이는 부분인데, 더 깊이 있는 공부를 원한다면 각주를 참고할 수 있다.

이 책은 두 권으로 구성되어 있다. 1권은 대수에 관련된 내용을 주로 담았고, 2권은 기하에 관련된 내용을 주로 담았다. 이 책은 주제별로 구성되어 있기 때문에 차례대로 볼 필요는 없으며, 관심 가는 주제를 먼저 보는 것이 충분히 가능하다. 장의 첫머리에 관련 학년과 단원을 기록해놓았으므로 이를 참고할 수 있을 것이다.

이 책은 약 3년 동안 쓴 책이다. 3년은 책을 한 권 완성하기에 결코 충분하지 않은 시간이다. 그러나 1998년 영재교육진흥법이 제정된 이래 영재 교육이 본격화된 지 몇 년 지났지만 올림피아드 관련 책 이외에는 수학 영재 교육에 관련된 책을 찾아볼 수 없는 현실을 고려하여 내놓게 되었다. 이 책이 수학 영재 교육의 질을 높이는 데 조금이라도 기여할 수 있기를 바라며, 끝으로 이 책을 출판하는 데 애써주신 경문사 여러분께 감사드린다.

2006년 5월

저자 일동

차례

201

평면도형

• 교육과정

중 1 _ 도형, 원

중 2 _ 문자와 식, 식의 연산, 방정식, 부등식

주제 1	폭이 일정한 도형
Keywords	폭, 원, π, 뢸로 삼각형
주제 2	평면을 채우는 여러 가지 경우
Keywords	테셀레이션, 정다각형, 아르키메데스

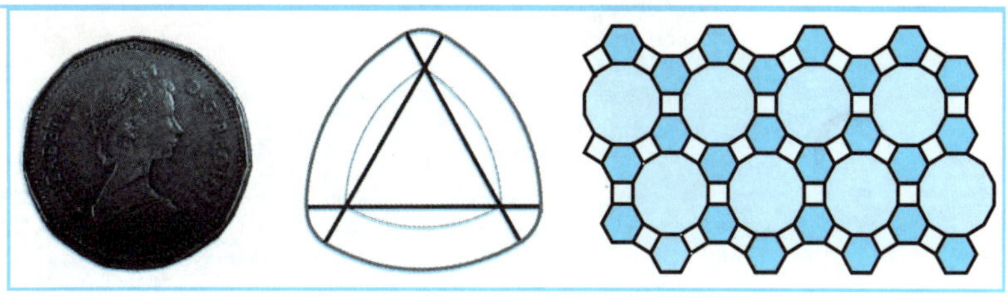

원은 폭이 일정하고 다각형은 폭이 일정하지 않다. 원이 아니면서도 폭이 일정한 도형이 있는데, 다각형에 기초하여 원을 그리는 방법을 이용하면 폭이 일정한 도형을 그릴 수 있다.

주제 1에서는 폭에 대한 정의를 시작으로 폭이 일정한 도형을 여러 종류 소개하고 폭이 일정한 도형의 성질을 탐구한다.

주제 2에서는 평면에서의 테셀레이션의 범주화를 다루었다. 일정한 도형으로 평면을 채우는 방법은 테셀레이션이라는 이름으로 이미 널리 알려져 있다. 테셀레이션은 보통 특정한 도형을 정해서 아름답게 평면을 채워나가는 것으로 소개되는데 이는 아름다움이 수학을 통해서도 구현된다는 것을 보여주려는 의도이다. 그러나 테셀레이션에 대한 이론적인 도입도 가능한데, 여기에서는 약간의 계산을 통해 평면도형을 이용한 테셀레이션을 모두 범주화하는 것을 다루었다.

201-1

폭이 일정한 도형

Keywords 폭, 원, π, 뢸로 삼각형

원은 오직 지름에 의해서 크기가 결정된다. 원의 지름을 '폭'이라고 하면 원은 모든 방향에서 폭이 같다. 이와 같은 곡선을 '폭이 일정한 도형'이라고 한다.

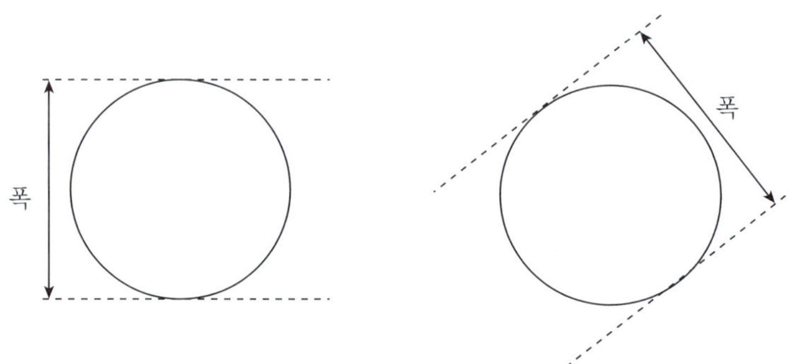

원이 아니면서도 폭이 일정한 도형이 있다. 여기에서는 이러한 도형의 모양, 성질 등에 대하여 알아보고자 한다.

1 폭에 대한 탐색

폭은 방향에 따라 달라질 수 있다는 점에 주의해야 한다. 먼저 폭이란 무엇인지 정의하도록 하자.

볼록 다각형에 대하여 도형 C와 한 점에서 만나는 직선 중 도형 C가 이 직선의 한쪽에 놓이게 되는 경우 이 직선을 바깥접선(supporting line)이라고 한다. 도형 C의 폭은 어떤 직선 l에 수직인 바깥접선에 의해 생기는 선분 AB의 길이로 한다.

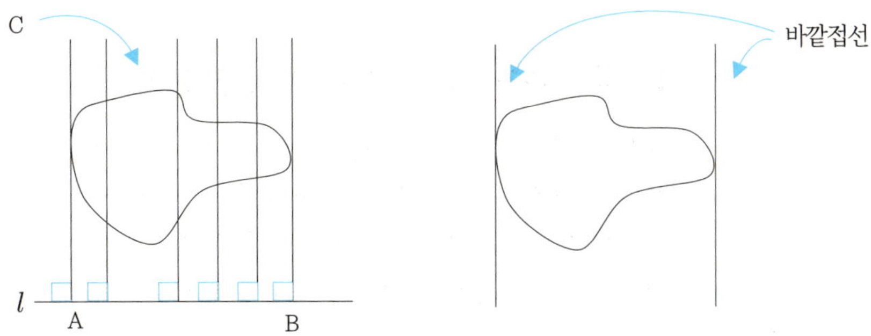

(도형 C의 폭)=$\overline{AB}$

따라서 폭은 방향에 따라 달라질 수 있다. 예를 들면, 다음 그림의 럭비공은 수평 방향의 폭과 수직 방향의 폭이 다르다.

수평 방향 폭

수직 방향 폭

좀더 자세히 살펴보면, 아래의 두 그림에서 직선 l에 대한 바깥접선은 각각 a_1, a_2이므로 수평 방향에서의 폭은 두 직선 a_1과 a_2 사이의 거리이고, 직선 m에 대한 바깥접선은 b_1, b_2이므로 수직 방향에서의 폭은 두 직선 b_1과 b_2 사이의 거리이다.

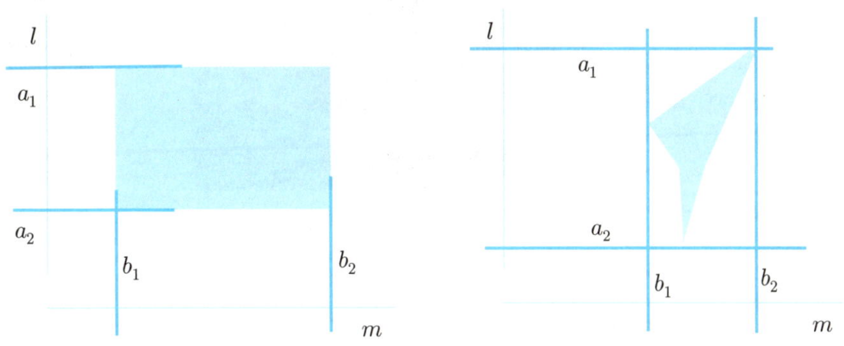

2 폭이 일정한 도형 작도

1. 꼭지점이 있는 폭이 일정한 도형

정삼각형이 있을 때, 한 꼭지점에서 나머지 두 꼭지점을 지나는 호를 그린다. 세 꼭지점에서 이를 되풀이하면 호의 반지름의 길이는 정삼각형의 변의 길이와 같으므로 폐곡선이 생긴다. 이 도형은 임의의 한 쌍의 바깥접선을 생각하면 그 거리가 항상 반지름의 길이와 같으므로 폭이 일정한 도형이다.

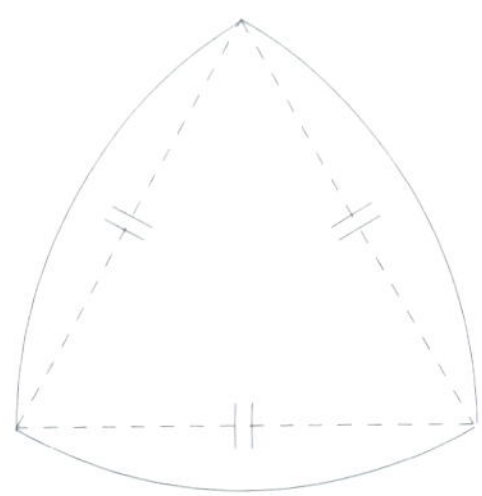

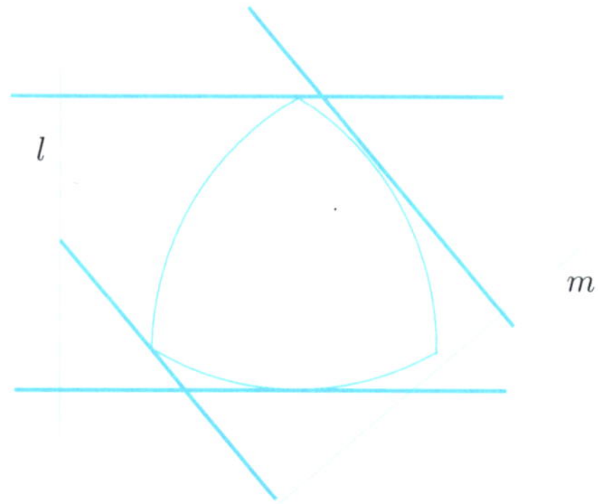

즉, 그림에서 직선 l에 대한 바깥접선의 거리나 직선 m에 대한 바깥접선의 거리 모두 처음 정삼각형의 한 변의 길이로 같다. 이와 같은 모양의 폭이 일정한 도형을 뢸로(Reuleaux)[1] 삼각형이라고 한다. 영국의 공학자 와트(H.J. Watts)는 1914년 단면이 뢸로 삼각형인 드릴을 만들어 정사각형 구멍이 뚫리게 하였다.[2] 뢸로 삼각형으로 사각형 구멍이 뚫리는 이유는 뒤에서 설명하겠다.

벨기에 브뤼헤에 있는 노트르담 성당의 창문

뢸로(Franz Reuleaux)

1) 독일 수학자, 1829~1905.
2) http://kmoddl.library.cornell.edu/tutorials/02/

1 뢸로 삼각형을 자와 컴퍼스를 이용하여 작도하여라.

2 다음 정오각형 위에 폭이 일정한 도형을 작도하여라.

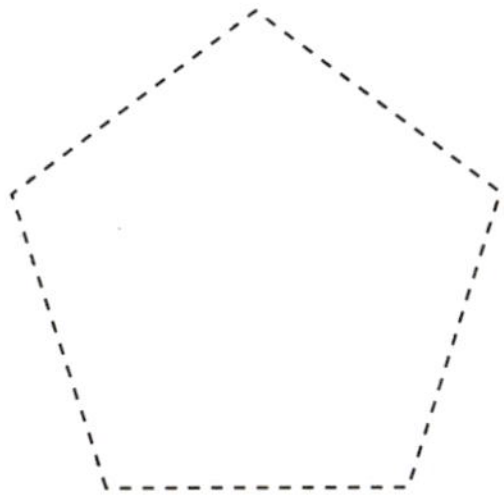

다음 동전은 폭이 일정한 도형으로 만들어진 영국 동전(변이 7개)과 캐나다 동전(변이 11개)이다. 이와 같은 도형을 그리려면 정칠각형, 정십일각형을 기본으로 하여 위와 같은 방법으로 호를 그려나가면 된다.

3 아래 그림은 정사각형이다. 정사각형을 기초로 하여 폭이 일정한 도형을 작도할 수 있는가? 있다면 작도하고, 없다면 그 이유를 설명하여라.

4 정다각형을 이용하여 폭이 일정한 도형을 작도할 수 있는 경우와 없는 경우를 구분하여라.

2. 둥근 형태의 폭이 일정한 도형

앞에서 작도한 꼭지점이 있는 폭이 일정한 도형의 뾰족한 부분을 둥글린 듯한 폭이 일정한 도형을 그릴 수 있다. 다음은 그 순서이다.

① 정삼각형 $OO'O''$을 그린다.
② 선분 OO'의 연장선 위에 점 A를 잡아 점 O를 중심으로 호 AB를 그린다.
③ 점 O''을 중심으로 호 BC를 그린다.
④ 점 O'을 중심으로 호 CD를 그린다.
⑤ 마찬가지 방법으로 하여 $\overline{OD}=\overline{OE}$, $\overline{O''E}=\overline{O''F}$, $\overline{O'F}=\overline{O'A}$가 되도록 호를 그려나가면서 점 D, E, F를 정한다.
⑥ 이렇게 그려진 점 A, B, $\cdots$, F를 이으면 폭이 일정한 도형이 된다.

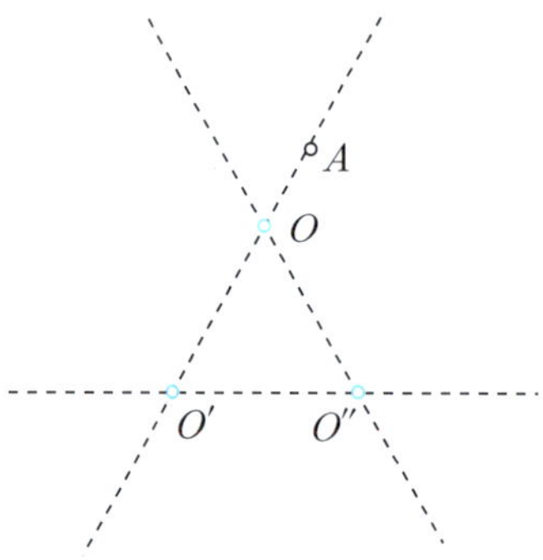

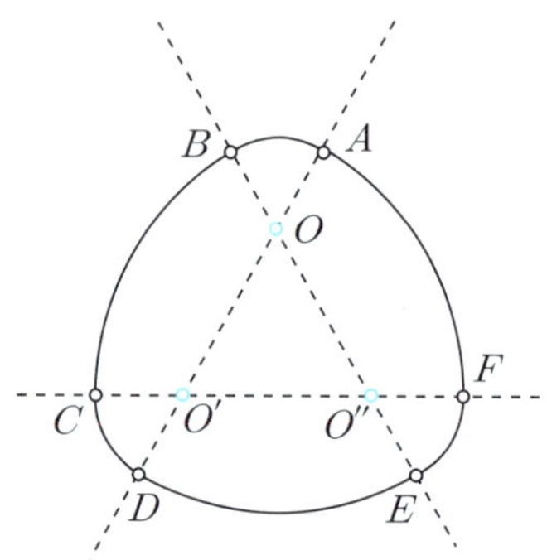

5 위와 같은 방법으로 아래의 정오각형 위에 둥근 형태의 폭이 일정한 도형을 작도하여라.

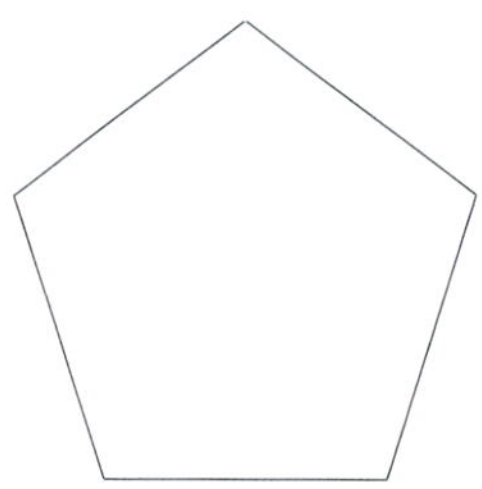

3. 폭이 일정한 도형을 그리는 또 다른 방법

폭이 일정한 도형을 그리는 또 다른 방법으로 서로 만나는 여러 개의 직선을 이용하는 방법이 있다. 두 직선의 교점을 중심으로 하여 두 직선과 만나는 원을 그려 그 일부인 호를 폭이 일정한 곡선의 한 부분으로 생각하는 것이다. 예를 들어, 네 개의 직선이 서로 만나는 경우에는 다음과 같이 그리면 된다.

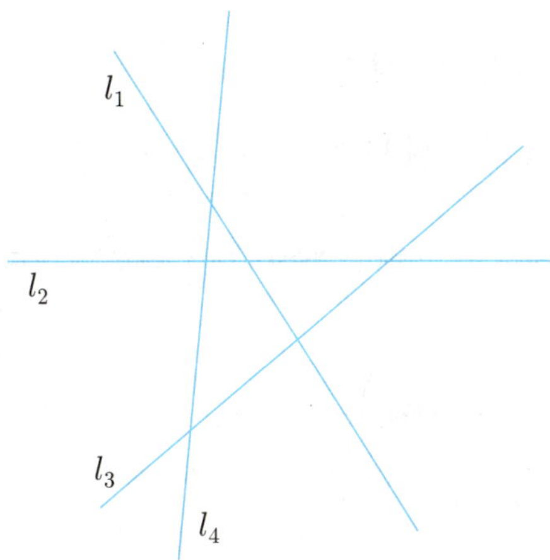

① 네 직선이 모두 만나는지 확인한다.

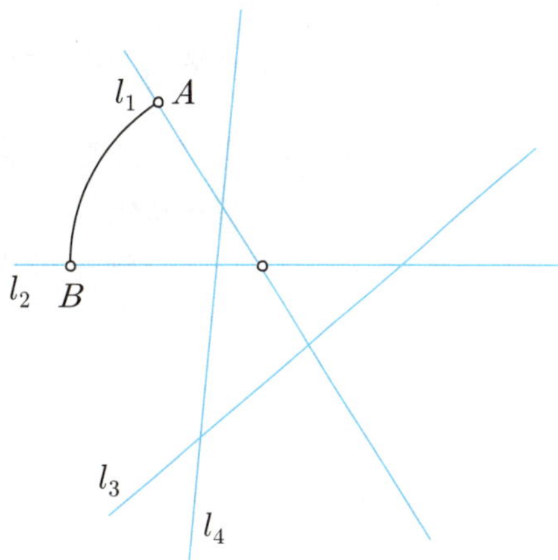

② 두 직선 l_1, l_2의 교점을 중심으로 하는 원을 그려 두 직선과 만나는 점을 각각 A, B라고 한다.

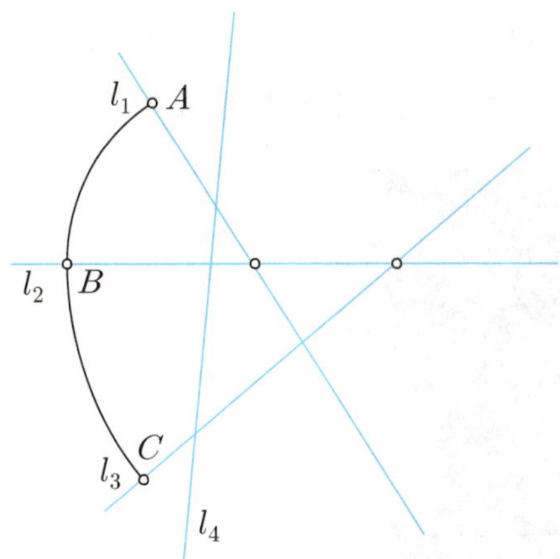

③ 두 직선 l_2, l_3의 교점을 중심으로 하고 점 B를 지나는 원을 그려 l_3와의 교점을 C라고 한다.

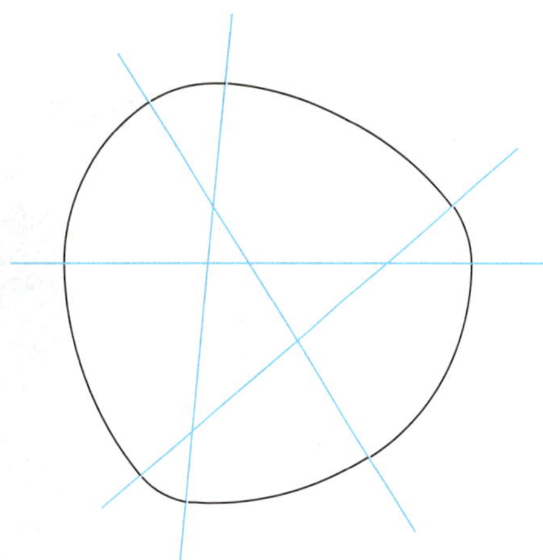

④ 이 과정을 계속 하여 폐곡선을 만든다.

6 위의 방법대로 그리면 폭이 일정한 도형이 그려지는 이유를 설명하여라.

7 다섯 개의 직선이 서로 만나는 경우를 이용하여 폭이 일정한 도형을 그려라.

3 폭이 일정한 도형의 응용

1. 폭이 일정한 도형의 성질

1 폭이 일정한 도형에 두 쌍의 바깥접선을 그려서 폭이 일정한 도형의 특징을 알아보자.

(1) 두 쌍의 바깥접선에 의하여 만들어지는 내부는 어떤 도형인가?

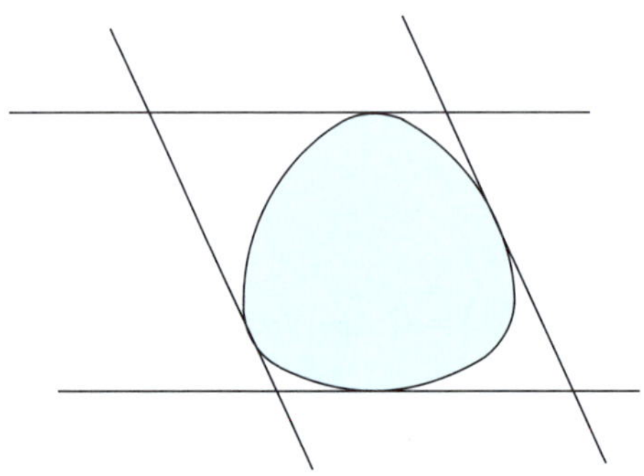

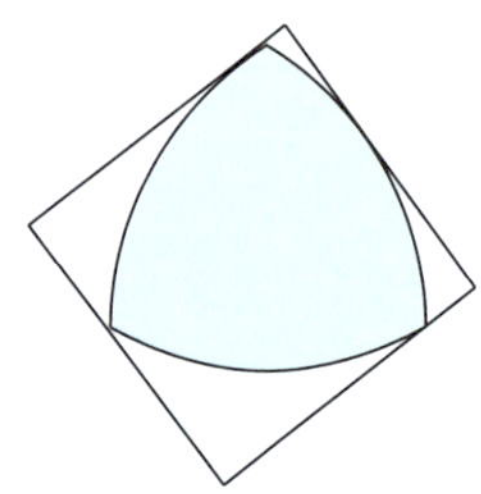

(2) 영국의 공학자 와트(H.J. Watts)는 1914년 단면이 뢸로 삼각형인 드릴을 만들어 정사각형 구멍이 뚫리게 하였다. 그 원리를 설명하여라.

인류는 오래 전부터 바퀴를 원 모양을 본따서 사용해왔다. 그 이유는 원은 폭이 일정하여 구를 때 높낮이가 변하지 않기 때문이다. 폭이 일정한 도형도 원과 마찬가지이다. 폭이 일정한 도형은 거리가 폭과 같은 두 평행선 사이에서 굴릴 수 있다. 예를 들어, 뢸로 삼각형을 거리가 뢸로 삼각형의 폭과 같은 평행선 사이에서 꼭 맞게 굴릴 수 있으며, 만약 두 쌍의 평행선을 생각한다면 뢸로 삼각형은 그 공통부분인 마름모 안에서 회전하게 된다. 이때, 뢸로 삼각형은 마름모의 모든 변에 닿게 되는데, 이와 같은 현상을 설명하기 위하여 골드버그(Michal Goldberg)는 '회전도형(rotor)'이라는 용어를 도입하였다. 볼록다각형이 다각형 안에서 모든 변이 닿으면서 회전할 때, 이를 회전도형이라고 한다. 뢸로 삼각형은 정사각형 안을 회전하는 넓이가 가장 작은 회전도형으로 알려져 있으며, 정$(2n-1)$각형에 원을 그려 만들어진 폭이 일정한 도형은 정$2n$각형 안을 회전하는 회전도형이다.

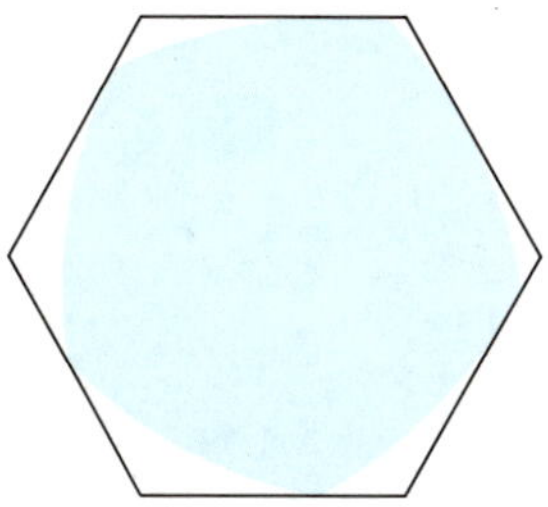

2 자동판매기에서는 폭이 일정한 도형을 동전으로 사용하고 있다. 그 이유는 무엇일까? 또, 이외에도 폭이 일정한 도형이 유용한 경우를 생각하여보자.

3 폭이 일정한 도형의 넓이와 둘레의 길이에 대하여 알아보자.
(1) 폭이 r인 원의 넓이와 폭이 r인 뢸로 삼각형의 넓이를 각각 구하여라.
(2) 폭이 r인 원의 둘레의 길이와 폭이 r인 뢸로 삼각형의 둘레의 길이를 각각 구하여라.

폭이 일정할 때, 넓이가 가장 큰 도형은 원, 가장 작은 도형은 뢸로 삼각형으로 알려져 있다. 또한, 폭이 d인 폭이 일정한 도형의 둘레의 길이는 모두 πd로 일정함이 증명되어 있는데 이를 베비어(Joseph Emile Barbier, 1839~1889)의 정리라고 한다.

2. 삼차원에서의 폭이 일정한 도형

원이 폭이 일정한 도형이었던 것과 같이 구도 폭이 일정한 도형이다. 그러면 삼차원 공간에서 구 이외에 폭이 일정한 도형이 있을까? 이차원에서 정삼각형을 이용하여 폭이 일정한 도형인 뢸로 삼각형을 만든 것과 같은 방법으로 생각해보자. 이 도형은 정사면체의 각 꼭지점을 중심으로 하고 나머지 세 꼭지점을 지나는 네 개의 구의 교집합으로 얻어진다. 이와 같이 구의 일부로 만들어지는 다면체를 뢸로 사면체(Reuleaux Tetrahedron)라고 한다.

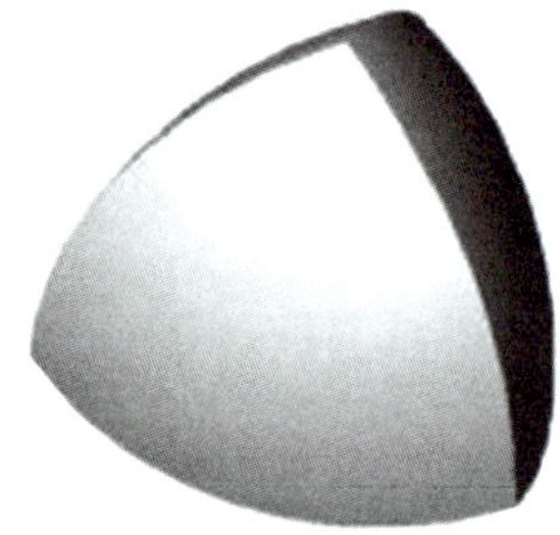

뢸로 사면체

4 뢸로 사면체가 폭이 일정한 도형인지 확인하여라.

다면체에서 폭은 다면체와 접하는 평행한 두 면 사이의 거리로 한다. 뢸로 사면체를 만든 구의 반지름의 길이를 d라고 하면 정사면체의 꼭지점과 마주보는 구의 표면을 지나는 평행한 두 면 사이의 거리는 구의 반지름 d와 같지만 마주보는 두 호와 접하는 두 평행한 면 사이의 거리는 $\left(\sqrt{3}-\frac{\sqrt{2}}{2}\right)d = 1.025\,d$ 이다. 따라서 이 도형은 폭이 일정한 도형이 아니다.[3] 그러나 이 도형에서 출발하여 폭이 일정한 도형을 만들 수 있다.

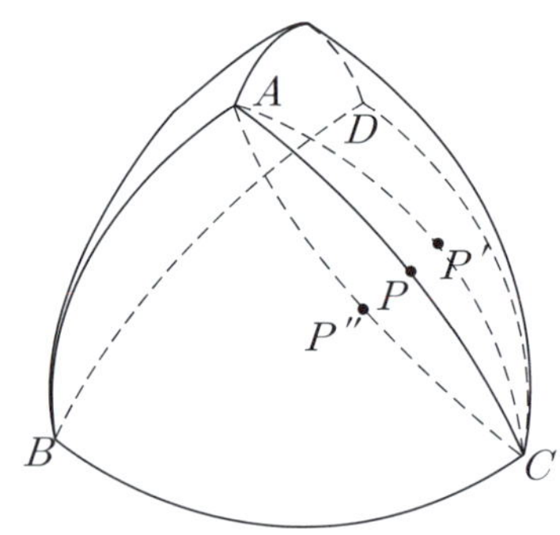

오른쪽 그림에서 구의 일부인 ABC, ACD가 만나는 선을 호APC라고 하자. 호 APC의 중심은 선분 BD의 중점이고 반지름의 길이는 $\frac{\sqrt{3}}{2}d$이다. 한편, 세 점 A, B, C를 지나는 평면은 구의 일부인 ACD와 호 $AP'C$에서 만나고, 세 점 A, C, D를 지나는 평면은 구의 일부인 ABC와 호 $AP''C$에서 만난다. 호 $AP'C$는 중심이 B, 호 $AP''C$는 중심이 D이고 두 호의 반지름의 길이는 모두 d이다. 이제 폭이 d인 폭이 일정한 도형을 얻기 위해서는 모서리 부분인 $AP'P''C$를 호 $AP'C$를 호 $AP''C$로 회전시켜 얻은 도형으로 바꾸면 된다.[4]

위에서 설명한 방법을 밑면이 정$(2n+1)$각형인 각뿔에 적용해보자. 예를 들어, 정오각뿔에서 $\overline{OA}=\overline{AD}=d$라고 하자. 점 A를 중심으로 하여 세 점 O, C, D를 지나는 구를 그린다. 마찬가지로 점 B, C, D, E에 대하여 이와 같은 구를 그리자. 점 O를 중심으로 하여 점 A부터 E까지 지나는 구를 그린

3) http://mathworld.wolfram.com/ReuleauxTetrahedron.html

4) Cecil G. Gray, *Solids of Constant Breadth*, The Mathematical Gazette, p. 289-292.

다. 이때 얻어지는 면이 6개인 도형은 다섯 쌍의 마주보는 호를 가지는 도형(호 OA와 호 CD는 마주보는 쌍이다)인데, 이 도형의 마주보는 호들을 위에서 설명한 방법대로 둥글게 하면 폭이 일정한 도형을 얻게 된다.

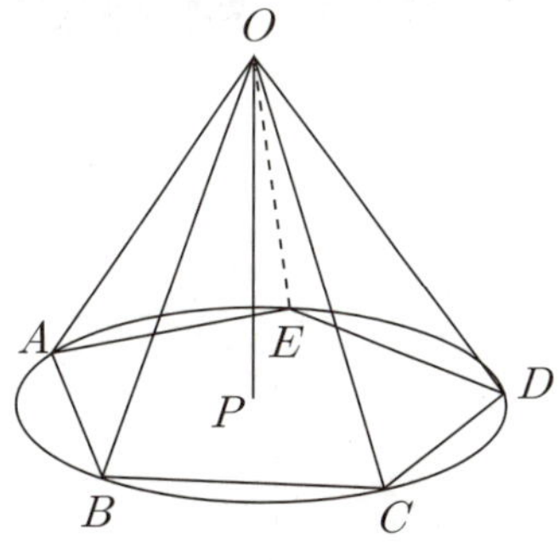

이제 밑면이 정$(2n+1)$각형인 경우에 이 방법을 적용하면 우리는 삼차원에서 폭이 일정한 도형을 무한히 많이 얻을 수 있다. 한편, n이 점점 증가하면 $\overline{OP}=\frac{\sqrt{3}}{2}d$가 되어 우리가 얻는 도형은 뢸로 삼각형을 대칭축에 대하여 회전시킨 모양이 된다.

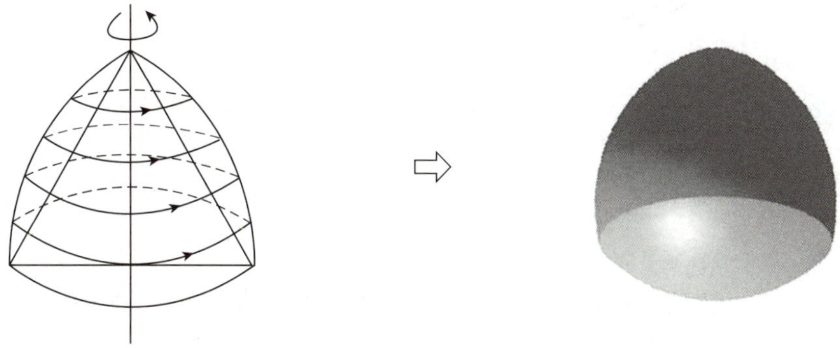

뢸로 삼각형을 회전하여 얻은 폭이 일정한 입체도형

여기서 삼차원에서 폭이 일정한 도형을 얻을 수 있는 또 하나의 방법을 알 수 있다. 즉, 이차원에서 폭이 일정한 도형을 그 도형의 대칭축에 대해서 회전시키는 것이다. 아래 그림은 정오각형에서 만들어진 폭이 일정한 도형을 회전시켜 얻은 폭이 일정한 입체도형이다.[5)]

5) http://home.att.net/~numericana/answer/geometry.htm#roller3d

폭이 일정한 도형

❷ 폭이 일정한 도형 작도

2

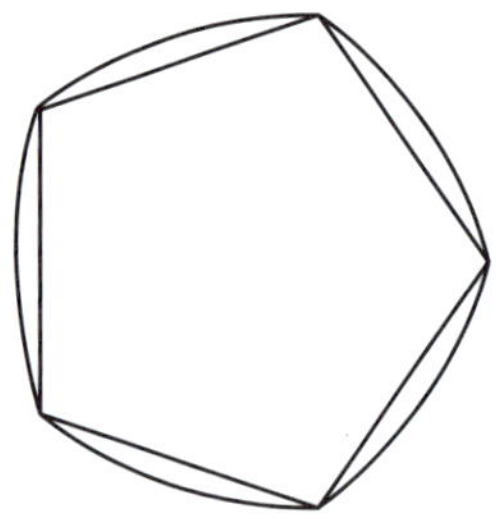

4 변의 개수가 짝수인 경우에는 그 도형을 기초로 하여 폭이 일정한 도형을 작도할 수 없다.

❸ 폭이 일정한 도형의 응용

1 (1) 마름모

(2) 바깥접선들이 수직이면 이 마름모는 정사각형이 되기 때문이다.

3 (1) $\frac{\pi}{4}r^2(\fallingdotseq 0.785r^2)$, $(\frac{\pi}{2}-\frac{\sqrt{3}}{2})r^2$ $(\fallingdotseq 0.705r^2)$

(2) πr , πr

201-2

평면을 채우는 여러 가지 경우

Keywords 테셀레이션, 정다각형, 아르키메데스

아래의 사진은 사찰에서 흔히 볼 수 있는 전통 문양이다. 전통 건축물의 문 또는 보자기 등에서 아래 사진과 같이 반복되는 무늬는 우리 나라뿐 아니라 전 세계적으로 관찰할 수 있다. 반복되는 무늬로 평면을 채우는 이런 기법은 전통 무늬에서뿐만 아니라 오늘날에도 주변에서 흔히 발견할 수 있다. 보도블럭도 마찬가지의 경우이다.

1 테셀레이션

1 다음 그림의 특징에 대하여 이야기해보자.

〈낮과 밤〉, 에셔, 1938년

〈송어(Forellenreigen)〉,
모제르, 1899년

틈이나 포개짐이 없이 평면이나 공간을 도형으로 완벽하게 채우는 것을 테셀레이션(tessellation)이라고 한다.[6] 미술에 테셀레이션을 도입한 사람은 모제르(Koloman Moser, 오스트리아, 1868-1918)이다. 이후 에셔(Maurits Conelis Escher, 네덜란드, 1898-1972)에 의해 대중화되었다. 테셀레이션의 종류에는 여러 가지가 있는데 여기에서는 정다각형에 의한 테셀레이션의 종류만을 알아보려고 한다. 테셀레이션을 할 때에는 먼저 평면을 채울 수 있는 기본도형을 정한 뒤, 그 도형에 평행이동, 회전이동, 대칭이동을 적당히 적용하여 단위 개체를 만들고 개체를 나열하는 순서로 완성된다. 예를 들면, 아래 그림은 정육각형을 평행이동하여 테셀레이션한 것이다.

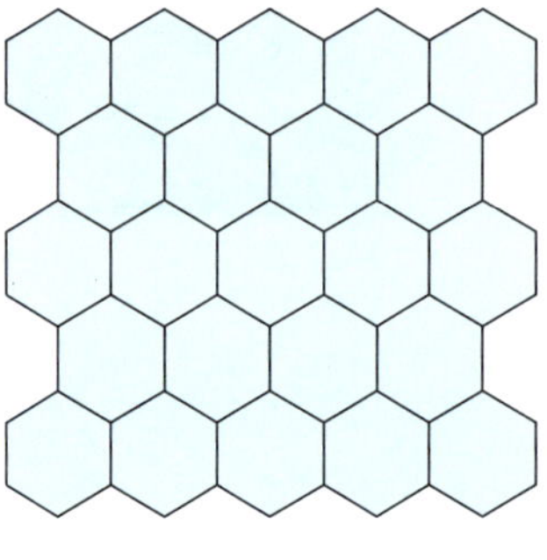

2 테셀레이션은 어떤 과정을 통해서 만들어지는지 도마뱀 그림을 예로 들어 알아보자. 기본도형으로 정육각형을 택하여 회전이동을 이용하여 단위 개체로 도마뱀을 만들어보자.

도마뱀의 머리, 발 4개, 꼬리를 육각형 안쪽에 그려 회전이동을 통하여 육각형 바깥쪽으로 옮겼다. 예를 들면, 머리 a'은 a를 점 A를 중심으로 오른

6) 여기에서는 한 도형의 꼭지점이 다른 도형의 변 위에 있지 않고 꼭지점끼리 만나는 경우만 생각하기로 하자.

쪽으로 120° 회전이동하여 만들어졌으며 꼬리 b'은 b를 점 B를 중심으로 하여 240° 회전이동하여 만들어졌다. 이와 같은 과정을 거쳐 머리, 발 4개, 꼬리를 모두 만들면 도마뱀의 단위 개체가 만들어진 것이다.

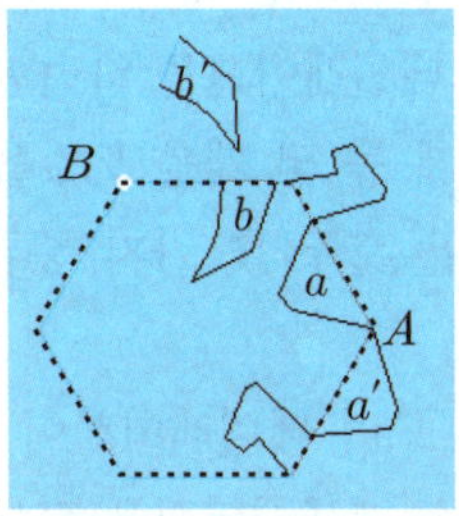

(1) 단위 개체인 도마뱀 그림에 기본도형인 육각형의 안쪽에서 바깥쪽으로 회전이동된 부분을 찾아 각각 같은 색으로 칠하여라.

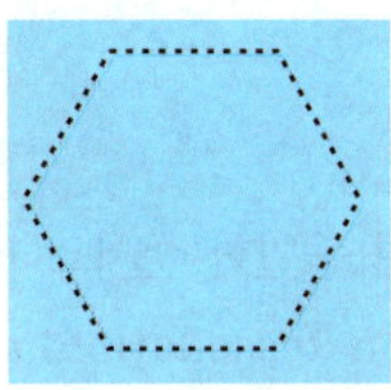

기본도형 – 정육각형

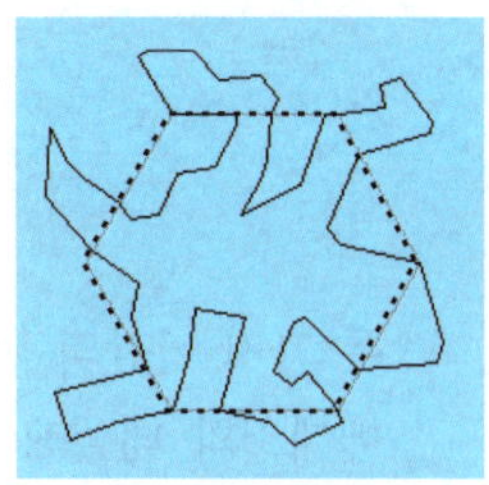

단위 개체 – 도마뱀

(2) 이제 단위 개체를 복사하여 a에 또 다른 도마뱀의 머리를 넣고 b에는 또 다른 도마뱀의 꼬리를 넣으면서 도마뱀으로 평면을 채워 나가면 다음과 같이 테셀레이션이 완성된다. 다음 완성된 테셀레이션 그림에 기본도형인 정육각형을 한 개 표시하여라.

2 한 가지 정다각형으로 하는 테셀레이션

정다각형 테셀레이션(regular tessellation)은 한 가지 정다각형만으로 테셀레이션을 하는 것이다. 정다각형 테셀레이션을 하려면 한 종류의 정다각형을 한 꼭지점에 2개 또는 3개 또는 4개 등 몇 개를 모았을 때 평면을 빈틈없이 채워야 한다. 정다각형 테셀레이션은 모두 몇 가지 종류가 가능한지 알아보자.

1 정n각형이 한 꼭지점에 k개 모여 테셀레이션이 되면 그 점에서의 각의 크기의 합은 360°이다. 정다각형 테셀레이션은 모두 몇 가지 종류가 가능한지 알아보아라.

3 여러 가지 정다각형으로 하는 테셀레이션

두 가지 이상의 정다각형에 의하여 동일한 순서로 테셀레이션하는 것을 아르키메데스의 테셀레이션(archimedean tessellation), 또는 준정다각형 테셀레이션(semiregular tessellation)이라 한다.
테셀레이션을 나타내는 기호로는 (4, 6, 12)와 같은 수의 배열을 이용한다. 이것은 한 점을 기준으로 일정한 순서에 의하여 놓여진 다각형들을 나타낸다. 즉, (4, 6, 12)는 한 점을 기준으로 4각형, 6각형, 12각형이 순서대로 놓여 있다는 것을 의미한다.

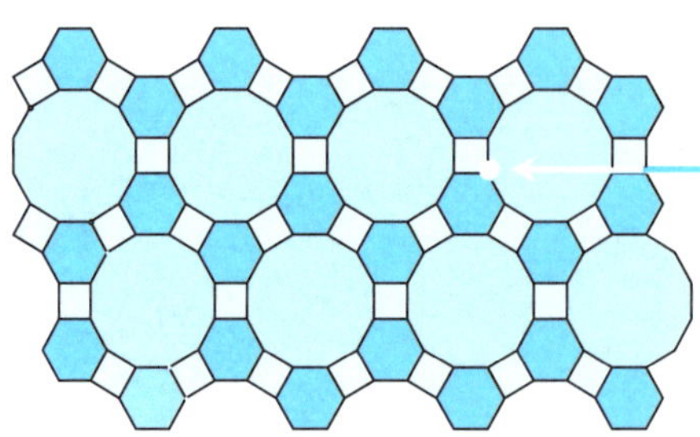

이때, 한 점을 중심으로 한 정다각형의 배열이 시계 방향으로 배열되어 있거나 반시계 방향으로 되어 있는 것은 동일한 배열로 본다. 이와 같은 아르키메데스의 테셀레이션이 몇 가지 있는지 다음 순서를 따라 알아보자.

1. 식 세우기

1 한 꼭지점을 둘러싸고 있는 정다각형의 개수를 k라고 하자. 다음 조건을 신중히 생각하여 가능한 k의 값을 모두 구하여라.

[조건 1] 한 꼭지점에는 6개 이하의 정다각형만 올 수 있다.

[조건 2] 한 꼭지점을 두 가지 이상의 정다각형이 둘러싸야 한다.

이제 한 점을 둘러싸고 있는 정다각형의 개수 k에 의해서 모든 경우의 아르키메데스의 테셀레이션을 분류해보자.7) 정다각형은 정a각형, 정b각형 등 영소문자를 이용하여 표기하기로 하자.

2 각 경우에 해당하는 식을 구하여보자.

(1) $k=3$: 세 개의 정다각형이 한 꼭지점을 둘러싸고 있는 경우

정a각형, 정b각형, 정c각형이 둘러싸고 있다고 하면 이 테셀레이션의 이름은

$(a,\ b,\ c)$ 아르키메데스의 테셀레이션

이다. 한 점을 둘러싼 다각형들의 내각의 합은 360°가 되어야 함을 이용하여 $a,\ b,\ c$ 사이의 관계식을 구하여라.

(2) $k=4$: 네 개의 정다각형이 한 꼭지점을 둘러싸고 있는 경우

정a각형, 정b각형, 정c각형, 정d각형이 둘러싸고 있다고 하면 이 테셀레이션의 이름은

$(a,\ b,\ c,\ d)$ 아르키메데스의 테셀레이션

이다. $a,\ b,\ c,\ d$ 사이의 관계식을 구하여라.

(3) $k=5$: 다섯 개의 정다각형이 한 꼭지점을 둘러싸고 있는 경우

정a각형, 정b각형, 정c각형, 정d각형, 정e각형이 둘러싸고 있다고 하면 이 테셀레이션의 이름은

$(a,\ b,\ c,\ d,\ e)$ 아르키메데스의 테셀레이션

이다. $a,\ b,\ c,\ d,\ e$ 사이의 관계식을 구하여라.

7) [207-3 정다각형으로 만드는 다면체]에서와 같이 계산할 수도 있다. (239쪽)

2. 아르키메데스의 테셀레이션의 종류

앞에서 구한 각 식을 만족하는 a, b, c, d, e를 구해보자. 먼저 a, b, c, d, e는 정다각형을 뜻하므로 $3 \leqq a \leqq b \leqq c \leqq d \leqq e$라고 가정하고 출발하도록 하자.

먼저 $k=3$일 때의 아르키메데스의 테셀레이션 종류를 구하여보자. 즉, $k=3$일 때의 식을 만족하는 a, b, c를 구하여보자.[8)]

편의상 $3 \leq a \leq b \leq c$라고 하였으므로 $\frac{1}{3} \geq \frac{1}{a} \geq \frac{1}{b} \geq \frac{1}{c} > 0$이다. 따라서

$$\frac{1}{2} = \frac{1}{a} + \frac{1}{b} + \frac{1}{c} \leq \frac{3}{a}$$

즉,

$$3 \leq a \leq 6$$

이제 $a = 3, 4, 5, 6$일 때, 식 $2(bc + ca + ab) = abc$을 만족하는 a, b, c의 값을 구하면 다음과 같다.

$a = 3$: $2(bc + 3c + 3b) = 3bc$, $bc - 6b - 6c = 0$, $(b-6)(c-6) = 36$,

$c = 6 + \dfrac{36}{b-6}$에서

$b - 6 = 1$이면 $b = 7$, $c = 42$
$b - 6 = 2$이면 $b = 8$, $c = 24$
$b - 6 = 3$이면 $b = 9$, $c = 18$
$b - 6 = 4$이면 $b = 10$, $c = 15$
$b - 6 = 6$이면 $b = 12$, $c = 12$

$a = 4$: $bc + 4c + 4b = 2bc$, $bc - 4b - 4c = 0$, $(b-4)(c-4) = 16$,

$c = 4 + \dfrac{16}{b-4}$에서

$b - 4 = 1$이면 $b = 5$, $c = 20$
$b - 4 = 2$이면 $b = 6$, $c = 12$
$b - 4 = 4$이면 $b = 8$, $c = 8$

8) [108-2 부정방정식] 참고

$a=5$: $2(bc+5c+5b)=5bc$, $bc-\frac{10}{3}b-\frac{10}{3}c=0$을 만족하는 a,b,c는 없다.

$a=6$: $bc+6c+6b=3bc$, $bc-3b-3c=0$, $(b-3)(c-3)=9$,

$c=3+\frac{9}{b-3}$에서

$b-3=1$이면 $b=4$, $c=12$ ($3\le a\le b\le c$ 조건에 안 맞음)

$b-3=3$이면 $b=6$, $c=6$

정리하면 식 $\frac{1}{a}+\frac{1}{b}+\frac{1}{c}=\frac{1}{2}$을 만족하는 a,b,c는

(3, 7, 42), (3, 8, 24), (3, 9, 18), (3, 10, 15), (3, 12, 12),
(4, 5, 20), (4, 6, 12), (4, 8, 8), (6, 6, 6)

로 아홉 가지이다. 이중 (6,6,6)은 모두 동일한 도형이므로 아르키메데스의 테셀레이션이 아니다.
이제 남은 여덟 가지의 순서쌍이 모두 아르키메데스의 테셀레이션이 되는지 확인해보자. 예를 들면, (3, 7, 42)는 아르키메데스의 테셀레이션이 될 수 없다. 왜냐하면 아래의 그림에서 점 A, C에서의 배열이 모두 (3, 7, 42)가 되기 위해서는 7각형=42각형이 되어야 하기 때문이다.

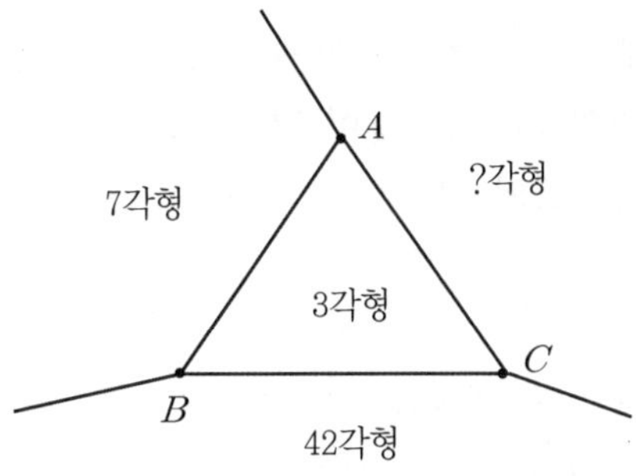

이와 같은 이유로 위에서 구한 순서쌍 중에 삼각형, 오각형 등이 있으면 나머지 두 정다각형이 같아야 한다. 따라서 (3,12,12), (4,6,12), (4,8,8)인 아르키메데스의 테셀레이션만이 존재한다. 이들을 그림으로 나타내면 다음과 같다.

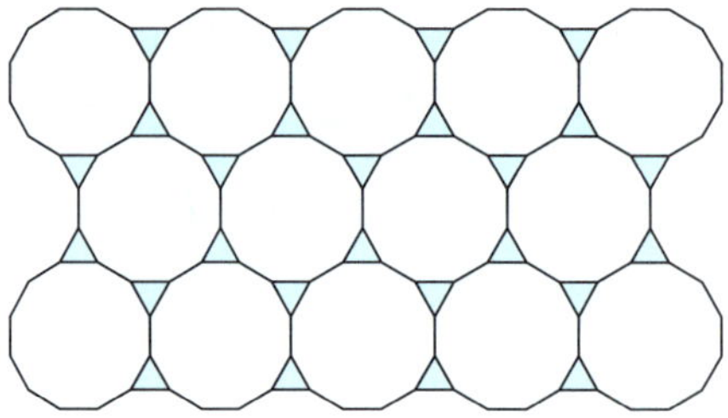

(3,12,12)

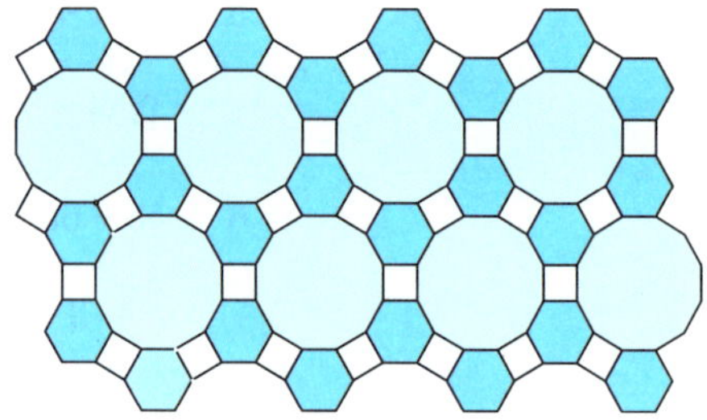

(4,6,12)

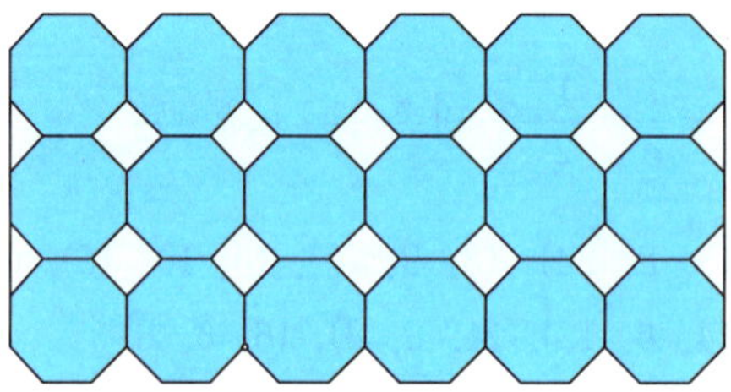

(4,8,8)

3 $k=4$일 때의 아르키메데스의 테셀레이션 종류를 구하여보자.

(1) $k=4$일 때의 식을 만족하는 a, b, c, d를 구하여라.

(2) 위 (1)에서 구한 (3, 4, 4, 6)으로 만들 수 있는 배열은 (3, 4, 4, 6)과 (3, 4, 6, 4) 두 가지이다. 이중 (3, 4, 6, 4)는 테셀레이션이 가능하다. 그러나 (3, 4, 4, 6)은 가능하지 않다. 그 이유를 설명하여라.

(3) 위 (1)에서 구한 순서쌍의 모든 조합을 만들고 (2)와 같은 이유로 아르키메데스의 테셀레이션이 될 수 없는 것을 모두 제거하여 $k=4$일 때의 아르키메데스의 테셀레이션 종류를 모두 말하고 이를 그림으로 나타내어라.

4 $k=5$일 때의 아르키메데스의 테셀레이션 종류를 구하여보자.

(1) $k=5$일 때의 식을 만족하는 a, b, c, d, e를 구하여라.

(2) 위 (1)에서 구한 순서쌍의 모든 조합을 만들고 이중 아르키메데스의 테셀레이션이 가능한 것을 찾아 종류를 모두 말하고 이를 그림으로 나타내어라.

4 또 다른 테셀레이션

1. 듀얼 테셀레이션

아래 그림은 이슬람 문화에서 많이 보이는 문양이다. 특히, 카이로(Cairo)의 거리에서 볼 수 있다고 하여 카이로 테셀레이션으로 불린다.

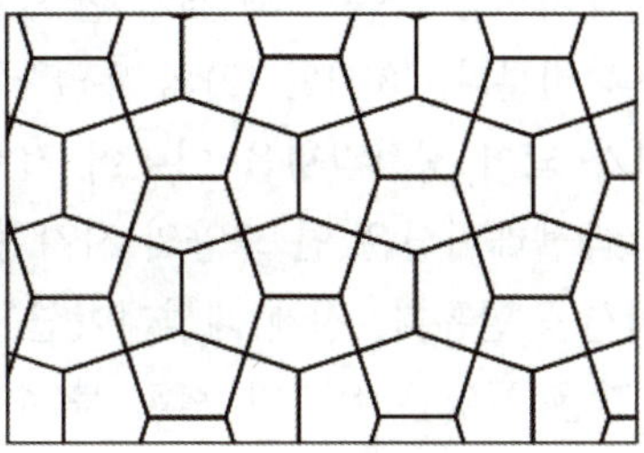

카이로 테셀레이션

이것은 마치 정십이면체의 사영처럼 보이기도 하는데, 정삼각형과 정사각형으로 만들어지는 (3, 3, 4, 3, 4) 테셀레이션의 듀얼이다. 듀얼 테셀레이션은 어떤 테셀레이션에서 다각형의 중심을 꼭지점으로 하여 이웃한 다각형의 중심을 이어 만들어지는 테셀레이션을 말한다.

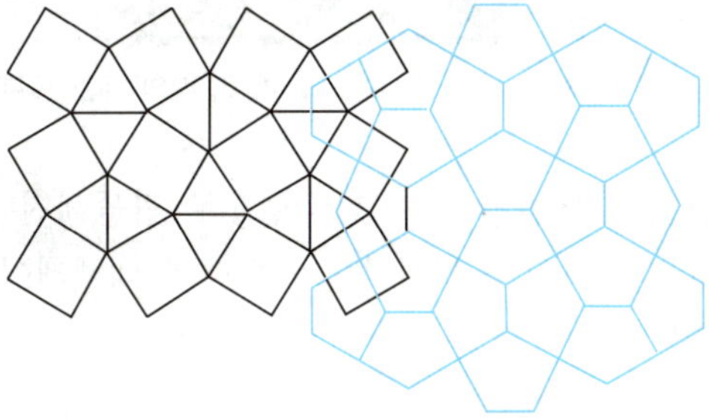

(3, 3, 4, 3, 4)와 이것의 듀얼 테셀레이션

1 정삼각형, 정사각형, 정육각형 테셀레이션의 듀얼 테셀레이션은 어떤 도형에 의해서 만들어지는지 각각 설명하여라.

아르키메데스 테셀레이션의 듀얼 테셀레이션을 알아보자. 다음 그림은 아르키메데스 테셀레이션 중 (3, 6, 3, 6), (3, 12, 12), (3, 4, 6, 4)의 듀얼 테셀레이션의 그림이다.

(3, 6, 3, 6), (3, 12, 12), (3, 4, 6, 4)의 듀얼 테셀레이션

(3, 6, 3, 6)의 듀얼 테셀레이션은 마름모 세 개가 한 덩어리가 되어 평행이동하면서 전체 테셀레이션을 이룬다. (3, 12, 12)의 듀얼 테셀레이션은 이등변삼각형 세 개가 한 덩어리가 되어 정삼각형을 이루어 전체 테셀레이션을 만든다. (3, 4, 6, 4)의 듀얼 테셀레이션은 연 모양의 사각형 여섯 개가 정육각형을 이루어 전체 테셀레이션을 만든다. 전체 테셀레이션을 이루는 덩어리에 적당히 색을 칠한 아래와 같은 문양은 우리가 흔히 볼 수 있는 것이다.

(3, 6, 3, 6), (3, 12, 12), (3, 4, 6, 4)의 듀얼 테셀레이션

듀얼 테셀레이션은 항상 한 가지 다각형으로 만들어진다. 물론 이 다각형은 정다각형은 아니다. 듀얼 테셀레이션과 원래의 테셀레이션 사이의 관계에 대해서 생각해보자.

2 듀얼 테셀레이션이 몇 각형으로 만들어지는지 무엇에 의해서 결정되는가?

3 아르키메데스 테셀레이션의 듀얼 테셀레이션은 각각 어떤 다각형에 의해 만들어지는지 설명하여라.

2. 오각형 테셀레이션

앞에서 한 가지 정다각형으로 가능한 테셀레이션은 정삼각형, 정사각형, 정육각형 뿐임을 알아보았다. 그러나 한 가지 도형으로만 하는 테셀레이션은 정다각형이 아닌 경우에도 만들어진다. 예를 들어, 삼각형의 경우 정삼각형이 아닌 모든 삼각형도 아래 그림과 같이 테셀레이션이 가능하다. 그 이유는 삼각형의 세 내각의 합이 180°이기 때문이다.

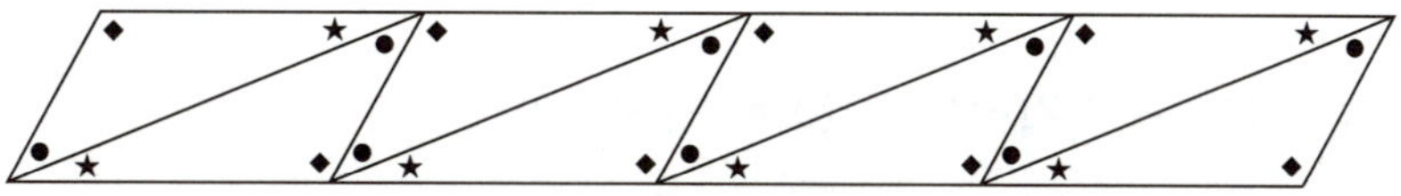

그러나 오각형의 경우는 항상 테셀레이션이 가능한 것은 아니다. 한 가지의 오각형으로 테셀레이션 할 수 있는 경우에 대해서 이미 그 종류가 제한되어 있다고 알려져 있다.
아래 그림에서와 같이 오각형으로 테셀레이션을 한다면 이 오각형은 다음 관계를 만족하면 된다.[9)]

$$\angle A = \angle C = 90^\circ,\ a = b,\ c = d$$

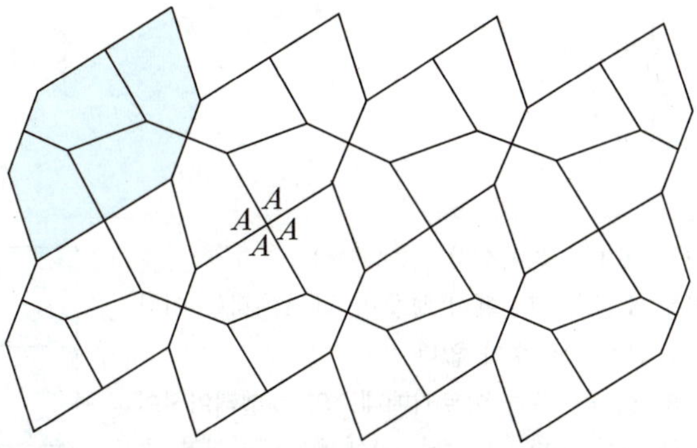

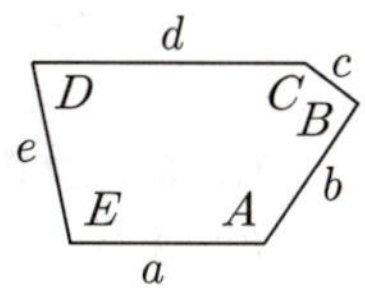

위 테셀레이션은 오각형 네 개(그림에서 어두운 부분)가 한 덩어리가 되어 평행이동하면서 전체 테셀레이션을 만든다.

4 다음 조건을 만족하는 오각형 테셀레이션이 가능한지 확인하여라. 단, 오각형에서의 기호는 위의 그림과 같다.

(1) $\angle A + \angle B + \angle D = 360^\circ$, $\angle A = 2\angle C$, $a = b = e$, $c = d$

(2) $2\angle A + \angle B = 2\angle D + \angle C = 360^\circ$, $a = b = c = d$

(3) $\angle A = 90^\circ$, $\angle C + \angle E = 180^\circ$, $2\angle B + \angle C = 360^\circ$,
$a = c$, $2a = d = e$

9) http://www.scipress.org/journals/forma/pdf/1501/15010075.pdf

평면을 채우는 여러 가지 경우

❷ 한 가지 정다각형으로 하는 테셀레이션

1 정삼각형, 정사각형, 정육각형; $\frac{(n-2)\pi}{n}\times k=2\pi$ ($n\geq 3$, $k\geq 3$인 정수)에서

$(n-2)(k-2)=4$, $n=3, 4, 6$

❸ 여러 가지 정다각형으로 하는 테셀레이션

1 3, 4, 5

2 (1) $\left(\frac{a-2}{a}+\frac{b-2}{b}+\frac{c-2}{c}\right)\pi=2\pi$, $\frac{1}{a}+\frac{1}{b}+\frac{1}{c}=\frac{1}{2}$

(2) $\frac{1}{a}+\frac{1}{b}+\frac{1}{c}+\frac{1}{d}=1$

(3) $\frac{1}{a}+\frac{1}{b}+\frac{1}{c}+\frac{1}{d}+\frac{1}{e}=\frac{3}{2}$

4 (1) (3,3,4,12), (3,3,6,6), (3,4,4,6), (4,4,4,4)

(2) (3, 4, 4, 6)은 오른쪽 그림에서 보듯이 점 A에서는 이와 동일한 배열을 만들어낼 수가 없다.

(3) 일반적으로 (3, b, c, d)가 아르키메데스의 테셀레이션이 되려면 $b=d$이어야 한다. 즉, 위 (1)에서 찾은 배열 중 (3,6,3,6), (3,4,6,4)만 아르키메데스의 테셀레이션이 된다.

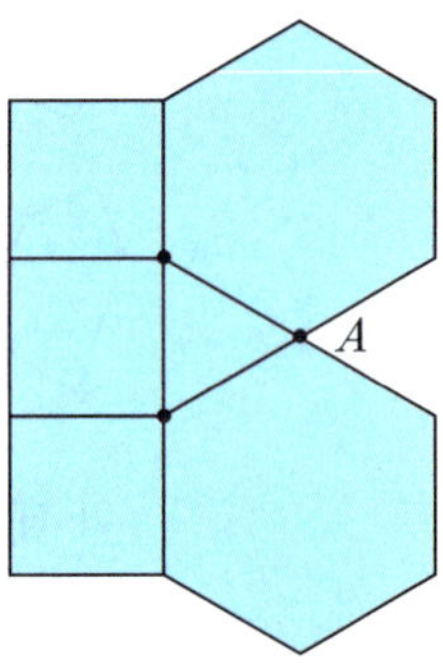

(3,6,3,6)

(3,4,6,4)

4 (1) (3, 3, 3, 3, 6), (3, 3, 3, 4, 4)

(2)

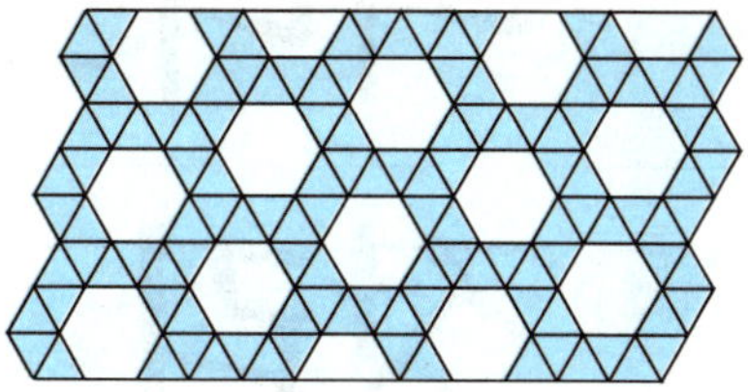

(3, 3, 3, 3, 6)

(3, 3, 3, 4, 4)

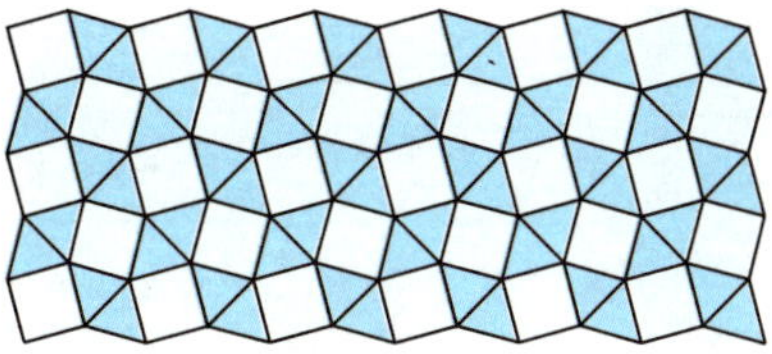

(3, 3, 4, 3, 4)

❹ 또 다른 테셀레이션

1 차례대로 각각 정육각형, 정사각형, 정삼각형 테셀레이션이다.

2 듀얼 테셀레이션은 이웃한 다각형의 중심을 꼭지점으로 하는 다각형에 의해서 만들어진다. 따라서 듀얼 테셀레이션의 다각형은 원래 테셀레이션에서 한 꼭지점에 몇 개의 다각형이 모이는가에 의해서 결정된다.

3 (3, 12, 12), (4, 8, 8), (4, 6, 12) 테셀레이션의 듀얼 테셀레이션은 삼각형, (3, 4, 6, 4), (3, 6, 3, 6) 테셀레이션의 듀얼 테셀레이션은 사각형, (3, 3, 3, 4, 4), (3, 3, 4, 3, 4), (3, 3, 3, 3, 6) 테셀레이션의 듀얼 테셀레이션은 오각형으로 만들어진다.

4 (1)

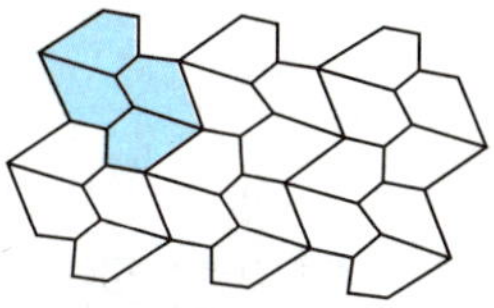

(2)

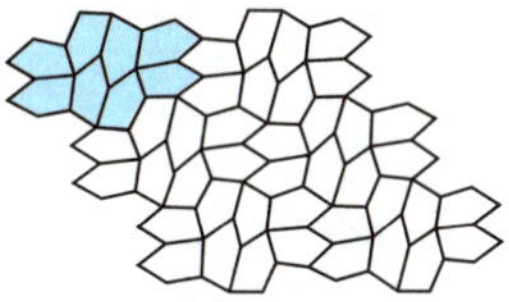

(3)

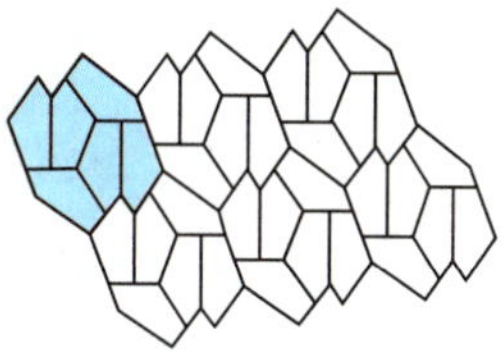

그림에서 어두운 부분이 한 덩어리가 되어 평행이동에 의하여 전체 테셀레이션을 이룬다.

202

피타고라스 정리

• **교육과정**

중 1 _ 도형, 정다면체
중 2 _ 측정, 닮음
중 3 _ 문자와 식, 이차방정식, 측정, 삼각비
고 1 _ 삼각함수

주제 1	피타고라스 정리의 증명과 확장
Keywords	피타고라스 정리, 파푸스 정리
주제 2	피타고라스 삼각형
Keywords	피타고라스 정리, 피타고라스 삼각형
주제 3	피타고라스 짝
Keywords	피타고라스 짝, 삼각비, 삼각함수, 플림프톤

학교 수학에서 평면도형에 대한 가장 대표적인 내용은 단연 피타고라스 정리가 될 것이다. 피타고라스 정리는 그 내용 자체만이 아니라 다양한 측면으로 흥미로운 학습이 가능한 주제이다. 여기에서는 정리를 증명하는 여러 가지 방법과 그 응용, 그리고 피타고라스 정리를 발전시킨 문제 등을 소개하였다.

주제 1에서는 피타고라스 정리에 대한 다양한 증명을 다루었다. 피타고라스의 증명은 370여 가지가 발표되어 있는데, 그 중 그림으로 쉽게 이해할 수 있는 것들이 소개되어 있다.

주제 2는 세 변의 길이가 정수인 직각삼각형에 대한 것이다. 이런 삼각형을 피타고라스 삼각형이라고 하는데, 정사각형을 피타고라스 삼각형으로 나눌 수 있는가 없는가는 $\sqrt{2}$와 관련된 흥미 있는 문제이다.

주제 3은 점토판에 쓰여져 전해져 내려오는 피타고라스의 수에 대한 것이다. 플림프톤 322에 쓰여진 직각삼각형의 세 변의 길이를 해석하여 피타고라스의 수를 구하고 이를 삼각비에 관련지어 보는 것이다. 이러한 내용들은 고대의 수학에 대한 이해를 도울 것이며, 피타고라스 정리에 대한 심도 있는 이해를 가능하게 할 것이다.

202-1

피타고라스 정리의 증명과 확장

Keywords 피타고라스 정리, 파푸스 정리

피타고라스는 기원전 570년경 사모스(Samos)에서 태어나서 기원전 490년경에 죽었다고 전해진다. 그의 대표적인 스승은 탈레스(Thales, B.C. 624-548)로 수학이나 천문학에 관한 아이디어를 전수했으며, 이집트로 가서 이에 관한 더 많은 것들을 공부하도록 했다.

피타고라스 정리라고 불리는 직각삼각형이 세 변 사이의 관계에 대하여 이미 기원전 1800~1500년에 중국, 이집트, 바빌로니아 등에서 이미 알려져 있었다. 예를 들어, 나일 강이 범람하여 농지대를 다시 측정할 때 농사꾼들이 이미 3-4-5로 직각을 구현하였다. 그러나 피타고라스가 처음으로 이 성질을 일반화하여 증명하였기 때문에 피타고라스 정리라고 불리고 있다.

전해오는 이야기에 따르면 피타고라스는 왕궁의 복도에서 정사각형 타일로 만들어진 직각삼각형을 보고 이 원리가 일반적인 직각삼각형에서도 성립할 것이라는 결론을 내리고 증명을 하였다고 한다.

오늘날 약 400여 개의 피타고라스 정리에 대한 서로 다른 증명 방법이 알려져 있다. 78가지의 증명을 http://www.cut-the-knot.org/pythagoras/index.shtml에서 볼 수 있으며, http://www.ies.co.jp/math/java/geo/pythagoras.html에서는 이를 퍼즐처럼 즐길 수 있다. 다음은 그 중 몇 가지인데 넓이를 비교해보면 쉽게 알 수 있다.

I 피타고라스 정리의 증명

다음 그림을 이용하여 피타고라스 정리를 증명하여 보아라.

1 주비산경(周髀算經) 중국, 기원전 250년경

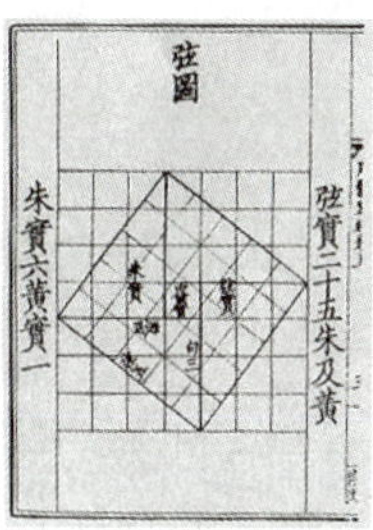

《주비산경》에 실린 피타고라스 정리의 증명

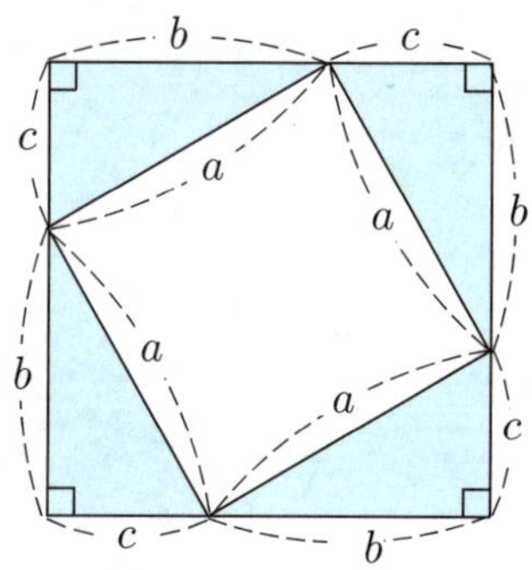

2 류후이(劉徽, Liu Hui) 기원후 3세기

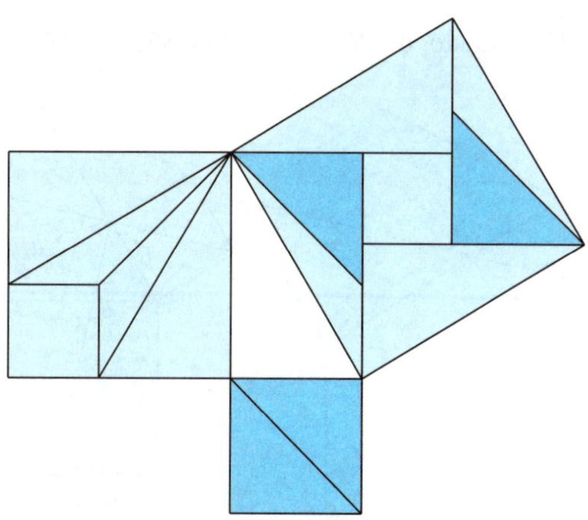

3 이븐 코라(Ibn-Cora), 아라비아, 9세기

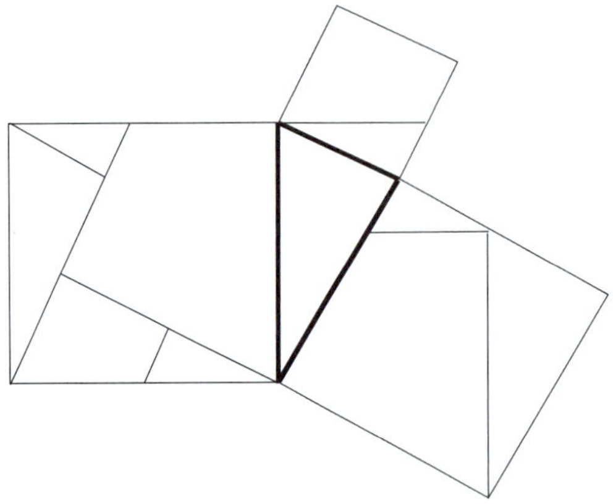

4 바스카라(Bhaskara), 인도, 1100년경

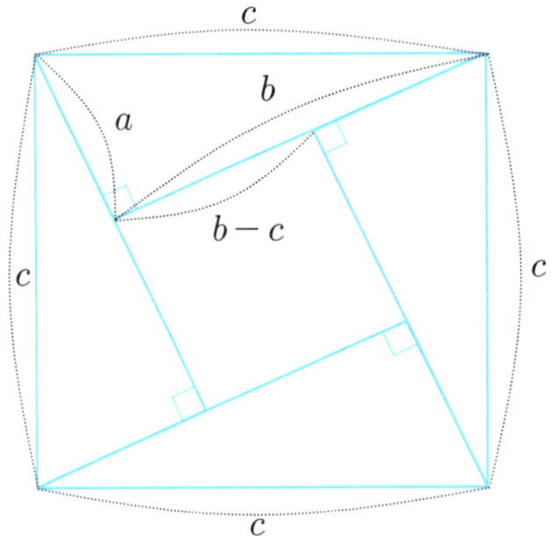

5 다 빈치(Leonardo da Vinci), 이탈리아, 15세기

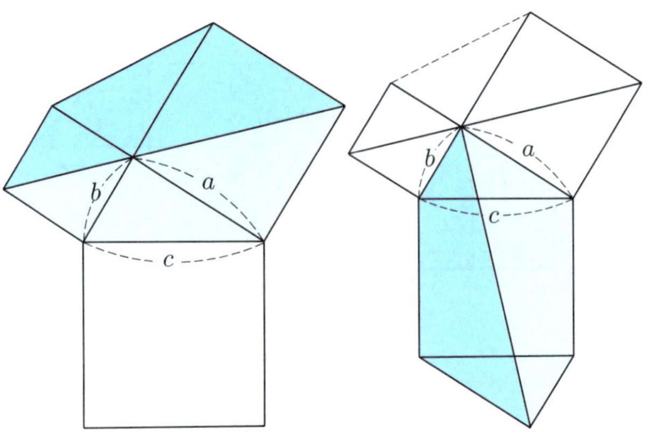

6 가필드(James A. Garfield, 미국 대통령), 미국, 1881년 / 7세기 아라비아, 인도

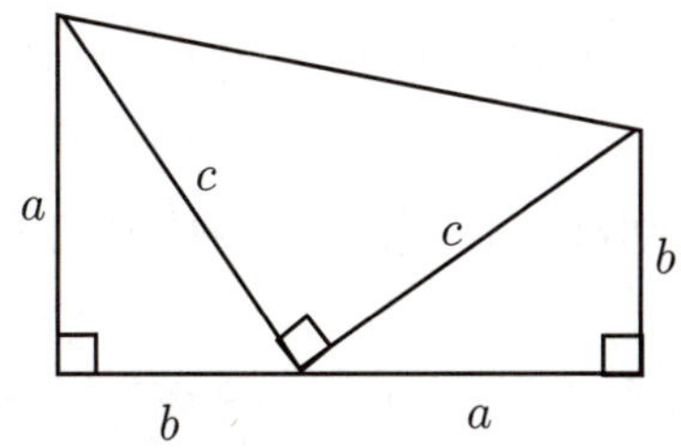

7 듀드니(H.E. Dudeney), 1917년

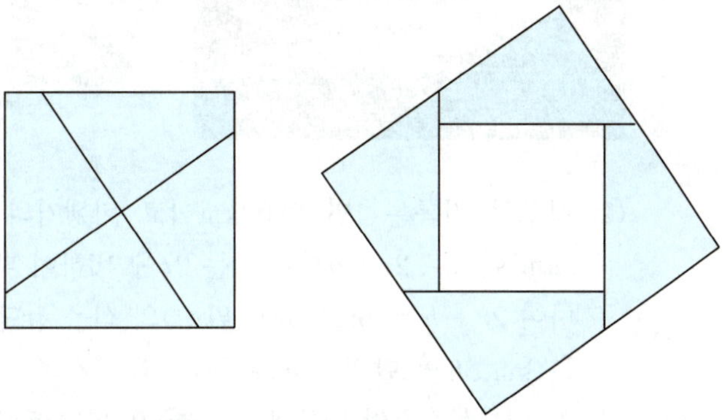

8 원에서 현의 비 이용

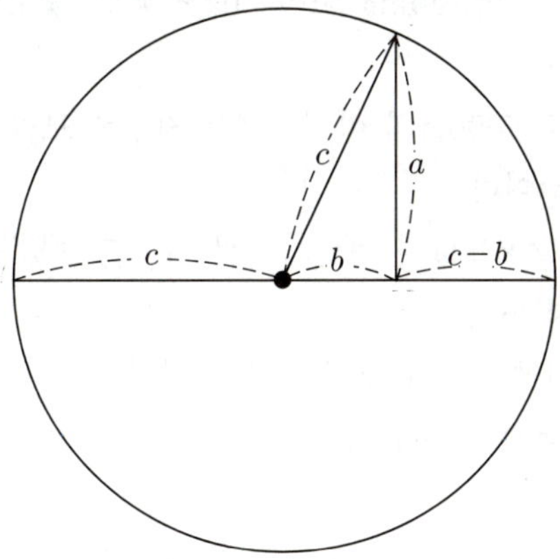

2 피타고라스 정리의 응용

1 비행기에서 지구를 바라볼 수 있는 거리는 비행기의 높이에 따라 달라진다. 비행기의 높이가 $h$km일 때, 비행기에서 바라본 수평거리를 $d$km라고 할 때, 다음을 구하여라. 단, 지구의 반지름의 길이는 6400km으로 한다.

(1) 아래 그림에서 d를 r과 h의 식으로 나타내어라.

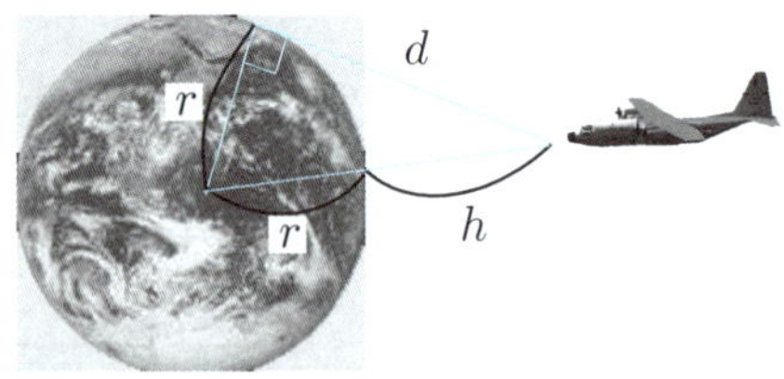

(2) 지구의 지름은 1만 2800km이고 비행기의 고도는 대략 1만 피트(약 3km)이므로 $2r+h$에서 h는 $2r$에 비하여 매우 작은 수이다. h를 무시하여 $2r+h=2r$로 놓고 위 (1)의 식을 간단히 하여라. 이때, d의 단위는 km, h의 단위는 m로 한다.

(3) 최초로 실질적인 비행에 성공한 후 1914년 제1차 세계대전이 일어날 무렵까지 비행기의 고도는 약 6000m이었다. 1차 세계 대전이 진행되면서 비행술이 비약적으로 발전하여 현재는 기상이나 온도 변화가 별로 없는 성층권(20km 이상 30km 이하 정도)이 주로 비행기의 항로로 이용된다.

1) 고도 6000m의 비행기에서 지구를 보았을 때 볼 수 있는 최대 거리를 구하여라.

2) 고도 20km의 비행기에서 지구를 보았을 때 볼 수 있는 최대 거리를 구하여라.

(4) 비행기에서 지구를 바라보는 거리가 2배가 되려면 비행기의 높이는 몇 배가 되어야 하는가?

2 야구장에서의 본루의 모양은 다음과 같은 규정에 맞추어져 있다.

본루는 5각형의 흰색 고무판으로 사용한다. 이 5각형을 만들 때에는 먼저 한 변이 43.2 cm (17인치)인 정사각형을 그려, 43.2 cm(17인치)의 한 변을 골라 이에 이웃한 양쪽의 변을 21.6 cm($8\frac{1}{2}$ 인치)로 한다.

이 변에서 밑변의 중심으로 각 30.5 cm (12인치)의 변을 2개 만든다. 30.5 cm (12인치)의 두 변이 만나는 곳을 본루·1루선, 본루·3루선의 교차점에 두고, 43.2 cm (17인치)의 변을 투수판 쪽으로 하고, 두개의 30.5 cm (12인치)의 변이 1루선 및 3루선에 일치하여 그 표면이 지면과 수평이 되도록 고정시킨다.[1)]

1루 선과 3루 선이 이루는 각이 직각이므로 다음 그림을 얻는다.

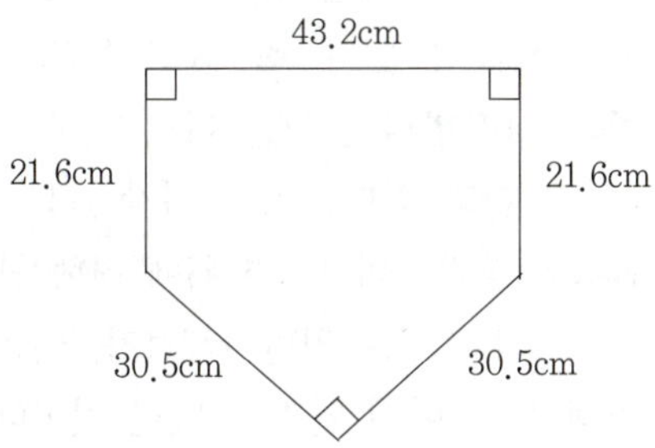

이제 피타고라스 정리를 사용하면

$$43.2^2 = 30.5^2 + 30.5^2$$

이어야 한다. 그러나

$$43.2^2 = 1866.24\,,\ \ 30.5^2 + 30.5^2 = 1860.50$$

으로 5.74cm의 차이가 발생한다. 혹시 사용된 수의 단위를 인치로 바꾸어서 이런 모순이 발생했나 알아보기 위해서 단위를 인치로 하여 다시 계산해보자. 그러나 역시

$$17^2 = 289,\ \ 12^2 + 12^2 = 288$$

와 같이 피타고라스 정리는 성립하지 않는다. 왜 이러한 일이 벌어지는지 설명해보아라.

1) 공인야구규칙, 한국야구위원회/대한야구협회 간, p. 3
http://www.koreabaseball.or.kr

3 피타고라스 정리의 일반화

1993년 와일스(A. Wiles)가 증명한 페르마의 마지막 정리는 다음과 같다.

> $n=2$일 때, 방정식 $a^n+b^n=c^n$은 (영이 아닌) 정수해를 가지며, $n=3,4,5$일 때는 (영이 아닌) 정수해를 가지지 못한다.

이것은 피타고라스 정리를 차원의 입장에서 일반화한 것이다. 이제 기하학적인 입장에서 일반화를 해보자.

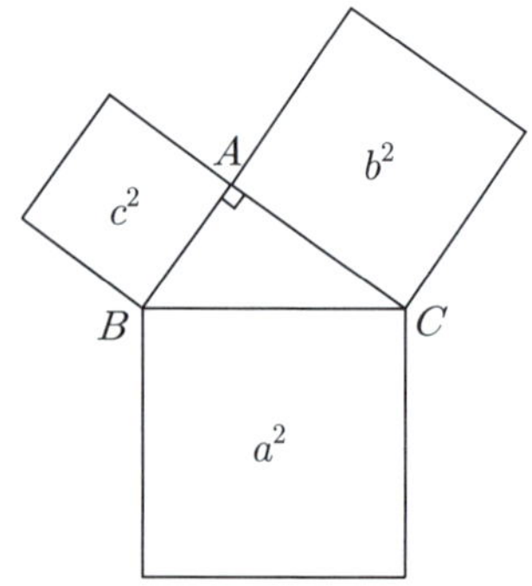

기하학적인 입장에서 피타고라스 정리는 직각삼각형의 세 변 위에 만들어진 정사각형 사이의 넓이 관계로 해석할 수 있다. 즉, 오른쪽 그림에서 가장 큰 정사각형의 넓이는 나머지 두 정사각형의 넓이의 합과 같다. 이를 직각삼각형이 아닌 일반적인 삼각형의 세 변 위에 평행사변형을 만들었을 때, 세 평행사변형의 넓이 사이의 관계로 일반화해보자. 이는 4세기에 파푸스(Pappus)에 의해서 당시 알렉산드리아에 알려져 있던 것이다.
직각삼각형의 세 변 위에 정사각형이 아닌 정다각형을 올려놓아도 이 관계가 성립할까? 이것은 주어진 직각삼각형의 빗변을 한 변으로 하는 정n각형의 넓이가 다른 두 변에서 만들어지는 정n각형의 넓이의 합과 같다는 것으로 일반화될 수 있다.[2)]

1 n=5인 경우를 확인해보자. 즉, 직각삼각형의 세 변 위에 정오각형을 만들었을 때, 세 정오각형 사이의 넓이 관계를 확인해보고 일반적으로 증명해보아라. 또, 정다각형이 아닌 서로 닮음인 일반적인 다각형으로 바꾸어도 같은 결과를 얻을 수 있는지 알아보아라.

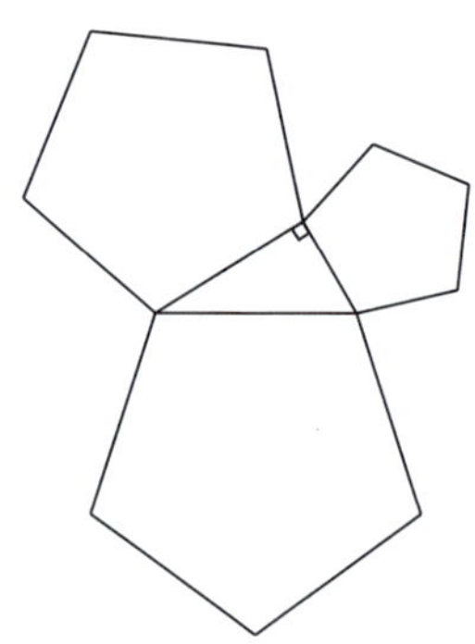

2) J. Putz · T. Sipka, *On generalizing the Pythaorean theorem*, The College Math. J., 34(4), 2003. p.291-295.

2 임의의 삼각형 ABC에서 변 AB, BC 위에 각각 평행사변형을 만들고 각 넓이를 P_1, P_2라 하자. 두 평행사변형에서 그림과 같이 연장선을 그어 그 교점을 I라 하자. 이제 변 AF가 선분 BI와 평행하고 길이가 같은 평행사변형을 만들고 넓이를 P_3라 하면 $P_1+P_2=P_3$이다. 이를 증명해보아라.

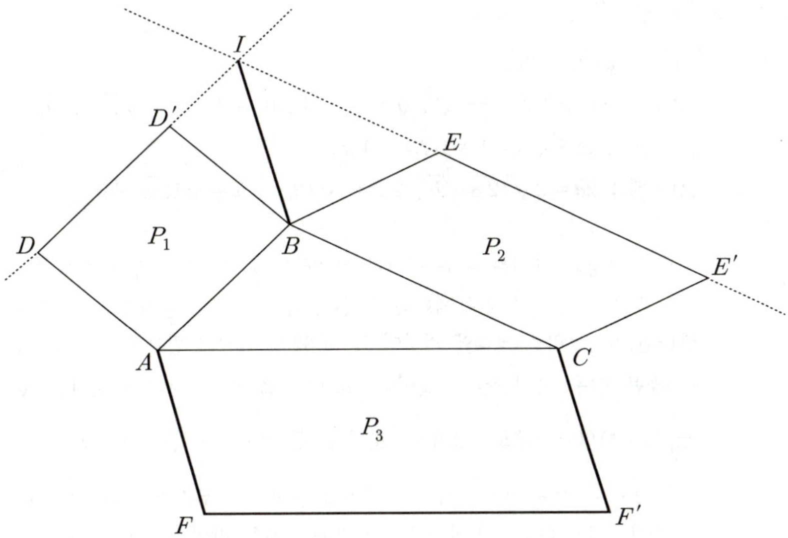

3 피타고라스 정리를 공간에서 말한다면 아래의 직각삼각뿔의 네 개의 삼각형을 이용하여 어떤 관계를 생각할 수 있을까? 의견을 써보고 증명해보아라.

피타고라스 정리의 증명

❷ 피타고라스 정리의 응용

1 (1) $d=\sqrt{h(h+2r)}$

(2) $d=\sqrt{h(h+2r)} \approx \sqrt{h}\sqrt{2r}=\sqrt{12800}\sqrt{h}$, $d=\sqrt{12.8}\sqrt{h}$

(3) $d=\sqrt{12.8}\sqrt{6000}=277.152(\text{km})$

(4) 4배 ; $2d=2\sqrt{12.8}\sqrt{h}$, $2d=2\sqrt{12.8}\sqrt{h}=\sqrt{12.8}\sqrt{4h}$

2 본루의 모양과 크기는 야구 경기가 발달하는 과정에서 경험적으로 적절하게 정해졌는데 그 크기가 12인치, 17인치로 택해진 것이다. 좀더 자세히 살펴보면 한 변의 크기를 12인치로 정한다면 피타고라스 정리에 의하여 약 16.9706 인치가 필요하게 된다. 이 경우 17인치로 정하는 것은 매우 자연스러운 일이다. 16.9706을 17로 정하는 것이나 $\sqrt{2} \fallingdotseq 1.414213562$를 $\frac{17}{12} \fallingdotseq 1.416666667$로 정하는 것이나 동일하다고 볼 수 있다. 따라서 야구장에서는 $17^2=12^2+12^2$도 피타고라스 정리라고 말하여도 무리가 없는 것이다.
한 마디 덧붙인다면, 이 상황을 근사값을 사용한 것이라고 생각하는 것은 적당하지 않다. 만약 근사값을 사용하였다면 그것은 cm로 환산한 길이에 대해서가 아니라 미국 야구 규정(12인치, 17인치)에 적용하는 것이 바람직하다. 앞에서 말한대로 규정을 정하는 사람이 근사값을 사용할 때 굳이 소수인 30.5cm, 43.2cm를 사용하지는 않았을 것이기 때문이다. 만약 야구가 우리 나라에서 처음 시작되고 야구 규정이 우리나라에서 처음 정해졌다면 아마도 30cm, 43cm 또는 30cm, 42cm로 정해졌을 것이라 추측할 수도 있을 것이다.

❸ 피타고라스 정리의 일반화

2 오른쪽 그림에서 P_2의 넓이와 두 점 I, B를 잇는 선에 의해 생기는 빗금친 두 평행사변형의 넓이가 같다. 마찬가지로하여 P_1의 넓이는 P_3에서 빗금치지 않은 평행사변형의 넓이와 같다. 따라서 $P_1+P_2=P_3$이다.

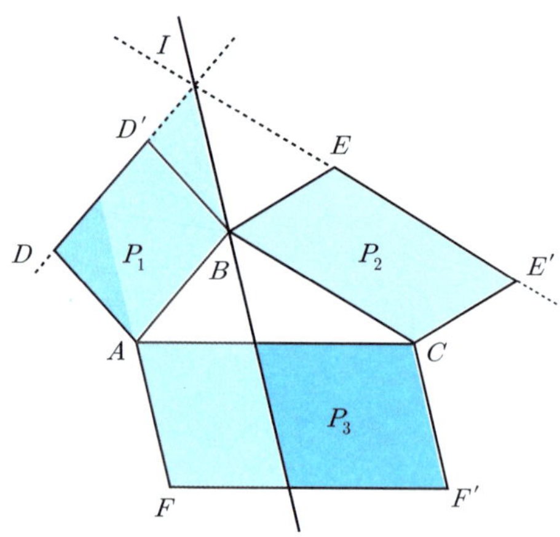

3 그림에서 $2\triangle OAB=ab$, $2\triangle OBC=bc$, $2\triangle OCA=ca$이다. 그림에서 점 A, O에서 선분 BC에 내린 수선의 길이를 각각 h, k라고 하고, 선분 BC의 길이를 l이

라고 하면 $2\triangle ABC = hl$이다.

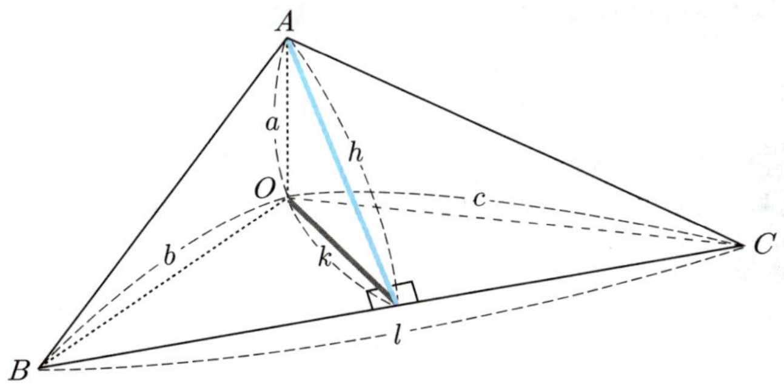

$$\begin{aligned} 4\triangle ABC^2 &= h^2 l^2 = (k^2 + a^2)\, l^2 \\ &= 4\triangle OBC^2 + a^2 l^2 \\ &= 4\triangle OBC^2 + (b^2 + c^2)\, a^2 \\ &= 4\triangle OBC^2 + 4\triangle OAB^2 + 4\triangle OCA^2 \end{aligned}$$

따라서 $\triangle ABC^2 = \triangle OAB^2 + \triangle OBC^2 + \triangle OCA^2$이 성립한다.

202-2 피타고라스 삼각형

Keywords 피타고라스 정리, 피타고라스 삼각형

피타고라스의 증명이 이루어지는 순간 다음과 같이 밑변과 높이가 1인 직각삼각형이 나타난다.

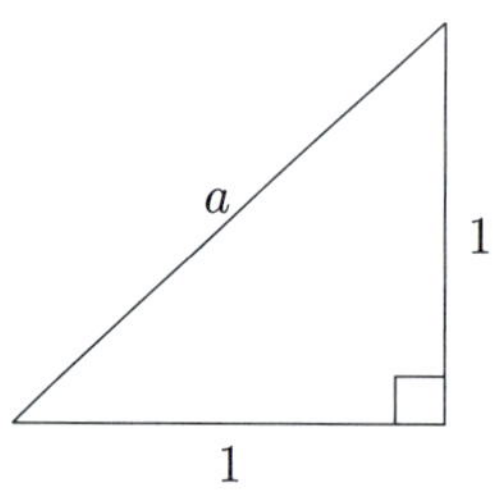

위에서 $a = \sqrt{2}$이다. $\sqrt{2} = \frac{q}{p}$이면 $q = p\sqrt{2}$이다. 한편, $\sqrt{2} = \frac{q}{p}$의 분모 p를 한 변으로 하는 정사각형을 생각하자.

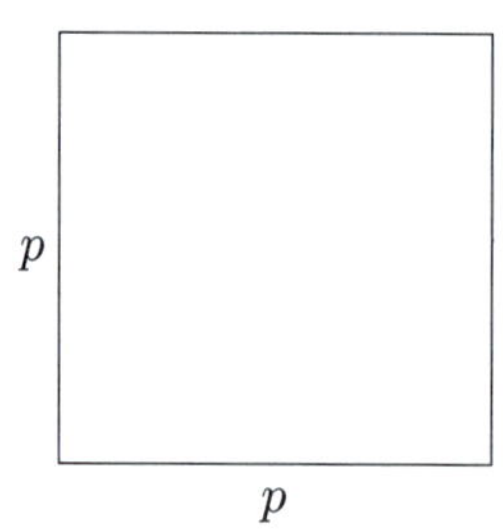

이 정사각형은 세 변의 길이가 정수인 두 개의 직각삼각형으로 나누어지지 않는다. 그 이유를 살펴보면 다음 그림과 같이 정사각형이 세 변의 길이가 정수인 두 개의 직각삼각형으로 나누어지면 정사각형의 대각선의 길이는 $p\sqrt{2}$이

고 p가 정수일 때, $p\sqrt{2}$는 정수가 아니므로 위 정사각형은 세 변의 길이가 정수인 직각삼각형 두 개로 나누어지지 않는다. 이와 같이 세 변의 길이가 정수인 직각삼각형을 피타고라스 삼각형이라 부른다. 이를 정리하면 다음을 얻는다.

다음은 모두 동치이다.
(1) 두 개의 피타고라스 삼각형으로 나누어지는 정사각형은 없다.
(2) "정사각형에서 대각선과 변이 무리수를 만든다는 것을 모르면 인간으로 불릴 자격이 없다."-철학자 플라톤

두 양의 정수 p, q에 대하여 다음은 모두 똑같은 말이다.
(1) $\sqrt{2}=\dfrac{q}{p}$로 쓸 수 없다.
(2) $p\sqrt{2}$는 정수가 될 수 없다.
(3) 두 개의 피타고라스 삼각형으로 나누어지는 한 변의 길이가 p인 정사각형은 존재하지 않는다.

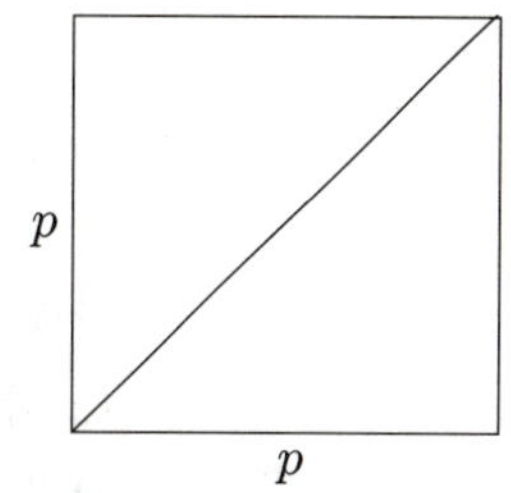

이제 '여러 개의 피타고라스 삼각형으로 나누어지는 정사각형의 존재성'은 '$\sqrt{2}$가 유리수가 아니다'를 확장한 개념이라는 것을 알았다.[3)] 그러면 우리가 원하는 만큼의 피타고라스 삼각형으로 나눌 수 있는 정사각형이 존재할까? 2개, 3개 등 차례대로 알아보자.

2개로 나누는 경우는 이미 앞에서 살펴본 대로 불가능하다. 3개의 피타고라스 삼각형으로 나눌 수 있는 정사각형은 존재하지 않는다. 한번 시도해보아라.

4개로 나눌 수 있는 정사각형도 존재하지 않는데 그 증명은 매우 복잡하다.[4)] 다음 정사각형은 컴퓨터를 사용하여 4개의 삼각형으로는 나눌 수 있는 것 중에서 가장 작은 것을 찾은 것이다. 한 변의 길이가 360인 정사각형은 각 변의 길이가 정수인 4개의 삼각형으로는 나눌 수 있지만 이때, 가운데 있는 삼각형

3) [110-1 무리수] 참고
4) C. Jepsen and R. Yang, *Making square from Pythagorean triangles*, The College Mathematics Journal, 29, 1998, p. 284-288.

은 피타고라스 삼각형은 아니다. 즉,

$$375^2+289^2=224146\neq 179776=424^2$$

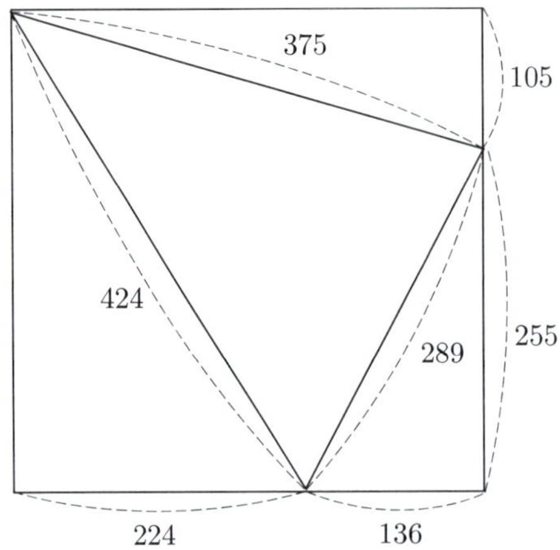

이쯤 되면 5개의 피타고라스 삼각형으로 나누어지는 정사각형이 존재해야 되지 않을까?!? 그러면 이러한 정사각형을 어떻게 찾아낼 수 있을까?
앞의 정사각형에서 피타고라스 삼각형이 아닌 삼각형을 2개의 피타고라스 삼각형으로 만들어보자. 이 방법은 두 단계로 진행이 된다. 첫 번째 단계는 가운데 삼각형을 2개의 직각삼각형으로 나누는 것이고 두 번째 단계는 5개의 직각삼각형을 피타고라스 삼각형으로 만드는 것이다.

1 (1) 아래 그림에서 w, $z-w$, h, y 구하여라.

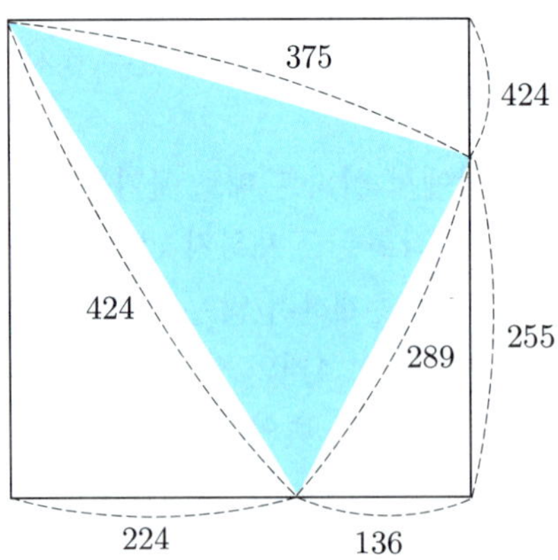

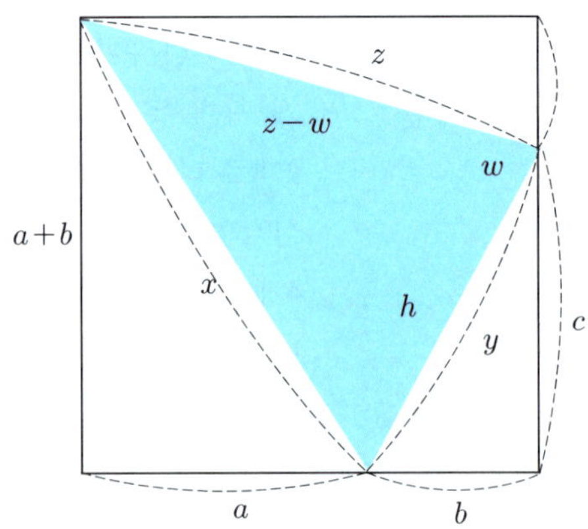

(2) 위 오른쪽 삼각형에 적당한 수를 곱하여 모든 변의 길이가 정수가 되도

록 하여라. 모든 변의 길이를 아래 그림에 나타내어라.

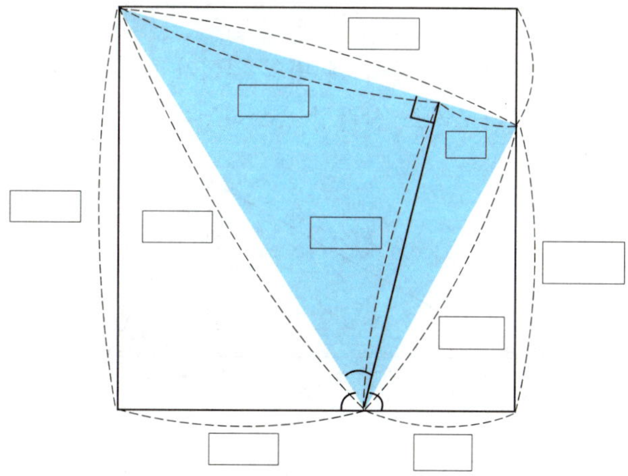

이번에는 6개의 피타고라스 삼각형으로 이루어진 정사각형을 찾아보자. 이를 위하여 앞에서 찾은 5개의 피타고라스 삼각형으로 나누어지는 정사각형을 이용할 수 있다. 다시 말하면 5개의 피타고라스 삼각형으로 나누어지는 정사각형은 6개, 7개, 8개, …의 피타고라스 삼각형으로 나누어지는 정사각형이다. 그 이유를 먼저 알아보자.

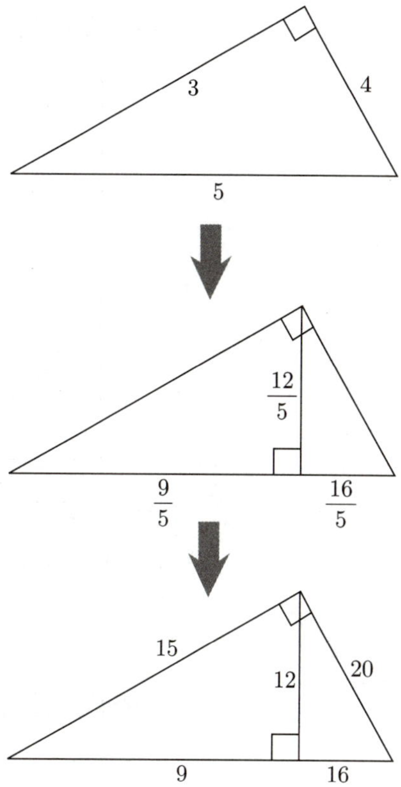

(3, 4, 5)로 이루어진 피타고라스 삼각형은 두 개의 직각삼각형으로 나눌 수 있다. 이때, 각 변을 정수로 만들려면 모든 변에 5^2을 곱하면 된다. 그러면 처음 피타고라스 삼각형은 두 개의 피타고라스 삼각형으로 나누어지게 된다. 따라서 5개의 피타고라스 삼각형으로 나누어지는 정사각형을 찾으면 자동으로 6개의 피타고라스 삼각형으로 나누어지는 정사각형을 찾게 되고 거듭하면 7, 8, 9, …개로 나누어

지는 정사각형을 찾을 수 있다. 물론 (3, 4, 5)로 이루어진 피타고라스 삼각형에서 이야기를 전개했지만 일반적으로도 보일 수 있다.

2 아래 그림과 같이 세 변의 길이가 $(p,\ q,\ r)$인 피타고라스 삼각형을 두 개의 피타고라스 삼각형으로 나누어보자. 변의 길이를 모두 구하여라.

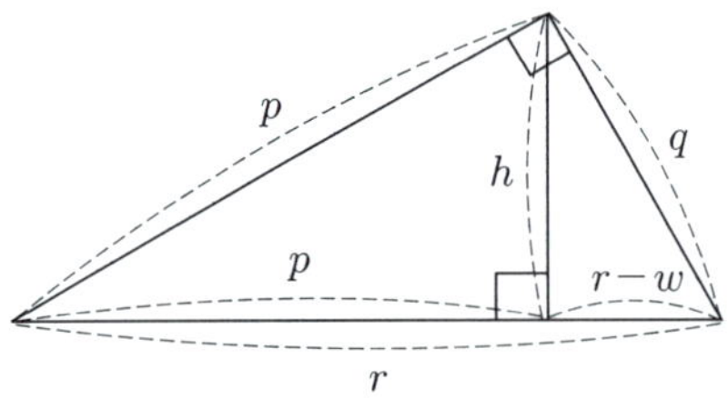

3 앞에서 한 변의 길이가 9000인 정사각형은 다섯 개의 피타고라스 삼각형으로 나누어짐을 알았다. 이 정사각형을 여섯 개의 피타고라스 삼각형으로 나누어보아라.

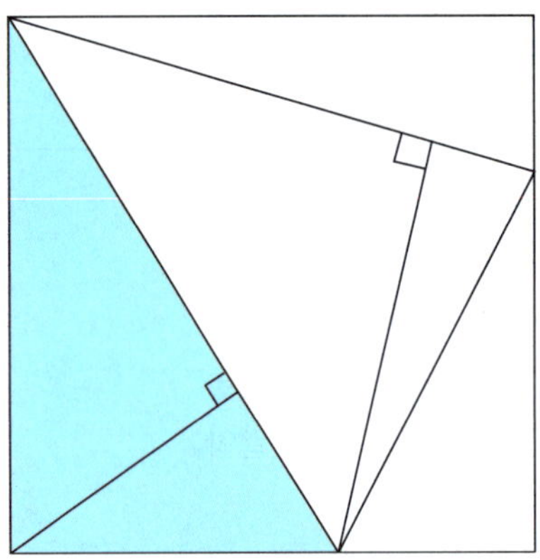

앞의 결과에 의하여 m개의 피타고라스 삼각형으로 나누어지는 정사각형이 존재하면 $(m+1)$개의 피타고라스 삼각형으로 나누어지는 정사각형이 존재한다. 그러므로 우리는 다음 정리를 얻는다.

피타고라스 삼각형 정리
양의 정수 m에 대하여 m개의 피타고라스 삼각형으로 나누어지는 정사각형이 존재할 필요충분조건은 $m \geq 5$이다.

■ 피타고라스 정리에 관한 미해결 문제

페르마는 넓이가 1이고 각 변의 길이가 유리수인 직각삼각형이 존재하지 못한다는 것을 증명하였다. 그러나 넓이가 1이 아닌 일반적인 정수 n에 관해서는 아직 모르고 있다. 특별한 경우이지만 각 변의 길이가 유리수이고 넓이가 157인 직각삼각형은 존재한다. 구체적인 크기는 다음과 같다.[5]

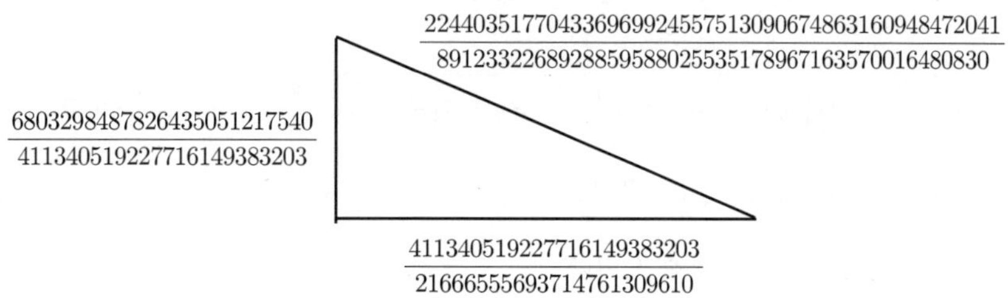

5) A. Wiles, *Twenty years of number theory, in Mathematics: Frontiers and Perspectives*, (Eds. V. Arnold, et al), IMU-AMS, 2000, p. 329–343.

피타고라스 삼각형

1 (1) $424^2=(375-w)^2+h^2$, $289^2=w^2+h^2$을 만족하는 $w=\dfrac{1479}{25}$이다.

(2) 모든 선분의 길이에 25를 곱하면 모든 변의 길이를 정수로 만들 수 있다. 이로부터 한 변의 길이가 9000인 다음 정사각형이 만들어진다.

2 그림에서 $p^2=wr$, $q^2=(r-w)r$이므로 $w=\dfrac{p^2}{r}$, $r-w=\dfrac{q^2}{r}$이고

$h^2=w(r-w)=\dfrac{p^2}{r}\dfrac{q^2}{r}$ 즉, $h=\dfrac{pq}{r}$이다. 따라서 모든 변의 길이를 정수로 만들려면 모든 변에 r을 곱해주면 된다.

3 모든 변에 10600을 곱하면 된다.

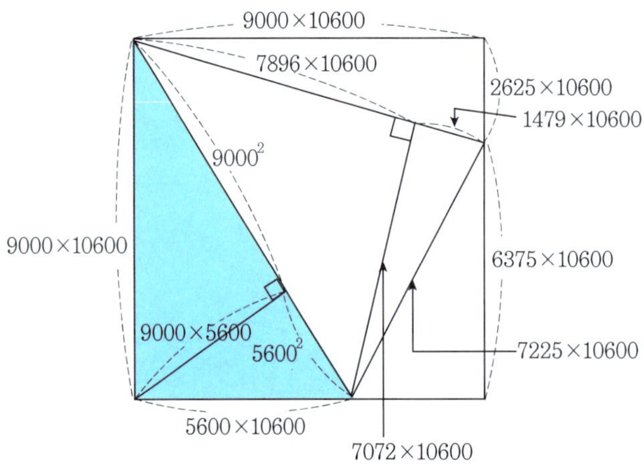

202-3 피타고라스 짝

Keywords 피타고라스 짝, 삼각비, 삼각함수, 플림프톤

식 $3^2+4^2=5^2$을 만족하는 순서쌍 (3, 4, 5)를 피타고라스 짝(Pythagorean Triplets)이라 한다. 이는 방정식

$$x^2+y^2=z^2$$

을 만족하는 정수해[6]이다. 플림프톤 322라는 점토판에는 이러한 수들이 새겨져 있다. 이 점토판에 쓰여 있는 수들을 분석하면 당시의 수학에 대한 정보를 얻을 수 있다. 플림프톤 322(Plimpton 322)로 불리는 점토판 (기원전 1900 - 기원전 1600)에서는 다음과 같은 짝을 찾아볼 수 있다[7].

$$(120, 119, 169),\ (4800, 4601, 6649),\ (72, 65, 97)$$
$$(600, 481, 769),\ (2700, 1771, 3229),\ (90, 56, 106)$$

물론 점토판에는 육십진법으로 쓰여 있다. 순서쌍 $(120, 119, 169)$를 육십진법으로 바꾸면 다음과 같다.

$$120 = 2\times 60 + 0\times 1$$
$$119 = 1\times 60 + 59\times 1$$
$$169 = 2\times 60 + 49\times 1$$

따라서 이 수들은 각각 2:0; 1:59; 2:49이다. 다음 사진[8]은 4칸 15

6) [108-2 부정방정식] 참고
7) E. Robson, *Words and pictures: New light on Plimpton 322*, AMS Monthly 109, 2002, p. 105-120.
8) 점토판의 크기는 13×9×2cm이다. 뉴욕에서 출판업을 하는 플림프톤(George A. Plimpton)의 이름에서 따왔는데, 그는 역사적인 수학책 등의 모든 소장품을 1930년대 중반에 콜럼비아 대학에 기증하였다. 그는 이 점토판을 1922년경 뱅크스(Edgar J. Banks)로부터 10달러에 구입하였는데 뱅크스는 이 점토판을 이라크 남쪽 젠케레(Senkereh)라 불리는 유적지에서 구했다고 한다. 젠케레의 옛 지명은 라르사(Larsa)이다.

줄로 되어 있는데 점토판의 일부분이다. 표시한 부분을 그대로(육십진법) 번역하면 다음과 같다.

1:59	2:49	1
56:07	1:20:25	2
1:16:41	1:50:49	3
3:31:49	5:09:01	4
1:05	1:37	5
5:19	8:01	6
38:11	59:01	7
13:19	20:49	8
9:01	12:49	9
1:22:41	2:16:01	10
45	1:15	11
27:59	48:49	12
7:12:1	4:49	13
29:31	53:49	14
56	53	15

1 플림프톤 322의 수에서 오류 수정

플림프톤에는 세 군데 오류가 있다. 먼저 이를 수정해보자.

• 첫 번째 오류 : 9째줄

두 수 9 : 1과 13 : 49로는 피타고라스 짝을 만들 수 없다.

$$9:1=9\times60+1=541$$
$$12:49=12\times60+49=769$$

이므로 이를 확인할 수 있다. 따라서 점토판을 만드는 과정에서 8 : 1을 9 : 1로 단순히 잘못 기입한 것으로 짐작할 수 있다. $8:1=8\times60+1=481$로 고치면 피타고라스 짝 (481, 600, 769)를 얻는다.

• 두 번째 오류 : 13째줄

두 수 7 : 12 : 1과 4 : 49로도 피타고라스 짝을 만들 수 없다.

$$7:12:1=7\times60^2+12\times60+1=25921$$
$$4:49=4\times60+49=289$$

에서 확인해보아라. 그런데 $25921=161^2$을 주목하면 161과 289는 피타고라스 짝 (161, 240, 289)를 만든다. 따라서 점토판을 만드는 과정에서 25921의 제곱근 $161 = 2 \times 60 + 41 = 2:41$을 점토판에 써넣어야 하는데 이를 잊고 25921 =7 : 21 : 1로 잘못 기입한 것으로 추측할 수 있다.

• 세 번째 오류 : 15째줄
두 수 56, 53으로는 피타고라스 짝을 만들 수 없다. 그러나 53의 2배 106을 사용하면 (56, 90, 106)은 피타고라스 짝이다. 따라서 점토판에 있는 53은 106=1 : 46으로 바꾸어야한다.

이와 같은 실수를 보면 4000년 전이나 지금이나 인간이 변한 것은 하나도 없다.

2 플림프톤 322의 수에서 무엇을 알 수 있는가

이제 앞에서 잡아낸 세 가지 오류를 교정한 값으로 플림프톤의 수들을 모두 십진법으로 바꾸자. 예를 들면,

$$1:59 = 1 \times 60 + 59 \times 1 = 119$$
$$2:49 = 2 \times 60 + 49 \times 1 = 169$$

와 같이 각각의 수를 십진법으로 바꾸면 다음과 같다.

높이	빗변	순서
1:59	2:49	1
56:07	1:20:25	2
1:16:41	1:50:49	3
3:31:49	5:09:01	4
1:05	1:37	5
5:19	8:01	6
38:11	59:01	7
13:19	20:49	8
9:01	12:49	9
1:22:41	2:16:01	10
45	1:15	11
27:59	48:49	12
7:12:1	4:49	13
29:31	53:49	14
56	53	15

⇨

높이	빗변	순서
119	169	1
3367	4825	2
4601	6649	3
12709	18541	4
65	97	5
319	481	6
2291	3541	7
799	1249	8
481	769	9
4961	8161	10
45	75	11
1679	2929	12
161	289	13
1771	3229	14
56	106	15

노이게바우어(Neugebauer)와 삭스(Sachs)는 위 정정된 표에서 $(높이)^2$-(빗

변)^{2}이 완전제곱수가 됨을 알아냈다. 예를 들면

$$169^2 - 119^2 = 14400 = 120^2$$

이다. 즉, 고대 바빌로니아인들은 피타고라스 짝을 찾는 알고리즘을 알고 있었고, 피타고라스 짝 (119, 120, 169)에서 두 수 119, 169만을 플림프톤에 기록한 것이다.

이제 우리가 피타고라스 짝이라 부르는 수를 고대 바빌로니아인들이 어떻게 구현했는지 알아보자. 먼저 $(a,\ b,\ c)$를 파타고라스 짝으로 표시하자. 즉, $a^2 + b^2 = c^2$이다. 이때, 양의 정수 m에 대하여 $(ma,\ mb,\ mc)$도 역시 피타고라스 짝이 된다. 그러므로 (3, 4, 5)와 같이 서로소인 피타고라스 짝을 원시 피타고라스 짝[9]이라 부르자. 다음 네 가지 조건을 만족하는 두 수 p, q는 피타고라스 짝 $(a,\ b,\ c) = (2pq,\ p^2 - q^2,\ p^2 + q^2)$을 만든다.

- p, q는 양의 정수
- $p > q$
- 하나는 짝수이고 나머지 하나는 홀수
- p, q는 서로소

이를 바탕으로 점토판에 있는 값, 높이와 빗변에 적용하면 다음을 얻는다.

순서	p	q	m	높이	빗변
1	12	5	1	119	169
2	64	27	1	3367	4825
3	75	32	1	4601	6649
4	125	54	1	12709	18541
5	9	4	1	65	97
6	20	9	1	319	481
7	54	25	1	2291	3541
8	32	15	1	799	1249
9	25	12	1	481	769
10	81	40	1	4961	8161
11	2	1	15	45	75
12	48	25	1	1679	2929
13	15	8	1	161	289
14	50	27	1	1771	3229
15	7	2	2	56	106

9) Supriya Mohanty · S. P. Mohanty, *Pythagorean Numbers*, The Fibonacci Quarterly, Vol. 28, February 1990, p. 31–42.
한편, L. Gerstein, *Pythagorean triples and inner products*, Math. Magazine, 78(3), p. 205–213에는 원시 피타고라스 짝을 삼차원 벡터 공간과 연결지어 구하는 방법이 실려 있다.

첫째 줄을 확인해 보자. 두 수 12, 5에서

$$2\times12\times5=120,\ 12^2-5^2=119,\ 12^2+5^2=169$$

이고 (120, 119, 169)는 피타고라스 짝이다.

1 위 표에서 둘째 줄, 셋째 줄의 피타고라스 짝을 구하여라.

순서	p	q	m	높이	빗변	밑변
1	12	5	1	119	169	169
2	64	27	1	3367	4825	
3	75	32	1	4601	6649	

3 첫째 칸의 비밀

앞에서는 점토판의 4칸 중에서 2~4번째 칸에 대해서만 알아보았다. 이제 가장 왼쪽에 있는 첫째 칸은 무엇을 나타내는지 알아보자. 다음은 첫째 칸을 포함하여 전체를 육십진법으로 나타낸 표이다.

1:59:00:15	1:59	2:49	1
1:56:56:58:14:50:06:15	56:07	1:20:25	2
1:55:07:41:15:33:45	1:16:41	1:50:49	3
1:53:10:29:32:52:16	3:31:49	5:09:01	4
1:48:54:01:40	1:05	1:37	5
1:47:06:41:40	5:19	8:01	6
1:43:11:56:28:26:40	38:11	59:01	7
1:41:33:45:14:03:45	13:19	20:49	8
1:38:33:36:36	9:01	12:49	9
1:35:10:02:28:27:24:26	1:22:41	2:16:01	10
1:33:45	45	1:15	11
1:29:21:54:02:15	27:59	48:49	12
1:27:00:03:45	7:12:1	4:49	13
1:25:48:51:35:06:40	29:31	53:49	14
1:23:13:46:40	56	53	15

• 첫째 칸 1 : 59 : 00 : 15를 십진법으로 고치면

$$1:59:00:15=1+59\times\frac{1}{60}+15\times\frac{1}{60^3}=\frac{28561}{14400}=\frac{169^2}{120^2}$$

• 둘째 칸 1 : 56 : 56 : 58 : 14 : 50 : 06 : 15를 십진법으로 고치면

$$\begin{aligned}&1:56;56:58:14;50:06:15\\&=1+56\times\frac{1}{60}+56\times\frac{1}{60^2}+58\times\frac{1}{60^3}+14\times\frac{1}{60^4}+50\times\frac{1}{60^5}+6\\&\quad\times\frac{1}{60^6}+15\times\frac{1}{60^7}\\&=\frac{23280625}{11943936}=\frac{4825^2}{3456^2}\end{aligned}$$

두 수 $\frac{169^2}{120^2}$, $\frac{4825^2}{3456^2}$는 앞에서 알게 된 두 수 p, q에 의하여 피타고라스 짝을 구하는 방법과 함께 살펴보면 플림프톤에 새겨져 있는 수가 단지 피타고라스 짝만을 의미하는 것이 아니라 삼각비와도 관련 있다는 것을 알 수 있다. 직각삼각형에서 $a=120$, $c=169$이면 그 사이각 θ는

$$\cos\theta=\frac{120}{169}$$

에서 $\theta=44.76°$ 임을 알 수 있다. 다시 말하면, 플림프톤의 첫째 칸에 있는 수들은 직각삼각형(특히, 피타고라스 삼각형)에서 밑변과 빗변의 비의 제곱을 알려주는 값이고 이것은 결국 cos의 값을 나타내므로 점토판은 각도가 31.89도부터 44.76도에 이르는 삼각비를 나타낸 표이다. 이로부터 당시 바빌로니아 인들이 삼각비의 값을 표로 만들어 사용했다는 것을 알 수 있다.

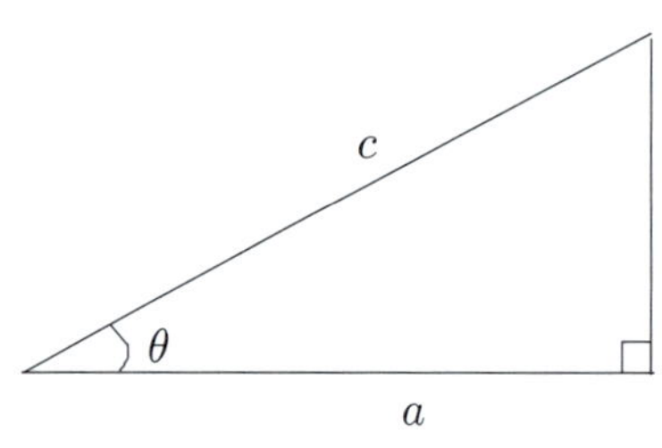

이제 플림프톤의 첫째 칸으로부터 각도를 계산하면 다음과 같다.

첫째 칸	$(1/\cos\theta)^2$	각도(θ)	높이	빗변(c)	밑변(a)	줄
1:59:00:15	$\left(\frac{169}{120}\right)^2$	44.76	119	169	120	1
1:56:56:58:14:50:06:15	$\left(\frac{4825}{3456}\right)^2$	44.25	3367	4825	3456	2
1:55:07:41:15:33:45	$\left(\frac{6649}{4800}\right)^2$		4601	6649	4800	3
1:53:10:29:32:52:16	$\left(\frac{18541}{13500}\right)^2$		12709	18541	13500	4
1:48:54:01:40	$\left(\frac{97}{72}\right)^2$		65	97	72	5
1:47:06:41:40	$\left(\frac{481}{360}\right)^2$		319	481	360	6
1:43:11:56:28:26:40	$\left(\frac{3541}{2700}\right)^2$		2291	3541	2700	7
1:41:33:45:14:03:45	$\left(\frac{1249}{960}\right)^2$		799	1249	960	8
1:38:33:36:36	$\left(\frac{769}{600}\right)^2$	38.72	481	769	600	9
1:35:10:02:28:27:24:26	$\left(\frac{8161}{6480}\right)^2$	37.44	4961	8161	6480	10
1:33:45	$\left(\frac{75}{60}\right)^2$	36.87	45	75	60	11
1:29:21:54:02:15	$\left(\frac{2929}{2400}\right)^2$	34.98	1679	2929	2400	12
1:27:00:03:45	$\left(\frac{289}{240}\right)^2$	33.86	161	289	240	13
1:25:48:51:35:06:40	$\left(\frac{3229}{2700}\right)^2$	33.26	1771	3229	2700	14
1:23:13:46:40	$\left(\frac{106}{90}\right)^2$	31.89	56	106	90	15

2 계산기를 이용하여 위의 표의 빈칸을 채워보아라.

한편, $(1/\cos\theta)^2$의 값은 피타고라스 짝 $(a,b,c)=(2pq, p^2-q^2,\ p^2+q^2)$에서

$$\frac{c^2}{a^2}=\frac{p^2+q^2}{2pq}=\frac{1}{2}\left(\frac{p}{q}+\frac{q}{p}\right)$$

을 이용해서도 구할 수 있다.

피타고라스 짝

❷ 플림프톤 322의 수에서 무엇을 알 수 있는가

1 3456, 4800

❸ 첫째 칸의 비밀

2 43.79, 43.27, 42.08, 41.54, 40.31, 39.77

203

분할

• **교육과정**

중 1 _ 도형, 정다면체

중 2 _ 측정, 닮음

중 3 _ 문자와 식, 이차방정식, 측정, 삼각비

주제 1	다각형의 분할
Keywords	정삼각형, 정사각형, 다각형, 분할, 넓이
주제 2	기둥과 뿔의 부피 – 다면체의 분할을 중심으로
Keywords	부피, 기둥, 뿔
주제 3	정사면체 분할
Keywords	정사면체, 등분
주제 4	움직이는 다면체
Keywords	정육면체, 정팔면체, 정십이면체, 황금비, 마름모 십이면체

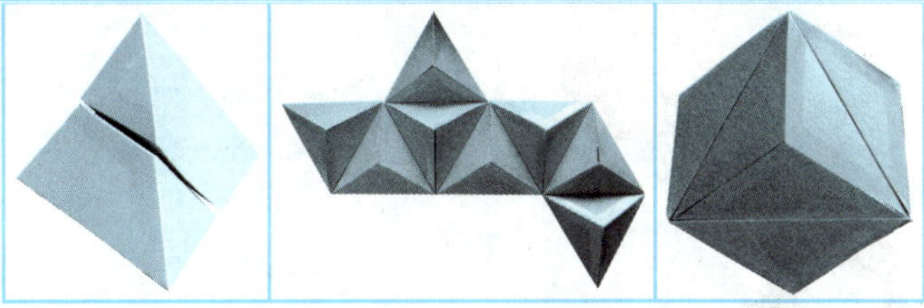

앞에서 우리는 자연수에 대한 분할을 알아보았다. 그러나 분할은 도형에 대해서도 적용되는 개념이다. 도형을 분할할 때에는 넓이가 같게 되는 분할, 모양이 같게 되는 분할 등 조건에 따라 여러 가지가 가능하다. 여러 가지 도형으로 만들어지는 퍼즐은 대체로 도형의 분할과 관계 깊다. 예를 들면, 칠교놀이(탠그램)은 정사각형을 일곱 조각으로 분할하여 만들어지는 퍼즐이다.

여기에서는 평면도형, 입체도형에 대한 분할을 모두 소개하였다.

주제 1은 주로 다각형을 넓이가 같게 분할하는 방법에 대한 것이다. 놀랍게도 이 분할의 기초는 밑변이 고정되어 있을 때, 높이가 같은 삼각형은 넓이가 같다는 아주 간단한 사실이다.

주제 2는 분할이라는 소재를 통해서 기둥과 뿔의 부피에 관해 알아보는 내용이다. 중학교 1학년에서는 뿔의 부피는 밑면이 합동이면서 높이가 같은 기둥의 부피의 1/3이라는 사실을 실험을 통해서 도입한다. 그 관계를 증명없이 실험을 통해서 도입하는 이유를 넓이 · 부피에 대한 공리와 함께 알아보는 것은 수학하는 태도에 대한 성찰을 가능하게 할 것이다.

주제 3은 정사면체에서 모양이 같게 되는 분할에 대한 것이다. 정육면체나 직육면체는 모양이 같게 되는 분할을 쉽게 할 수 있는 반면, 정사면체에서는 그렇지 않다. 정사면체를 이등분, 사등분하는 분할 방법, 그 분할된 조각의 전개도에 대한 상상은 충분한 즐거움을 맛보게 할 것이다.

주제 4는 정육면체, 정팔면체를 분할하여 또 다른 다면체를 만드는 것에 대한 내용이다. 일종의 다면체 퍼즐인 셈인데, 어떻게 분할하면 또 다른 다면체가 만들어지는지에 대한 탐구가 다면체의 구조에 대한 깊이 있는 이해로 이끌 것이다.

203-1 다각형의 분할

Keywords 정삼각형, 정사각형, 다각형, 분할, 넓이

다각형을 넓이가 같은 다른 다각형으로 바꾸어 그릴 때나 다각형을 넓이가 같도록 몇 등분할 때에 이용하는 가장 기본적인 사실은

두 평행선 사이에서 그림과 같이 넓이가 같은 삼각형을 만들 수 있다는 것이다.

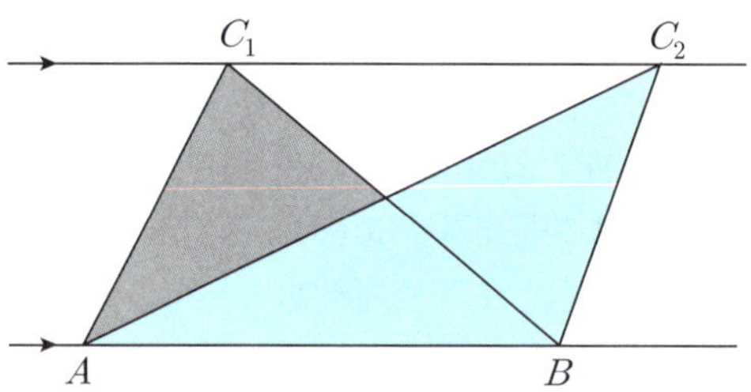

두 직선이 평행할 때
$\triangle ABC_1 = \triangle ABC_2$

위의 사실을 이용하여 다각형을 넓이를 유지한 채 다른 다각형으로 변환시키는 문제, 또는 다각형을 넓이가 같은 작은 다각형으로 등분하는 문제를 생각해보자.[1)] 이러한 문제는 고대 그리스 당시 많은 사람들의 관심을 끌었는데, 도형을 분해하는 능력과 추론 능력을 키우는 데 매우 좋은 소재이다.

1 삼각형을 직각삼각형, 직사각형으로 바꾸기

주어진 삼각형을 넓이가 같은 직각삼각형으로 바꿀 때에는 평행선 사이의 거

1) 자연수에 대한 분할은 [105-3 자연수의 분할] 참고

리가 같음을 이용하면 된다. 이를 이용하여 다음 문제를 해결해보자.

1 주어진 삼각형을 넓이가 같은 직각삼각형, 직사각형으로 바꾸어 그려라.

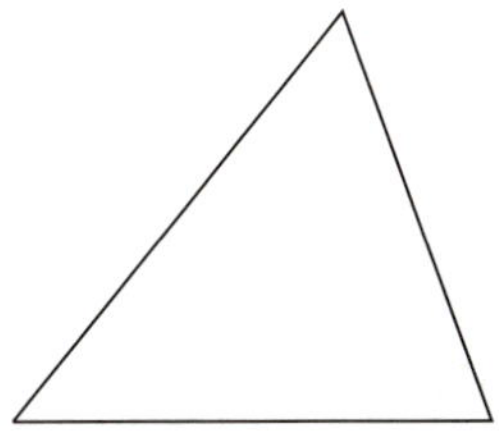

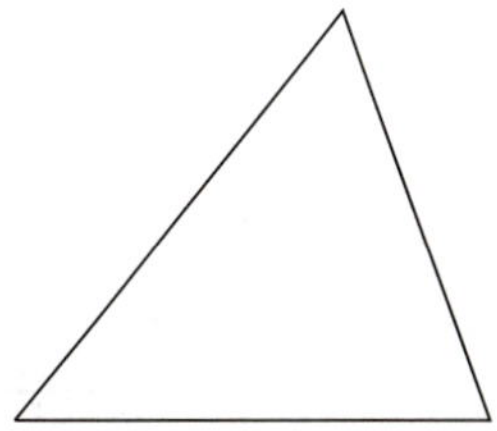

2 삼각형을 등분하기

주어진 삼각형을 적당한 조건 아래에서 등분하는 방법을 알아보자.

1 주어진 삼각형의 넓이를 이등분하는 직선을 긋고 그 이유를 설명하여라. 가능하다면 여러 가지 방법으로 시도해보아라.

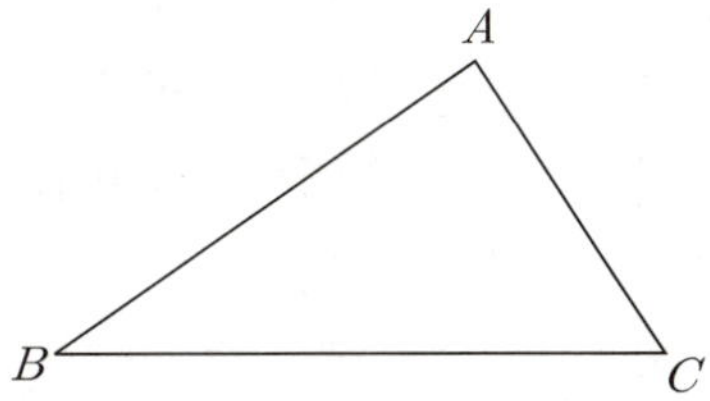

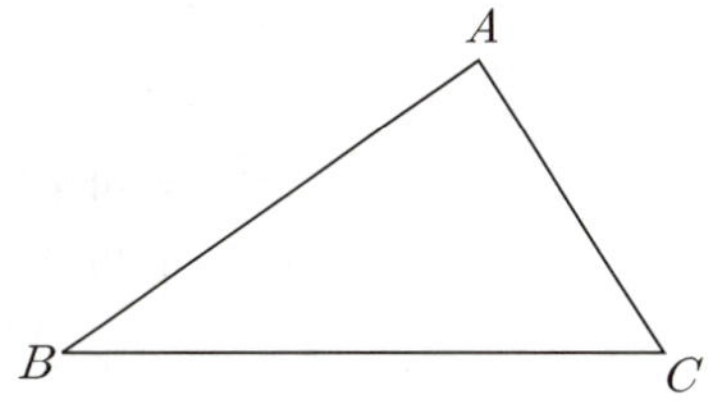

2 주어진 삼각형 위의 점 P를 지나면서 삼각형의 넓이를 이등분하는 직선을 그리고 그 이유를 설명하여라.

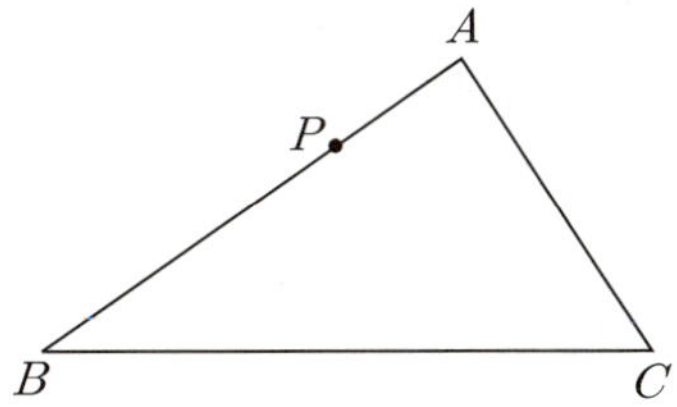

3 주어진 삼각형을 넓이가 같은 삼각형과 사각형으로 이등분하는 선을 긋고 그 이유를 설명하여라.

4 주어진 삼각형 위의 점 P를 지나면서 삼각형의 넓이를 4등분하는 직선을 그려라.

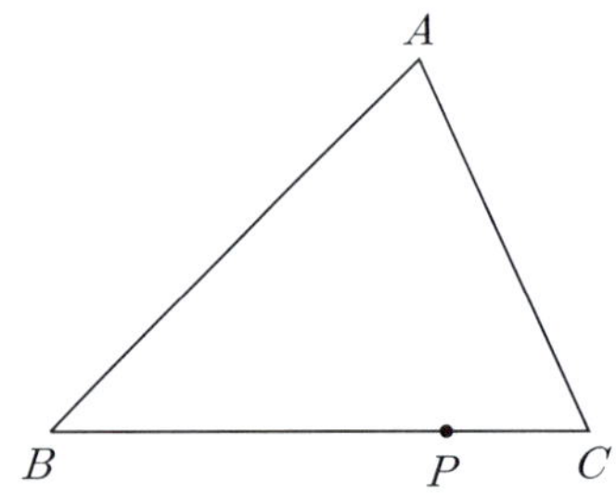

5 주어진 삼각형 위의 점 P를 지나면서 삼각형의 넓이를 n등분하는 것이 가능한가, 가능하다면 그 방법을 설명하여라.

3 다각형을 넓이가 같은 삼각형으로 바꾸기

사각형을 넓이가 같은 삼각형으로 바꾸려면 먼저 사각형의 두 꼭지점을 이어 삼각형으로 분할한 뒤, 평행선 사이의 거리가 같음을 이용하여 한 삼각형의 모양을 바꾸어 전체적인 모양을 삼각형으로 만들면 된다. 아래에서 다각형을 넓이가 같은 삼각형으로 만들어보자.

1 다음 주어진 다각형을 넓이가 같은 삼각형으로 바꾸고 그 이유를 설명하여라.

(1) 사각형을 삼각형으로

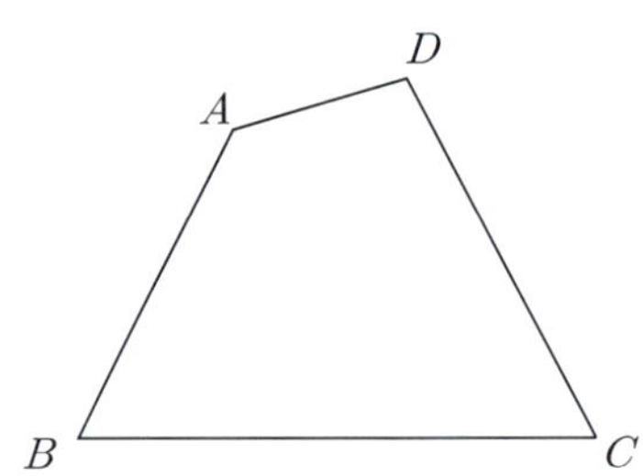

(2) 육각형을 삼각형으로

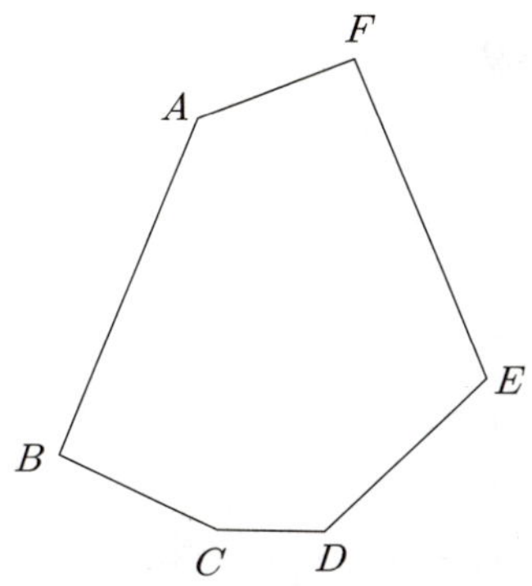

(3) 모든 다각형은 넓이가 같은 삼각형으로 바꾸어 그릴 수 있는가? 그 방법을 설명하여라.

2 사각형 위의 점 P를 지나면서 사각형의 넓이를 이등분하는 직선을 그리고 그 방법을 설명하여라.

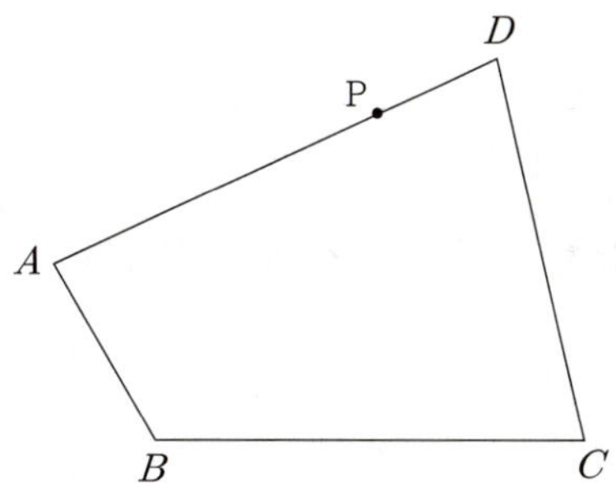

4 사각형을 등분하기

정사각형의 한 꼭지점에서 정사각형을 이등분하려면 대각선을 그으면 된다. 마찬가지로 사등분할 때에도 두 개의 대각선을 그을 수도 있고 이등분된 삼각형을 다시 이등분할 수도 있다. 그러나 정사각형을 5등분, 7등분하는 것은 간단하지 않다.

1 정사각형 ABCD의 한 꼭지점에서 사각형을 5등분, 7등분하는 선을 그어라.

(1) 5등분

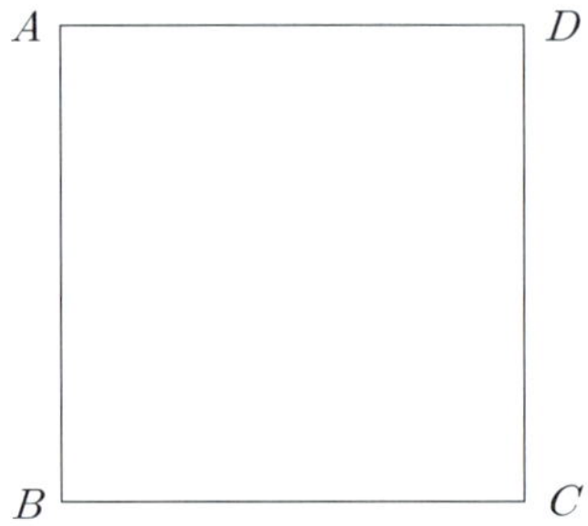

(2) 7등분

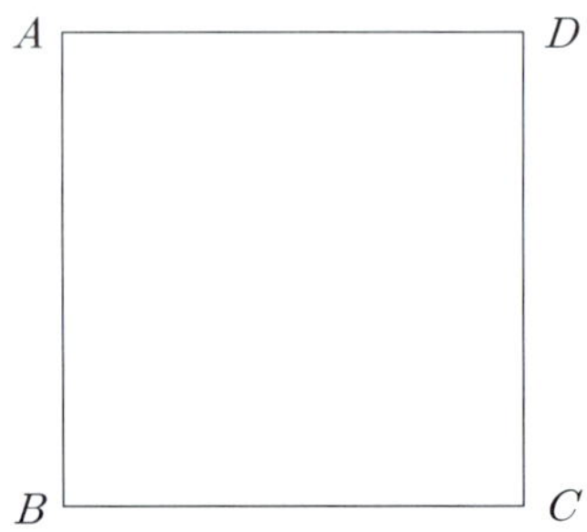

2 정사각형의 한 꼭지점에서 정사각형의 넓이를 n등분하는 방법을 설명하여라.

다각형의 분할

❶ 삼각형을 직각삼각형, 직사각형으로 바꾸기

1 $\triangle ABC = \triangle ABH$ $\triangle ABC = \square BCDE$

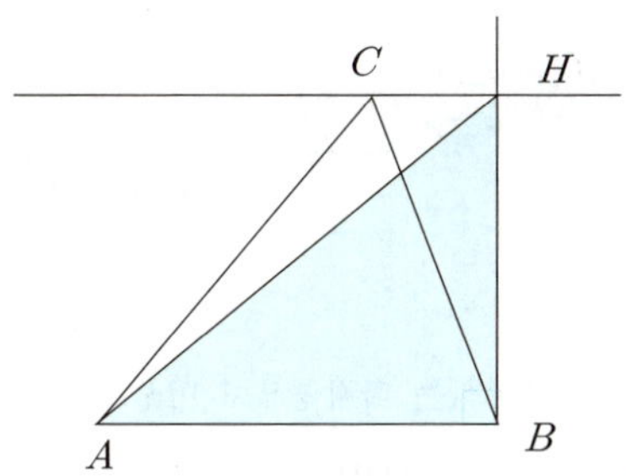

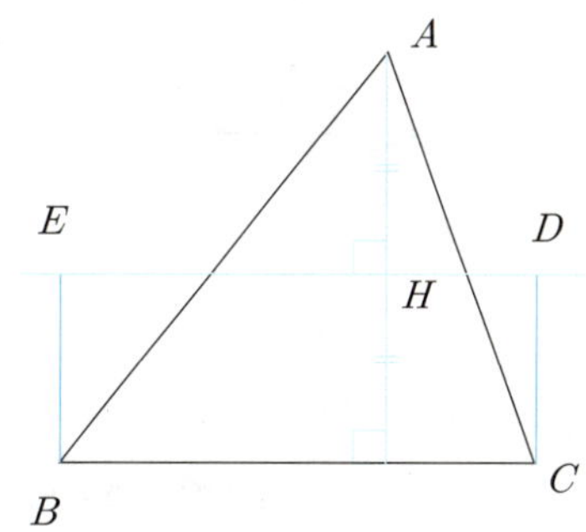

❷ 삼각형을 등분하기

1 한 꼭지점과 대변의 중점을 이으면 된다.

2 점 M은 변 BC의 중점. 점 A를 지나면서 직선 PM과 평행한 선을 긋고 이 선과 변 BC와의 교점을 Q라고 하면 $\triangle PMA = \triangle PMQ$이므로

$$\frac{1}{2}\triangle ABC = \triangle ABM = \triangle PBM + \triangle PMA = \triangle PBM + \triangle PMQ = \triangle PBQ$$

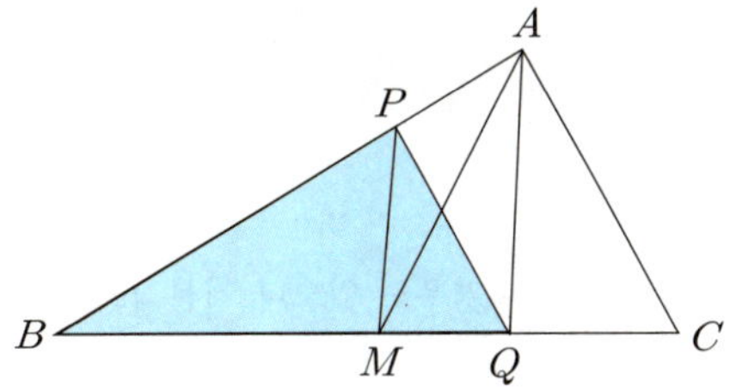

3 삼각형 위에 임의로 점 P를 잡고 위와 같은 방법으로 삼각형을 이등분하면 된다.

4 점 P가 놓여 있지 않은 변을 4등분한다. 그림에서 점 E, F, F는 변 AB의 사등분점이다. 그

러면 $\triangle CBG = \frac{1}{4}\triangle ABC$이다. 이제 점 P를 지나면서 $\triangle CBG$와 넓이가 같은 삼각형을 작도하면 아래 그림에서 $\triangle CBG = \triangle PJB$이다.

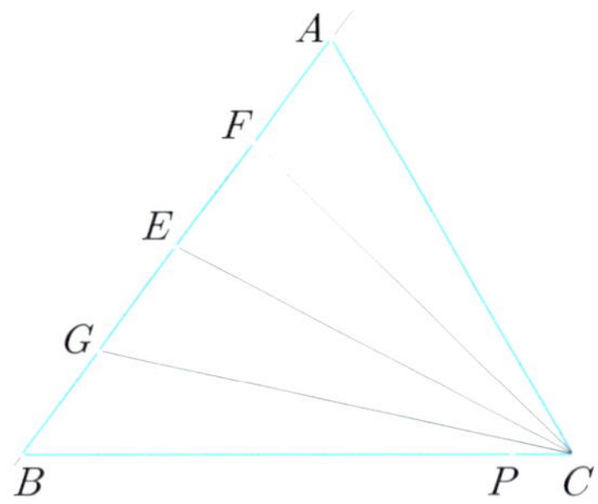

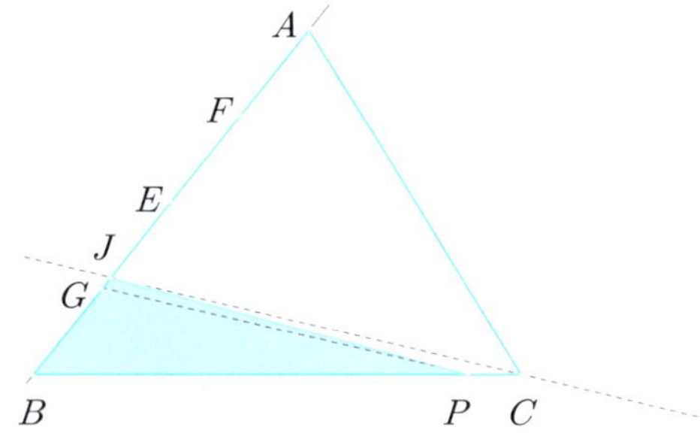

$\triangle ABC$의 넓이의 1/4인 $\triangle CGE$를 변 PJ를 포함하는 다각형으로 바꾸면

$$\triangle CGE = \triangle CFE + \triangle CJG = \triangle CJE + \triangle CJP = \square CPJE = \triangle PJI$$

가 된다. 같은 방법으로 $\triangle ABC$의 넓이의 1/4인 $\triangle CEF$, $\triangle CFA$를 넓이가 같은 다각형으로 바꾸면 아래 그림과 같다.

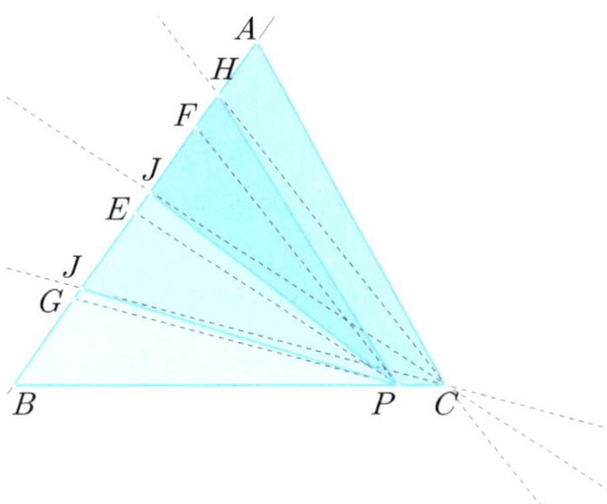

5 점 P의 위치에 따라 그려지지 않는 경우도 있으나 기본적으로는 위의 방법과 같이하면 n등분이 가능하다.

❸ 다각형을 넓이가 같은 삼각형으로 바꾸기

1 (1) 사각형 $ABCD$와 삼각형 ABE의 넓이는 같다.

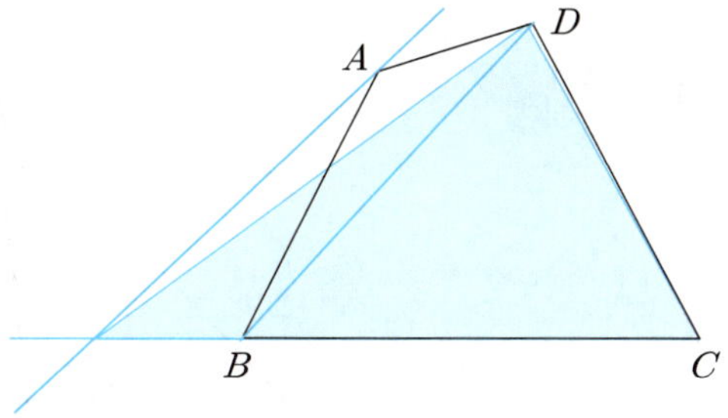

(3) n각형을 $n-1$각형으로 줄여나가는 것을 반복하면 3 이상의 자연수 n에 대하여 n각형은 넓이가 같은 삼각형으로 바꿀 수 있다.

2 먼저 사각형 $ABCD$를 넓이가 같으면서 점 P를 꼭지점으로 하는 삼각형으로 바꾼다. 사각형 $ABCD$의 넓이와 $\triangle PEF$의 넓이가 같으므로 $\triangle PEF$에서 변 EF의 중점을 M이라고 하면 $\triangle PEM$의 넓이는 처음 사각형의 넓이의 절반과 같다. 따라서 직선 PM은 처음 사각형의 넓이를 이등분하는 선이 된다.

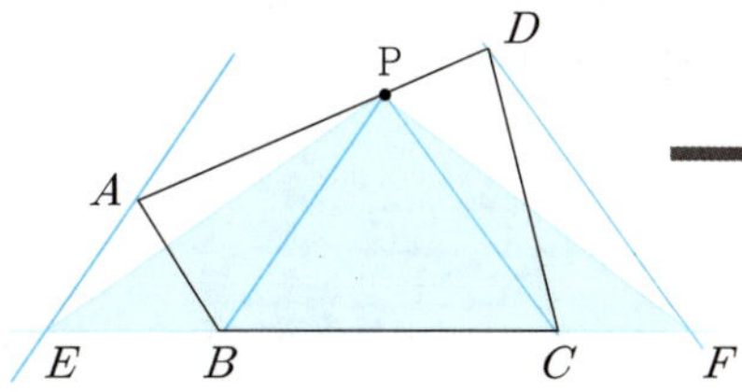

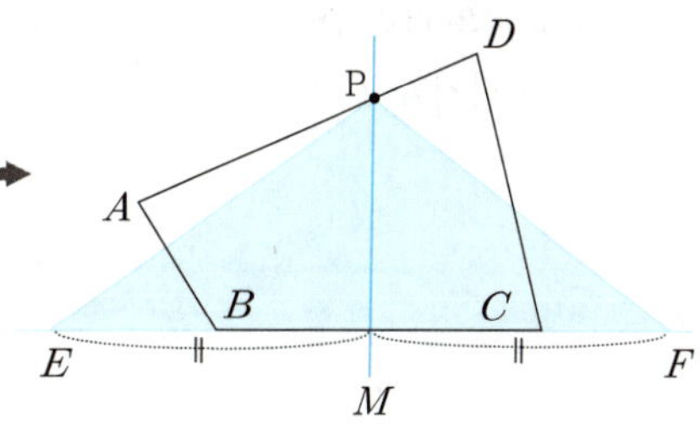

❹ 사각형을 등분하기

1 (1) 5등분 : 먼저 대각선 위에 같은 간격으로 5개의 점 E_0, E_1, …, E_4를 표시한다. 점 C에서 가장 가까운 점 E_4를 지나면서 $\overline{E_0D}$와 평행인 선을 긋는다. E_4에서 두 칸씩 올라가면서 $\overline{E_0D}$와 평행인 선을 긋는다. 그러면 $\triangle AF_3F_4$, $\triangle AF_4D$, $\triangle ACF_3$에서

$$\overline{DF_4}:\overline{F_4F_3}:\overline{F_3C}=\overline{E_0E_2}:\overline{E_2E_4}:\overline{E_4C}=2:2:1$$

이고 세 삼각형의 높이는 $\overline{AD}$로 같으므로 넓이의 비도 2:2:1이다. 마찬가지 방법으로 $\triangle ABC$도 2:2:1로 나누면 네 점 F_1, F_2, F_3, F_4에 의해서 꼭지점 A를 지나면서 처음 정사각형의 넓이를 5등분한 것이다.

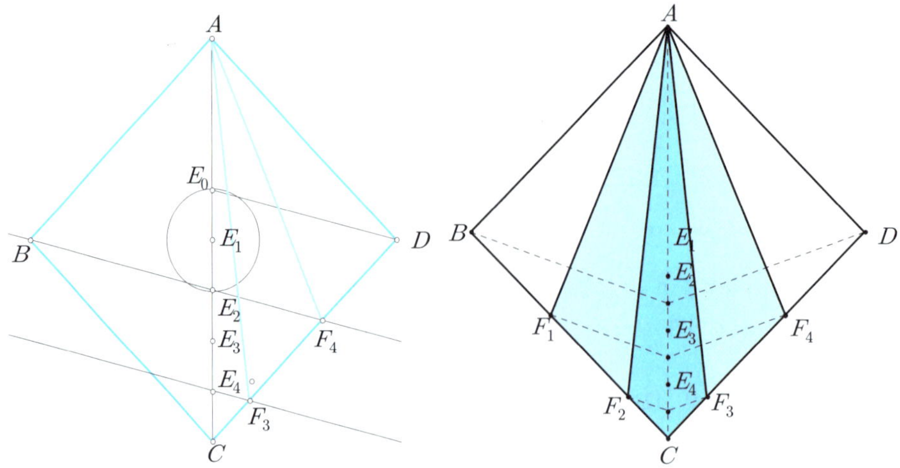

점 A를 지나면서 정사각형을 5등분

2 대각선을 따라 같은 간격으로 n개의 점을 표시한 후, 점 C에서 한 점, 이후로는 2점씩 올라가서 마지막 E_0와 D를 이은 선과 평행선을 그으면 된다.

203-2 기둥과 뿔의 부피 – 다면체의 분할을 중심으로

Keywords 부피, 기둥, 뿔

높이가 같고 밑면이 합동인 뿔과 기둥의 부피의 비는 1 : 3이다. 중학교 1학년 교과서를 보면 이 사실을 알기 위하여 물이나 쌀을 부어 실험하는 장면이 거의 모든 교과서에 실려 있다. 그렇다면 평면도형의 넓이를 삼각형으로 분할하여 수학적으로 증명하는 것처럼 입체도형에서는 '수학적으로' 증명할 수 없는 것일까? 그 이유를 알아보기 전에 먼저 정육면체를 분할하는 방법을 살펴보자.

1 정육면체의 분할

정육면체는 매우 쉽게 여러 가지 방법으로 이등분할 수 있다. 면과 평행인 평면으로 잘라 이등분한다면 그 결과는 직육면체 형태이고 따라서 2의 거듭제곱으로 등분하는 것은 쉬운 일이다. 만약 대각선을 지나는 평면으로 이등분한다면 또 다른 대각선을 지나는 평면도 이용하여 사등분할 수 있다.

한편, 정육면체의 중심을 꼭지점으로 하고 각 면을 밑면으로 하는 뿔로 분할한다면 정육면체를 육등분할 수 있고 여기서 뿔의 부피는 밑면과 높이가 같은 기둥의 부피의 $\frac{1}{3}$ 임을 알 수 있다. 다시 말하면, 아래 그림에서 사각뿔의 밑

면의 넓이를 S라고 하고, 높이를 h라고 하면

$$(\text{사각뿔의 부피}) = \frac{1}{6}(\text{정육면체의 부피}) = \frac{2hS}{6} = \frac{hS}{3}$$

이다.

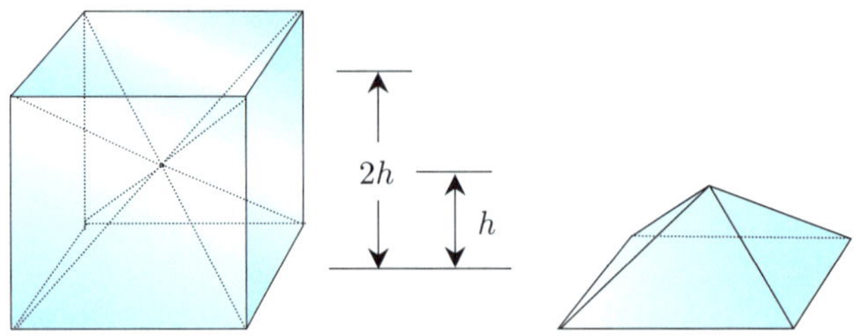

이번에는 삼각뿔의 부피가 밑면과 높이가 같은 기둥의 부피의 $\frac{1}{3}$임을 정육면체를 이용해서 알아보자.

1 정육면체를 이등분하면 삼각기둥이 된다. 따라서 정육면체를 삼각뿔로 6등분한다는 것은 삼각기둥을 삼각뿔로 3등분한다는 것이다. 다음 삼각기둥을 3등분한 조각의 전개도를 이용하여 정육면체의 부피가 밑면과 높이가 같은 삼각뿔의 세 배임을 알아보자.

(1) 아래의 직각이등변삼각형 위에 전개도를 작도하여 보아라.

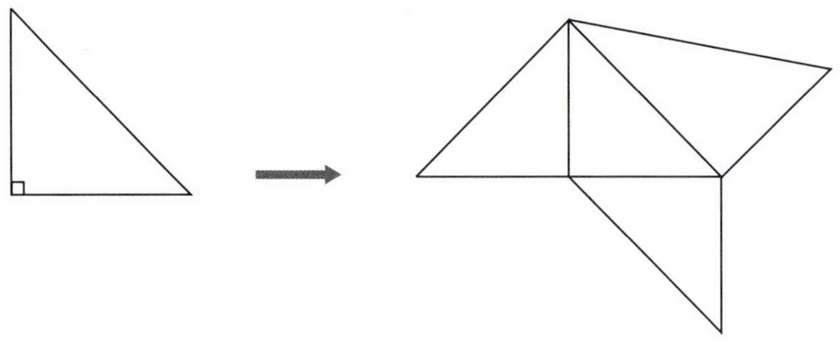

(2) 전개도 3장으로 조각을 만들고 세 조각을 붙여 삼각기둥으로 만들어보아라. 단, 한 장은 다른 것과 거울 이미지로 만들어야 한다.

2 기둥과 뿔의 부피 사이의 관계

위의 분할은 뿔과 기둥의 부피에 관한 근본적인 것과 관련이 있다. 먼저 넓이와 부피에 대한 아래의 공리를 잘 읽어보자. 공리란 수학의 기본적인 약속이다.

【공리 1】 넓이 불변 공리(area invariance axiom)
합동인 다각형 영역은 동일한 넓이를 갖는다.
【공리 2】 넓이 가법 공리(area addition axiom)
한 유계인 다각형 영역 R이 두 유계인 다각형 영역 R_1, R_2로 나뉘면 R의 넓이는 R_1의 R_2의 넓이의 합과 같다.
【공리 3】 넓이 정규화 공리(area normalization axiom)
두 변의 길이가 a, b인 직사각형의 넓이는 $a \times b$이다.

【공리 1】 부피 불변 공리(volume invariance axiom)
합동인 다면체 영역은 동일한 부피를 갖는다.
【공리 2】 부피 가법 공리(volume addition axiom)
한 유계인 다면체 영역 R 이 두 유계인 다면체 영역 R_1, R_2 으로 나뉘이면 R의 부피는 R_1과 R_2의 부피의 합과 같다.
【공리 3】 부피 정규화 공리(volume normalization axiom)
가로, 세로, 높이가 a, b, c 인 직육면체 부피는 abc이다.

이차원 평면에서 임의의 다각형[2]은 유한개의 삼각형으로 쪼개어질 수 있으며, 따라서 삼각형의 넓이만 계산할 수 있다면 임의의 다각형의 넓이를 계산할 수 있다. 마찬가지로 삼차원 공간에서 임의의 다면체[3]는 유한개의 사면체들로 쪼개어질 수 있으며, 따라서 사면체의 부피만 계산할 수 있다면 임의의 다면체의 부피를 계산할 수 있게 된다.
그러나 삼차원 공간에서는 합동인 6개의 직사면체를 붙여서 직육면체를 만드는 것이 불가능하다. 직육면체를 밑면이 서로 합동이고 높이가 서로 같은 6개

2) 임의의 다각형을 볼록 다각형으로 간주하기로 하겠다. 굳이 볼록 다각형이라는 제한을 두지 않더라도 논의는 여전히 성립하지만 편의상 볼록 다각형의 경우만 생각하기로 하자.
3) 다각형과 마찬가지로 임의의 다면체를 볼록 다면체로 간주하자.

의 사면체들로 쪼갤 수는 있으나, 이들 6개의 사면체들이 모두 서로 합동이 되지는 않는다.

우리는 지금 사면체의 부피 $V = \frac{1}{3}Sh$를 계산하려고 하고 있다. 우리는 위에 제시한 세 번째의 공리를 통해 직육면체의 부피 공식을 알고 있으므로, 밑면이 서로 합동이고 서로 같은 높이를 갖는 6개의 쪼개어진 사면체들이 같은 부피를 가진다는 사실만 증명하면 된다. 즉, "밑면이 서로 합동이고 같은 높이를 갖는 임의의 두 사면체의 부피는 서로 같다"는 사실만 증명하면 된다. 이는 적분법에 의하여 쉽게 증명될 수 있다. 그러나 이차원에서 "밑변의 길이와 높이가 서로 같은 임의의 두 삼각형의 넓이는 서로 같음"이 이를 유한 번의 쪼개고 붙이는 과정을 통해 쉽게 증명되는 것처럼, 삼차원 공간에서 "밑면이 서로 합동이고 같은 높이를 갖는 임의의 두 사면체의 부피는 서로 같음" 역시 이차원에서와 같은 유한 번의 쪼개고 붙이는 과정을 통해서 증명될 수 있을 것인가?

이것이 바로 저명한 힐베르트[4]의 세 번째 문제(hilbert's third problem)[5]이다. 이 문제는 문제가 제기된 바로 그해 1900년에 막스 덴(Max Dehn, 1875-1952)에 의해 해결되었다. 덴은 똑같은 부피를 가지면서, 분할합동[6]이 아닌 다면체가 존재함을 증명했다. 특히, 같은 부피를 가지는 정육면체와 정사면체는 분할합동이 아니며, 합동인 밑면과 같은 높이를 가지는 분할합동이 아닌 사면체가 존재한다. 즉, 이차원에서 "밑변의 길이와 높이가 서로 같은 임의의 두 삼각형의 넓이는 서로 같음"이 이를 유한 번의 쪼개고 붙이는 과정을 통해 쉽게 증명되는 것과는 달리, 삼차원 공간에서는 "밑면이 서로 합동이고 같은 높이를 갖는 임의의 두 사면체의 부피는 서로 같음"이 이차원에서와 같은 유한 번의 쪼개고 붙이는 과정을 통해서는 증명이 불가능하다는 것이다. 다시 말해서, 우리의 공리체계 안에서 두 사면체가 서로 부피가 같다는 것은 이들 사면체와 같은 부피를 갖는 직육면체가 존재한다는 뜻이며, 이들 두 사면체와 같은 부피를 갖는 직육면체는 항상 존재하지만, 사면체를 유한 번의

4) 힐베르트(David Hilbert)는 1900년 프랑스 파리에서 열린 수학 국제회의에서 《수학 문제(Mathematical Problems)》라는 논문을 통해 23개의 문제를 제기했으며, 이 문제들은 20세기 수학 발전에 지대한 영향을 미쳤다.

5) The equality of two volumes of two tetrahedra of equal bases and equal altitudes i.e
Give two tetrahedra which cannot be decomposed into congruent tetrahedra directly or by adjoining congruent tetrahedra.

6) 두 도형 F, H가 있어서, F가 H로 재구성될 수 있는 유한 개의 조각들로 쪼개어질 수 있을 때, F와 G는 '분할합동'이라고 한다. 만약, F와 G가 분할합동이면, F와 G는 같은 넓이를 가진다. 특히, F와 G가 이차원 평면에서의 다각형이면 그 역도 성립한다.(The Bolyai-Gerwien Theorem)

쪼개고 붙이는 과정을 통해 그와 같은 부피를 갖는 직육면체로 재구성하는 것은 불가능하며, 마찬가지로 직육면체를 유한 번의 쪼개고 붙이는 과정을 통해 그와 같은 부피를 갖는 사면체로 재구성하는 것이 불가능하다는 것이다.
따라서 사면체 부피 공식에 대한 증명은 어떤 식으로든 반드시 무한 과정(infinite process)을 포함해야 하며, 이를 포함하지 않고 유한 번의 쪼개고 붙이는 과정을 통한 증명은 불가능할 뿐만 아니라 무한 과정의 사용 없이 다면체의 부피에 대한 이론을 건설하는 것은 불가능하다. 즉 사면체의 부피를 구하는 것은 무한 과정이 포함되는 적분과 같은 방법으로만 구할 수 있는 것이다.[7)]

7) 최영기·도종훈, 《학교수학에서 차원 다루기 I》, 제2회 Math Festival, 전국수학교사모임(www.tmath.or.kr) 자료실

203-3 정사면체 분할

Keywords 정사면체, 등분

1 정사면체의 이등분

다면체를 분할할 때에는 보통 합동인 다면체로 분할하는 것에 관심을 갖는다. 정사면체를 합동인 두 다면체로 분할하려면 가장 쉬운 방법은 한 꼭지점에서 마주보는 면을 이등분하는 평면으로 자르는 것이다(왼쪽 그림). 쉽게 생각하기 어려운 방법은 네 모서리의 중점을 지나는 평면으로 자르는 것이다.(오른쪽 그림)

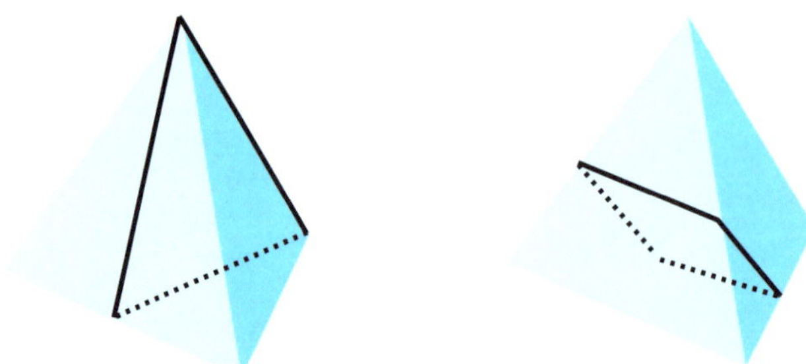

1 오른쪽 사진은 이등분된 정사면체 조각을 붙인 것이다. 이등분된 조각의 모양을 알아보자.

(1) 이등분된 조각의 겨냥도와 전개도를 그려보아라.

(2) 전개도의 각 변의 길이도 구하여라(정사면체의 한 모서리의 길이를 1로 한다).

잘라진 조각을 맞추어 정사면체를 만드는 전략은 정사면체의 면의 모양이 정삼각형임을 기억하는 것이다. 두 개의 조각에서 어떤 면으로 정삼각형을 만들 수 있는지 생각해보면 정사각형은 필요하지 않다는 것을 알게 된다. 따라서 정사각형인 면을 맞붙이면 두 조각으로 정사면체를 만들 수 있다. 이때, 정사면체의 옆면인 정삼각형은 사다리꼴과 작은 정삼각형으로 만들어진다. 물론 이 전략은 사등분 되었을 때, 더 많은 조각으로 분할되었을 때도 유효하다. 첫 번째 방법의 조각을 또 다시 이등분하여 정사면체의 사등분 분할을 얻기는 어렵다. 그러나 두 번째 방법은 조각의 모양이 대칭적이어서 또 다시 이등분하여 사등분 분할을 얻을 수 있다. 분할 조각을 곡면을 이용하면 더욱 일반화할 수 있다. 예를 들어, 모서리의 중점을 지나가는 평면으로 이등분한 분할에서 모서리의 중점을 지나되 두 조각이 대칭이 되도록 곡면으로 분할하면 곡면의 모양에 따라 무수히 많은 분할이 가능하다. 따라서 여기에서는 평면으로 분할하는 경우만을 생각하기로 하자. 평면으로만 분할하면 정사면체를 이등분하는 방법은 위에서 소개한 두 가지뿐이다. 이제 계속해서 정사면체를 분할하여보자.

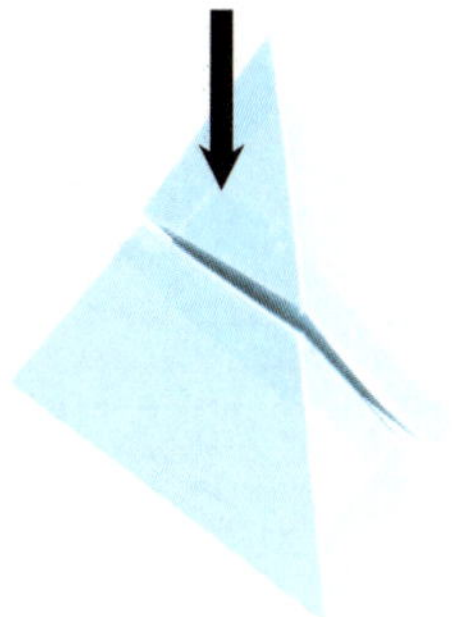

2 정사면체의 사등분

이번에는 정사면체를 사등분하는 방법에 대하여 알아보자. 사등분을 하는 기본적인 방법은 이등분한 조각을 다시 이등분하는 것이다.

1 오른쪽 사진은 정사면체를 이등분한 조각이다. 이를 다시 이등분하여 정사면체를 사등분하려고 한다. 사등분된 조각의 겨냥도와 전개도를 그리고 전개도의 각 변의 길이도 구하여라(정사면체의 한 모서리의 길이를 1로 한다). 가능하면 여러 가지 방법을 찾도록 한다.

2 아래의 전개도를 각각 4장씩 오려 네 개의 조각을 만든 후, 그 조각을 붙여 정사면체를 만들어보아라. 이러한 방법으로 분할된 조각을 정사면체로 맞추기 위한 전략은 무엇인가?[8]

(1) 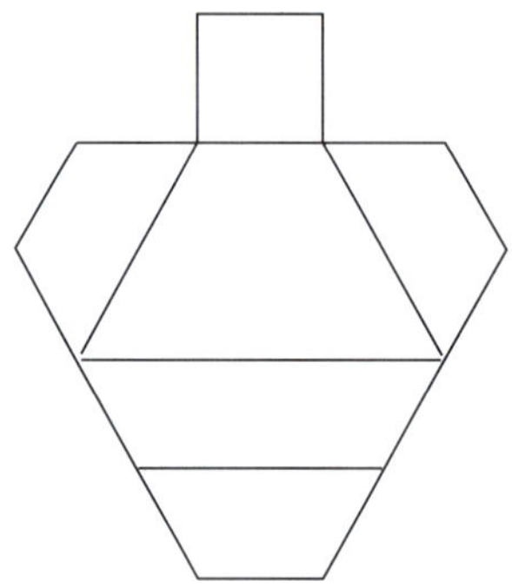

(2) 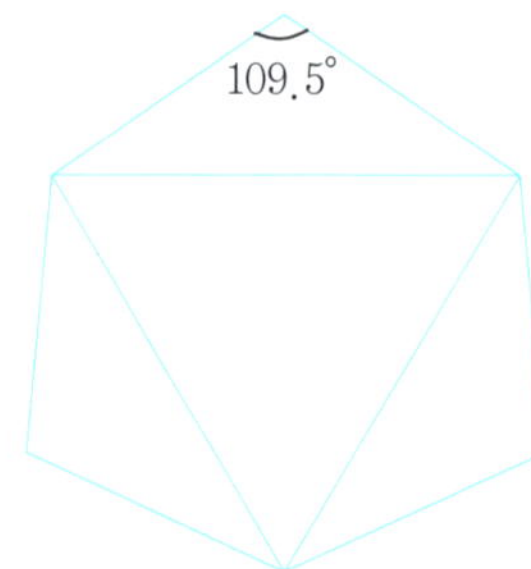

(3) 정사면체의 한 모서리의 길이를 1로 할 때, 위 두 조각에서 각 변의 길이를 구하여라.

3 앞에서 정사면체를 사등분하는 여러 가지 방법을 살펴보았다. 이 방법을 이용하여 정사면체를 팔등분할 수 있는 방법이 있는가? 또 16등분할 수 있는 방법이 있는가?

8) 전개도에서 한 각이 109.5°인 이유는 [204-3 정다면체 상 만들기] 참고

정사면체 분할

❶ 정사면체의 이등분

1

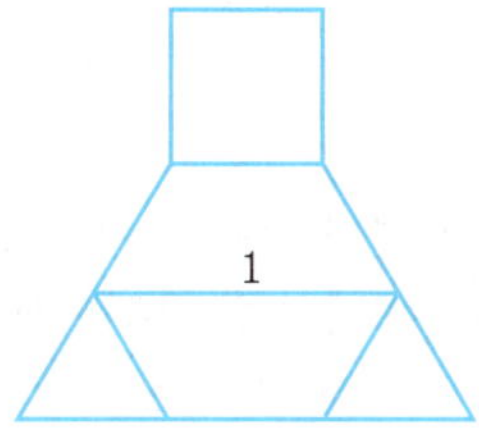

길이가 1인 변을 제외한 모든 변의 길이는 1/2

❷ 정사면체의 사등분

1 (1) 이등분된 조각을 다시 수직으로 이등분한다.

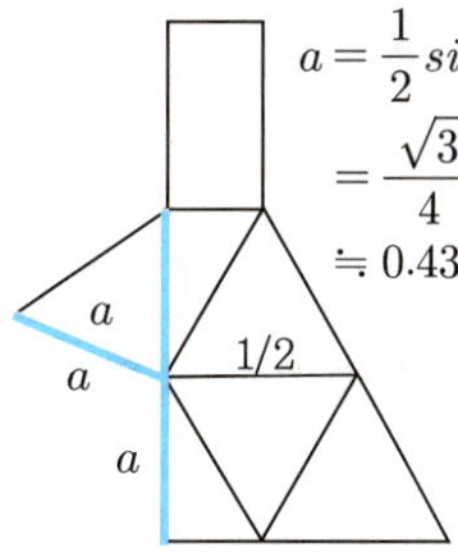

$$a = \frac{1}{2}\sin 60^\circ = \frac{\sqrt{3}}{4} \fallingdotseq 0.43$$

(2) 이등분된 조각을 다시 수평으로 이등분한다.

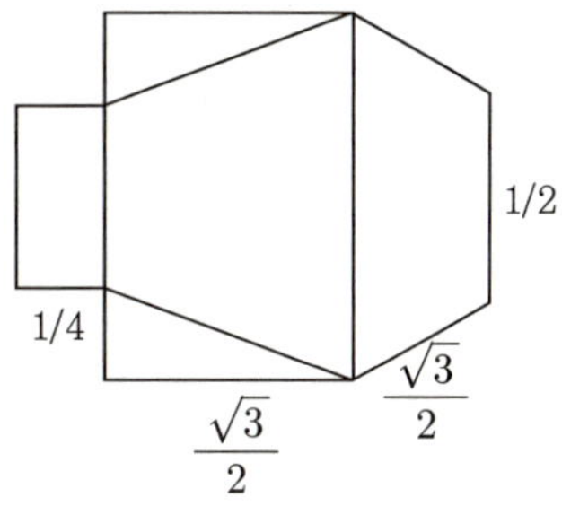

(3) 이등분된 조각을 다시 대각선으로 이등분한다.

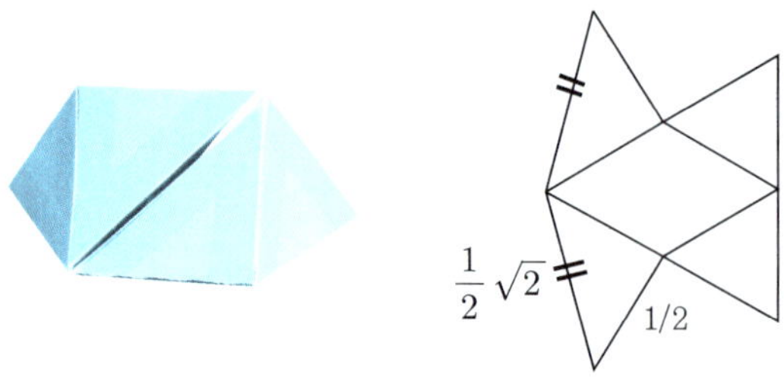

2 기본적인 전략은 정사면체의 불변량을 이용하는 것이다. 정사면체의 모든 면은 정삼각형이므로 조각들이 정삼각형이 되도록 끼워 맞춰야 한다.

(1) 먼저 세 개의 조각으로 정삼각형을 만든 후, 조각들이 대칭으로 배열되도록 나머지 한 개의 조각을 끼워넣으면 된다.

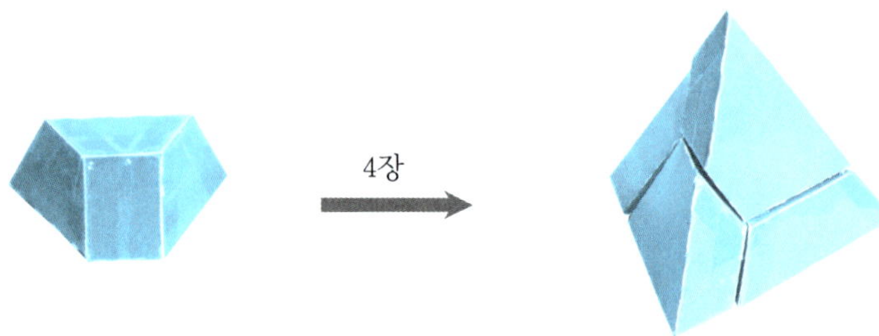

(2) 조각에 이미 정삼각형이 있으므로 그것들이 밖으로 나오도록 맞춘다.

(3)

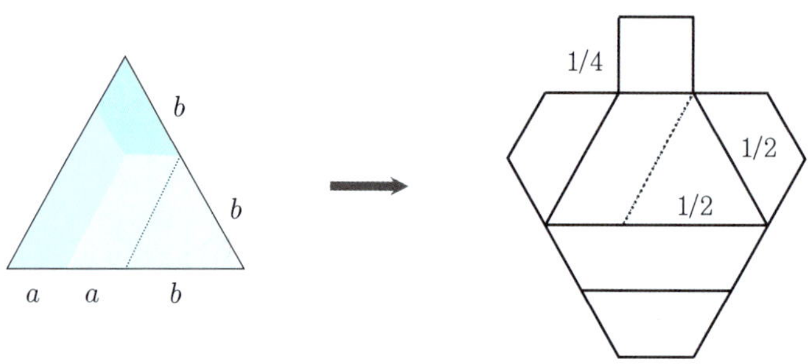

$\overline{VM}=\dfrac{\sqrt{3}}{2}$. $\overline{MH}=\dfrac{1}{3}\overline{VM}=\dfrac{\sqrt{3}}{6}$이므로 $\overline{AH}=\dfrac{\sqrt{3}}{3}$, $\overline{VH}=\dfrac{\sqrt{6}}{3}$. $\overline{OH}=x$라고 하면

$\overline{AO}=\dfrac{\sqrt{6}}{3}-x$이므로 ΔAOH에서

$$\left(\frac{\sqrt{6}}{3}-x\right)^2=\left(\frac{\sqrt{3}}{3}\right)^2+x^2$$

에서 $x=\dfrac{\sqrt{6}}{12}$, $\overline{AO}=\dfrac{\sqrt{6}}{4}\fallingdotseq 0.61$

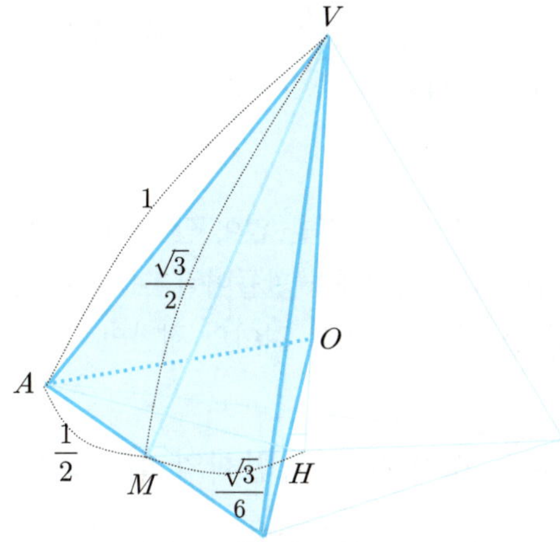

203-4 움직이는 다면체

Keywords 정육면체, 정팔면체, 정십이면체, 황금비, 마름모 십이면체

1 정육면체의 변신

정육면체의 각 면에 사각뿔을 얹어 만든 다면체를 생각해보자. 사각뿔의 모양에 따라 여러 가지 다면체가 만들어질 수 있다. 첫 번째 경우로 사각뿔의 높이가 정육면체의 한 모서리의 길이의 절반인 경우를 생각해보자.

1. 사각뿔의 높이가 정육면체의 한 모서리의 길이의 절반인 경우

정육면체를 대각선의 교점을 꼭지점으로 하는 정사각뿔 6개로 분할하였다고 하자. 이 6개의 정사각뿔을 정육면체의 각 면 위에 얹는다면 어떤 다면체가 만들어질까? 이때 만들어지는 정사각뿔의 높이는 처음 정육면체의 한 모서리의 길이의 절반이다. 실험을 통하여 알아보자.

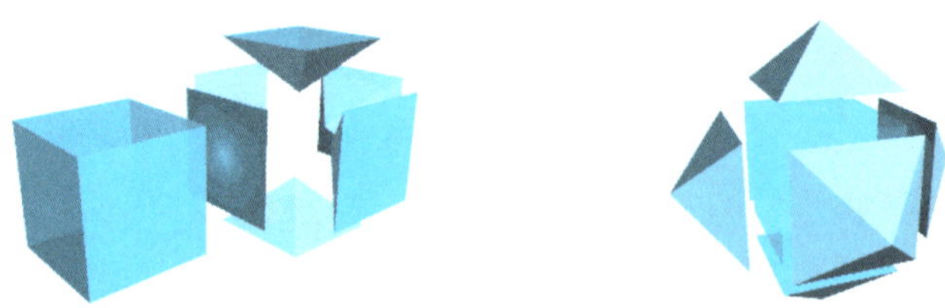

1 밑면은 모두 정사각형이고 높이는 정사각형의 한 변의 길이의 절반인 사각뿔을 만들어보자.

(1) 사각뿔을 6개 만들어 정육면체 전개도 모양으로 붙여라.

(2) 정육면체 모양으로 만들어보아라.

(3) 뒤집어서 또 다른 다면체를 만들고 어떤 모양인지 알아보자. 이 다면체는 모든 면이 마름모로 이루어져 있다. 면의 개수, 꼭지점의 개수, 한 꼭지점에 모이는 면의 개수를 구하여라.

(4) 면의 모양인 마름모의 두 각의 크기를 구하여라. (계산기 또는 삼각비 표 이용)

2 이 다면체의 각면에 서로 다른 수를 써넣고 던진다면 각각의 수가 나올 확률이 같겠는가?

2. 사각뿔의 높이가 정육면체의 한 모서리의 길이의 $\frac{1}{6}$인 경우

정육면체의 각 면 위에 높이가 정육면체 한 모서리의 길이의 $\frac{1}{6}$인 사각뿔을 얹는다고 하자. 이 경우에도 앞의 경우와 같이 사각뿔 6개를 이어붙인 다음 뒤집어서 정육면체 안쪽에 넣을 수 있다. 단지 안쪽이 꽉 차지 않고 약간 비게 것이다.

3

밑면은 모두 정사각형이고 높이는 정사각형의 한 변의 길이의 $\frac{1}{6}$인 사각뿔을 만들어보자. 이것을 정육면체 전개도 모양으로 붙여 뒤집으면 어떤 다면체가 생기겠는가? 면의 모양과 개수, 꼭지점의 개수를 알아보아라.

4

이 다면체에 숫자를 써넣고 던진다면 모든 숫자가 나올 확률이 같겠는가?

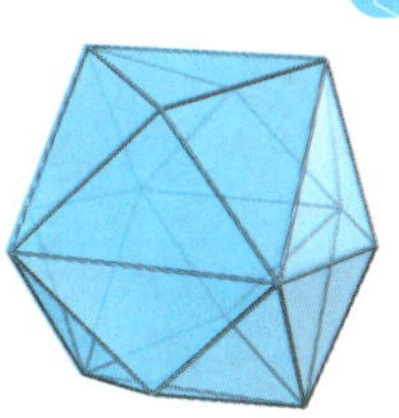

Tetrakishexahedron

이 다면체의 이름은 Tetrakishexahedron로 Tetrakis는 4조각으로 잘라졌다는 뜻이고 hexahedron은 다면체라는 뜻이다. 즉, 정육면체의 면이 4조각으로 나뉜 다면체라는 뜻이다.

3. 사각뿔의 옆면이 정삼각형인 경우

왼쪽의 다면체는 정육면체의 각 면에 옆면이 정삼각형인 정사각뿔을 얹어서 만든 다면체이다. 이 다면체는 모든 면의 모양이 정삼각형으로 이러한 다면체를 deltahedra라고 한다. delta는 고대 그리스어 Δ로 그 모양이 삼각형과 비슷하여 붙은 이름이다. 이 다면체는 오목한 다면체이다.

5 정육면체 위에 정사각뿔을 얹어 새로운 다면체를 만들 때, 볼록다면체를 만들려면 정사각뿔의 옆면과 밑면이 이루는 각은 최대 몇 도까지 가능하겠는가?

2 정육면체와 정십이면체

아래 왼쪽 그림은 정육면체의 한 면에서 대변의 중점을 연결한 선에서 정십이면체의 두 면이 이루는 각만큼 정육면체를 잘라낸 것이다. 정육면체의 6개의 면에서 면의 중심을 지나는 선을 그어(6개의 선은 서로 만나지 않는다) 이와 같이 정육면체를 자르면 가운데 그림처럼 정십이면체를 얻을 수 있다.
이제 정오각형에서의 대각선을 생각하면 오른쪽 그림과 같이 정십이면체 안에 들어있는 정육면체를 얻을 수 있다. 이 정육면체를 제외한 지붕 모양 6개를 만들어 붙인 후 뒤집는 것을 반복하면 정육면체와 정십이면체의 모양을 반복해서 볼 수 있다.

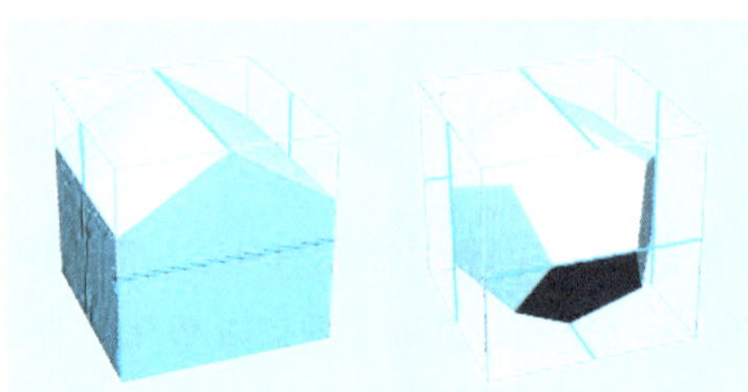

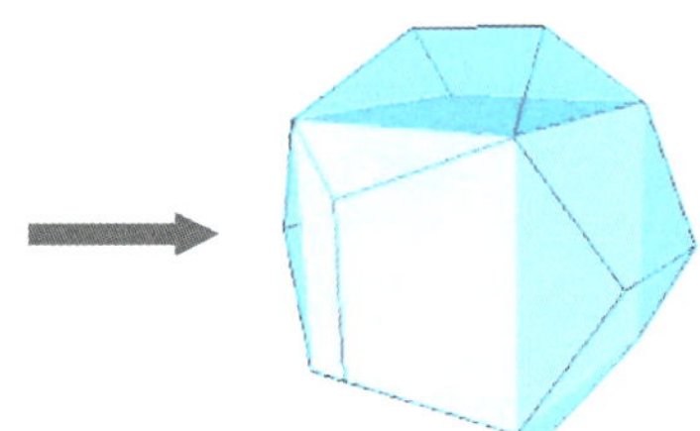

1 다음과 같은 전개도로 6개의 조각을 만들어 정십이면체를 만들어보자.

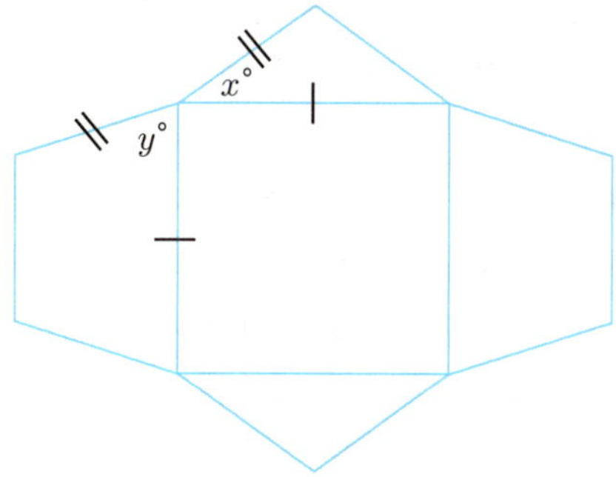

(1) 정십이면체의 면이 정오각형임을 이용하여 지붕 모양의 조각의 전개도에서 x, y의 각의 크기를 계산하여라.

(2) 정사각형의 한 변의 길이를 정한 후, 전개도를 그려라.

2 위의 전개도로 지붕 모양의 조각 6개를 만들고 이를 정육면체 전개도 모양으로 이어 붙여라. 또, 뒤집어서 정십이면체가 만들어지는지 확인하여라.

3 정팔면체의 변신

정육면체의 각 면에 사각뿔을 얹어 새로운 다면체를 만든 것처럼 정팔면체의 각 면에도 삼각뿔을 얹어 새로운 다면체를 만들 수 있다. 아래 그림은 삼각뿔의 높이에 따라 24면체인 Triakisoctahedron과 별 모양의 오목 다면체인 stella octangula이다. Triakisoctahedron의 면의 모양은 이등변삼각형이다.

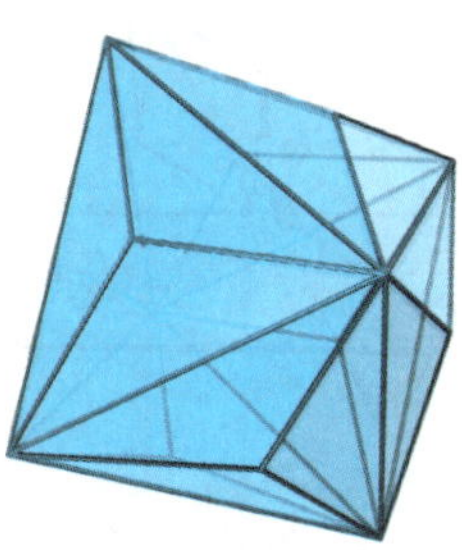
Triakisoctahedron

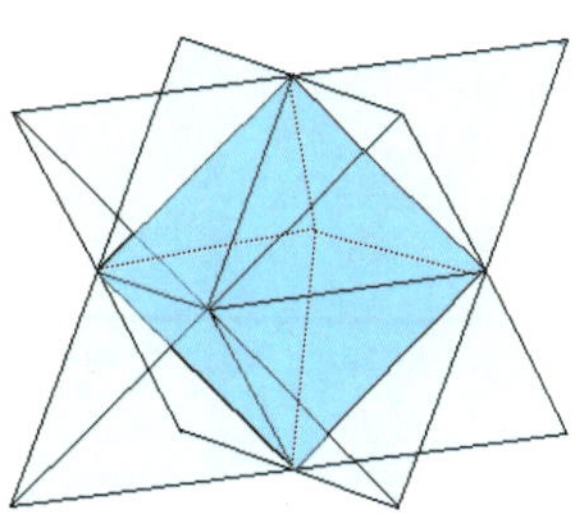
stella octangula

1 Triakisoctahedron의 각면에 서로 다른 수를 써 넣고 던진다면 각각의 수가 나올 확률이 같겠는가?

앞에서와 같이 정팔면체의 각 면에 삼각뿔을 얹으면 24면체가 된다. 이 때 두 삼각형이 한 면을 이루도록 하면 12면체를 만들 수 있다. 이등변삼각형 두 개가 한 면이 되면 그 면의 모양은 마름모가 되므로 이 때 만들어지는 다면체는 마름모 십이면체가 될 것으로 예상할 수 있다. 이를 만들어 보자.

2 앞에서 정육면체를 이용하여 마름모 십이면체를 만들었을 때, 마름모의 네 각 중 한 각의 크기가 109.5°이었다. 따라서 정팔면체 위에 꼭지각의 크기가 109.5°인 이등변삼각형을 옆면으로 하는 정삼각뿔을 얹어 마름모 십이면체가 생기는지 확인해보자.

(1) 아래의 전개도로 정삼각뿔을 8개 만들어라.

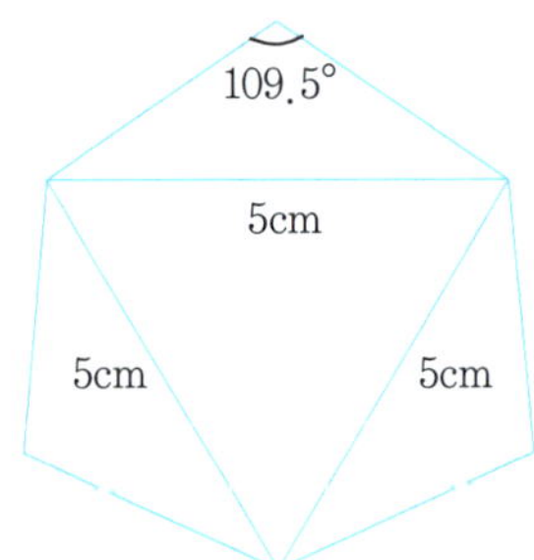

(2) 다음과 같은 정팔면체의 전개도 모양으로 정삼각뿔을 이어붙여라.

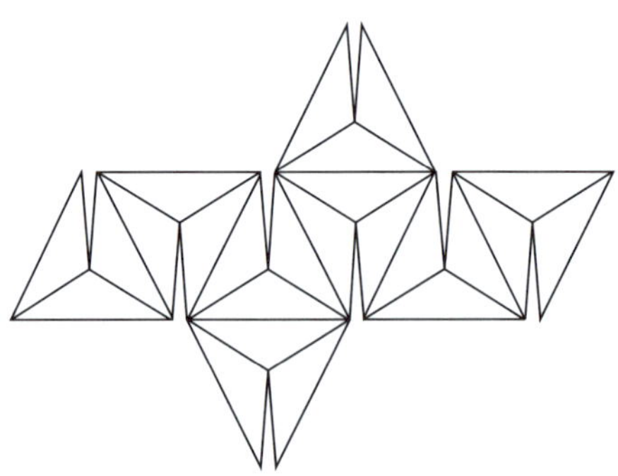

(3) 정팔면체 모양으로 만든 후, 이를 뒤집어서 마름모 십이면체가 만들어지는지 확인하여라.

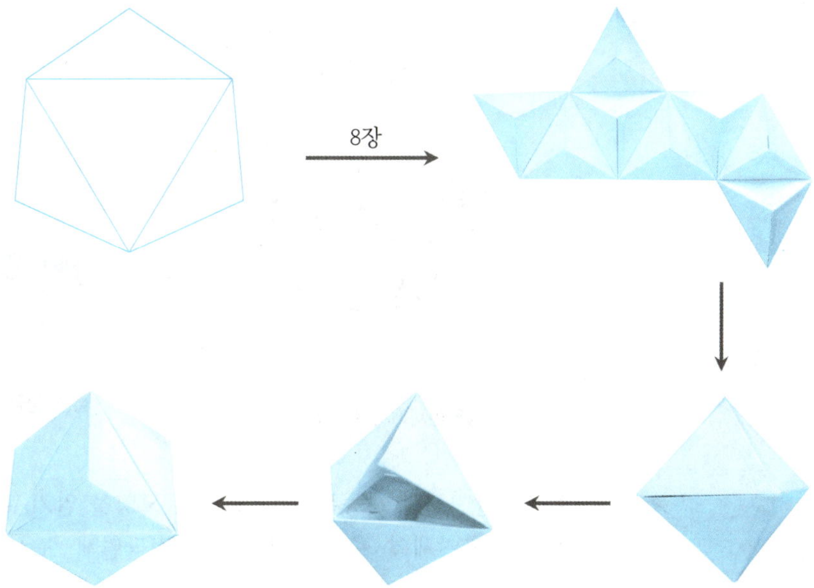

4 절단 정팔면체의 변신

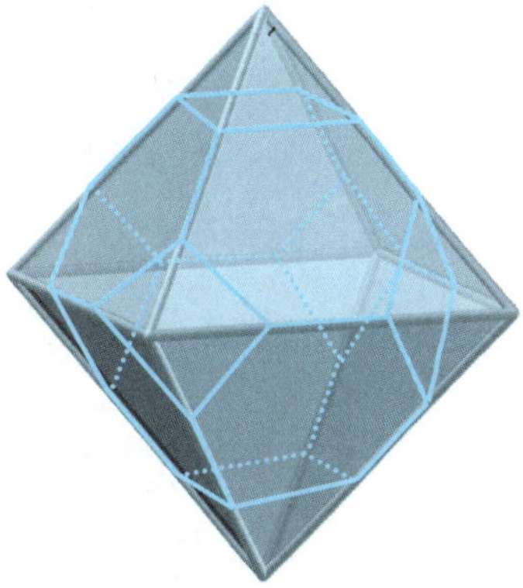

정팔면체를 정팔면체의 모서리의 삼등분점을 지나는 평면으로 자르면 정사각형과 정육각형으로 이루어진 다면체가 생긴다. 이 도형을 절단 정팔면체라고 부른다.[9)] 오른쪽 그림은 정팔면체 위에 절단 정팔면체를 그린 것이다.

여기에서는 절단 정팔면체를 분할하여 정육면체와 육각기둥으로 만드는 방법에 대하여 알아보고자 한다.

먼저 절단 정팔면체 두 개를 각각 사등분하여 8개의 조각을 만들면 이것들을 다시 배열하여 정육면체를 만드는 방법에 대하여 알아보자(단, 정팔면체의 한 모서리의 길이를 3이라고 하자). 이때, 절단 정팔면체를 사등분하는 방법은 아래 그림과 같다.

9) 절단 정팔면체에 대해서는 [207-3 정다각형으로 만든 다면체] 참고

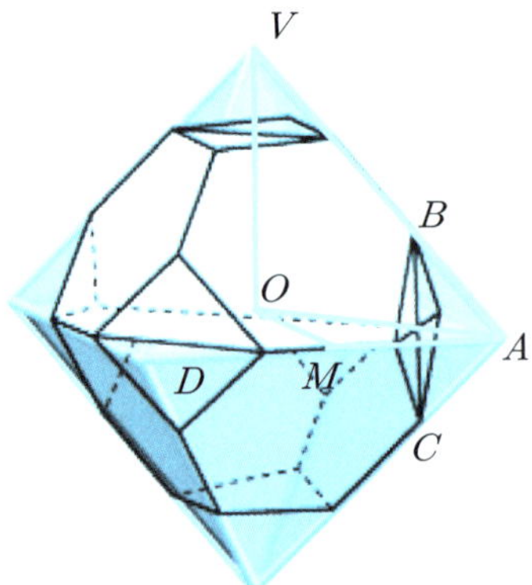

정팔면체에서 잘려진 모양

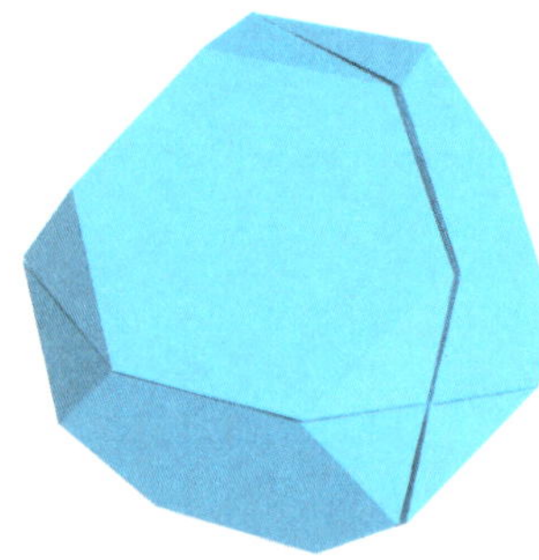

절단 정팔면체를 사등분한 모양

절단 정팔면체가 사등분된 한 조각의 모양을 알기 위하여 위 그림을 보자. 점 O는 정팔면체의 중심, 점 M은 정팔면체 모서리의 중점이라고 할 때, $\triangle OAD$에서 $\overline{AO}=\frac{3}{2}\sqrt{2}$ 이므로

$$\cos(\angle VAO)=\frac{\overline{AO}}{\overline{VA}}=\frac{\frac{3}{2}\sqrt{2}}{3}=\frac{\sqrt{2}}{2},\ \angle VAO=45^\circ$$

이므로 $\overline{BC}=\sqrt{2}$ 이다. 또, $\overline{VO}=\frac{3}{2}\sqrt{3}$ 이므로 절단 정팔면체를 사등분한 조각의 높이는 $\sqrt{3}$ 이다. 따라서 한 조각의 전개도와 수치는 아래와 같으며 이러한 조각을 8개 만들어 재배열하면 아래와 같이 정육면체를 만들 수 있다.

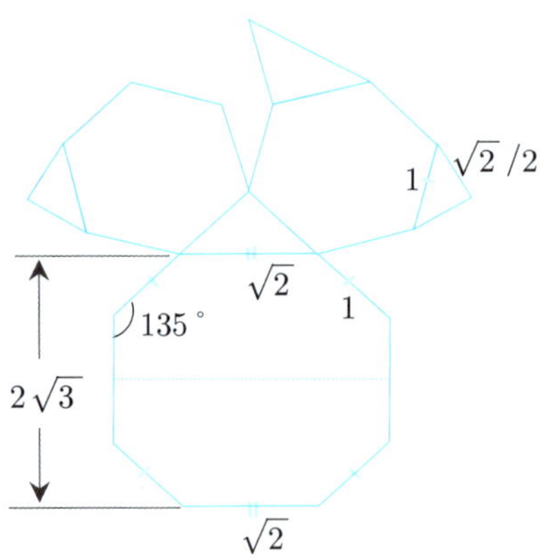

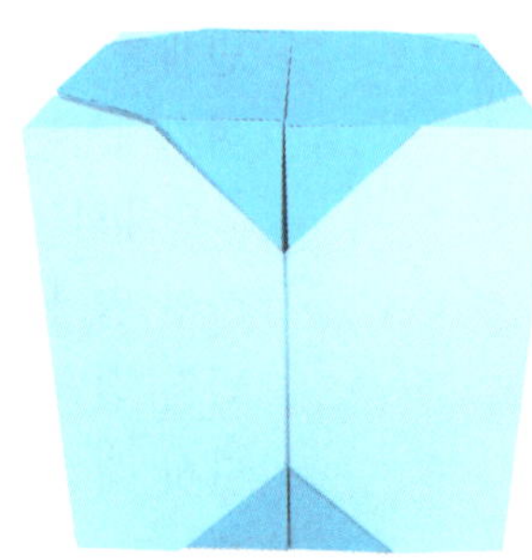

1 절단 정팔면체를 아래 그림과 같이 정육각형이 밑면이 되도록 놓은 후, 높이를 삼등분하는 지점을 지나는 평면으로 자른다고 하자. 가운뎃부분을 D라고 하고, 윗부분을 삼등분한 것을 각각 A, B, C, 아랫부분을 삼등분한 것을 각각 D, E, F라고 하자. 이와 같은 방법으로 잘린 조각들을 다시 배열하면 육각기둥을 만들 수 있다. 두 종류의 조각(A, D)의 전개도를 그리고 필요한 수치를 구하여라. 또, 7개의 조각을 만들어 정육각기둥을 만들어 보아라(단, 정팔면체의 한 모서리의 길이를 1이라고 하자).

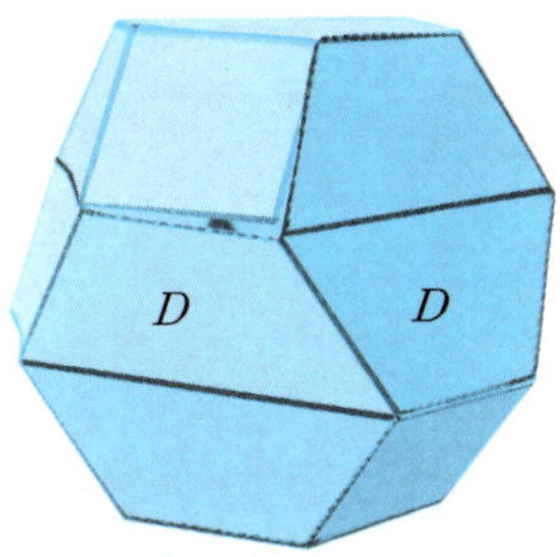

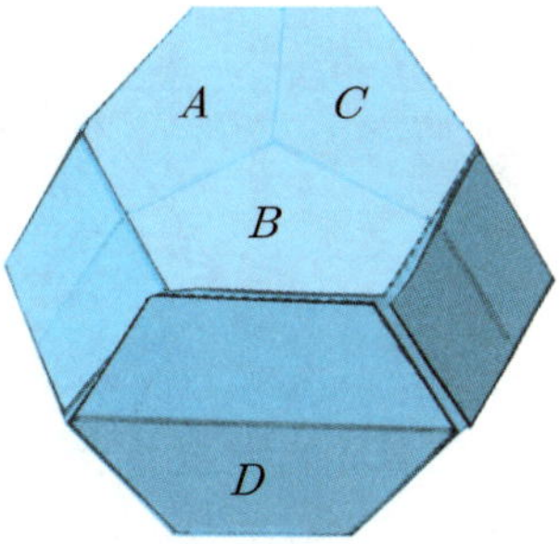

움직이는 다면체

❶ 정육면체의 변신

1 (2) 만들어지는 새로운 다면체는 마름모 십이면체(rhombic dodecahedron)이다. 면은 마름모, 면의 개수는 12개이다.

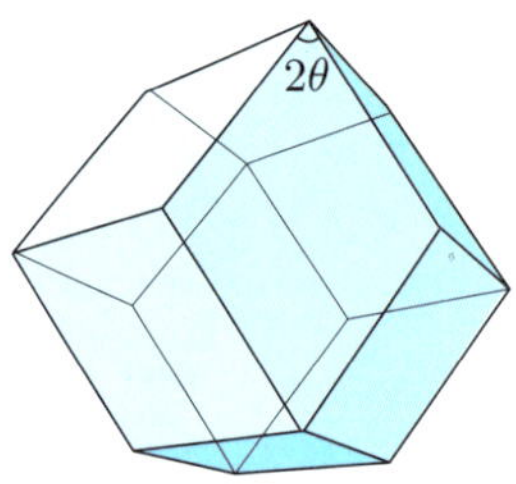

(4) 정육면체의 한 모서리의 길이를 2, 마름모의 작은 각의 크기를 2θ라고 하면 $\sin\theta=\dfrac{1}{\sqrt{3}}$이므로 $\theta=35.26^\circ$이다. 따라서 작은 각의 크기는 70.5°, 큰 각의 크기는 109.5°이다.

2 같다.

3 면의 모양은 이등변삼각형, 면의 개수는 24개, 꼭지점은 14개

4 같다.

5 45°

❷ 정육면체와 정십이면체

1 $x=36^\circ$, $y=72^\circ$

❸ 정팔면체의 변신

1 같다.

❹ 절단 정팔면체의 변신

1 아래 그림에서 $\cos(\angle VMO) = \dfrac{\overline{MO}}{\overline{VM}} = \dfrac{\frac{3}{2}}{\frac{3}{2}\sqrt{3}} = \dfrac{1}{\sqrt{3}}$ 이므로 잘린 정팔면체의 높이는 $\sqrt{6}$ 이다.

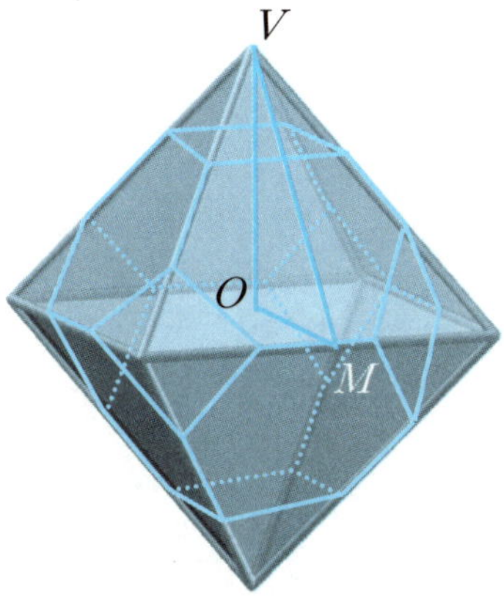

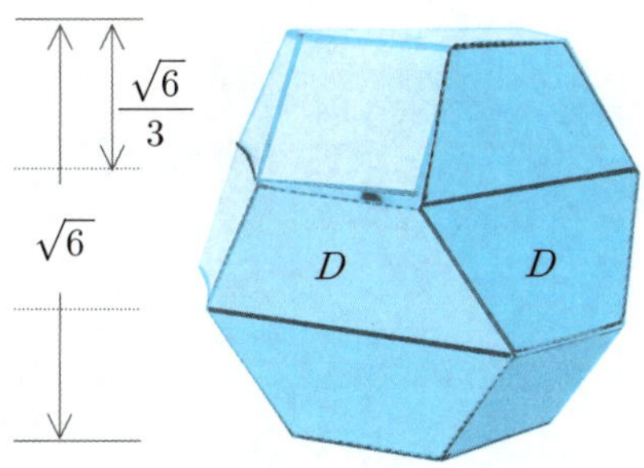

따라서 각 조각의 전개도는 아래와 같다.

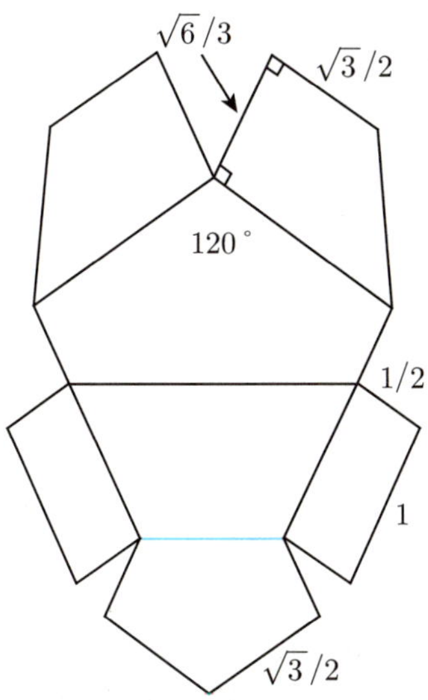

조각 A, B, C, E, F, G의 전개도

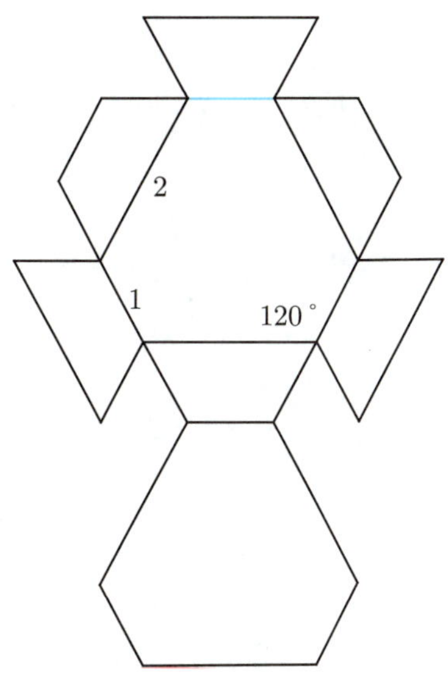

조각 D의 전개도

204

반사

• **교육과정**

중 1 _ 도형, 정다면체

중 2 _ 측정, 닮음

중 3 _ 문자와 식, 이차방정식, 측정, 감각비

주제 1	거울 속의 방
Keywords	반사, 입사각, 반사각
주제 2	정다각형 상 만들기
Keywords	반사, 다각형, 정다각형, 입사각, 반사각
주제 3	정다면체 상 만들기
Keywords	반사, 정다면체
주제 4	원기둥 · 원뿔 위의 상
Keywords	반사, 원기둥, 원뿔, anamorphosis

인간의 눈에는 대칭인 사물이 아름다워보인다. 가끔은 비대칭의 아름다움을 느낄 때도 있지만 아름다움을 느낄 때 그 속에서 대칭을 발견하는 것은 흔한 일이다. 대칭은 초등학교에서부터 다루어진다. 점대칭, 선대칭 등이 그것이며, 대칭의 또 다른 이름인 반사는 입사각과 반사각으로 다가온다.

주제 1은 입사각이 45°인 경우의 반사에 대한 것이다. 직각으로 꺾이는 빛의 진행을 따라가며 상의 개수를 따지는 것으로 반사에 대한 기본적인 감각을 익힐 수 있다.

주제 2는 초등학교에서 다루는 내용을 발전시킨 것이다. 두 거울 사이의 각도를 조절하면 상의 개수가 바뀌는데, 그 규칙을 가우스 함수로 나타낼 수 있다. 상의 개수의 규칙을 발견하는 과정에서 2차원 형상을 1차원 도형으로 만들어 내는 것을 다루게 된다.

주제 3은 3차원 형상을 2차원 도형으로 만들어내는 것이다. 다시 말하면, 정다각형의 상으로 정다면체를 만드는 것이다. 어떤 특별한 조건을 만족하는 각뿔 거울을 만들면 되는지가 탐구 대상이다.

주제 4는 곡면에서의 반사에 대한 것이다. 돔 모양의 천장에 그림을 그릴 때는 평면에 그릴 때와는 다르게 그려야 한다. 거꾸로 말하면 평면 위에 그려진 그림을 원기둥 거울, 원뿔 거울에 비추면 왜곡된 상이 보이는 것이다. 여기에서는 곡면에서의 반사 성질을 이용하여 원기둥 거울, 원뿔 거울에서 정상적인 상을 보려면 평면 위에 어떻게 그려야 하는지에 대해 탐구한다. 이 네 가지 주제는 모두 반사라는 공통점을 갖고 있지만 모두 독립된 절로 따로 따로 학습하는 것이 가능하다.

204-1

거울 속의 방

Keywords 반사, 입사각, 반사각

입사각 45°로 들어오는 빛은 거울에 반사되면 수직으로 꺾여 반사된다. 격자 정사각형 방의 벽마다 가운데에 길고 좁은 창이 뚫려 있고 그 창을 통해서 빛이 들어간다고 하자. 격자 정사각형 방 안에는 대각선 모양으로 거울이 세워져 있어 창을 통해 들어간 빛은 거울에 부딪히면 입사각 45°, 반사각 45°로 꺾이므로 마치 수직으로 꺾여 반사되는 것처럼 보인다.

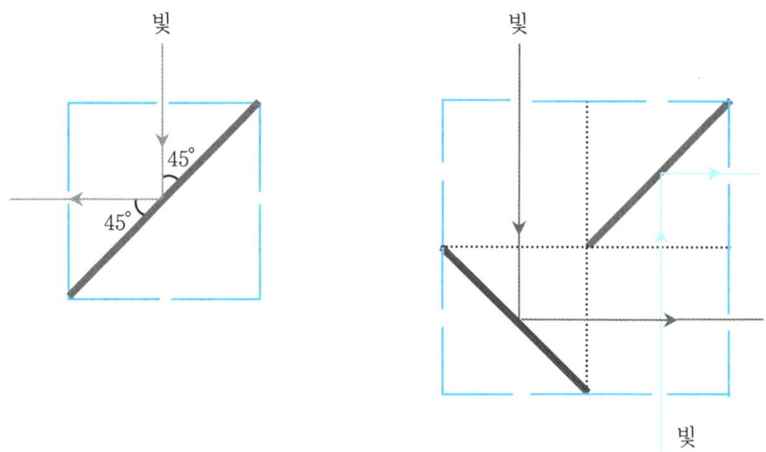

이러한 장치를 실제로 만들려면 바닥을 격자 정사각형 모양으로 하여 벽을 세우고 뚜껑을 덮은 후, 옆면에 길고 좁은 틈을 내어 그 틈으로 들여다보아야 실험할 수 있다. 이러한 원리로 만들어진 것을 실험상자라고 부르기로 하자. 실험상자 안에 양면거울과 기둥을 놓는데, 거울은 대각선 방향으로만 끼우고 1×1 정사각형 안에는 기둥이나 거울을 한 개만 놓기로 하자. 이와 같은 설정 아래 빛의 움직임, 상의 개수에 대하여 알아보려고 한다.

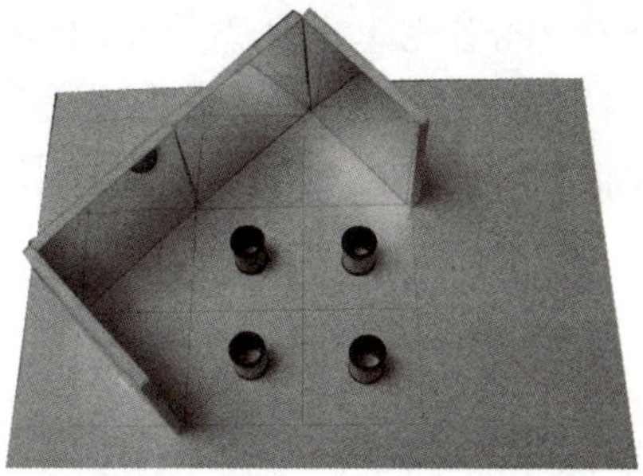

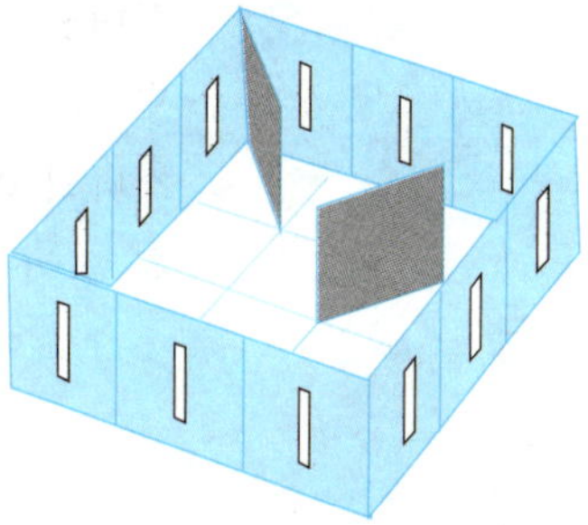

뚜껑을 연 모양

실험상자를 만들어 거울과 기둥의 위치에 따른 상의 개수를 직접 실험할 수도 있지만 여기에서는 빛의 움직임을 상상하는 것에 초점을 두므로 직접 실험하지 않고 그림을 통하여 추론하는 것으로 하겠다.

1 3×3 실험상자에 4개의 거울을 놓아 그림과 같이 빛을 통과시키려고 한다. 여러 가지 방법으로 거울을 놓아보아라.

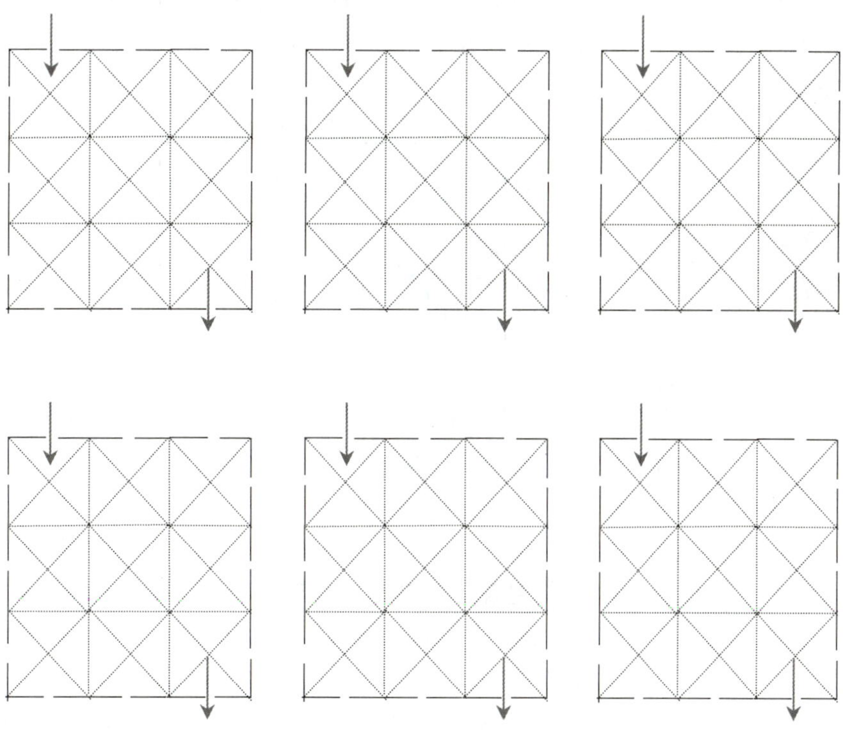

2 실험상자 안에 거울과 기둥을 놓고 틈으로 들여다보면 기둥이 직접 보일 수도 있고 거울에 반사된 상으로 보일 수도 있다. 거울과 기둥을 그림과 같이 하나씩 놓았다면 ③, ⑤, ⑦에서는 기둥이 직접 보이고 ⑨에서는 거울에 비친 상이 보인다.

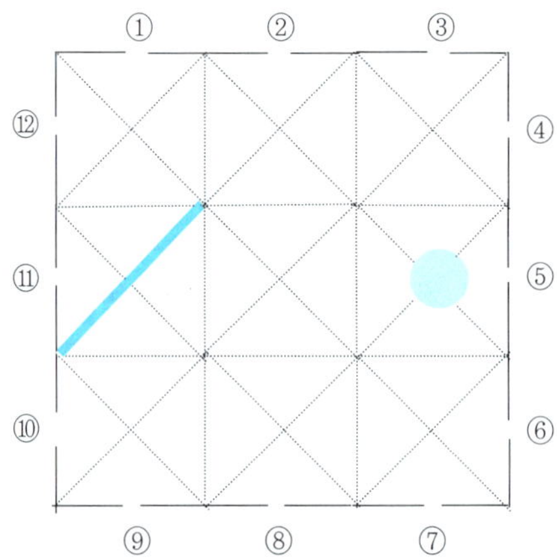

만약 거울을 아래 그림과 같이 한 개 더 놓는다면 거울에 비친 상이 보이는 곳은 어디인가?

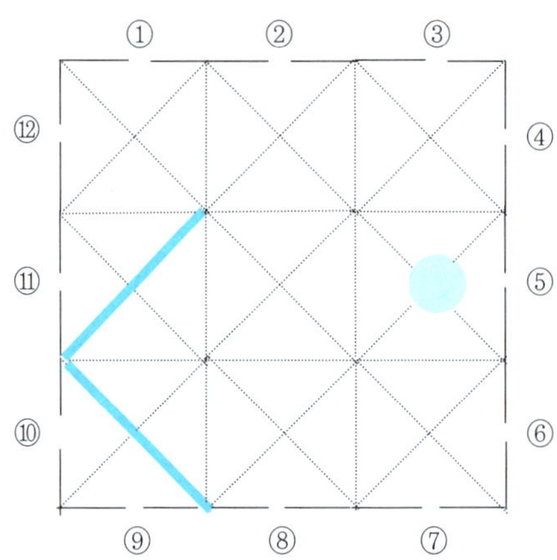

이제 실험상자 안에 거울과 기둥을 놓고 기둥이 몇 개로 보이는지 알아보자. 실험상자의 바깥에서 지정된 개수의 상을 보기 위해 거울과 기둥의 개수를 조정할 수 있다. 예를 들어, 아래와 같이 기둥을 배치하였을 때, 바깥쪽 각 지점에서 각각 0, 1, 3, 4개의 상을 보려면 그림과 같이 거울을 배치하면 된다. 물론 거울 배치 방법은 유일하지 않다.

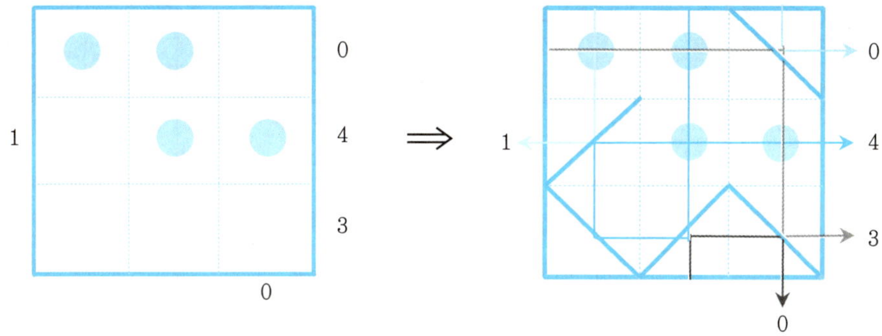

3 대각선 모양으로 양면 거울이 놓여져 있을 때, 바깥쪽 위치에서 지정된 개수의 상을 보기 위하여 기둥을 배치해보자. 기둥은 1×1 정사각형 안에 최대 1개만 놓일 수 있다.

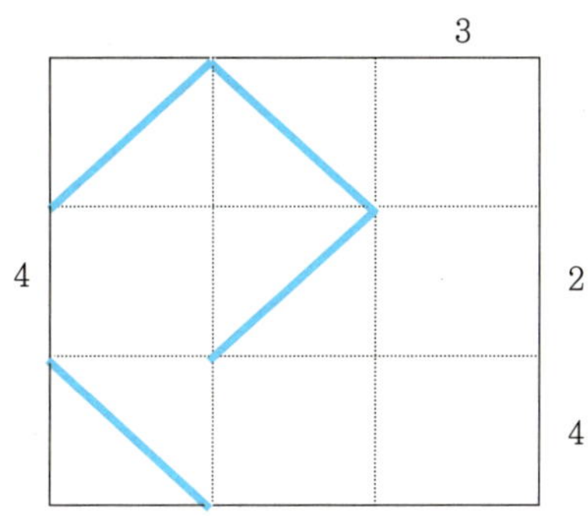

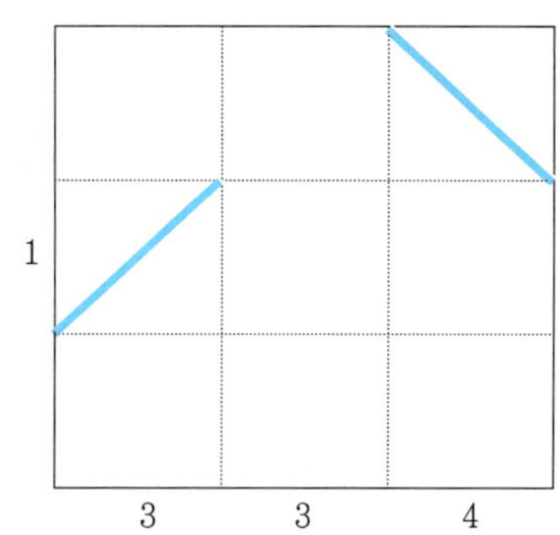

4 기둥이 아래와 같이 놓여져 있을 때, 바깥쪽 위치에서 지정된 개수의 상을 보기 위해서는 거울을 배치해보자. 거울은 되도록 적게 쓰기로 하자.

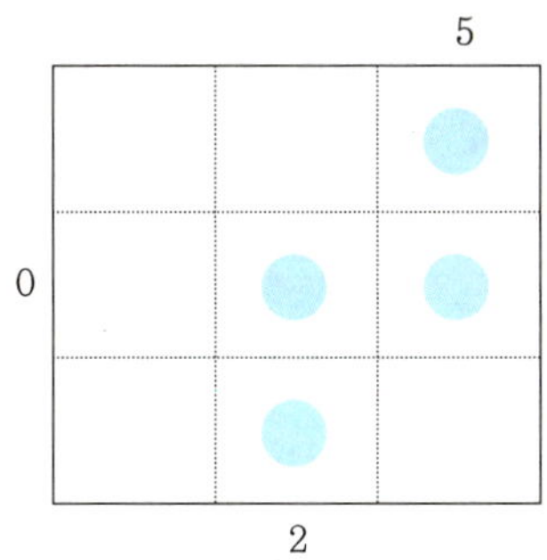

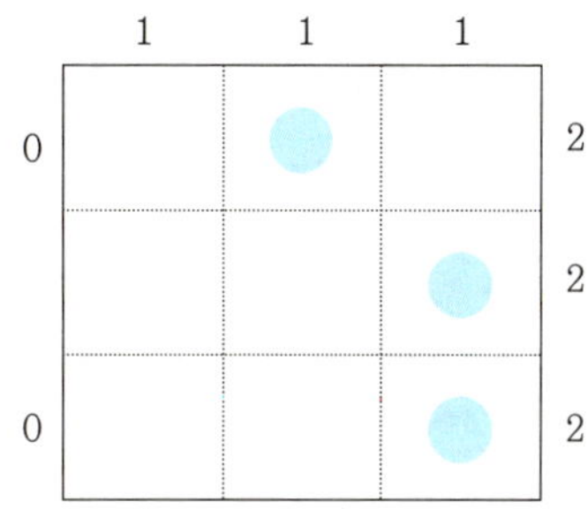

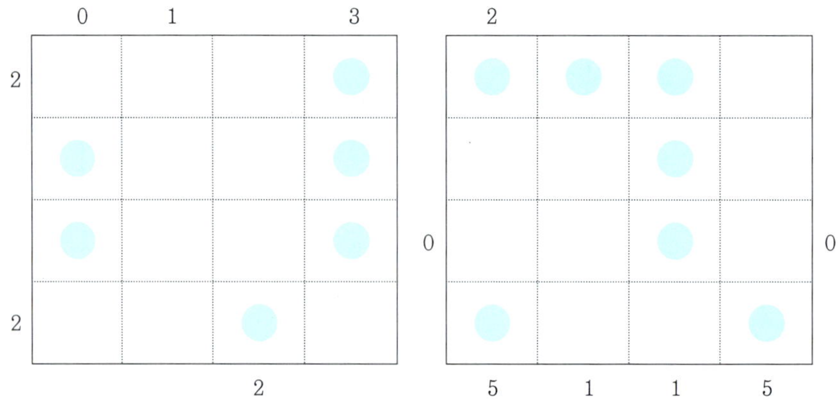

5 각 위치에서 다음 그림에 지정된 대로 상의 개수를 보려고 한다. 기둥과 거울을 적당히 배치하여라.

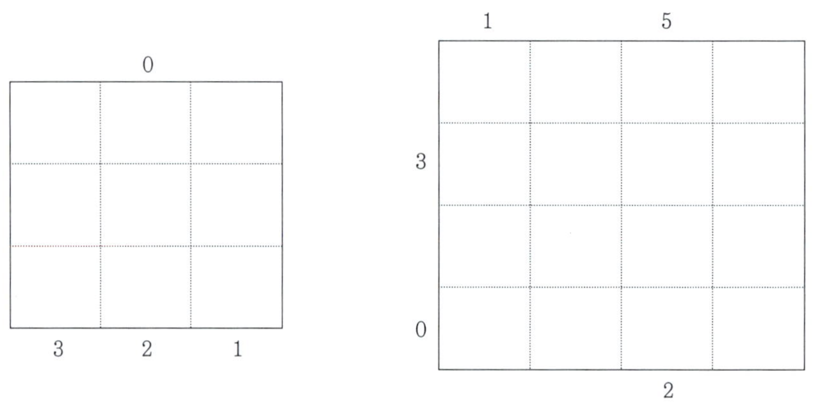

거울 속의 방

1

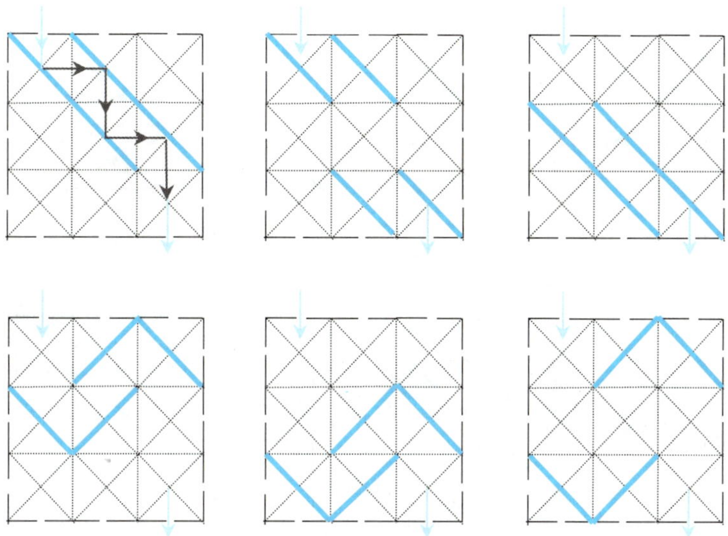

2 ⑥

3

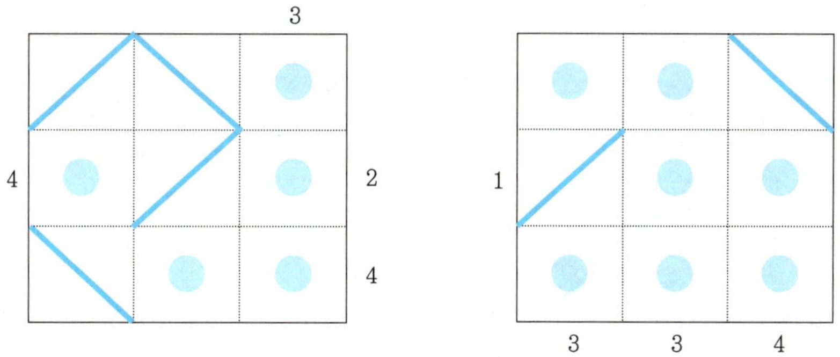

4

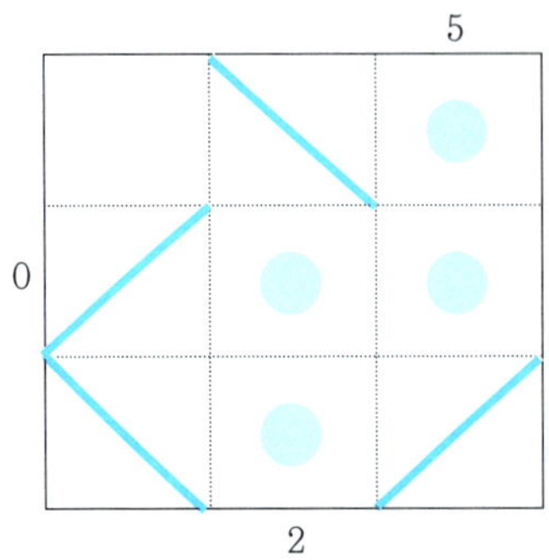

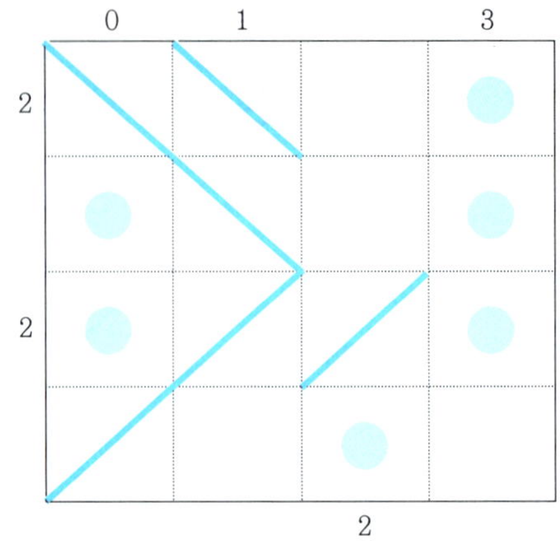

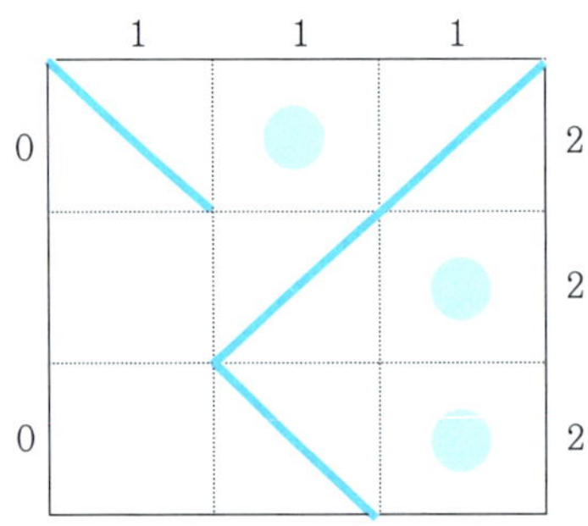

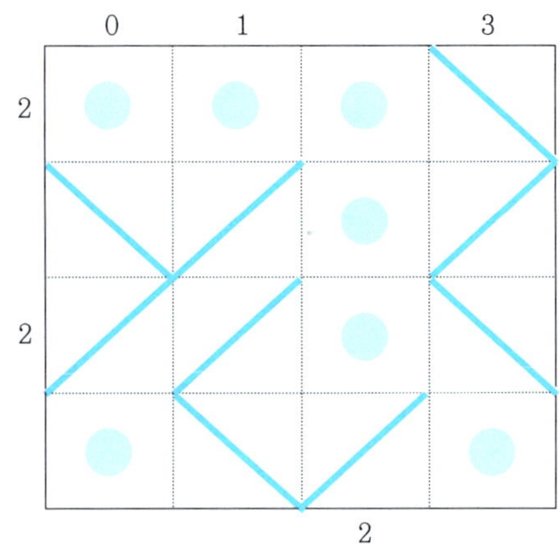

5

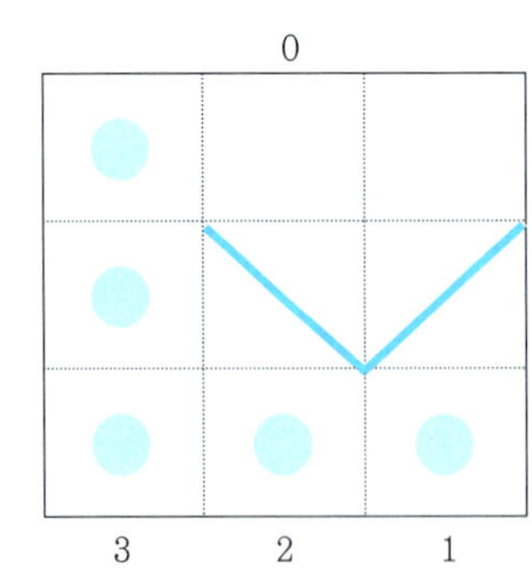

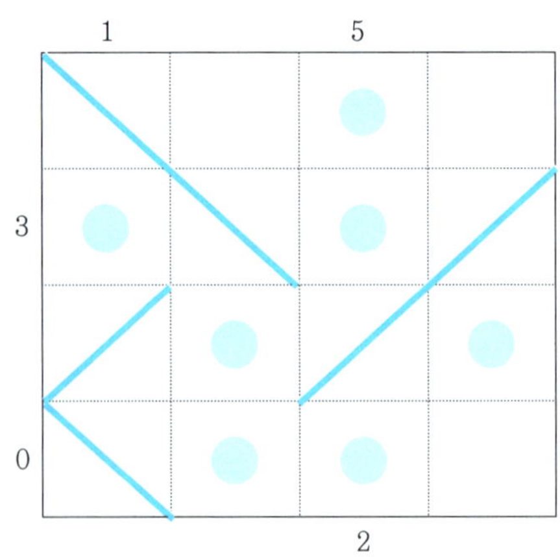

204-2 정다각형 상 만들기

Keywords 반사, 다각형, 정다각형, 입사각, 반사각

평면거울을 통해서 물체를 볼 때는 거울의 반사 성질에 의하여 변화된(실제로는 거의 변하지 않은) 실물의 상이 보인다. 물체는 거울 안에 있는 것처럼 보이는데 이것은 물체 면에서 출발한 빛이 거울에 부딪혀 반사한 후 눈으로 들어가기 때문이다. 빛은 입사각과 반사각이 같게 반사된다.

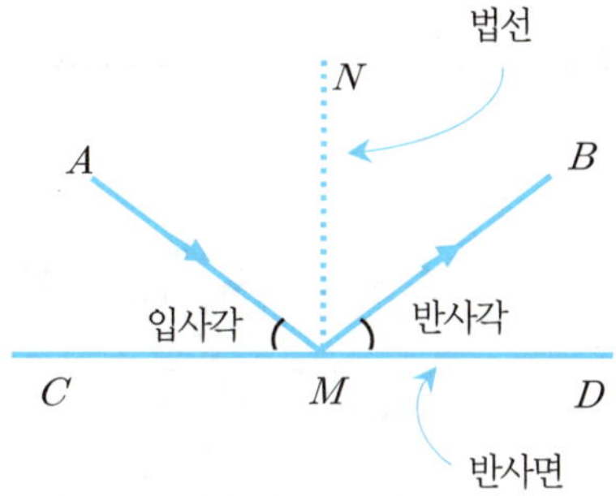

$$\angle AMC = \angle BMD$$

따라서 상이 실물과는 반대로 보이며 이렇게 거울에 비친 모습, 즉 물체의 상은 거울면으로부터 물체와 같은 거리에 생긴다.

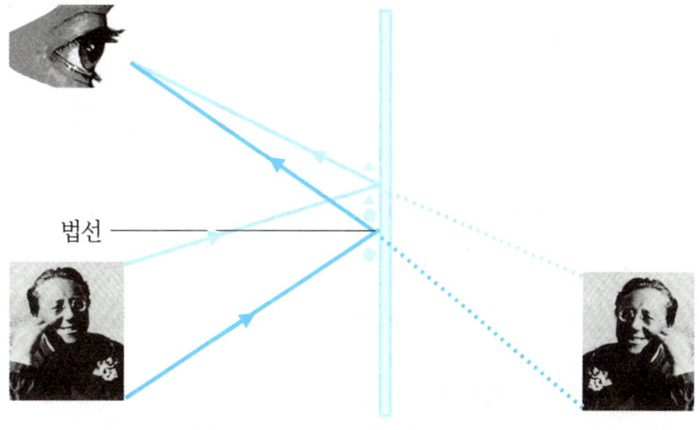

에미 뇌터

에미 뇌터(Emmy Noether, 1882~1935, 독일) 힐베르트, 바일과 함께 괴팅겐 대학의 황금 시대를 이룬 수학자. 추상 대수학 분야에 큰 업적을 남겼으며, 아인슈타인 등 물리학자들과의 공동 연구로도 유명하다.

여기서 빛이 점 P에서 출발하여 평면거울에 반사된 후 점 Q에 도달할 때 다음 두 명제는 동치임을 살펴보자.[1)]

(1) 입사각과 반사각은 같다.
(2) 빛은 최단경로를 따른다.

증명 (2)⇒(1) : 빛은 최단경로를 따른다고 가정하자. 반사면을 x축으로 하여 두 점 P, Q의 좌표를 각각 $P(0,a)$, $Q(b,c)$라고 하자.

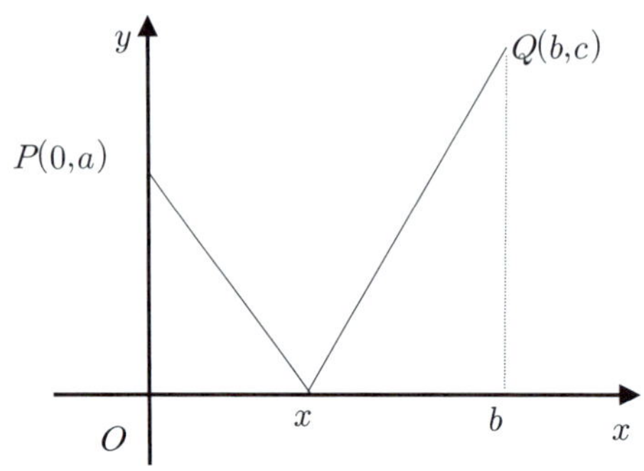

빛의 반사 위치를 $(x,0)$로 하면 빛의 이동거리는 두 선분의 합

$$l(x)=\sqrt{x^2+a^2}+\sqrt{(b-x)^2+c^2}$$

이다. 가정에 의하여 경로의 길이가 최소이므로 x는 다음 등식을 만족한다.

$$l'(x)=\frac{x}{\sqrt{x^2+a^2}}-\frac{b-x}{\sqrt{(b-x)^2+c^2}}=0$$

따라서

$$\frac{x}{\sqrt{x^2+a^2}}=\frac{b-x}{\sqrt{(b-x)^2+c^2}}$$

이다. 그러므로 입사각과 반사각이 같다.

(1)⇒(2) : 입사각과 반사각은 같다고 가정하자. 따라서 식

1) 박제남, 《수학이란 무엇인가》, 범한서적, 2000.

$$\frac{x}{\sqrt{x^2+a^2}}=\frac{b-x}{\sqrt{(b-x)^2+c^2}}$$

가 성립하고 이로부터 식 $l(x)=\sqrt{x^2+a^2}+\sqrt{(b-x)^2+c^2}$ 의 도함수가 0 이다. 따라서 빛의 경로의 길이는 그 어느 다른 경로의 길이보다 작다.

1 사람의 전신을 거울에 비춰보기 위해서는 거울의 길이는 키의 몇 배이어야 할까? 그 이유를 그림으로 그려 설명하여라.

2 보통 거울 앞에 서면 상이 한 개 보인다. 하지만 두 개의 거울의 모서리를 붙이고 각도를 조절하여 보자. 두 개의 거울 사이의 각을 90°, 180° 등으로 바꿀 때마다 상의 개수가 변할 것이다. 이것은 거울에 비친 상이 다시 다른 거울에 비쳐 상을 만들게 되기 때문이다.

[준비물] 두 개의 거울을 그림과 같이 테잎으로 붙인다. 한 거울에는 아래쪽에 각도기를 붙인다.

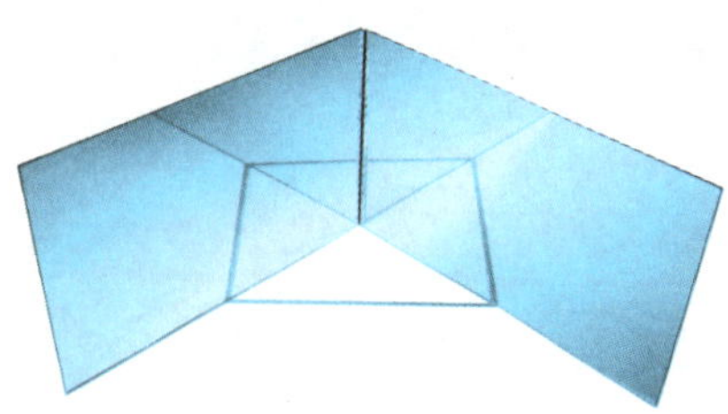

(1) 두 거울 사이에 얇은 막대를 놓되 두 거울에서 같은 거리에 놓이도록 한다. 거울 사이의 각도를 조절하면 정삼각형 모양으로 보일 것이다. 이와 같이 하나의 막대로 정다각형 상을 만들려면 거울 사이의 각도를 몇 도로 해야하는지 실험하여라.

정다각형	정삼각형	정사각형	정오각형	정육각형	정칠각형	정팔각형	정구각형	정십각형
거울 사이의 각도								

(2) 위와 같은 결과가 나오는 이유를 설명하여라.

(3) 두 거울 사이의 각도를 θ라고 할 때, 생기는 상의 수 n을 θ에 관한 식으로 나타내어라. 이때, 물체도 원상으로 보아 상에 포함시킨다.

(4) 두 개의 평면 거울을 마주 보게 놓으면 그 사이에 있는 물체의 상은 몇 개인가? 그 이유를 설명하여라.

정다각형 상 만들기

1 키의 절반 ; △QCD ≡ △QED 이므로 $\overline{CD}=\overline{DE}$, 마찬가지로 $\overline{AB}=\overline{BC}$ 이므로 필요한 거울의 길이 PQ는 키의 절반이다.

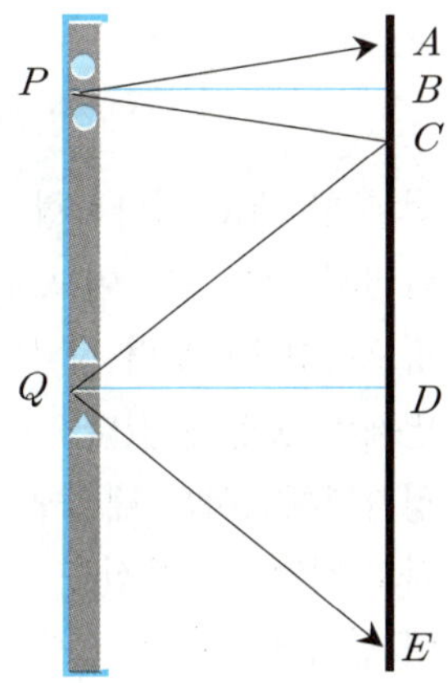

2 (1)

정다각형	정삼각형	정사각형	정오각형	정육각형	정칠각형	정팔각형	정구각형	정십각형
거울 사이의 각도	120°	90°	72°	60°	51.4°	45°	40°	36°

(2) 정삼각형의 경우에는 그림에서 $\angle CAV=\angle BAV$ 이므로 상이 정삼각형이 되기 위해서는 $\angle CAV=30°$이어야 한다.

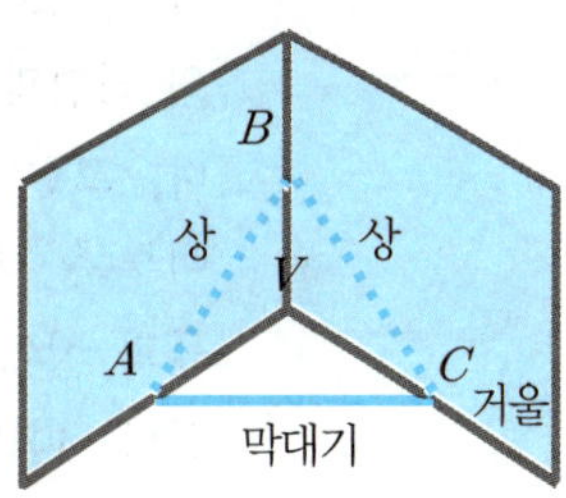

정n각형에서는 막대기와 거울이 이루는 각이 정n각형의 한 내각의 크기의 절반 즉, $\dfrac{180(n-2)^{\circ}}{2n}$ 이면 되므로 두 거울 사이의 각은

$$180^{\circ}-2\times\frac{180(n-2)^{\circ}}{2n}=\frac{360^{\circ}}{n}$$

이다. 즉, 정n각형의 상을 보려면 두 거울 사이의 각을 정n각형의 한 외각의 크기와 같게 하면 된다.

(3) $\left[\dfrac{360}{\theta}\right]$

204-3 정다면체 상 만들기

Keywords 반사, 정다면체

선분 한 개로 정다각형 상을 만들었던 것과 같이 이번에는 다각형 한 개로 정다면체 상을 만들어보자. 거울의 반사 원리를 이용하여 정삼각형, 정사각형, 정오각형으로부터 정다면체의 상을 얻으려면 어떻게 해야 할까? 그 답은 정다면체의 중심에 있다.

정다면체에서는 내접구, 외접구의 중심이 일치한다. 이를 정다면체의 중심이라고 하자. 이 중심을 꼭지점, 정다면체의 한 면을 밑면으로 하는 각뿔을 만들어 안쪽에 거울을 붙이고 밑면에 평행하게 정다각형 조각을 놓으면 정다면체 상을 얻을 수 있다.

반사 성질을 기억하면서 정십이면체를 예로 생각해보자.

정십이면체의 중심을 꼭지점으로 하고 한 면을 밑면으로 하는 정오각뿔을 보자. 밑면에 평행하게 정오각형 조각을 놓으면 빛의 반사 성질에 의하여 거울 속에 정오각형이 보인다. 이때, 거울 속의 상이 거울과 이루는 각은 정오각뿔의 밑면과 옆면이 이루는 각과 같게 된다. 그런데 정오각뿔의 밑면과 옆면이 이루는 각은 이면각의 절반이므로 실물과 상이 이루는 각은 이면각과 같게 된다. 따라서 정오각뿔의 옆면에 붙인 5개의 거울에 반사된 상은 정십이면체를 이루는 것이다.

이제 각 정다면체의 경우에 뿔 모양의 거울을 만들 때 필요한 수치를 계산하여보자. 각뿔을 정확히 만들기 위하여 이 계산은 필수적이다.

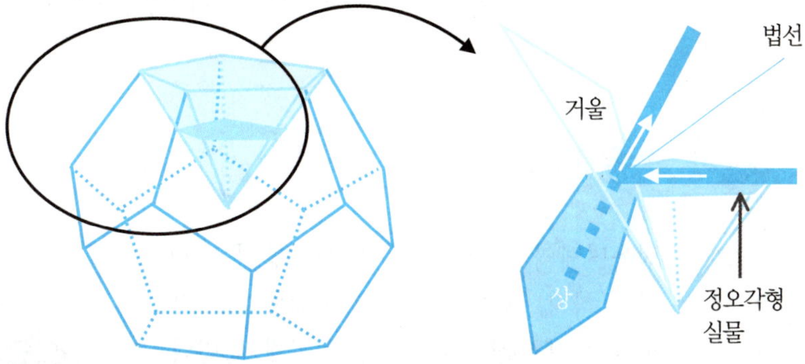

1 정사면체 상 만들기

정사면체의 중심을 V, 밑면의 중심을 O라고 하자. 아래 그림의 색칠된 정삼각뿔에서 계산을 편하게 하기 위해 $\overline{OQ}=1$이라고 하면

$$\overline{PO}=2,\ \overline{PQ}=\sqrt{3}$$

이다. $\cos(\angle VPQ)$를 구하기 위하여 $\overline{PV}$를 구하여보자.
$\overline{QW}=3$이므로 $\overline{WO}=2\sqrt{2}$이다. $\overline{VO}=r$이라고 하면 $\triangle VPO$에서

$$(2\sqrt{2}-r)^2=2^2+r^2$$

$$r=\frac{1}{\sqrt{2}}=0.707$$ [2)]

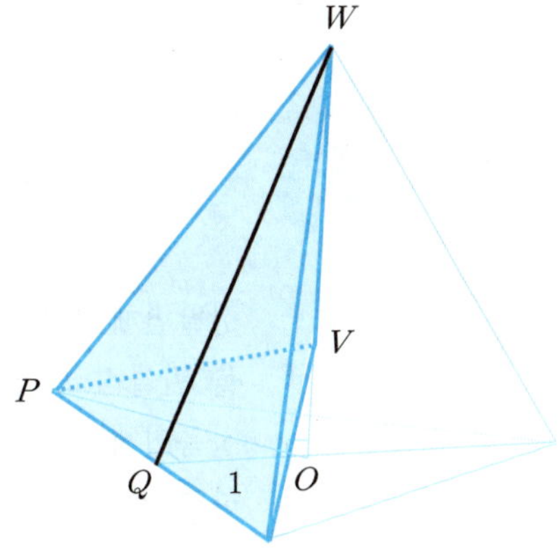

이 되어

$$\overline{PV}=2\sqrt{2}-0.707=2.121$$

이다. 따라서

$$\cos(\angle VPQ)=\frac{\overline{PQ}}{\overline{PV}}$$

$$=\frac{\sqrt{3}}{2.121}=0.817$$

$$\angle VPQ=35.26^\circ$$

2) 여기에서는 편의상 모든 근사값을 등호로 나타내었다.

이고 옆면은 꼭지각이 109.5°인 이등변삼각형이다. 즉, 꼭지각의 크기가 109.5°인 이등변삼각형 3개를 붙여 정사각뿔 모양의 거울을 만들면 된다.

2 정육면체 상 만들기

정육면체의 중심을 V, 밑면의 중심을 O라고 하자. 오른쪽 그림의 색칠된 정사각뿔에서 계산을 편하게 하기 위해 밑면의 모서리의 길이의 절반인 $\overline{PQ}=1$이라고 하자.

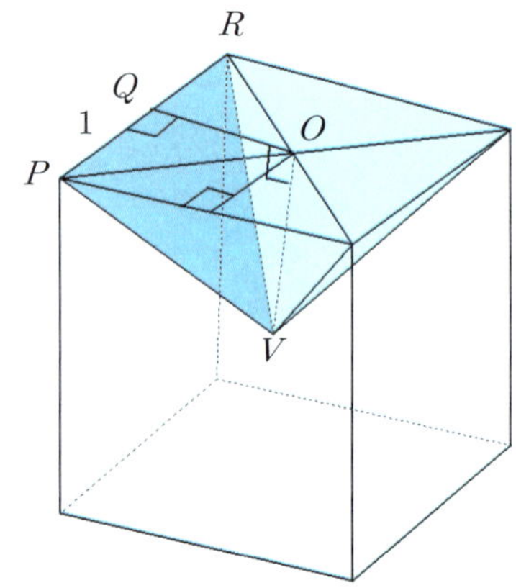

1 $\overline{PV}$, $\cos(\angle VPR)$를 구하여라.

2 정사각뿔의 옆면 PVR에서 $\angle PVR$의 크기를 구하여라.

거울을 꼭지각의 크기가 위에서 구한 $\angle PVR$인 이등변삼각형 네 장을 준비하여 밑면이 없는 정사각뿔 모양으로 붙이고, 밑면에 평행하게 정사각형 조각을 올려놓으면 정육면체 상을 볼 수 있다.

3 정팔면체 상 만들기

정팔면체 상을 보기 위한 삼각뿔을 만들려고 할 때는 정팔면체는 정육면체와 듀얼(dual)임을 이용하면 계산이 간단해진다. 즉, 한 모서리의 길이가 2인 정육면체의 경우와 같이 생각하면 오른쪽 그림에서 삼각뿔에 필요한 이등변삼각형 PVR의 모양을 구할 수 있다.

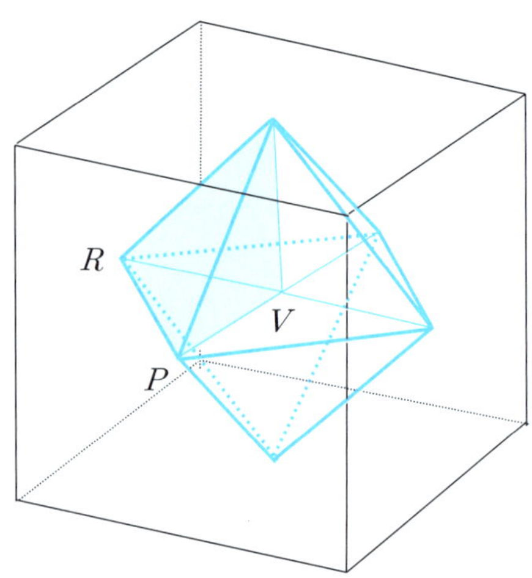

1 삼각형 PVR에서 세 변의 길이를 구하여라.

2 **1** 에서 구한 이등변삼각형 모양의 거울을 3개 붙여서 밑면이 없는 정삼각뿔을 만들고 밑면과 평행하게 작은 정삼각형 조각을 올려놓아서 정팔면체 상이 생기는지 확인하여라.

다음은 정팔면체의 중심이 보이도록 종이로 정팔면체 뼈대를 접는 방법이다. 이 안에 한 각이 90°인 삼각형 거울을 뿔 모양으로 붙여 정팔면체 상을 관찰해보자.

[준비물] 정사각형 종이 12장

(4)와 같은 조각을 정팔면체의 꼭지점의 개수만큼 만들어 (6)과 같은 방법으로 끼운다. 6개의 조각을 모두 끼우면 (8)과 같이 정팔면체 틀이 완성된다. 삼각뿔의 면(직각이등변삼각형 모양)에 거울을 붙이고 밑면에 평행하게 작은 정삼각형 조각을 올려놓으면 정팔면체 상을 볼 수 있다.

(1)

(2)

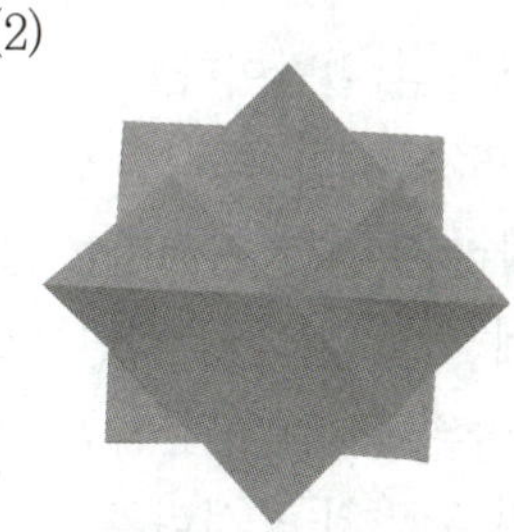

(3)

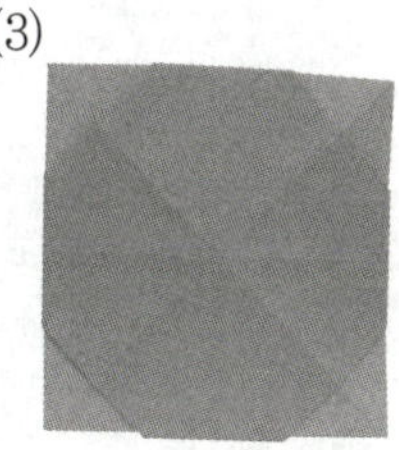

(4)

(5)

(6)

(7)

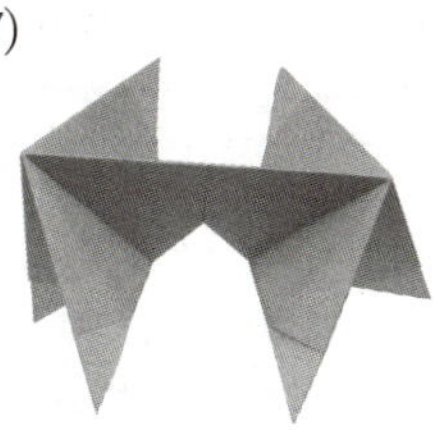

(8)

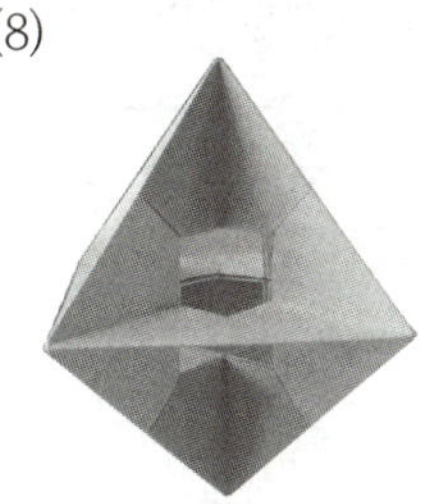

4 정십이면체 상 만들기

오른쪽 정십이면체에서 정십이면체의 중심 V를 꼭지점으로 하고 정십이면체의 한 면을 밑면으로 하는 정오각뿔(색칠된 부분)을 보자. 이 정오각뿔의 안쪽 면에 거울을 붙이고 밑면에 평행하게 정오각형 조각을 넣으면 정오각형 조각이 5개의 옆면에 반사되어 정십이면체처럼 보인다.

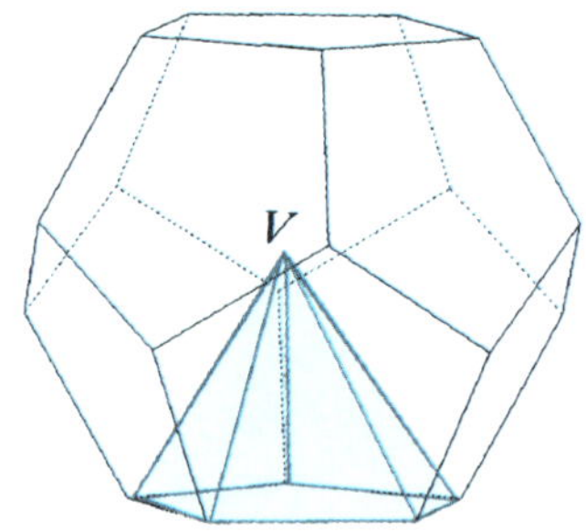

따라서 거울로 정오각뿔을 만들기 위해서는 옆면인 이등변삼각형 5개를 거울로 만들어 붙이면 된다.

[단계 1] 이면각의 절반 구하기

이등변삼각형의 모양을 알기 위하여 정오각뿔의 옆면과 밑면이 이루는 각을 먼저 구하자. 이 각은 이면각의 크기의 절반이다.

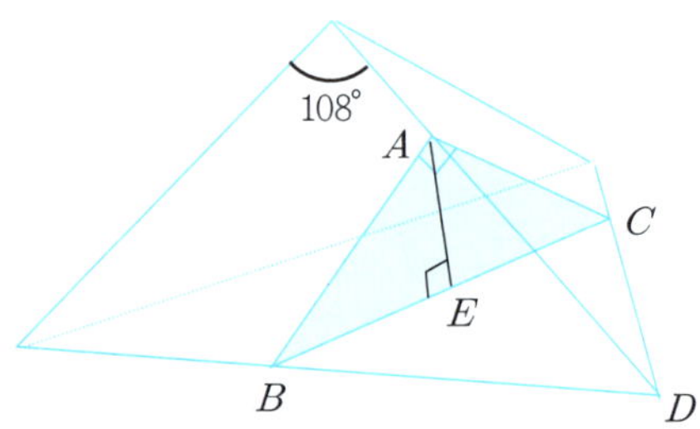

정십이면체를 한 꼭지점에서 모서리를 따라 일정한 거리만큼 떨어져 있는 세 점을 지나는 평면으로 잘라 내면 정삼각뿔이 만들어진다.

정삼각뿔의 모서리 위의 임의의 점 A를 택하자. 점 A에서 그림과 같이 수선을 내려 밑면의 모서리와 만난 점을 각각 B, C라고 하자. 정삼각뿔의 옆면은 이등변삼각형이므로

$$\angle ADB = \frac{180° - 108°}{2} = 36°$$

이다.

정십이면체의 이면각의 절반 $\angle BAE$를 구하기 위하여 먼저 $\frac{\overline{BE}}{\overline{AB}}$를 구하자.

$$\overline{BE} = \frac{\overline{BC}}{2} = \frac{\overline{BD}}{2},\ \ \overline{AB} = \overline{BD}\sin 36°$$

이므로

$$\frac{\overline{BE}}{\overline{AB}} = \frac{\overline{BD}}{2 \cdot \overline{BD}\sin 36^\circ} = \frac{1}{2\sin 36^\circ}$$

따라서

$$\angle BAE = \sin^{-1}\left(\frac{1}{2\sin 36^\circ}\right) = \sin^{-1} 0.851 = 58.3^\circ$$

[단계 2] 정오각뿔의 옆면

정오각뿔에서 우리가 알고 있는 것은

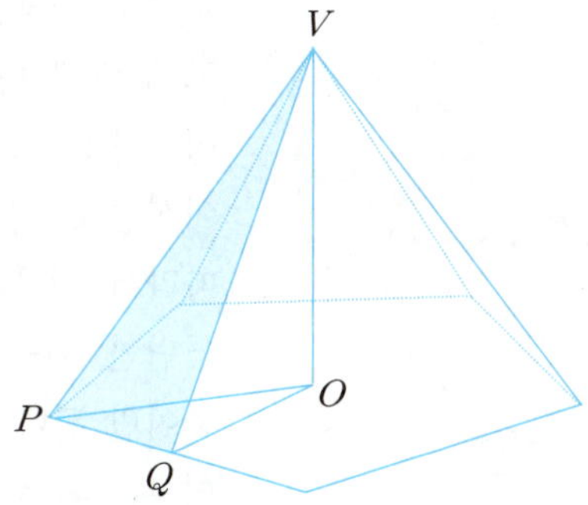

$$\angle OPQ = 54^\circ$$
$$\angle VQO = 58.3^\circ$$

이다. 이제 $\overline{PQ} = 1$이라고 하면

$$\overline{OQ} = \tan 54^\circ = 1.376$$

이므로

$$\overline{VQ} = \frac{\overline{OQ}}{\cos 58.3^\circ} = \frac{1.376}{0.525} = 2.621$$

피타고라스의 정리에 의하여

$$\overline{VP} = \sqrt{2.621 + 1^2} = \sqrt{7.870} = 2.805$$

이다. 따라서

$$\sin(\angle VPQ) = \frac{\overline{VQ}}{\overline{VP}} = \frac{2.621}{2.805} = 0.934$$
$$\angle VPQ = 70.0^\circ$$

이고 옆면은 꼭지각의 크기가 40°인 이등변삼각형이다.

즉, 정오각뿔은 꼭지각의 크기가 40°인 이등변삼각형 5개를 붙여 만들 수 있다.

1 위에서 구한 이등변삼각형 모양의 거울을 5개 붙여서 밑면이 없는 정오각뿔을 만들고 밑면과 평행하게 작은 정오각형 조각을 올려놓아서 정십이면체 상이 생기는지 확인하여라.

5 정이십면체 상 만들기

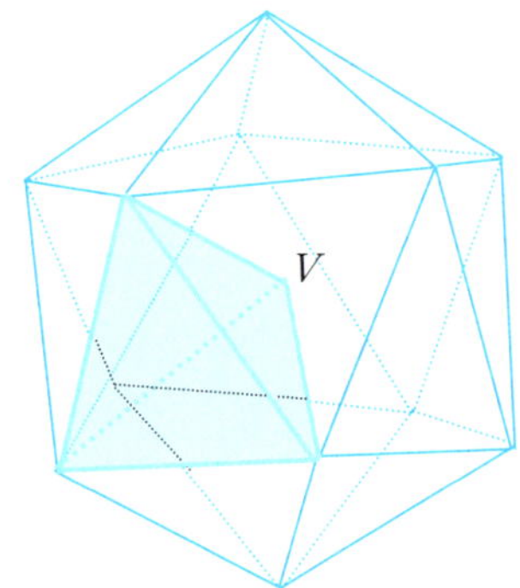

정십이면체에서와 마찬가지로 정이십면체의 중심 V를 꼭지점으로 하고 정이십면체의 한 면을 밑면으로 하는 정삼각뿔(색칠된 부분)을 보자. 이 정삼각뿔의 안쪽 면에 거울을 붙이고 밑면에 평행하게 정삼각형 조각을 넣으면 정삼각형 조각이 3개의 옆면에 반사되어 정이십면체처럼 보인다.

따라서 거울로 정삼각뿔을 만들기 위해서는 옆면인 이등변삼각형 3개를 거울로 만들어 붙이면 된다. 이등변삼각형의 모양을 알기 위하여 정삼각뿔의 옆면과 밑면이 이루는 각을 구해야한다. 이 각은 이면각의 크기의 절반이다.

정이십면체를 한 꼭지점에서 모서리를 따라 일정한 거리만큼 떨어져 있는 5개의 점을 지나는 평면으로 잘라 내면 정오각뿔이 만들어진다. 정오각뿔의 모서리 위의 임의의 점 A를 택하자. 점 A에서 그림과 같이 수선을 내려 밑면의 모서리와 만난 점을 각각 B, C 라고 하자. 정오각뿔의 옆면은 정삼각형이므로

$$\angle ADB = 60^\circ$$

이다.

1 다음 순서에 따라 이면각의 절반 $\angle BAE$을 구해보자.

(1) $\dfrac{\overline{BE}}{\overline{AB}}$를 구하여라.

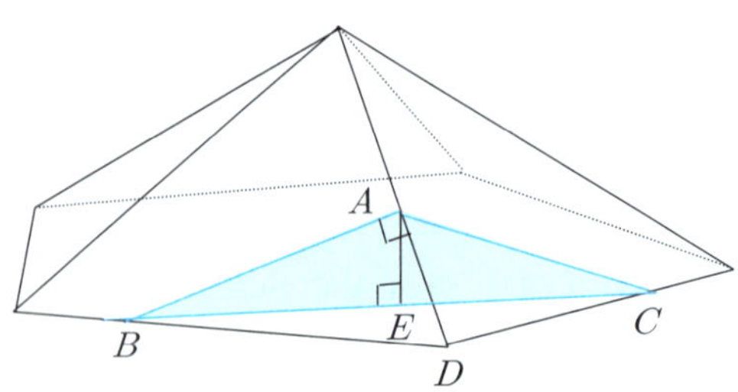

(2) 계산기를 이용하여 $\angle BAE$를 구하여라.

2 정삼각뿔에서 우리가 알고 있는 것은

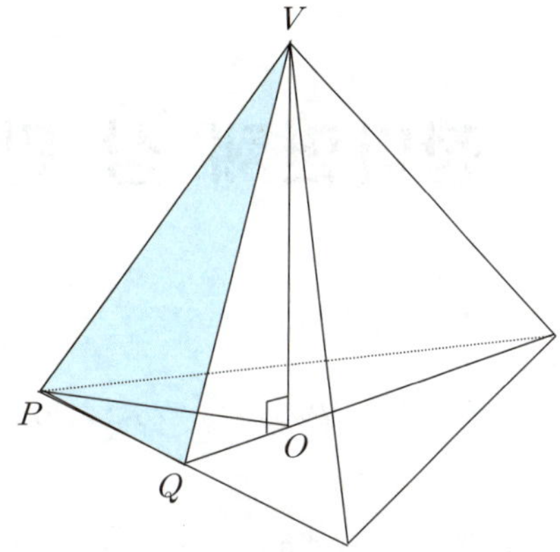

$\angle OPQ = 30°$

$\angle VQO = 70.0°$

이다. 이제 $\overline{PQ} = 1$이라고 하고 다음을 구하여라.

(1) $\overline{VQ}$, $\overline{VP}$, $\overline{VP}$를 구하여라.

(2) 계산기를 이용하여 $\angle VPQ$를 구하여라.

3 위 **2**에서 구한 이등변삼각형 모양의 거울을 3개 붙여서 밑면이 없는 정삼각뿔을 만들고 밑면과 평행하게 작은 정삼각형 조각을 올려놓아서 정이십면체 상이 생기는지 확인하여라.

정팔면체에서와 마찬가지로 정십이면체 뼈대를 종이로 접어 그 속에 밑면이 없는 거울 정오각뿔을 붙여 정십이면체 상을 관찰할 수 있다. 한편, 정삼각형을 변의 1/3 지점에서 잘라낸 도형(육각형)을 올려놓으면 축구공(잘린 정십이면체: Truncated Dodecahedron)을 볼 수 있다.

정다면체 상 만들기

❷ 정육면체 상 만들기

1 $\overline{PV}=\sqrt{3}$, $\cos(\angle VPR)=\dfrac{\overline{PQ}}{\overline{PV}}=\dfrac{1}{\sqrt{3}}=0.577$

2 70.6°

❸ 정팔면체 상 만들기

1 $\overline{VP}=1$, $\overline{VR}=1$, $\overline{PR}=\sqrt{2}$

❺ 정이십면체 상 만들기

1 (1) $\dfrac{\overline{BE}}{\overline{AB}}=\dfrac{\overline{BD}\cos 36^\circ}{\overline{BD}\sin 60^\circ}=\dfrac{0.809}{0.866}=0.934$

(2) $\angle BAE=\sin^{-1}0.934=70.0^\circ$

2 (1) $\overline{VQ}=\dfrac{\overline{OQ}}{\cos 70.0^\circ}=\dfrac{0.577}{0.342}=1.687$

$\overline{VP}=\sqrt{1.687^2+1^2}=\sqrt{3.846}=1.961$

(2) $\sin(\angle VPQ)=\dfrac{\overline{VQ}}{\overline{VP}}=\dfrac{1.687}{1.961}=0.860$, $\angle VPQ=59.3^\circ$

204-4 원기둥 · 원뿔 위의 상

Keywords 반사, 원기둥, 원뿔, anamorphosis

1 다양한 형태의 그림

1 오른쪽 그림은 1350년경의 그림이고 아래의 그림은 1470년경의 그림이다. 플로렌스는 르네상스가 시작된 도시로 유명한데, 아이러니하게도 플로렌스를 그린 그림은 르네상스 이전의 그림이고 아래의 그림은 르네상스 시기의 화가의 그림이다. '르네상스'의 특징을 생각하여 두 그림의 차이점을 말해보아라.

〈플로렌스의 전경〉, 1350년경

〈이상적인 도시〉, 피에로 델라 프란체스카, 1470년경

2 도로에서 아래 사진과 같이 '유턴 금지' 표시, '학교 앞 천천히'라는 문구 등을 볼 수 있다.

(1) 다음을 옆에서 본 사진과 운전석에서 본 사진으로 구분하여라.

▲ 유턴 1

▶ 유턴 2

천천히 1 ▼

▼ 천천히 2

(2) 운전석에 앉아서 도로에 쓰여져 있는 글 또는 화살표를 볼 때 자연스러운 형태로 보려면 원래의 형태로 그려서는 안 된다는 것을 알았을 것이다. 그러면 어떻게 변형하여 그려야 하는지 설명하여라.

(3) 다음은 어떤 그림인가? 보는 방향을 잘 선택하여 무엇이 보이는지 말해 보아라.

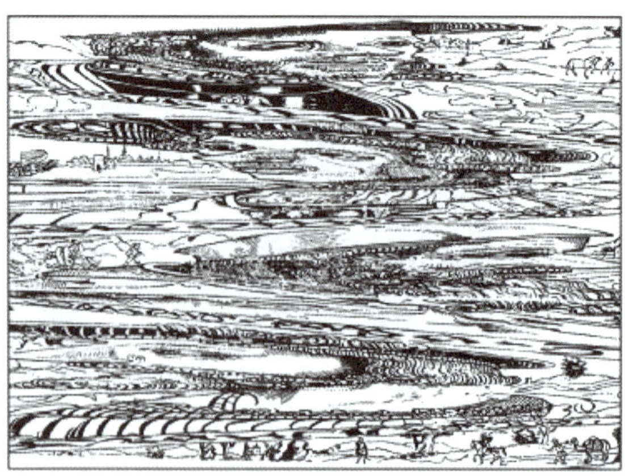

〈기형(Vexierbild)〉, 에르하르트 쇤(Erhard Schon)

2 애너모포시스

평면이나 곡면 위에 왜곡된 형태로 상을 나타내는 것을 애너모포시스(anamorphosis, 변환된 그림 기법)이라고 한다. 애너모포시스는 그리스어로 '다시 만들다'라는 뜻이다.

애너모포시스를 이해하기 위해서는 약 6백 년 전에 일어났던 르네상스를 알아야 한다. 1400년에서 1550년 사이에 이탈리아에서 시작되어 퍼져나갔던 르네상스 당시 앞에서 소개한 프란체스카(Piero della Francesca)의 그림과 같이 사영적으로 사물을 보는 관점이 생겨났다. 이전에 화가들이 공간을 평면에 옮겼다면 르네상스 시기부터는 3차원의 '실제감'을 살려서 그리기 시작하였는데, 이는 실제로 사영기하 등에 의해 이론적 뒷받침을 받으면서 가능했다. 그리고 이것에 기초하여 애너모포시스가 발생되었다.

한편, 르네상스 시대의 화가들은 원근감을 살리기 위하여 아래 뒤러의 그림과 같이 격자무늬를 이용하였는데 애너모포시스를 그리는 기본적인 방법도 이와 같다.

〈누드를 그리는 예술가〉, 알브레히트 뒤러, 독일, 1525년.

애너모포시스는 위의 뒤러 그림에서 격자 창살에 변화를 준 것이라고 생각하면 된다. 격자 창살이 비스듬한 것이 도로에서의 글이나 화살표이다. 한편, 이 격자 창살이 곡면 거울로 되어 있다고 생각해보자. 원기둥 거울로 되어 있다면 원래의 그림은 격자 창살 건너편에서가 아니라 원기둥 거울에 반사되어 보일 것이다. 이제는 원기둥 거울에서 원래의 상을 보려면 바닥에는 어떻게 그려져 있어야 하는지 알아보자.

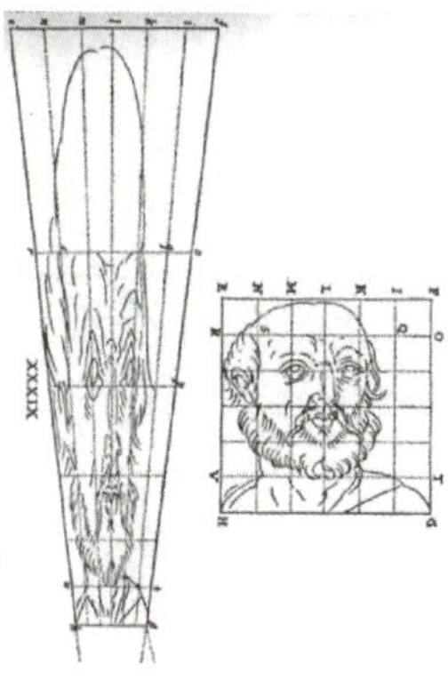

3 원기둥 거울에서 만드는 애너모포시스

원기둥 거울에 의해 만들어지는 애너모포시스를 하기 위하여 먼저 원기둥 거울의 반사 성질을 알아보자. 원기둥의 옆면에 빛이 반사되면 평면에서와는 다르게 반사된다.

1 원기둥 거울에서의 반사 성질을 알아보자.

(1) 다음 평행한 직선이 원기둥 거울에 어떻게 비치는지 원기둥 거울을 올려 놓고 알아보아라.

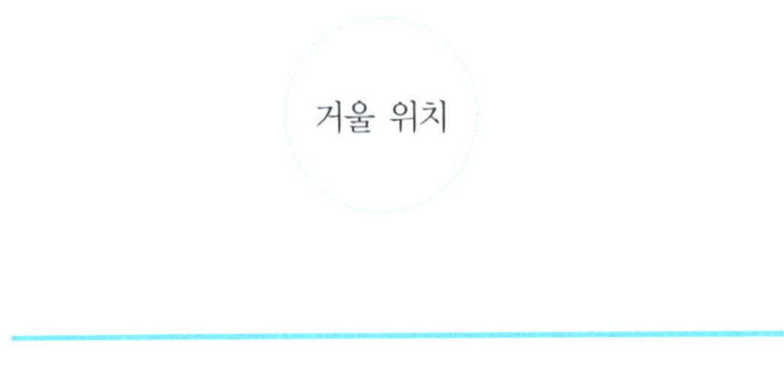

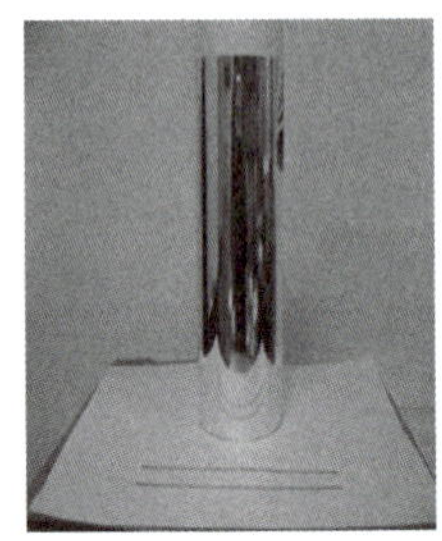

(2) 다음 간격이 같은 두 곡선이 원기둥 거울에 어떻게 비치는지 원기둥 거울을 올려놓고 알아보아라.

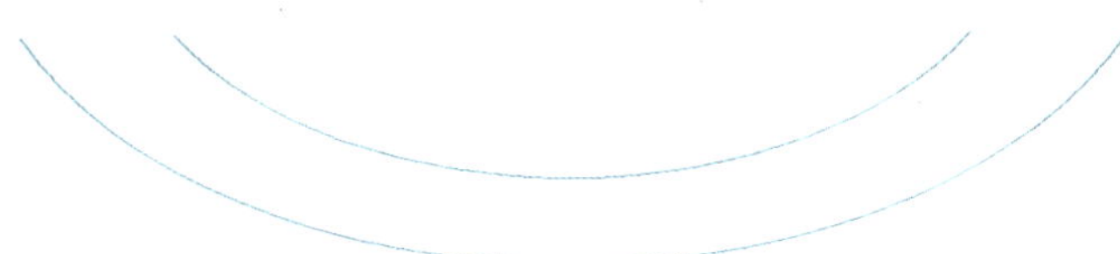

2 다음 그림이 원기둥 거울에 어떻게 비치는지 원기둥 거울을 올려놓고 알아보아라.

	¿	

3 원기둥 거울에서 빛이 어떻게 반사되는지 그려보자. 아래 그림에서 파란색으로 입사한 빛이 어떻게 반사되는지 그려라.

원기둥 옆에서 본 빛의 반사

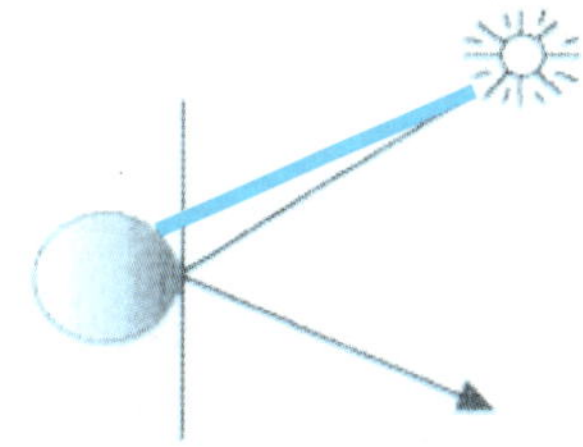

원기둥 위에서 본 빛의 반사

이러한 기법으로 그려진 그림은 큰 건물에서도 볼 수 있는데, 다음은 안드레아 포조에 의해 1691년에서 1694까지 건축된 로마의 한 교회의 천장 그림이다. 반원 모양의 천장 면에 그려진 그림이 밑에서 천장을 바라보면 평면에 그린 그림으로 보인다.

4 다음 표가 원기둥 거울에 비치도록 아래 부채꼴에 1부터 20까지의 숫자를 써넣어라. 수를 써넣은 후 부채꼴 위에 원기둥 거울을 올려놓고 사각형 표와 숫자가 제대로 보이는지 확인하여라.

1									10
	2							9	
		3					8		
			4			7			
				5	6				
				15	16				
			14			17			
		13					18		
	12							19	
11									20

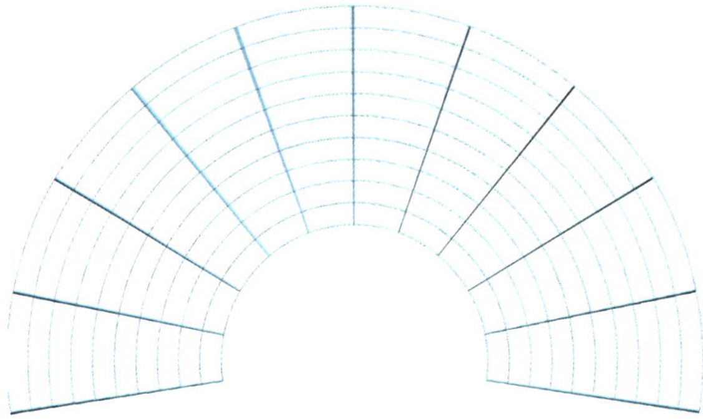

5 원기둥 거울에서 애너모포시스 만들어보자. 이제 자신이 생각하는 멋진 그림을 아래 격자판에 그린 후, 이것을 원거울 거울에서 상으로 볼 수 있도록 아래 부채꼴에 옮겨보자. 옮긴 후에는 원기둥 거울을 부채꼴 위에 올려놓고 확인하자.

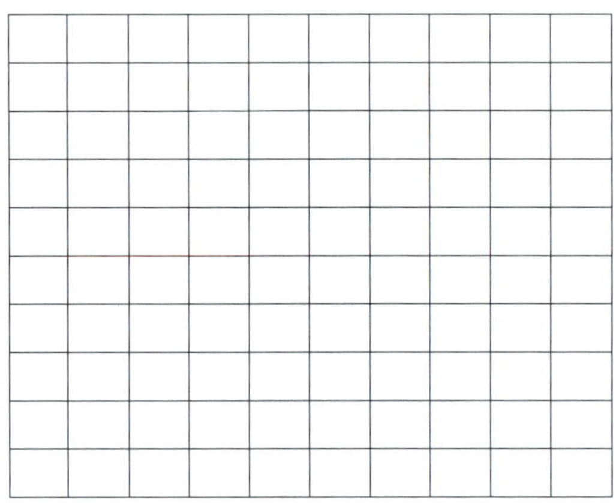

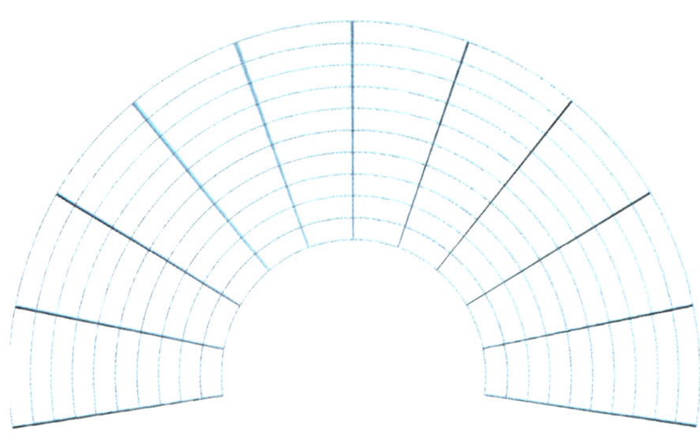

4 원뿔 거울 위의 상

원뿔거울에서의 빛의 반사도 원기둥거울에서와 비슷하게 생각하면 된다. 원뿔 위쪽에 부딪힌 빛은 멀리 반사되고, 아래쪽에 부딪힌 빛은 가까이 반사된다. 다른 점은 원기둥거울에서는 옆면에 비친 상을 보는데, 원뿔거울에서는 꼭지점에서 내려다보아야 한다는 점이다. 따라서 바닥에서 멀리 그려진 그림은 원뿔의 꼭지점 부분에 상이 생기고 원뿔에 가까운 바닥에 그려진 그림은 원뿔 옆면의 아래쪽 부분에 상이 생긴다.

1 원뿔 거울을 아래 그림의 가운데에 올려놓고 어떤 상이 보이는지 알아보아라.

2 다음 물음에 답하여라.

(1) 아래 사진의 4개의 호(원의 일부)는 어떻게 보이는가?

(2) 아래의 오른쪽 사진의 가운데에 원뿔 거울을 올려놓으면 왼쪽 사진에서 보이는 것과 어떻게 다를까?

3 원뿔 위에서 다음과 같은 상을 보려면 밑그림을 어떻게 그려야할까? 아래 원 모양을 채우고 원뿔 거울을 안에 세워 확인하여라.

1									10
	2							9	
		3					8		
			4			7			
				5	6				
				15	16				
			14			17			
		13					18		
	12							19	
11									20

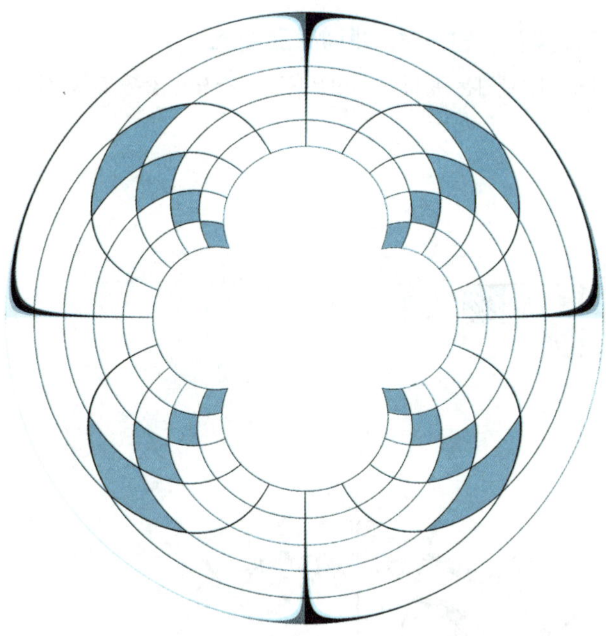

원기둥 · 원뿔 위의 상

❶ 다양한 형태의 그림

1 르네상스가 시작되기 이전, 즉 원근법이 아직 없던 시기의 그림인 플로렌스의 그림은 깊이가 없는 반면, 르네상스 시기의 화가가 그린 아래의 그림은 원근법에 의하여 그려져 실제 거리와 같은 깊이가 느껴진다.

2 (2) 실제의 모양을 변형해서 '보이는 대로' 그려야 한다. 이러한 현상은 도로에서도 흔하게 발견할 수 있다.

(3) 네 명의 황제의 얼굴이 보인다.[3)]

❸ 원기둥 거울에서 만드는 애너모포시스

1 원기둥 거울에서는 평행한 직선은 곡선, 간격이 같은 두 곡선은 평행선으로 보인다.

2

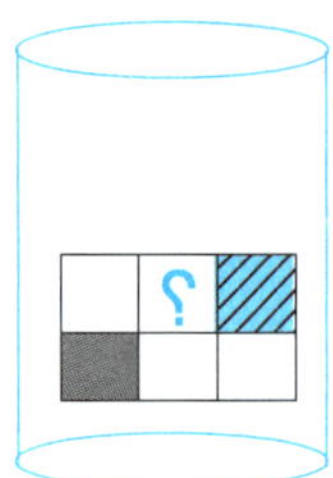

4

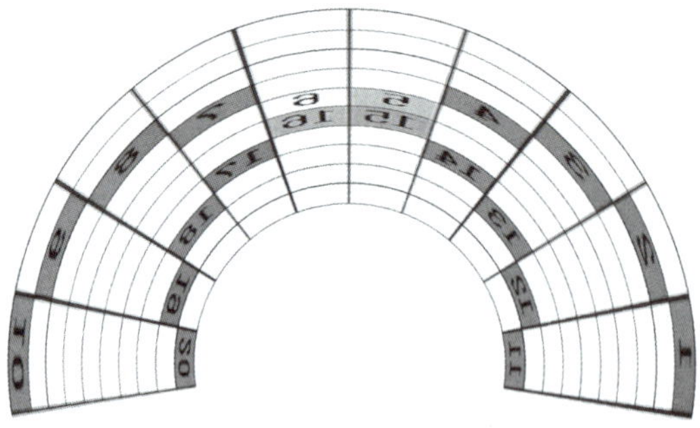

3) http://physics.uoguelph.ca/morph/schon.html

❹ 원뿔 거울에서 만드는 애너모포시스

1

2 위의 사진과 같은 상을 원뿔거울에서 얻으려면 테두리 부분의 직선이 곡선으로 변해야 한다. 사진에서 4개의 호(흰색 원의 일부)는 바로 테두리 부분의 직선을 나타낸다.

3 바깥쪽의 숫자 1, 10 등을 원뿔 가까이, 안쪽의 숫자 5, 6 등을 멀리 써넣으면 된다.

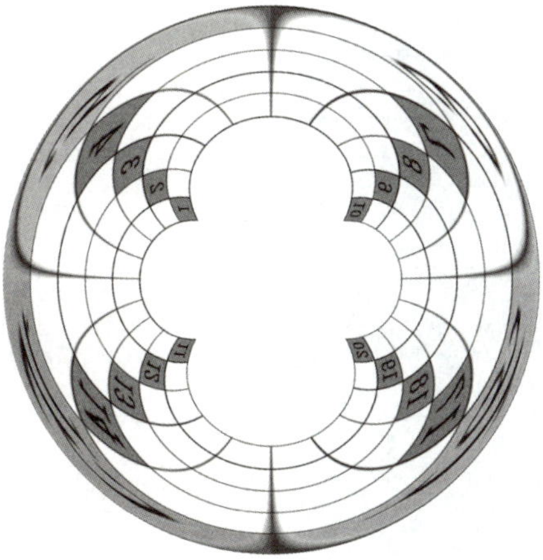

205

군과 대칭군

• 교육과정

중 1 _ 수와 연산, 유리수와 정수, 도형, 정다면체

고 1 _ 수와 연산, 실수

주제 1	군
Keywords	항등원, 역원, 군
주제 2	대칭군
Keywords	항등원, 역원, 군, 대칭군, 정다면체
주제 3	말놀이
Keywords	군, 대칭
주제 4	매직 서클
Keywords	갈루아 체, 기약다항식

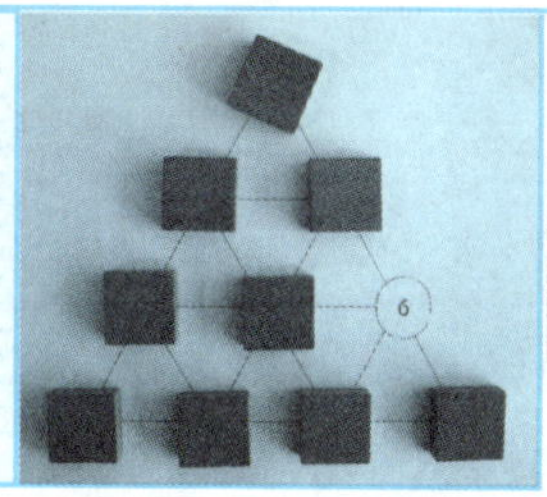

시인, 화가, 음악가, 건축가들이 각자의 독특한 도구를 이용하여 창작 활동을 할 때, 아무렇게나 하는 것이 아니고 어떤 기본적인 원칙 아래서 독창적인 창작 활동을 한다. 마찬가지로, 수학자도 자유롭게 공리계를 세워 새로운 구조를 갖는 수학적 대상을 창조해낸다.

이러한 수학적 대상 중 특히, 군 이론은 통신을 할 때 잡음이 들어가는 것을 수정할 때, 또는 일부러 잡음을 넣어 보안에 신경을 쓰고자 할 때 쓰인다. 그리고 현재 전 세계에서 통용되는 공개키 암호의 원리도 군 이론과 소인수분해 이론이 응용된 것이다. 이와 같이 현대 사회에서 개인들이 신용카드를 쓰고, 은행예금을 인출하며, 이메일을 주고받으며, 핸드폰을 사용하고, 기업이나 국방외교의 기밀을 보장하는 등등 그 기초에는 많은 수학 이론들이 뒷받침하고 있다. 군 이론은 그 중의 하나로서 공부를 해두어야 할 수학적 대상이다.

주제 1에서는 새로운 수학적 대상인 군을 만드는 군의 공리계를 공부한다. 먼저 자연수, 정수, 유리수의 집합 위에 정의된 사칙연산(덧셈, 뺄셈, 곱셈, 나눗셈)을 가지고 군의 공리계를 유도하고 나서, 좀더 추상적으로 군의 개념을 소개한다. 또한 여러 가지 군의 예들을 만들어 본다.

주제 2에서는 다면체의 기하적 구조를 대수적 구조인 대칭군(symmetric group)의 개념을 통해 이해할 수 있도록, 대칭군에 대하여 자세히 공부한다. 대칭군은 '207 정다면체'에서 정다면체의 구조를 해석하는 데 매우 유용한 도구로 쓰일 것이다.

주제 3에서는 다이아몬드 게임, 차이니즈 체커(chinese checker)라고 알려져 있는 말놀이(peg solitaire)에 대한 것이다. 여러 개의 말을 판에 올려놓고 단 한 개의 말만 남기는 것이 목적인데, 그 원리는 군 이론이다. 직접 놀이를 하면서 해를 찾고, 군 이론으로 원리를 깨우친다면 매우 흥미있는 소재가 될 것이다.

주제 4는 원을 몇 개로 나누어 각 부분마다 수를 할당하는 매직 서클에 대한 내용이다. 매직 서클은 단순한 놀이같이 보이지만 사실은 군 이론을 창시했다고 볼 수 있는 갈루아가 처음 제안한 것으로 갈루아 체에 바탕을 두고 있다.

205-1

군

Keywords 항등원, 역원, 군

1 닫혀 있다 / 결합법칙 / 항등원 / 역원

다음을 보고 '닫혀 있다'는 말의 의미를 생각해보자.

- 자연수의 집합은 덧셈에 대하여 닫혀 있다.
- 자연수의 집합은 뺄셈에 대하여 닫혀 있지 않다.
- 정수의 집합은 덧셈, 뺄셈에 대하여 닫혀 있다.
- 정수의 집합은 나눗셈에 대하여 닫혀 있지 않다.

1 다음 사칙연산에 대하여, 닫혀 있는 곳에는 '닫', 결합법칙이 성립하는 곳에는 '결', 그리고 교환법칙이 성립하는 곳에는 '교'라고 써넣어라.

	+	−	×	÷
ℕ (자연수의 집합)				
ℤ (정수의 집합)				
ℚ (유리수의 집합)				
E (짝수의 집합)				
O (홀수의 집합)				
$\{-1, 1\}$				

집합 A의 원소 a, b에 대하여 덧셈 $a+b$가 다시 A의 원소일 때, 즉 $a+b \in A$일 때, 집합 A는 덧셈($+$)에 닫혀 있다고 말한다. 또한 $a+b=b+a$와 $a+(b+c)=(a+b)+c$가 성립할 때, 각각 덧셈에 대하여 교환법칙과 결합법칙이 성립한다고 말한다.
주어진 집합의 원소로서 연산을 해도 아무런 변화가 없는 원소가 존재할까? 예

를 들어, 자연수의 집합에는 좌우에서 더할 때 아무런 변화도 일으키지 않는 원소가 존재하는가? 다음을 보고 '항등원'이라는 용어의 의미를 생각해보자.

항등원 e

집합 S위에서의 연산 $*$에 대하여 항등원 e는 다음을 만족한다. 모든 $x \in S$에 대하여 $e * x = x * e = x$

- 정수의 집합에서 덧셈에 관한 항등원은 0이다.
- 유리수의 집합에서 덧셈에 관한 항등원은 0이다.
- 유리수의 집합에서 곱셈에 관한 항등원은 1이다.

집합에는 연산을 해도 변화가 없는 원소가 존재할 수도 있고 존재하지 않을 수도 있다. 이러한 원소를 연산에 관한 항등원이라 부른다. 단, 항등원은 닫혀 있는 집합 중 교환법칙이 성립할 때에만 구할 수 있다.

2 다음 사칙연산에 대하여, 각 연산에 관한 항등원을 구하여라.

	+	−	×	÷
ℕ (자연수의 집합)				
ℤ (정수의 집합)				
ℚ (유리수의 집합)				
E (짝수의 집합)				
O (홀수의 집합)				
$\{-1, 1\}$				

자연수 집합과 유리수 집합은 모두 곱셈(×)에 닫혀 있고 교환법칙이 성립하고 곱셈에 관한 항등원 1을 갖는다. 그러나 $3 \times x = 1$을 만족시키는 자연수 x는 존재하지 않으나 유리수 $x = \dfrac{1}{3}$는 존재한다.

일반적으로 집합 A에 연산이 정의되어 닫혀 있고 교환법칙이 성립할 때, A의 두 원소 a, x의 연산의 결과가 그 연산에 관한 항등원일 때, x를 a의 역원이라 부르고 $x = a^{-1}$로 표기한다.

3 다음 사칙연산에 대하여 역원이 존재하는 곳에 ○표를 하여라.

	+	−	×	÷
ℕ (자연수의 집합)				
ℤ (정수의 집합)				
ℚ (유리수의 집합)				
E (짝수의 집합)				
O (홀수의 집합)				
$\{-1, 1\}$				

위에서 살펴본 바에 따르면 정수의 집합 $\mathbb{Z}$는 덧셈(+)에 관하여, 유리수의 집합 $\mathbb{Q}$는 덧셈(+)과 곱셈(×)에 관하여, 그리고 집합 $\{-1, 1\}$은 곱셈(×)과 나눗셈(÷)에 관하여 공통적으로 다음을 만족한다.

- 집합이 연산에 닫혀 있다.
- 연산에 대하여 결합법칙이 성립한다.
- 연산에 관한 항등원이 존재한다.
- 연산에 관한 역원이 존재한다.
- 연산에 대하여 교환법칙이 성립한다.

2 군의 정의

1. 이항연산

집합 G의 임의의 두 원소 a, b의 순서쌍 (a, b)에 대응하는 G의 원소 c 하나가 정해질 때(이때, 이 대응은 집합 G에 닫혀 있다고 말한다), 이 대응을 집합 G의 이항연산이라고 한다. 다시 말하면, 함수

$$f: G\times G \rightarrow G$$

를 G에서의 이항연산이라고 한다. 함수 $f: G\times G \rightarrow G$는 필요에 따라서 $f(a,b)=c$ 대신

$$a\bigcirc b=c,\ a\ast b=c,\ a\circ b=c,\ a\odot b=c,\ \cdots$$

등으로 나타낸다. 예를 들면, $\mathbb{Q}$(유리수의 집합)에서 사칙연산(+, −, ×, ÷)은 이항연산이다. 그러나 집합 $\mathbb{Q}^*=\mathbb{Q}-\{0\}$에서 덧셈(+)은 이항연산이 아니다. 왜냐하면 $\mathbb{Q}^*$는 덧셈(+)에 관하여 닫혀 있지 않기 때문이다.

> $\mathbb{Q}$, $\mathbb{Q}^*=\mathbb{Q}-\{0\}$
>
> 집합 이름 위에 *기호를 써넣으면 원래의 집합에서 0을 뺀 것을 말한다. 예를 들면 $\mathbb{R}^*=\mathbb{R}-\{0\}$은 0을 뺀 실수 집합이다.

1 집합 $G_1=\{1, 2\}$, $G_2=\{1, 2, 3\}$, $\cdots$, $G_n=\{1, 2, \cdots, n\}$의 이항연산은 몇 가지나 존재할까?

2. 군의 정의

이항연산 $\odot$이 정의된 공집합이 아닌 집합 G가 다음 4가지 조건(군의 공리계)을 만족할 때, "G는 연산 $\odot$에 의해 군(group)을 이룬다."고 한다.

▌군의 공리계▐

(G0) 집합 G는 연산 $\odot$에 대하여 닫혀 있다. $a\odot b\in G$

(G1) 연산 $\odot$에 대해 결합법칙이 성립한다. $(a\odot b)\odot c=a\odot(b\odot c)$

(G2) 연산 $\odot$에 관한 항등원 e가 존재한다.

$a\odot e=e\odot a=a$ (G의 모든 원소에 대해 성립)

(G3) 각 원소 a에 대하여 역원 x가 존재한다. $a\odot x=x\odot a=e$

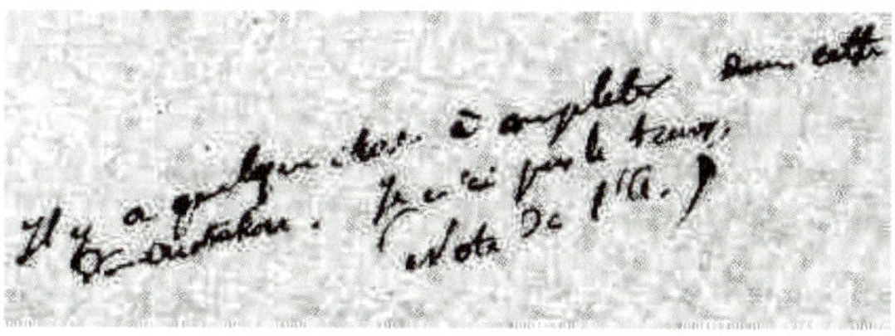

갈루아가 결투 전날 쓴 글

갈루아(Evariste Galois)
프랑스, 1811~1832

특히, (군의 공리계) 및 교환법칙 $a\odot b=b\odot a$이 성립하는 군을 가환군(또는 아벨군)이라 한다. 원소의 개수가 유한인 군을 유한군, 원소의 개수가 무한인 군을 무한군이라 한다.

군 이론은 19세기에 발달하기 시작하였다. 그 뿌리는 방정식의 이론, 수론, 기하학으로 세 가지인데, 특히 방정식 이론에서 군론이 뚜렷이 나타났다. 방정식의 해를 구하는 것은 기원전부터 전해지는 오래된 문제이었다. 16세기 카르다노에 의해 삼차방정식을 푸는 방법이 출판된 이후 많은 수학자들이 오차방정식을 풀기 위해 노력하였다. 라그랑주(Joseph-Louis Lagrange, 1736~1813)는 오차방정식은 삼차·사차 방정식과는 다르다는 것을 알아내었다. 그는 방정식의 근의 치환에 대한 연구를 시작하였는데 이 치환이 결국 군의 원소로 간주된다. 이후 아벨(Neils Henrik Abel, 1802~1829)은 방정식의 근에 대해 연구하는 과정에서 가환군을 발견하였고, 갈루아(Evariste Galois, 1811~1832)는 주어진 방정식이 몇 개의 근으로 풀릴 수 있는지를 연구하면서 군의 기본 이론을 만들었다.

아벨(Niels Henrik Abel)
노르웨이, 1802~1829

2 앞에서 알아본 ℕ(자연수의 집합), ℤ(정수의 집합), ℚ(유리수의 집합), E(짝수의 집합), O(홀수의 집합), $\{-1, 1\}$ 중 군이 되는 것을 말하여라. 예를 들어, 집합 ℤ는 덧셈(+)에 관하여 군이 된다는 것을 (ℤ, +)와 같이 나타내어라.

3 집합 G가 연산 $a \bigcirc b = a - b + ab$에 대하여 닫혀 있고 $4 \in G$일 때, G의 원소 5개를 써보고 교환법칙과 결합법칙이 성립하는가를 확인하여라.

4 유리수의 집합 $\mathbb{Q}$는 사칙연산 중 덧셈(+)과 곱셈(×)에 관해 군(group)을 이루었다. 새로운 연산 규칙

$$a \bigcirc b = (a+b) - ab$$

에 대하여 $\mathbb{Q} - \{1\}$은 군(group)이 되는가? 군이 된다면 항등원과 2의 역원을 구하여라.

5 이항연산 ○에 관한 집합 G의 항등원은 유일한가? 또한 집합 G가 이항연산 ○에 대해 군을 이룰 때, G의 각 원소는 유일한 역원을 갖는가?

6 모든 자연수 a에 대하여 아래에 정의된 연산 △, ∘ , ∗, ○들 중에서 항등원이 존재하는 연산은 무엇인가?

(1) $a \triangle b = a$
(2) $a \circ b = a + b - ab$
(3) $a * b = 2ab + 2(a+b) + 1$
(4) $a \bigcirc b = a + b - 1$

7 두 유리수 a, b에 대하여

$$a \triangle b = (a+1)(b+1) - 1$$

로 정의할 때, 연산 △에 대한 3의 역원을 구하여라.

8 집합 $S = \{0, 1, 2, 3, 4\}$의 임의의 두 원소 a, b에 대하여 연산 △을 다음과 같이 정의할 때, 연산 △에 대한 2의 역원을 구하여라.

△	0	1	2	3	4
0	0	0	0	0	0
1	0	1	2	3	4
2	0	2	4	1	3
3	0	3	1	4	2
4	0	4	3	2	1

9 실수의 집합 $\mathbb{R}$은 연산 $a \bullet b = -a-b$에 의해 군을 이루는가? 군을 이루면 항등원과 $\frac{1}{3}$의 역원을 구하여라.

10 7로 나누어 나머지가 k $(0 \leq k \leq 6)$인 정수들의 집합을 B_k라 하자. 즉

$$B_0 = \{\cdots, -28, -21, -14, -7, 0, 7, 14, 21, 28, \cdots\}$$
$$B_1 = \{\cdots, -27, -20, -13, -6, 1, 8, 15, 22, 29, \cdots\}$$
$$B_2 = \{\cdots, -26, -19, -12, -5, 2, 9, 16, 23, 30, \cdots\}$$
$$B_3 = \{\cdots, -25, -18, -11, -4, 3, 10, 17, 24, 31, \cdots\}$$
$$B_4 = \{\cdots, -24, -17, -10, -3, 4, 11, 18, 25, 32, \cdots\}$$
$$B_5 = \{\cdots, -23, -16, -9, -2, 5, 12, 19, 26, 33, \cdots\}$$
$$B_6 = \{\cdots, -22, -15, -8, -1, 6, 13, 20, 27, 34, \cdots\}$$

이 중에서 덧셈(+)에 관하여 군을 이루는 집합은 무엇인가?

3. 법에 관한 잉여류

자연수 1, 2, 3, ⋯, 31 중에서 7로 나누어 나머지가 k $(0 \leq k \leq 6)$인 정수들의 집합을 A_k라 하자. 즉

$$A_0 = \{7, 14, 21, 28\},\ A_1 = \{1, 8, 15, 22, 29\},\ A_2 = \{2, 9, 16, 23, 30\},$$
$$A_3 = \{3, 10, 17, 24, 31\},\ A_4 = \{4, 11, 18, 25\},\ A_5 = \{5, 12, 19, 26\},$$
$$A_6 = \{6, 13, 20, 27\}$$

이 집합들은 2006년 5월의 달력을 이룬다.

A_0 일요일	A_1 월요일	A_2 화요일	A_3 수요일	A_4 목요일	A_5 금요일	A_6 토요일
	1	2	3	4	5	6
7	8	9	10	11	12	13
14	15	16	17	18	19	20
21	22	23	24	25	26	27
28	29	30	31			

그러나 이들 집합 $A_0, A_1, \cdots, A_6$은 사칙연산에 관하여 군을 이루지 못한다. 이들이 군을 이루기 위해서는 새로운 연산이 필요하다.
정수 m에 대하여

$$\begin{aligned}\overline{m} &= \{k \in \mathbb{Z} \mid k - m \text{은 } 7\text{의 배수}\} \\ &= \{7\text{로 나누었을 때 나머지가 } m\text{인 정수}\}\end{aligned}$$

을 법 7에 관한 잉여류라 한다. 즉

$$\begin{aligned}\overline{0} &= \{\cdots, -14, -7, 0, 7, 14, \cdots\} = \overline{\pm 7} = \overline{\pm 14} = \cdots \\ \overline{1} &= \{\cdots, -15, -8, 1, 8, 15, \cdots\} = \overline{\pm 8} = \overline{\pm 15} = \cdots \\ &\cdots\ \cdots \\ \overline{6} &= \{\cdots, -20, -13, 6, 13, 20, \cdots\} = \overline{\pm 13} = \overline{\pm 20} = \cdots\end{aligned}$$

이다. 잉여류의 집합

$$\mathbb{Z}_7 = \{\overline{0}, \overline{1}, \overline{2}, \overline{3}, \overline{4}, \overline{5}, \overline{6}\},\ \mathbb{Z}_7^* = \{\overline{1}, \overline{2}, \overline{3}, \overline{4}, \overline{5}, \overline{6}\}$$

을 생각하고 두 연산 $\oplus$와 $\otimes$을 다음과 같이 정의하자.

$$\overline{a} \oplus \overline{b} = \overline{a+b}\ ;\ \overline{a} \otimes \overline{b} = \overline{ab}$$

예를 들면, $\overline{3} \oplus \overline{4} = \overline{3+4} = \overline{7} = \overline{0}$, $\overline{-29} \oplus \overline{3} = \overline{-29+3} = \overline{-26} = \overline{5}$이다.

11 집합 $\mathbb{Z}_7 = \{\overline{0}, \overline{1}, \overline{2}, \overline{3}, \overline{4}, \overline{5}, \overline{6}\}$은 연산 $\oplus$에 관하여, 집합 $\mathbb{Z}_7^* = \{\overline{1}, \overline{2}, \overline{3}, \overline{4}, \overline{5}, \overline{6}\}$은 연산 $\otimes$에 관하여 각각 군을 이룬다. 아래 표를 완성하고, 두 연산 $\oplus$와 $\otimes$에 관한 항등원과 $\overline{5}$에 대한 역원을 각각 구하여라.

$\oplus$	$\overline{0}$	$\overline{1}$	$\overline{2}$	$\overline{3}$	$\overline{4}$	$\overline{5}$	$\overline{6}$
$\overline{0}$							
$\overline{1}$							
$\overline{2}$							
$\overline{3}$							
$\overline{4}$							
$\overline{5}$							
$\overline{6}$							

$\oplus$	$\overline{1}$	$\overline{2}$	$\overline{3}$	$\overline{4}$	$\overline{5}$	$\overline{6}$
$\overline{1}$						
$\overline{2}$						
$\overline{3}$						
$\overline{4}$						
$\overline{5}$						
$\overline{6}$						

12 (1) 집합 $\mathbb{Z}_8 = \{\overline{0}, \overline{1}, \overline{2}, \overline{3}, \overline{4}, \overline{5}, \overline{6}, \overline{7}\}$은 연산 $\oplus$에 관하여 군이다. 하지만 집합 $\mathbb{Z}_8^* = \{\overline{1}, \overline{2}, \overline{3}, \overline{4}, \overline{5}, \overline{6}, \overline{7}\}$은 연산 $\otimes$에 관하여 군이 아니다. 연산표를 만들어 확인하여라.

$\oplus$	$\overline{0}$	$\overline{1}$	$\overline{2}$	$\overline{3}$	$\overline{4}$	$\overline{5}$	$\overline{6}$	$\overline{7}$
$\overline{0}$								
$\overline{1}$								
$\overline{2}$								
$\overline{3}$								
$\overline{4}$								
$\overline{5}$								
$\overline{6}$								
$\overline{7}$								

$\oplus$	$\overline{1}$	$\overline{2}$	$\overline{3}$	$\overline{4}$	$\overline{5}$	$\overline{6}$	$\overline{7}$
$\overline{1}$							
$\overline{2}$							
$\overline{3}$							
$\overline{4}$							
$\overline{5}$							
$\overline{6}$							
$\overline{7}$							

(2) 일반적으로 $\mathbb{Z}_n^* = \{\overline{0}, \overline{1}, \cdots, \overline{n-1}\}$이 연산 $\otimes$에 관해 군을 이루기 위한 필요충분조건은 무엇인가?

3 환과 체

1. 환과 체

지금까지는 한 개의 이항연산이 정의된 집합을 다루었다. 그러나 정수, 실수의 집합처럼 두 개의 이항연산이 정의된 집합은 그 구조가 군과 다르다. 두 개의 이항연산을 갖는 대수적 구조를 일반적으로 환(ring)이라고 한다.

환의 공리계

집합 $R(\neq \varnothing)$ 위에 덧셈 +와 곱셈 ·이 정의되어 있고 즉,

$$a, b \in R \rightarrow a+b, ab \in R$$

이고 또 다음이 성립할 때, $(R, +, \cdot)$를 환(環, ring)이라 한다.

$(R0)$ $(R, +)$는 아벨군이다.

$(R1)$ 곱셈에 관한 결합법칙이 성립한다. $(a \cdot b) \cdot c = a \cdot (b \cdot c)$

$(R2)$ 덧셈과 곱셈에 관한 분배법칙이 성립한다.

$$a \cdot (b+c) = a \cdot b + a \cdot c,\ (a+b) \cdot c = a \cdot c + b \cdot c$$

영인자

0이 아닌 두 원소를 곱하여 0이 되는 원소를 말한다. 행렬에는 영인자가 존재한다.

위의 정의에서 아벨군 $(R, +)$의 항등원 0을 환 R의 영원(zero element) 또는 영이라고 한다. 곱에 관한 항등원 1을 갖고 있고 영인자가 없는 가환환을 정역(integral domain)이라고 한다.

한편, 단원이란 곱에 관한 역원이 존재하는 원소이다. 즉, 정역 D에서 $ac=1$인 $c \in D$가 존재할 때, a를 단원이라고 하며, $c=a^{-1}$로 나타낸다. $\mathbb{Z}$에서의 단원은 $\{1, -1\}$이고, $\mathbb{Q}$에서는 0을 제외한 모든 원소가 단원이다. 예를 들어, 정수환 $\mathbb{Z}$는 정역이다.

두 개의 연산을 가지고 있는 환은 다시 체라는 대수적 구조를 보여준다. 유리수나 실수처럼, 어떤 집합 위에 사칙연산을 할 수 있는 대수적 구조가 있을 때 우리는 그 대수적 구조를 체(體 : field)라고 부른다.

체의 공리계

환 R이 단위원 1을 가진 환으로서 다음 조건을 만족시킬 때, R을 나눗셈환(division ring)이라고 한다.

각 $a \in R$, $a \neq 0$에 대하여 $ab = ba = 1$인 원소 $b \in R$이 존재한다.

원소 b를 곱셈에 관한 a의 역원이라 하고 이것을 a^{-1}로 나타낸다. 즉, $aa^{-1} = a^{-1}a = 1$

특히, 교환법칙이 성립하는 나눗셈환을 체(體, field)라고 한다.

우리가 잘 알고 있는 유리수 집합 $\mathbb{Q}$, 실수 집합 $\mathbb{R}$, 복소수 집합 $\mathbb{C}$는 모두 체를 이룬다. 또, 아래와 같이 유한집합인 체도 있다. 예를 들어, 자연수 2에 대

한 잉여류의 집합인 $\mathbb{Z}_2$는 체이다. 체 $Z_2 = \{0,1\}$ 위의 덧셈과 곱셈은 다음과 같다.

+	0 1
0	0 1
1	1 0

·	0 1
0	0 0
1	0 1

한편, $Z_4 = \{0,\ 1, 2, 3\}$ 위의 덧셈과 곱셈은 다음과 같다. 이때, 2에 대한 곱셈의 역원이 존재하지 않으므로 체가 될 수 없다.

+	0 1 2 3
0	0 1 2 3
1	1 2 3 0
2	2 3 0 1
3	3 0 1 2

·	0 1 2 3
0	0 0 0 0
1	0 1 2 3
2	0 2 0 2
3	0 3 2 1

일반적으로, $\mathbb{Z}_p$가 체가 되기 위한 필요충분조건은 p가 소수인 것이다.

2. 기약다항식

이번에는 체 위에서의 기약다항식에 대하여 알아보자.
더 낮은 차수의 다항식으로 인수분해되지 않는 다항식을 기약다항식이라고 한다. 예를 들어, $x^2 - 3$은 유리수체 $\mathbb{Q}$ 위에서는 기약이지만 실수체 $\mathbb{R}$ 위에서는 $(x+\sqrt{3})(x-\sqrt{3})$과 같이 인수분해될 수 있으므로 기약이 아니다. 즉, 어떤 다항식이 기약인지 아닌지는 체에 따라 달라질 수 있다. 따라서 기약다항식의 정확한 정의는 아래와 같다.

> 상수가 아닌 다항식 $f(x)$가 체 F 위에서 기약 또는 기약다항식이라 함은 $f(x)$가 체 F의 원소를 계수로 갖는 더 낮은 차수의 다항식으로 인수분해되지 않음을 의미한다.

어떤 다항식이 기약인지 아닌지 판단할 때에는 더 낮은 차수의 다항식으로 인수분해가 되는지 알아보아야 하지만 인수분해가 쉽지 않을 때는 근을 이용하여 판단할 수 있다. 이제 다항식 $f(x) = x^4 + x^2 + 5x + 1$은 유리수체 $\mathbb{Q}$ 위에서 기약인지 알아보자. 만약 $f(x)$가 기약이 아니면 $f(x)$는 일차식 또는 이차식인 인수를 가져야 한다. 만약 $f(x)$가 일차식인 인수를 가지면 $f(x)$는 정수근 1 또는 -1을 가져야 하는데

$$f(1)=8\neq 0,\ f(-1)=-2\neq 0$$

이므로 $f(x)$는 일차식의 인수를 갖지 않는다. 한편, $f(x)$가 이차식인 인수를 가지면

$$f(x)=(x^2+ax+b)(x^2+cx+d),\ a,\ b,\ c,\ d\in\mathbb{Z},$$

와 같이 인수분해된다. 그러나 위의 관계를 만족시키는 정수 a, b, c, d는 존재하지 않는다. 따라서 $f(x)$는 $\mathbb{Q}$ 위에서 기약이다.

한편, $x^2-3=0$은 유리수 집합에서 근을 갖지 못하지만 실수 집합에서는 근을 갖는다. 따라서 어떤 다항식이 집합(체) F 위에서 기약이 아니면 그 집합에 속하는 원소를 근으로 갖고 기약이면 그 집합에 속하는 원소를 근으로 갖지 못한다는 사실로 기약 여부를 판단할 수 있다.[1)]

1 다음 다항식이 유리수체 $\mathbb{Q}$ 위에서 기약인지 판단하여라.

(1) x^2+2x-3

(2) x^3+4x^2-3x+2

2 유한체 $\mathbb{Z}_3=\{0,\ 1,\ 2\}$ 위에서 기약인 이차다항식을 모두 찾아라.

1) 기약다항식 판정법: $p\in\mathbb{Z}$가 소수이고 $f(x)=x^n+a_{n-1}x^{n-1}+\cdots+a_1x+a_0\in\mathbb{Z}[x]$에 대하여 $p|a_i\ (i=0,\ 1,\ \cdots,\ n-1)$이고 $p^2\nmid a_0$이면 $f(x)$는 $\mathbb{Z}[x]$와 $\mathbb{Q}[x]$에서 기약다항식이다.

군

❶ 닫혀 있다 / 결합법칙 / 항등원 / 역원

1

	+	−	×	÷
ℕ (자연수의 집합)	닫, 결, 교		닫, 결, 교	
ℤ (정수의 집합)	닫, 결, 교	닫	닫, 결, 교	
ℚ (유리수의 집합)	닫, 결, 교	닫	닫, 결, 교	닫
E (짝수의 집합)	닫, 결, 교	닫	닫, 결, 교	
O (홀수의 집합)			닫, 결, 교	
$\{-1, 1\}$			닫, 결, 교	닫, 결, 교

2

	+	−	×	÷
ℕ (자연수의 집합)			1	
ℤ (정수의 집합)	0		1	
ℚ (유리수의 집합)	0		1	
E (짝수의 집합)	0			
O (홀수의 집합)			1	
$\{-1, 1\}$			1	1

3

	+	−	×	÷
ℕ (자연수의 집합)				
ℤ (정수의 집합)				
ℚ (유리수의 집합)	○		○	
E (짝수의 집합)	○			
O (홀수의 집합)	○			
$\{-1, 1\}$			○	○

❷ 군의 정의

1 함수 $f: G_1 \times G_1 \to G_1$의 개수는 $2^4 = 2^{2\times 2}$, $f: G_2 \times G_2 \to G_2$의 개수는 $3^9 = 3^{3\times 3}$이므로 함수 $f: G_n \times G_n \to G_n$의 개수는, 즉 집합 $G_n = \{1, 2, \cdots, n\}$의 이항연산은 $n^{n\times n}$개

2 $(\mathbb{Z}, +)$, $(\mathbb{Q}, +)$, $(\mathbb{Q}, \times)$, $(\{-1, 1\}, \times)$, $(\{-1, 1\}, \div)$

3 4, $4\bigcirc 4=4-4+16=16$, $16\bigcirc 4=16-4+64=76$, $4\bigcirc 16=4-16+64=52$, $4\bigcirc 52=4-52+208=160$
교환법칙, 결합법칙 모두 성립하지 않는다.

4 $\mathbb{Q}-\{1\}$는 연산 $\bigcirc$에 닫혀 있고 교환법칙이 성립한다. 항등원은 0, 2의 역원은 2이다.

5 e와 f를 이항연산 $\bigcirc$에 관한 집합 G의 항등원이라 하자. e가 항등원이므로 모든 a에 대해 $e\bigcirc a=a$이고, 특히 $e\bigcirc f=f$ 이다. 마찬가지로 f도 항등원이므로 모든 a에 대해 $a\bigcirc f=a$가 성립이고, 특히 $e\bigcirc f=e$ 이다. 따라서 $e=e\bigcirc f=f$, 즉 $e=f$ (항등원은 유일하다). 집합 G가 이항연산 $\bigcirc$에 대해 군일 때, G의 각 원소는 유일한 역원을 갖는다. 왜냐하면, x와 y를 $a\in G$의 역원이라 하면

$$y=y\bigcirc e=y\bigcirc(a\bigcirc x)=(y\bigcirc a)\bigcirc x=e\bigcirc x=x.$$

6 (4)

7 항등원 0, 3의 역원 $-\dfrac{3}{4}$

8 3

9 결합법칙이 성립하지 않으므로 군을 이루지 못한다.

10 B_0

11 연산 $\oplus$에 관한 항등원은 $\overline{0}$, 연산 $\otimes$에 관한 항등원은 $\overline{1}$. $\overline{5}$의 $\oplus$와 $\otimes$에 관한 역원은 각각 $\overline{2}$와 $\overline{3}$.

12 (1) $\overline{4}\otimes\overline{6}=\overline{24}=\overline{0}\notin\mathbb{Z}_8^*$, 즉 닫혀 있지 않다.
(2) n이 홀수

❸ 환과 체

2 x^2+1, x^2+2x+2, x^2+x+2, $2x^2+2$, $2x^2+x+1$, $2x^2+2x+1$

205-2

대칭군

Keywords 항등원, 역원, 군, 대칭군, 정다면체

1 대칭군

수학에서 다루는 많은 도형[2]은 대칭의 구조를 가지고 있다. 예를 들어, 원은 임의의 각도로 회전시키거나, 임의의 지름을 따라 접으면 완전히 겹쳐진다. 도형이 어떤 선 또는 면에 대해 좌우가 똑같을 때, 즉 그 선을 따라 접으면 완전히 겹칠 때, 또는 그 선에 세운 거울에 비친 양쪽 모습이 똑같을 때, 이를 반사대칭(reflection symmetry)이라고 한다. 또한 도형을 어떤 점(축)을 중심으로 적당한 각도만큼 회전시키면 원래의 도형과 완전히 일치할 때, 이를 회전대칭(rotational symmetry)이라고 한다. 특히, 도형을 반 바퀴 돌렸을 때 똑같은 상이 나타나면 2겹 대칭이라고 하고 4분의 1 바퀴 돌렸을 때 똑같은 상이 나타나면 4겹 대칭이다. 일반적으로, $\left(\frac{360}{n}\right)^{\circ}$ 회전하였을 때 똑같은 상이 나타나는 대칭을 n겹 대칭이라고 한다.

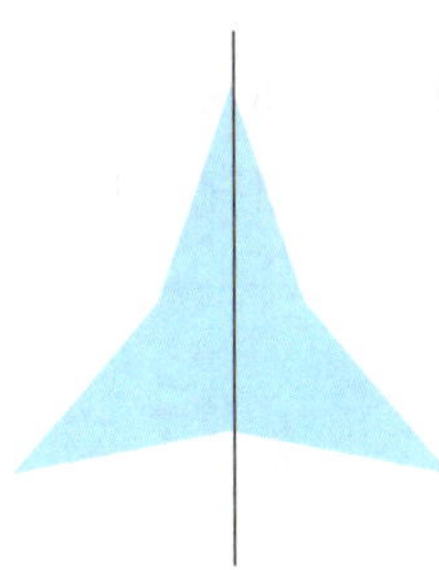

반사대칭

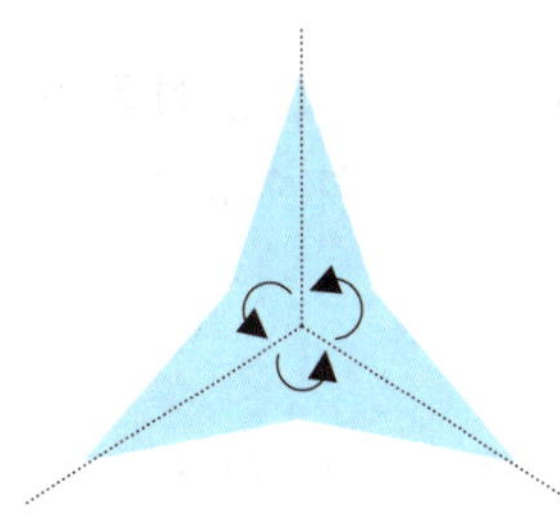

3겹 회전대칭

2) 여기서는 평면도형만을 생각한다. 그러나 이 내용은 3차원 입체도형에서도 생각할 수 있다.

위의 그림에서와 같이 반사대칭을 갖고 있는 도형이 동시에 회전대칭도 갖고 있을 수 있으므로 대칭을 연구하기 위해서는 대칭의 결과보다는 대칭이라는 움직임에 초점을 맞추어야 한다. 다시 말하면, 수학적으로 대칭을 연구하기 위해서는, 도형의 점들을 다른 점들로 변환(단, 도형의 크기와 형태를 보존)시키는 함수가 필요하다. 우리는 이 함수를 대칭변환이라 부른다. 평면도형의 대칭변환에는 어떤 선에 관해 반사시키는 반사대칭변환과 어떤 점을 중심으로 회전시키는 회전대칭변환이 있다.

회전대칭이동과 반사대칭이동을 어떤 도형의 점을 다른 점으로 움직이는 '대칭변환'으로 생각하여 어떤 도형에 대하여 대칭변환 전체의 모임을 생각해보자. 군(group)의 개념(notion)은 대칭군(symmetric group)의 개념에 기초를 두고 있다.

1. 삼각형에서의 대칭군

정삼각형이나 이등변삼각형이 아닌 삼각형에는 항등변환만이 존재한다.
이등변삼각형에서의 대칭변환을 알아보자.

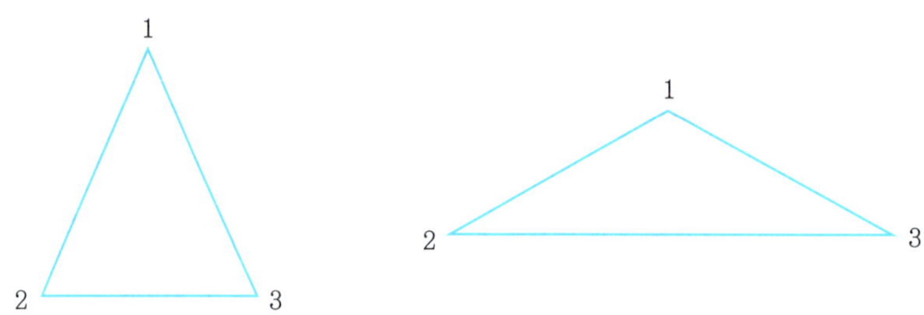

편의상 이등변삼각형의 꼭지점을 1,2,3으로 나타내자. 이등변삼각형은 꼭지각의 이등분선을 축으로 하여 대칭이 된다. 이 대칭변환은 꼭지점을

$$1 \to 1,\ 2 \to 3,\ 3 \to 2$$

로 대응시키므로 $\begin{pmatrix}123\\132\end{pmatrix}$와 같이 나타낼 수 있다. 이등변삼각형에서의 대칭변환은 $\begin{pmatrix}123\\132\end{pmatrix}$와 항등변환 $\begin{pmatrix}123\\123\end{pmatrix}=1$뿐이다. 이때, 변환 $\begin{pmatrix}123\\132\end{pmatrix}$에서는 2는 3이 되고 3은 2가 되는 변화만 일어나므로 이를 (23)과 같이 간단히 나타내기로 하자.

$\begin{matrix}1 & 2 & 3\\ \downarrow & \downarrow & \downarrow \\ 1 & 3 & 2\end{matrix}$
$=\begin{pmatrix}1\,2\,3\\1\,3\,2\end{pmatrix}$
$=(2\,3)$

1 이등변삼각형의 대칭군에서 연산표를 완성하여라.

∘	1	(23)
1		
(23)		

집합 {1, (23)}은 군의 정의를 만족하므로 이를 이등변삼각형의 대칭군이라 부른다.

이번에는 정삼각형의 대칭군을 알아보자.

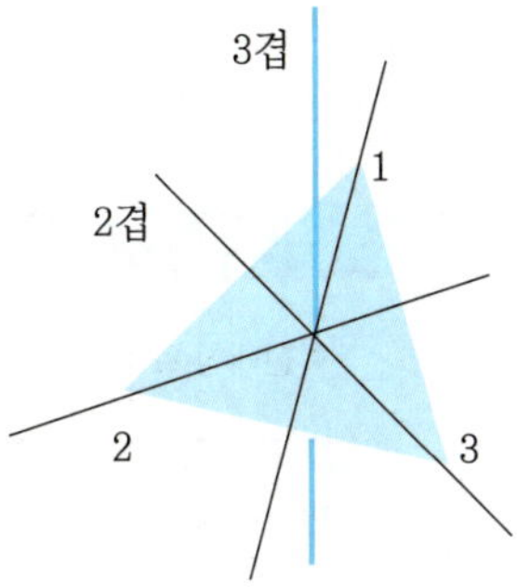

정삼각형의 중심을 지나고 정삼각형에 수직인 직선을 축으로 하여 시계 반대 방향으로 120° 회전하면 다음 3개의 원소를 얻는다.

(123), (132), 1 ⋯ 3겹 회전대칭

또한 각 꼭지점과 마주보는 모서리의 중점을 이은 직선이 3개 있는데 이 직선들을 축으로 회전하면 다음 3개의 원소를 얻는다.

(12), (13), (23) ⋯ 2겹 회전대칭 (반사대칭)

따라서 정삼각형의 대칭은

(123), (132), 1, (12), (13), (23)

의 6개의 원소로 대칭군을 형성한다.

2 정사각형의 대칭군을 구하여라.

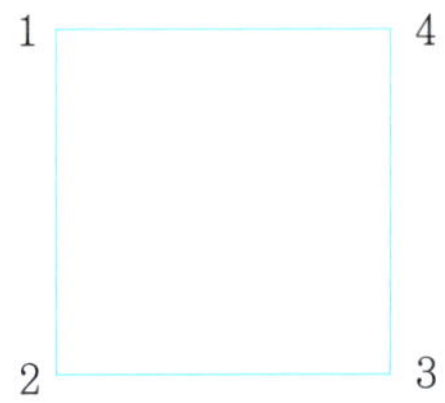

n겹 대칭	대칭변환	축
회전대칭		
반사대칭		
항등변환	1	

3 직사각형의 대칭군을 구하여라.

n겹 대칭	대칭변환	축
회전대칭		
반사대칭		
항등변환	1	

4 정n각형의 대칭군의 원소의 종류, 개수를 구하여라.

5 (1) 이등변삼각형과 정삼각형, 직사각형과 정사각형의 대칭군의 원소의 개수를 비교하면 무엇을 말할 수 있는가?

(2) 정삼각형, 정사각형, …, 정n각형, 원의 대칭군의 원소의 개수를 비교하면 무엇을 말할 수 있는가?

대칭군

❶ 대칭군

1

∘	1	(23)
1	1	(23)
(23)	(23)	1

2

n겹 대칭	대칭변환	축
회전대칭	(1234), (1432), (13)(24)	중심을 지나는 직선
반사대칭	(12)(34), (14)(23) (13), (24)	대변의 중점을 잇는 직선 대각선
항등변환	1	

3

n겹 대칭	대칭변환	축
회전대칭	(13)(24)	중심을 지나는 직선
반사대칭	(12)(34), (14)(23)	대변의 중점을 잇는 직선
항등변환	1	

4 n개의 반사대칭 변환과 n개의 회전대칭 변환(항등변환 포함)

5 (1) 정다각형에 정다각형이 아닌 다각형보다 더 많은 대칭변환이 있다.

(2) 대칭군의 원소가 많은 도형이 대칭성이 높다.

205-3

말놀이

Keywords 군, 대칭

어렸을 때, 별 모양의 판에서 했던 말놀이는 요즘 같이 재미있는 게임이 넘쳐나지 않던 시대에는 몇 안 되는 즐거운 놀이 중의 하나였다. 다이아몬드 게임이라고 불렸던 이 게임은 차이니즈 체커(chinese checker)라고도 알려져 있다. 여기에서는 혼자서 하는 다이아몬드 게임이라고 할 수 있는 말놀이(peg solitaire)의 다양한 경우를 알아보고 그 해의 수학적 원리를 탐구해보자.

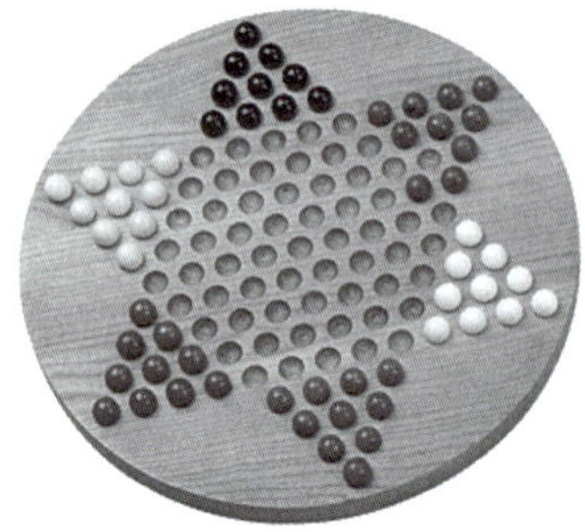

1 삼각형 모양의 판

아래 그림과 같이 삼각형 모양의 판에 10개의 칸이 그려져 있다. 한 개의 칸을 제외하고 아홉 개의 칸 위에 말을 놓은 후, 규칙에 따라 말을 이동시켜 단 한 개의 말만 남기는 것이 목적이다.

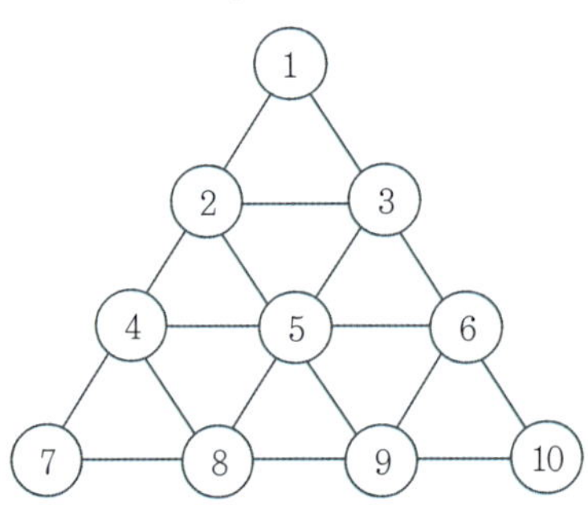

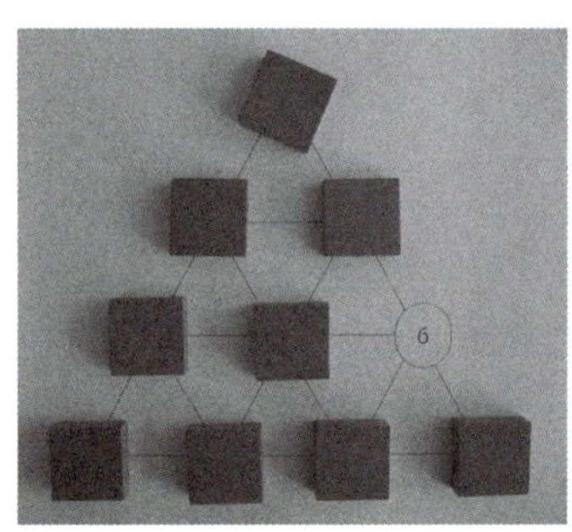

말은 다른 말 한 개를 뛰어넘어 제거하면서 이동하는데, 이때 반대편은 비어 있어야 한다. 예를 들어, 6이 비어 있다면 이동할 수 있는 말은 1, 4에 있는 말뿐이며 만약 4에 있는 말을 이동하였다면 5에 있던 말은 제거된다. 이 움직임을 '4 → 6'으로 나타내기로 하자.

1 위 삼각형 판에서 10개의 칸 중 한 칸을 비워놓고 나머지 칸에는 모두 말을 놓은 후, 규칙에 따라 말을 움직이면서 단 한 개의 말이 남는 경우에 대하여 조사해보자.

(1) 위의 삼각형 판에서 빈 자리의 위치에 따라 말이 남는 위치를 조사하려면 1, 2, 5를 비우고 시작하는 경우만 조사하면 된다. 그 이유를 설명하여라.

(2) 2를 비워놓고 시작하였을 때, 말은 다음과 같은 순서로 움직일 수 있다.

$$7 \rightarrow 2,\ 1 \rightarrow 4,\ 9 \rightarrow 7 \rightarrow 2,\ \cdots$$

말이 한 개 남을 때까지 말이 움직이는 경로를 구하여라.

(3) 1, 5를 비워놓고 시작하였을 때, 단 한 개의 말만 남길 수 있는가? 있다면 말이 움직이는 경로를 구하고 없다면 그 이유를 설명하여라.

2 다음과 같이 삼각형 모양의 판이 있다. 15개의 칸 중 한 칸을 비워놓고 나머지 칸에는 모두 말을 놓은 후, 규칙에 따라 말을 움직이면서 단 한 개의 말이 남는 경우에 대하여 조사해보자.

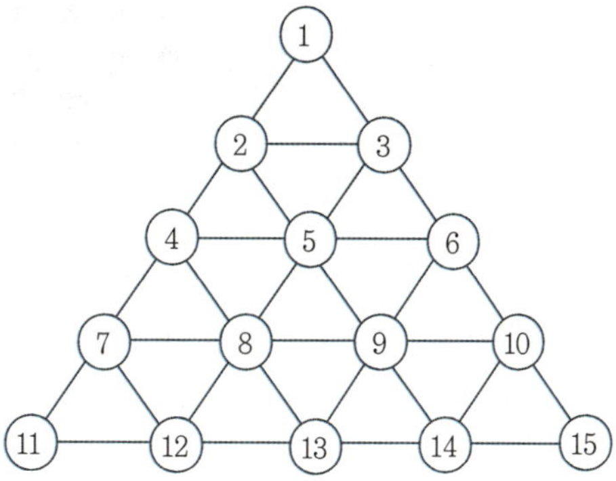

(1) 대칭을 고려할 때, 같은 위치에 있는 숫자끼리 짝지워보아라.

(2) 1, 2, 4, 5를 비우고 시작하였을 때, 마지막 남는 말의 자리는 각각 어디인가?

2 십자 모양의 판

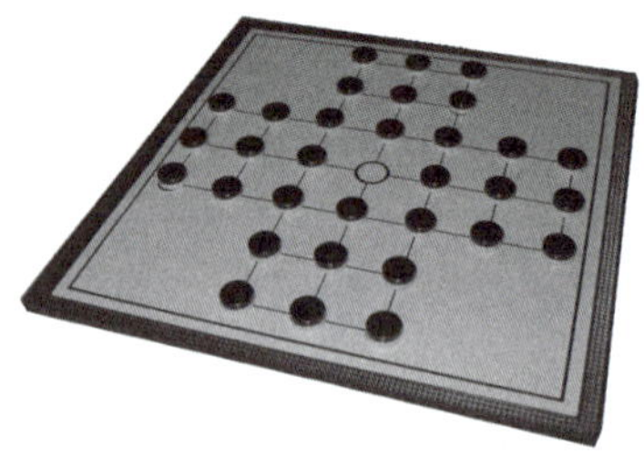

오른쪽 그림과 같이 십자 모양의 판에 중앙을 제외한 곳에 32개의 말이 놓여져 있다. 앞과 같은 규칙에 따라 말을 이동시켜 단 한 개의 말만 남길 수 있는지 알아보자. 여기에서는 마지막에 남는 한 개의 말의 자리가 정해져 있는지 알아보는 것까지가 탐구의 대상이다.

	❶	
	❷	
④	❸	❺

말놀이를 할 때는 무조건 시행착오를 거치는 것보다는 판을 여러 개의 구역으로 나누어 말을 제거하는 규칙을 찾는 것이 좋은 전략이다. 예를 들어, 그림에서 일렬로 있는 세 개의 말 ❶, ❷, ❸을 제거하려면 ④는 비워둔 상태에서 5-4, 1-3, 4-5의 순서로 말을 이동시키면 된다. 다음 그림은 구역을 나눈 예인데, 한 구역씩 없애나가면 단 한 개의 말만 남길 수 있다.[3)]

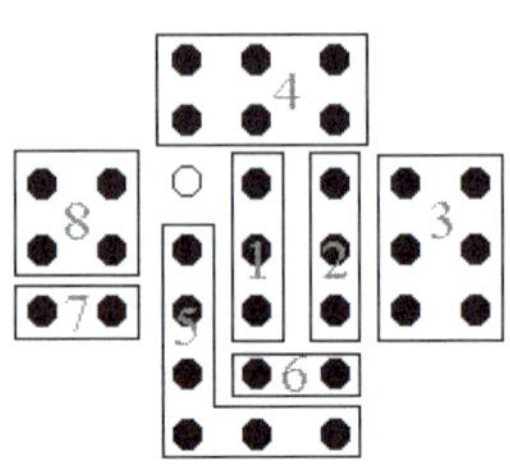

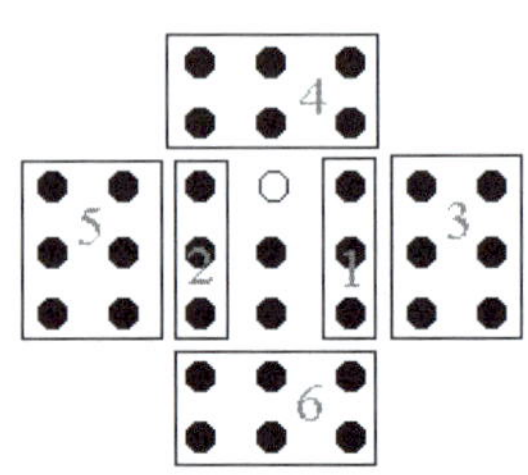

1 말 32개(바둑알 또는 비슷한 크기의 조각)와 칸을 그린 종이를 준비하여 중앙을 비우고 말을 놓은 후, 단 한 개의 말이 남을 때까지 충분히 여러 번 실험해보아라. 마지막 한 개의 말이 남으면 그 자리를 기록해둔다.

3) http://www.cut-the-knot.org/proofs/pegsolitaire.shtml
http://www.mathematische-basteleien.de/solitaire.htm,
http://www.geocities.com/gibell.geo/pegsolitaire/에 다양한 이동경로가 제시되어 있다.

이제 앞에서의 질문을 해결하기 위하여 다음과 같이 각 자리에 아래와 같이 x, y, z를 규칙적으로 써보자. 각 자리의 말의 자리값은 x, y, z 중의 하나이다.

		x	y	z		
		y	z	x		
x	y	z	x	y	z	x
y	z	x	y	z	x	y
z	x	y	z	x	y	z
		z	x	y		
		x	y	z		

말이 x에서 y를 뛰어넘어 z로 이동한 것을 $x+y=z$와 같이 나타내도록 하자. 즉, x가 y를 뛰어넘으면 항상 z로 이동하므로 $x+y=z$이다. 말이 이동하지 않는 것을 0으로 나타내면 $x+x=y+y=z+z=0$이다.

3 위의 십자 모양의 판에서의 말의 자리값은 x, y, z과 이동하지 않음을 나타내는 0으로 구성된다.

(1) 네 개의 원소로 만들어진 집합 $\{0,\ x,\ y,\ z\}$의 연산표를 완성하여라.

+	0	x	y	z
0				
x				
y				
z				

(2) 집합 $\{0,\ x,\ y,\ z\}$이 연산 + 아래에서 군[4)]을 이루는가?

4 말이 이동할 때, 자리에 대하여 알아보자.

(1) 가운데를 비우고 모든 칸에 말을 놓았을 때, 말의 자리값의 합을 구하여라.

(2) 말이 이동할 때, 자리값의 합이 변하는지 알아보아라.

(3) 마지막 말이 남았을 때, 자리값은 얼마이어야 하는가?

(4) 십자 모양의 판이 중앙에 대하여 대칭임을 이용하여 말이 마지막에 남는 자리를 구하여라.

4) 군에 대해서는 [205-1 군] 참고

5 다음과 같은 모양으로 말이 놓여 있다고 하자.

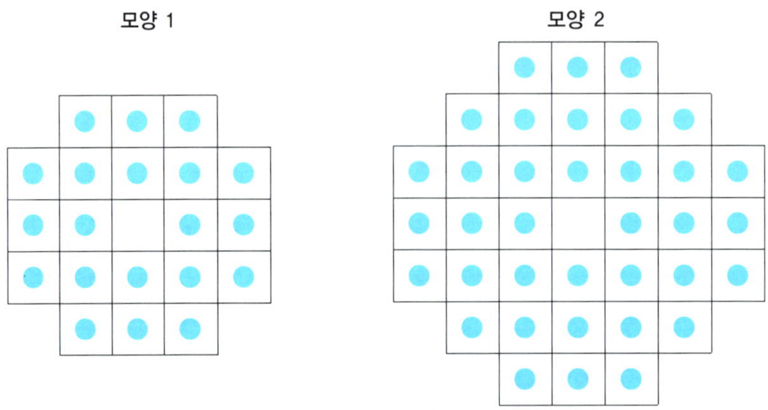

(1) 단 한 개의 말만 남겨놓고 모두 제거할 수 있는가?

(2) 위 (1)이 가능하다면 마지막 말이 남을 수 있는 자리를 모두 찾아라.

3 말 앞으로 보내기

앞의 두 가지와는 약간 다른 문제를 생각해보자. 콘웨이의 병사(Conway's Soldiers)로 알려져 있는 이 문제는 말놀이를 변형한 것으로 말을 얼마나 멀리 보낼 수 있는가에 대한 것이다. 기준선(수평선) 아래 말이 놓여 있을 때, 말을 기준선에서 한 층씩 올라오게 할 때 필요한 최소 개수를 알아내는 것이 목적이다. 말이 움직이는 규칙은 앞에서와 같다.
기준선 위로 1만큼 올리려면 최소한 2개의 말이 있으면 되고, 기준선 위로 2만큼 올리려면 최소한 4개의 말이 필요하다.

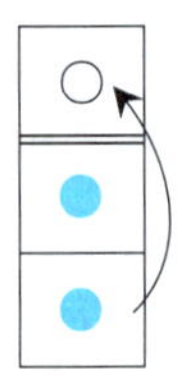

기준선 위 1 : 2개

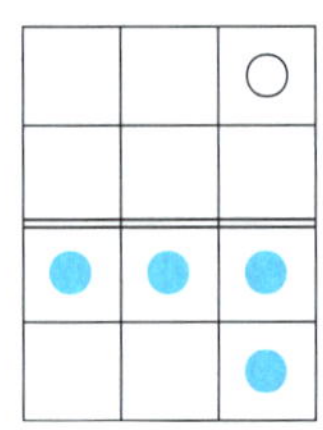

기준선 위 2 : 4개

1 말 25개 정도(바둑알 또는 비슷한 크기의 조각)와 10×10 칸을 그린 종이를 준비하여 기준선 위로 3, 4, 5만큼 올려보아라. 최소한 몇 개의 말이 필요한가? 또, 그 말들은 어떻게 배열해야 하는가?

이 문제를 해결하기 위하여 시행착오를 거치는 것도 좋지만 거꾸로 시행해보는 것도 한 방법이 된다. 즉, 3만큼 올리려면 높이가 3인 지점에 말을 놓고 제거된 말을 살리면서 기준선 아래까지 내려오는 것이다. 이 과정을 몇 번 하면서 최소한의 개수를 찾을 수 있다.

한편, 놀랍게도 말이 아무리 많아도 5만큼은 올릴 수 없다. 그 이유를 알아보자.[5]

우리가 원하는 5만큼 올라온 지점의 자리값을 1이라고 하고, 한 번 이동하여 1에 도달할 수 있는 자리의 자리값을 x라고 하여 x^r은 최소한 r번 이동하여 1에 도달할 수 있는 자리의 자리값을 말하는 것으로 하자. 이와 같이 자리값을 정하면 기준선 아래의 각 자리의 값은 다음과 같이 V자 모양으로 채워진다. 이때, x^2에 있던 말이 x를 지나 1로 가는 것을 $x^2+x=1$이라고 하면 $x=\dfrac{\sqrt{5}-1}{2}\approx 0.618$임을 알 수 있다.

2 다음 표에 기준선 아래 자리값을 써넣어라.

						1						
						x						
						x^2						
						x^3						
						x^4						

5) http://plus.maths.org/issue12/xfile/

말을 최소한의 개수를 써서 기준선에서 5만큼 올린다는 것은 기준선 아래 놓인 여러 개의 말을 이동시켜 마지막에는 자리값이 1인 곳에 단 한 개의 말만 놓이게 되었다는 뜻이다. 따라서 우리는 두 가지를 알아보면 된다. 하나는 말이 이동할 때, 자리값이 어떻게 변하는지이고, 또 하나는 기준선 아래 놓인 말의 자리값의 합이다.

먼저 말이 이동할 때 자리값이 어떻게 변하는지 알아보자. 말이 수평 · 수직 이동할 때, 자리값의 변화는 세 가지 경우뿐이다. 각 경우마다 자리값이 어떻게 변하는지 알아보자.

첫 번째는 이동하기 전의 자리값은 $x^{r+2}+x^{r+1}$, 이동한 후의 자리값은 x^r 인 경우이다. $x^{r+2}+x^{r+1}=x^r \ (r=0,1,2,\cdots)$이므로 자리값에 변함이 없다.

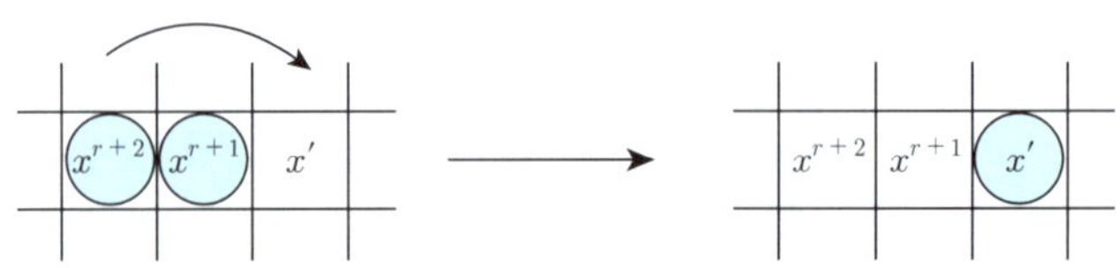

3 다음 경우에 자리값이 감소하는지 증가하는지 밝혀라. 단, $0<x<1$이다.

(1) 이동하기 전의 자리값은 $x^{r+1}+x^r$, 이동한 후의 자리값은 x^{r+2}인 경우

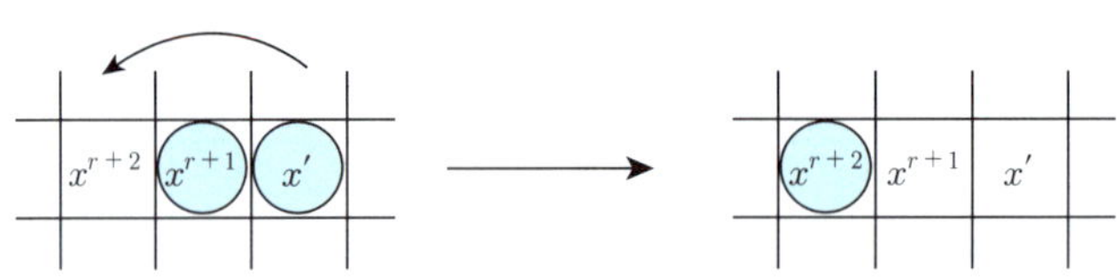

(2) 이동하기 전의 자리값은 $x^{r+1}+x^r$, 이동한 후의 자리값은 x^{r+1}인 경우

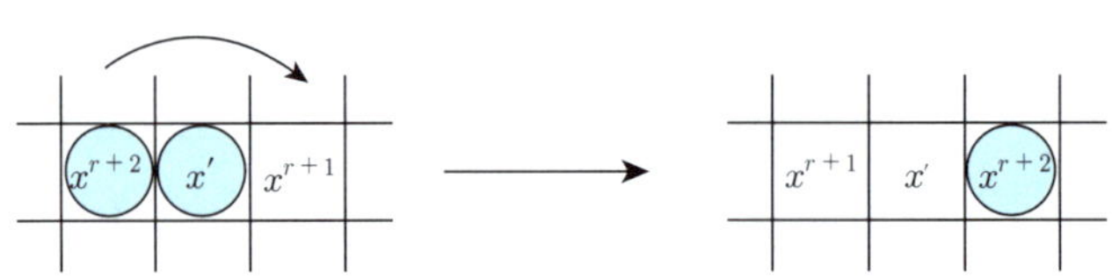

이제 기준선 아래 놓인 말의 자리값의 합을 구해보자. 먼저 x^{n+4}자리까지 말이 놓였을 때 자리값의 합을 V_n이라고 하면

$$V_n = x^5+3x^6+5x^7+\cdots+(2n-1)x^{n+4}$$

$$(1-x)V_n = x^5 + 2x^6(1+x+\cdots+x^{n-2}) - (2n-1)x^{n+5}$$
$$= x^5 + \frac{2x^6(1-x^{n-1})}{1-x} - (2n-1)x^{n+1}$$
$$V_n = \frac{x^5(1-x)+2x^6}{(1-x)^2} - \frac{2\cdot x^6 \cdot x^{n-1}}{(1-x)^2} - \frac{(2n-1)x^{n+5}}{1-x}$$

이다.

4 $0 < x < 1$일 때, $V_n < 1$임을 보여라.

기준선 아래 놓인 말의 자리값의 합이 $V_n < 1$이면 $n \to \infty$인 경우에도 말의 자리값은 1이 될 수 없다. 다시 말하면, 모든 n에 대하여 기준선 아래에 놓인 말의 자리값의 합이 1보다 작고 말을 이동시킬 때마다 자리값은 변하지 않거나 감소하므로 자리값을 1이 되게 할 수 없다. 즉, 기준선 아래 말을 무한 개 놓더라도 말을 기준선에서 5만큼 올릴 수는 없다.

말놀이

❶ 삼각형 모양의 판

1 (1) 대칭을 고려하여 같은 위치에 있는 경우는 한 가지 경우로 여긴다.

(2) 2를 비운 경우에는 3에 남는다.[6)]

(3) 5를 비운 경우 이동할 수 있는 말이 하나도 없다. 1을 비운 경우에는 단 한 개의 말만 남길 수 없다.

2 (1) (1, 11, 15), (2, 7, 12, 14, 10, 3), (4, 13, 6), (5, 8, 9)

(2) 1, 6, 4, 13

❷ 십자 모양의 판

3 (1)

$+$	0	x	y	z
0	0	x	y	z
x	x	0	z	y
y	y	z	0	x
z	z	y	x	0

(2) 군을 이룬다.

4 (1) 처음 자리값의 합은 $11x+10y+11z$이다. 그런데 $x+y+z=0$이므로
$11x+10y+11z=10(x+y+z)+x+z=y$ 에서 처음 말의 위치의 자리값의 합은 y이다.

(2) x가 y를 뛰어넘어 z로 갔다면 $x+y$를 z로 바꾸어야 한다. 그런데 $x+y$와 z는 같으므로 전체 자리값의 합에는 아무 변화가 없다. 마찬가지로 z가 y를 뛰어넘어 x로 갔더라도 $z+y$의 값과 x의 값이 같으므로 전체 문자의 값의 합에는 아무 변화가 없다. 다시 말하면, 이 판에서는 말의 이동에 관계없이 말의 자리값 전체의 합은 y로 일정하므로(이러한 것을 불변량이라고 한다)

(3) 마지막 말이 남을 수 있는 자리도 y뿐이다. 대칭을 고려하면 다음 자리만이 가능하다.

6) http://www.geocities.com/gibell.geo/pegsolitaire/Tools/Triangular/Triang.htm?72에서 실험할 수 있으며, 단 한 개의 말이 남도록 이동하는 경로도 볼 수 있다.

(4)

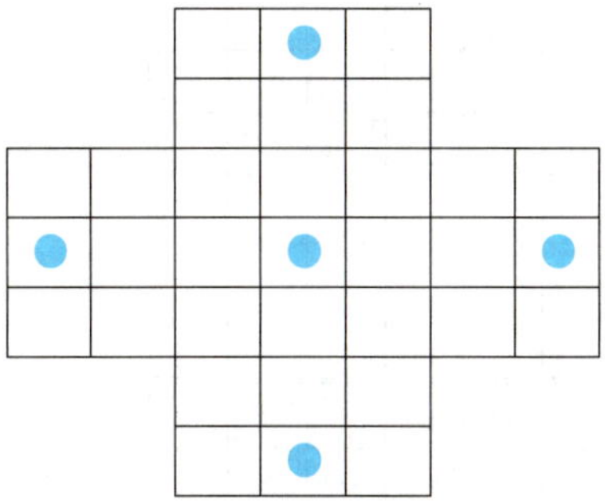

5 [모양 1] $6x+7y+7z=x$: 대칭까지 고려하면 중앙의 x만 가능

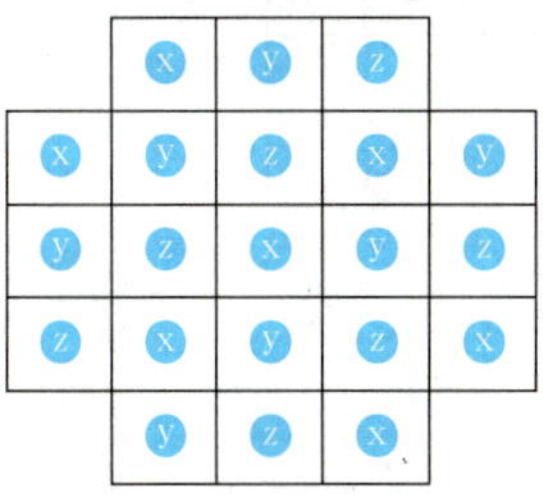

[모양 2] $12x+12y+12z=0$: 불가능

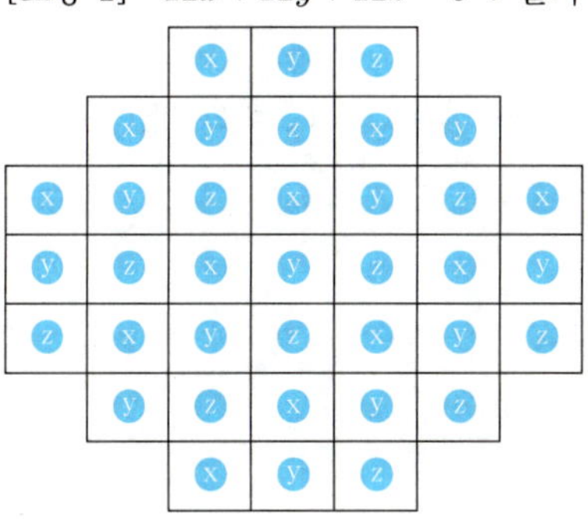

❸ 말 앞으로 보내기

1 5만큼 올리는 것은 불가능하다.

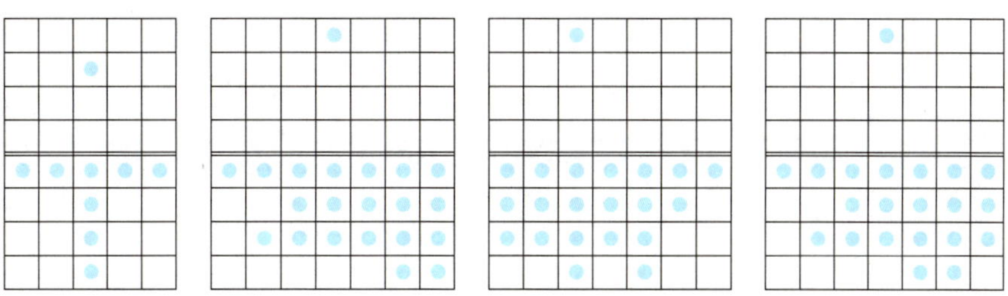

2

						1						
						x						
						x^2						
						x^3						
						x^4						
$\cdots$	x^{10}	x^9	x^8	x^7	x^6	x^5	x^6	x^7	x^8	x^9	x^{10}	$\cdots$
		x^{10}	x^9	x^8	x^7	x^6	x^7	x^8	x^9	x^{10}		
			x^{10}	x^9	x^8	x^7	x^8	x^9	x^{10}			
				x^{10}	x^9	x^8	x^9	x^{10}				
					x^{10}	x^9	x^{10}					
						x^{10}						
						$\cdots$						

3

(1) $x^{r+2} < x^{r+1} + x^r$이므로 자리값은 감소

(2) 이동하기 전의 자리값은 $x^{r+1} + x^r$, 이동한 후의 자리값은 x^{r+1}이므로 자리값은 감소

4

$V_n < \dfrac{x^5 + x^6}{(1-x)^2}$이고 또, $x^5 + x^6 = x^4$, $1 - x = x^2$이므로 $V_n < 1$이다.

205-4 매직 서클

Keywords 갈루아 체, 기약다항식

1 매직 서클이란?

아래 그림은 원 위에 6개의 점을 찍고 그 사이에 수를 써넣은 것이다.

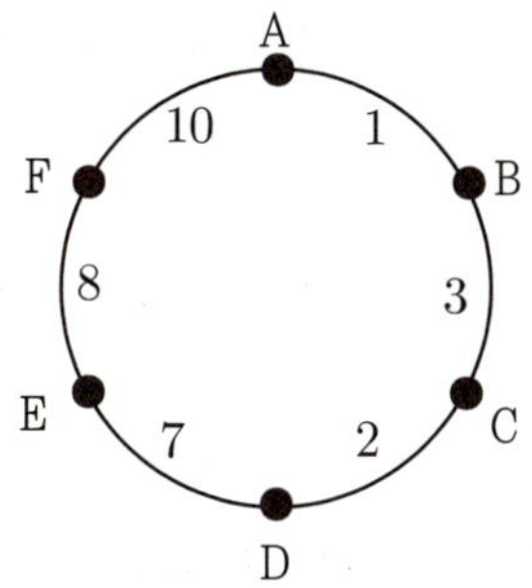

위의 그림에는 1, 3, 2, 7, 8, 10 여섯 개의 수가 쓰여 있는데, 점과 점 사이에 쓰인 이 수들을 꼬리표라고 부르자. 시계 방향으로 두 개 이상의 연속된 꼬리표를 더한 값을 구해보면 다음과 같다.

두 수의 합은 $1+3=4$, $3+2=5$, $2+7=9$, $7+8=15$, $8+10=18$, $10+1=11$
세 수의 합은 $1+3+2=6$, $3+2+7=12$, $2+7+8=17$, $7+8+10=25$, $8+10+1=19$, $10+1+3=14$
네 수의 합은 $1+3+2+7=13$, $3+2+7+8=20$, $2+7+8+10=27$, $7+8+10+1=26$, $8+10+1+3=22$, $10+1+3+2=16$
다섯 수의 합은 $1+3+2+7+8=21$, $3+2+7+8+10=30$, $2+7+8+10+1=28$,

$7+8+10+1+3=29$, $8+10+1+3+2=24$, $10+1+3+2+7=23$

여섯 수의 합은 $1+3+2+7+8+10=31$

즉, 1부터 31까지 31개의 자연수가 빠짐없이 나타난다. 따라서 앞의 그림과 같은 꼬리표 배열을 이용하면 모든 자연수는 꼬리표 하나, 또는 시계방향으로 두 개 이상의 연속된 꼬리표의 합으로 유일하게 표현되는 놀라운 규칙[7]을 발견할 수 있다. 예를 들면, 118은 점 D에서 출발하여 시계방향으로 세 바퀴 반을 돌았을 때 꼬리표의 합

$$118 = 3(7+8+10+1+3+2)+7+8+10$$

으로 유일하게 표현된다. 여기서 유일하게 표현된다는 말은 점 D가 아닌 다른 점에서 출발했을 때 꼬리표 하나 혹은 시계방향으로 둘 이상의 연속된 꼬리표의 합으로

$$7+8+10=25$$

가 만들어지지 않는다는 것이다.

이제 위에서와 같이 모든 자연수를 꼬리표 하나, 또는 시계방향으로 두 개 이상의 연속된 꼬리표의 합으로 유일하게 표현하도록 꼬리표가 쓰인 원을 매직 서클(Magic Circle)[8]이라고 부르자. 위의 그림은 6개의 점을 가진 매직 서클이다. 뒤에서 살펴보겠지만 꼬리표 전체의 합 31은 주어진 점의 개수 6과 다음과 같은 관계가 있다.

$$31 = 6(6-1)+1$$

2 갈루아 체 하키 게임

최초의 매직 서클은 갈루아(E. Galois, 1811-1832)가 제시했다고 전해진다. 프랑스 군대에 비밀리 보관된 한 편지에 따르면, 18명으로 구성된 어느 소대

7) David A. James, *Magic Circles*, Mathematics Magazine, Vol. 54, No. 3, May 1981, p.122-125

8) Kirkman, On the perfect r-partitions of r^2-r+1, Trans. Historical Society of Lancashire and Cheshire, 9 (1857) p.127-142.

가 특수 훈련을 하기 위해 파리에 있는 어떤 학교 주위에 머물고 있었는데, 마침 그 학교에 다니고 있던 갈루아가 다음과 같은 문제를 내었다고 한다.

> 원 둘레의 길이가 307 걸음인 연못 주위에 어느 두 병사 사이의 거리도 서로 같은 걸음 수를 가지지 않도록 18명의 병사를 배치할 수 있는가?

이 문제는 다음과 같이 해석할 수 있다.

> 시계방향으로 이웃한 두 병사 사이의 걸음 수를 꼬리표로 갖는 18개의 점으로 구성된 매직 서클을 만들 수 있는가?

이 이야기로 인해 갈루아 체 하키(Galois Field Hockey) 게임이 만들어졌다. 이 게임의 목적은 주어진 자연수 N에 대하여 N개의 점을 갖는 매직 서클을 만드는 것이다.

갈루아 체 하키 게임을 하기 전에 먼저 약간 변형된 게임을 해보자. 먼저 하나의 자연수 N을 선택하여 N개의 점을 가진 원을 그린다. 게임에 참가한 사람들은 순서대로 원 위의 두 점 사이에 '꼬리표를 주는 규칙'에 따라 꼬리표를 써야 한다. 더 이상 꼬리표를 쓰지 못하는 사람이 지는 게임이다.

꼬리표를 주는 규칙

규칙 1: 각 자연수는 꼬리표 하나 또는 시계방향으로 둘 이상의 연속된 꼬리표의 합으로 오직 한 번만 나타날 수 있다.

규칙 2: 첫 번째 꼬리표는 반드시 1이고, 그 다음의 모든 꼬리표는 이미 사용된 꼬리표의 개수의 두 배를 초과할 수 없다.

예를 들면, 게임을 하는 중에 아래 그림과 같이 꼬리표를 썼다면

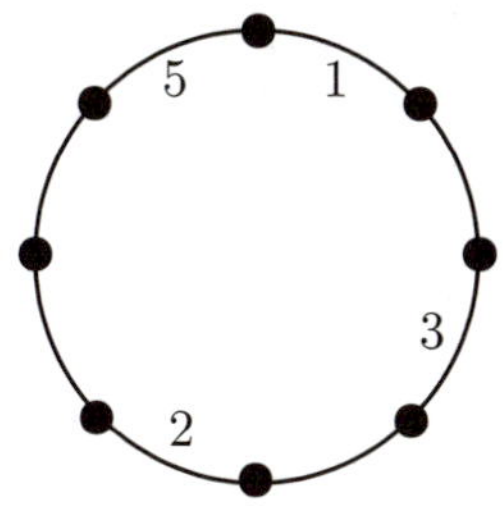

꼬리표 하나 혹은 시계방향으로의 두 개 이상의 연속된 꼬리표의 합으로 이미

$$1, 3, 2, 5, 5+1=6$$

이 사용된 것이다. 만약 5의 왼쪽에 꼬리표 4를 쓴다면 다음에 오는 꼬리표는

$$1, 3, 2, 4, 5, 4+5=9,\ 5+1=6,\ 4+5+1=10$$

을 가지지 못할 뿐만 아니라 다음에 오는 꼬리표를 포함하여 연속된 꼬리표의 합으로 위에서 주어진 수 어느 것도 만들면 안 된다. 더욱이 현재 5개의 꼬리표가 있으므로 다음에 오는 꼬리표는 $2\times5=10$을 초과할 수 없어 새로 올 수 있는 꼬리표는 7, 8 중 하나이다. 그런데 2와 3의 양쪽에는 어느 것도 올 수 없어 이것으로 게임이 끝난다.

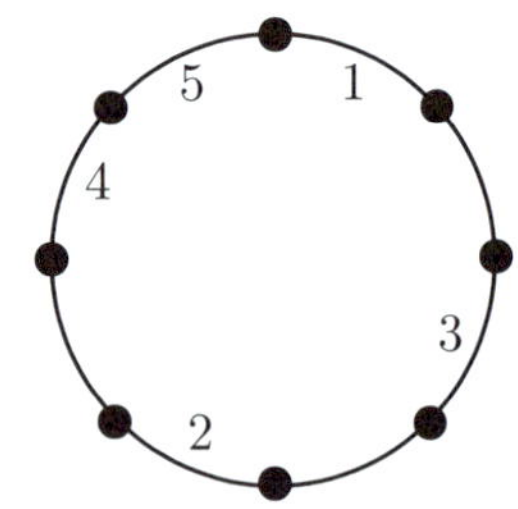

만약 1의 오른쪽에 꼬리표 8을 쓴다면 다음에 오는 꼬리표는

1, 8, 3, 2, 5,
$1+8=9$, $8+3=11$, $5+1=6$,
$1+8+3=12$, $5+1+8=14$,
$5+1+8+3=17$

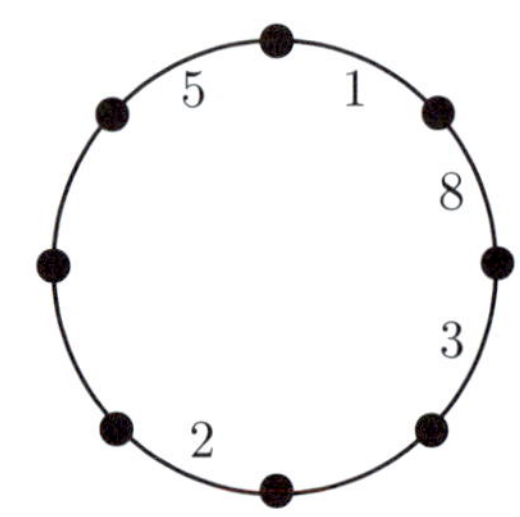

과 같은 수는 가지지 못할 뿐만 아니라 다음에 오는 꼬리표를 포함하여 시계 방향으로 연속된 꼬리표의 합으로 위에서 주어진 수 어느 것도 만들면 안 된다. 또한 현재 5개의 꼬리표가 있으므로 다음에 오는 꼬리표는 10을 초과할 수 없어 새로 올 수 있는 꼬리표는 4, 7, 10 중 하나이다. 그런데 2의 양쪽에는 어느 것도 올 수 없고, 5의 왼쪽에 올 수 있는 꼬리표는 10뿐이다. 따라서 오른쪽 그림을 얻는다. 그 다음에 오는 꼬리표는 $2\times6=12$를 초과할 수 없다. 따라서 4,7 중 하나이다. 그러나 2의 양쪽에는 어느 것도 올 수 없으므로 게임이 끝난다.

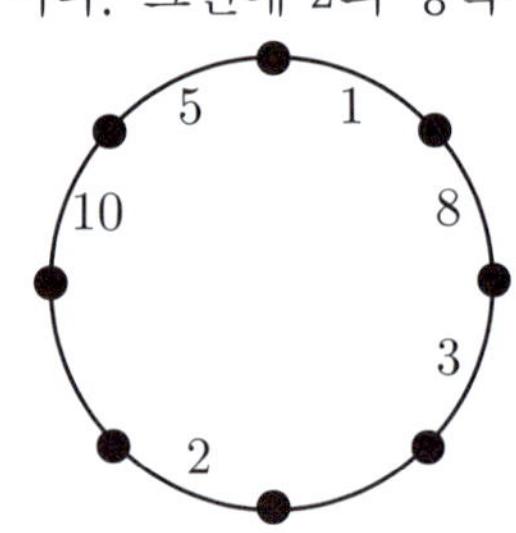

1 위의 '꼬리표를 주는 규칙'에 따라 갈루아 체 하키 게임을 변형한 게임을 해보자.

(1) 점이 5개인 경우
(2) 점이 7개인 경우

2 점이 3개, 4개, 5개인 경우의 매직 서클을 만들어보아라.

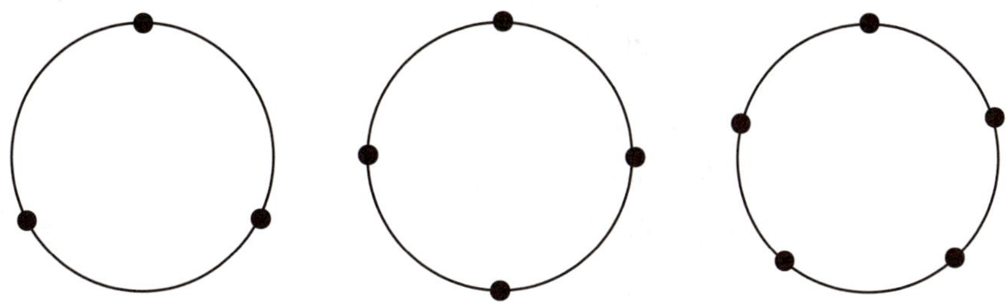

3 매직 서클의 원리

매직 서클을 시행착오를 통해서 만드는 것은 쉽지 않은 일이다. 이제 매직 서클을 만드는 방법에 대해서 알아보자.

1. 매직 서클을 만드는 방법

다음은 $N=4$인 경우의 예이다. 4개의 점에 0, 1, 3, 9를 시계방향으로 증가하는 순서로 써넣고, 점과 점 사이에 두 점이 나타내는 수의 차를 써넣어보자.

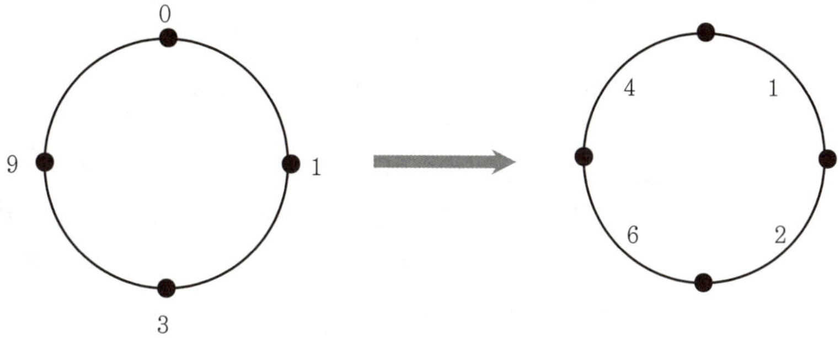

여기서 마지막 0과 9 사이의 꼬리표는 −9 대신에 $0 \equiv 13$ (법 $13=4(4-1)+1$) 임을 이용하여 $0-9 \equiv 13-9=4$ (법 13)에서 4를 써넣은 것이다.
꼬리표 하나, 또는 시계 방향으로 두 개 이상의 연속된 꼬리표를 더한 값을 구해보면 다음과 같다.

한 수의 합은 1, 2, 6, 4

두 수의 합은 1+2=3, 2+6=8, 6+4=10, 4+1=5
세 수의 합은 1+2+6=9, 2+6+4=12, 6+4+1=11, 4+1+2=7
네 수의 합은 1+2+6+4=13

즉, 1부터 13까지 13개의 자연수가 빠짐없이 나타난다. 따라서 모든 자연수는 꼬리표 하나, 또는 시계방향으로 두 개 이상의 연속된 꼬리표의 합으로 유일하게 표현된다. 즉, 배열 1, 2, 6, 4는 매직 서클이다.

매직 서클을 만들 때 위와 같이 눈에 보이는 꼬리표가 아니라 점에 쓰인 수를 이용하는 이 방법은 갈레이(Golay)에 의해 만들어졌다. 갈레이의 방법은 1938년에 발표된 싱어(J. Singer)[9]의 논문에 기초를 두고 있다. 싱어는

> "만약 $N=p^s+1$ (p는 소수)일 때, N개의 정수 $k_1, k_2, \cdots, k_N$가 존재하여 $N(N-1)$개의 차 k_i-k_j $(i \neq j,\ 1 \leq i, j \leq N)$는 법 $N(N-1)+1$으로 정수 $1, 2, \cdots, N(N-1)$와 합동이다."

를 보였고, 집합 $k_1, k_2, \cdots, k_N$을 위수가 N인 완전 차 집합(perfect difference set)이라 정의했다. 예를 들면, $p=3, s=1$일 때, $0, 1, 3, 9$는 위수가 $N=4$인 완전 차 집합이다. 왜냐하면, 법 13으로 다음과 같이 0 이상 12 이하의 모든 수를 만들 수 있기 때문이다.

$$\begin{array}{llll} 1 \equiv 1-0, & 2 \equiv 3-1, & 3 \equiv 3-0, & 4 \equiv 0-9 \\ 5 \equiv 1-9, & 6 \equiv 9-3, & 7 \equiv 3-9, & 8 \equiv 9-1 \\ 9 \equiv 9-0, & 10 \equiv 0-3, & 11 \equiv 1-3, & 12 \equiv 0-1 \end{array}$$

갈레이는 이러한 정수 $k_i (1 \leq i \leq N)$들을 시계방향으로 증가하는 순서로 원 위의 점에 놓고 점 k_i와 점 k_{i+1} 사이에 $k_{i+1}-k_i$를 꼬리표로 주었다. 단, k_N과 k_1 사이에 꼬리표 $k_1-k_N+N(N-1)+1$을 주었다. 그러면 시계방향으로 연속된 꼬리표의 합은 분명히 $1, 2, \cdots, N(N-1)$을 나타내고 N개의 꼬리표 전체의 합은
$(k_2-k_1)+(k_3-k_2)+\cdots+(k_N-k_{N-1})+(k_1-k_N+N(N-1)+1)=N(N-1)+1$이다. 따라서 모든 자연수는 꼬리표 하나, 또는 시계방향으로 둘 이상의 연속된 꼬리표의 합으로 유일하게 표현된다. 즉 매직 서클이 만들어진다.

9) J. Singer, *A theorem in finite projective geometry and some applications to Number Theory*, Trans. Amer. Math. Soc., 43 (1938) p. 377-385.

2. 매직 서클의 원리

이제까지의 내용을 정리하면 점이 N개인 매직 서클을 만드는 방법은 다음과 같다.

- N개의 정수 $k_1, k_2, \cdots, k_N$를 구하여 원 위의 각 점에 증가하는 순서로 쓴다.
- 두 점 k_i, k_{i+1} 사이에 차 $k_{i+1} - k_i$를 쓴다.
  단, k_N과 k_1사이에 놓이는 꼬리표는 $k_1 - k_N + N(N-1) + 1$이다.

매직 서클을 만들기 위해서는 완전 차 집합이라고 하였던 집합 $k_1, k_2, \cdots, k_N$을 구하는 것이 핵심인데, 이것은 갈루아 체를 이용하여 구할 수 있다.

$q(< \infty)$개의 원소를 갖는 체를 갈루아 체라 하고 $GF(q)$로 표현한다. 그러면 반드시

$$q = p^s \ \ (p\text{는 소수, } s \geq 1)\text{이고 } GF(p) \subset GF(q)$$

이다. 이때, p를 $GF(q)$의 지표(characteristic)라 한다. $GF(p) = \mathbb{Z}/p\mathbb{Z}$ (법 p인 정수의 집합)이지만 $GF(q)$, $q = p^s, s > 1$는 단순히 $\mathbb{Z}/q\mathbb{Z}$가 아니다. $GF(q)$, $q = p^s, s > 1$는 다음과 같은 과정을 통해 만들어진다.

기약다항식

더 낮은 치수의 다항식으로 인수분해되지 않는 다항식

① $GF(p)$에서 계수를 갖는 다항식의 집합 $GF(p)[x]$에서 s차 기약다항식을 하나 찾는다. 즉, 합동식[10] $f(x) \equiv 0 \pmod{p}$이 $GF(p)$에서 근을 갖지 않는 s차 다항식 $f(x)$를 구한다.

② $GF(q) = GF(p)(\alpha)$

$$= \{a_0 + a_1\alpha + \cdots + a_{s-1}\alpha^{s-1} \mid a_0, a_1, \cdots, a_{s-1} \in GF(p)\}$$

$$\cong GF(p)[x]/(f(x))$$

여기서 $(f(x)) = \{g(x)f(x) \mid g(x) \in GF(p)[x]\}$

$GF^*(q) = GF(q) - \{0\}$은 $q-1$개의 원소를 갖는 곱셈 순환 군이 된다. 그리고 $GF(q)$의 원소 θ가 $GF^*(q)$를 생성할 때, 즉

10) [108-2 부정방정식] 참고

$$GF^*(q) = \{1, \theta, \theta^2, \cdots, \theta^{q-2}\},\ \theta^{q-1} = 1$$

일 때, $\theta \in GF(q)$를 원시 원소(primitive element) 또는 $GF^*(q)$의 생성원(generator)이라 부른다. $GF(q)$는 $\phi(q-1)$개의 생성원을 가지고 있다.11)

이제 점이 $N = p^s + 1$ (s는 자연수, p는 소수)개인 매직 서클을 두 개의 갈루아 체 $GF(p^s)$와 $GF(p^{3s})$를 이용하여 만들어 보자. 다음은 $N = 2^1 + 1 = 3$인 경우이다.

[단계 1] $GF(2)[x]$에서 기약다항식 구하기

$GF(2)[x]$에서 삼차다항식은

$$ax^3 + bx^2 + cx + d \ (a \neq 0, a, b, c, d \in GF(2))$$

의 꼴인데,

$$x^3,\ x^3+1,\ x^3+x,\ x^3+x^2,\ x^3+x+1,\ x^3+x^2+1,$$
$$x^3+x^2+x,\ x^3+x^2+x+1$$

으로 $1 \times 2^3 = 8$개 존재한다. 이 중에서 기약다항식은 x^3+x+1, x^3+x^2+1이다. 왜냐하면, $x = 0, 1$에 대하여

$$x^3+x+1 \not\equiv 0 \pmod 2,\ x^3+x^2+1 \not\equiv 0 \pmod 2$$

이기 때문이다.12)

[단계 2] $GF^*(2^3)$의 생성원 α에 대하여 $\alpha^k - \alpha$ 구하기

기약다항식으로 $f(x) = x^3+x+1$을 택하고 $f(\alpha) = 0$이라 하면

$$\begin{aligned} GF(2^3) &= GF(2)(\alpha) \\ &= \{a_0 + a_1\alpha + a_2\alpha^2 \mid a_0, a_1, a_2 \in GF(2)\} \\ &= \{0, 1, \alpha, \alpha^2, 1+\alpha = \alpha^3, \alpha + \alpha^2 = \alpha^4, \\ &\quad 1+\alpha+\alpha^2 = \alpha^5\ 1+\alpha^2 = \alpha^6\},\ \alpha^7 = 1 \end{aligned}$$

을 얻는다. 여기서 α는 곱셈 순환 군 $GF^*(2^3)$의 생성원이다.

11) 여기서 ϕ(J)는 오일러-파이 함수이고 J와 서로소인 J보다 작은 자연수의 개수를 나타낸다. 생성원을 근으로 갖는 다항식을 원시 다항식(primitive polynomial)이라 부른다.

12) 기약다항식에 관해서는 [205-1 권]을 참고

이제 $1 \le k < 2^3 - 1 = 7$에 대하여 $\alpha^k - \alpha$의 값을 구하면 다음과 같다.

$k=1$: $\alpha - \alpha = 0$ $\quad$ $k=2$: $\alpha^2 - \alpha$

$k=3$: $\alpha^3 - \alpha = 1$ $\quad$ $k=4$: $\alpha^4 - \alpha = \alpha^2$

$k=5$: $\alpha^5 - \alpha = 1 + \alpha^2$ $\quad$ $k=6$: $\alpha^6 - \alpha = 1 + \alpha + \alpha^2$

[단계 3] 완전 차 집합 $k_1, k_2, \cdots, k_N$으로 매직 서클 만들기

위의 값 중 법 2로 상수가 되는 k는 $k = 1, 3$뿐이다. 여기에 0을 추가하면 이 세 수가 싱어의 이론에서 세 개의 점 k_0, k_1, k_2의 역할을 한다. 따라서 다음과 같은 갈레이의 매직 서클을 얻는다.

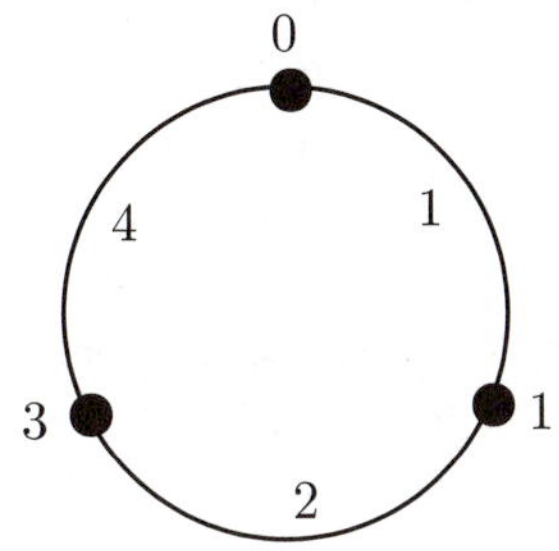

1 $N = 2^1 + 1 = 3$일 때, $x^3 + x^2 + 1$을 기약다항식으로 하여 갈레이의 매직 서클을 만들어라.

2 $N = 3^1 + 1 = 4$인 갈레이의 매직 서클을 만들기 위하여 다음 물음에 답하여라.

(1) $GF(3)[x]$에서 기약인 삼차다항식을 하나 찾아라.

(2) 기약인 삼차다항식 $f(x)$에 대하여 $f(\alpha) = 0$이라고 할 때, $GF(3^3) = GF(3)(\alpha)$의 원소는 몇 개인가?

자연수 s와 소수 p에 대하여 $N = p^s + 1$개의 점을 갖는 갈레이의 매직 서클은 위와 같은 방법으로 만들 수 있다. 이때 k에 대한 값과 생성원인 θ는 매우 다양하며, 주어진 매직 서클의 방향을 바꾸면 새로운 매직 서클이 된다. 그러나 갈레이의 매직 서클을 만드는 과정을 그대로 따라가보면 기약다항식, 생성원 α, k값을 수작업으로 찾는데 시간이 많이 필요하다. 따라서 N이 커지면 그 과정을 컴퓨터에 의존할 수밖에 없다.

매직 서클의 개수에 대하여 싱어와 갈레이는 $N = p^s + 1$ (p는 소수)이면 N개의 점을 갖는 매직 서클은 $\frac{\phi(N(N-1)+1)}{3s}$개 존재한다고 하였다. N이 $p^s + 1$ (p는 소수)로 표현될 수 없는 경우에 대해서는 7개의 점을 가진 매직 서클은 존재하지 않는다는 사실 외에는 알려진 것이 거의 없다.

표 [$N = p^s + 1$인 경우 매직 서클의 꼬리표 (p는 소수)]

N	꼬리표
3	1, 2, 4
4	1, 2, 6, 4
5	1, 3, 10, 2, 5
6	1, 2, 5, 4, 6, 13
8	1, 2, 10, 19, 4, 7, 9, 5
9	1, 2, 4, 8, 16, 5, 18, 9, 10
10	1, 2, 6, 18, 22, 7, 5, 16, 4, 10
12	1, 2, 9, 8, 14, 4, 43, 7, 6, 10, 5, 24
14	1, 2, 13, 7, 5, 14, 34, 6, 4, 33, 18, 17, 21, 8
17	1, 2, 4, 8, 16, 32, 27, 26, 11, 9, 45, 13, 10, 29, 5, 17, 18
18	1, 37, 11, 24, 26, 16, 29, 23, 18, 33, 6, 8, 13, 4, 3, 2, 10, 43
20	1, 18, 25, 16, 14, 15, 36, 2, 33, 7, 6, 56, 10, 24, 61, 26, 11, 12, 5, 3

▶ 갈레이 알고리즘의 타당성 ; $N=2^1+1=3$인 경우

만약 θ가 순환 군 $GF^*(p^{3s})$을 생성한다면 $GF^*(p^s)=\{1, \theta^i, \theta^{2i}, \theta^{3i}, \cdots, \theta^{(n-1)i}\}$이다. 여기서 $\theta^{ni}=1$이고 i는 θ^i가 $GF^*(p^s)$에 속하도록 하는 가장 작은 자연수이다. $GF^*(p^{3s})$와 $GF^*(p^s)$는 각각 $p^{3s}-1$과 p^s-1개의 원소를 가지므로 $i=(p^{3s}-1)/(p^s-1)$이다. 따라서 다음을 얻는다.

$$\theta^j \in GF^*(p^s) \Leftrightarrow j \equiv 0 \bmod i=(p^{3s}-1)/(p^s-1)$$

우리의 경우는 $p=2, s=1$이므로 다음으로 주어진다.

$$\theta^j \in GF^*(2) \Leftrightarrow j \equiv 0 \bmod i=(2^3-1)/(2-1)=2^2+2+1=7$$

알고리즘이 갈레이의 매직 서클을 만들지 못한다고 가정하자. 그러면

$$k-l \equiv m-n \bmod 7$$

을 만족하는 서로 다른 k, l, m, n이 존재한다. $k-l-m+n \equiv 0 \bmod 7$이므로

$$\theta^{k-l-m+n}=h \in GF^*(7) \text{ 또는 } \theta^k\theta^n=h\theta^l\theta^m$$

이다. 또한 $\theta^t-\theta \in GF(7)$, $t \in \{k, l, m, n\}$이므로

$$\theta^k-\theta=a, \ \theta^l-\theta=b, \ \theta^m-\theta=c, \ \theta^n-\theta=d$$

또는

$$(\theta+a)(\theta+d)=h(\theta+b)(\theta+c)$$

인 a, b, c, d가 $GF(7)$에 존재한다. 주어진 체 위에서 다항식을 최고차항의 계수가 1인 다항식으로 분해하는 방법은 유일하므로 $h=1$이고 $a=b$ 또는 $a=c$이다. 따라서 $\theta^k=\theta^l$ 혹은 $\theta^k=\theta^m$이다. 그런데 θ는 생성원이고 $k \neq l \neq m$이기 때문에 이는 불가능하다.

매직서클

❸ 매직 서클의 원리

1 $f(x)=x^3+x^2+1$, $f(\beta)=0$이라 하면

$$GF(2^3)=GF(2)(\alpha)=\{a_0+a_1\beta+a_2\beta^2 \mid a_0, a_1, a_2 \in GF(2)\}$$
$$=\{0, 1, \beta, \beta^2, 1+\beta=\beta^5, \beta+\beta^2=\beta^6, 1+\beta+\beta^2=\beta^4, 1+\beta^2=\beta^3\}, \ \beta^7=1$$

을 얻는다. 여기서 β는 곱셈 순환 군 $GF^*(2^3)$의 생성원이다. 다음으로 $\beta^k-\beta$의 값을 구하면 다음과 같다.

$k=1 : \beta-\beta=0$ $\quad$ $k=2 : \beta^2-\beta=\beta^6$ $\quad$ $k=3 : \beta^3-\beta=\beta^4$

$k=4 : \beta^3-\beta=\beta^3$ $\quad$ $k=5 : \beta^3-\beta=1$ $\quad$ $k=6 : \beta^3-\beta=\beta^2$

위의 값 중 mod 2로 상수가 되는 k $(1 \le k < 2^3-1=7)$는 $k=1, 5$뿐이다. 따라서 구하는 완전 차 집합은 {0, 1, 5}이고 매직 서클의 꼬리표는 1, 4, 2이다.

206 정다면체

• **교육과정**

중 1 _ 도형, 정다면체

중 2 _ 측정, 닮음

중 3 _ 문자와 식, 이차방정식, 측정, 삼각비

고 1 _ 문자와 식, 이차방정식, 함수, 삼각함수

주제 1	오일러 식
Keywords	오일러 식, 정다면체
주제 2	정다면체의 종류
Keywords	정다면체, 오일러 식, 각
주제 3	정다면체의 구조
Keywords	듀얼(쌍대), 대칭, 대칭군
주제 4	정다면체 안의 정다면체
Keywords	듀얼(쌍대), 닮음, 삼각비, 정이십면체, 정십이면체, 황금비, 삼각형, 오각형
주제 5	닮음으로 알아내는 정다면체의 듀얼
Keywords	정다면체, 황금비, 중점

정다면체는 플라톤 입체(Platonic Solid)라고도 불린다. 이는 고대 그리스 시절 플라톤(Plato, B.C. 427~347)이 연구했기 때문인데, 그는 정다면체를 우주를 구성하는 다섯 가지 요소에 비유한 것으로 전해진다. 한편, 1500년대 행성의 운동 법칙을 밝힌 과학자이면서 점성술가이기도 했던 케플러(Kepler, 1571~1630)는 태양계의 행성 궤도를 정다면체로 설명하기도 했다. 정다면체는 과학적 탐구 대상이면서도 완벽함의 상징으로 인하여 숭배되어왔던 것이다.

정다면체는 중학교 1학년 교육 과정에서 소개된다. 정다면체의 정의를 중심으로 하여 정다면체가 다섯 가지밖에 존재하지 않는 이유와 그 전개도 등을 학습한다. 이것은 정다면체의 가장 기본적인 것으로 이천년 이상 정다면체에 대한 연구가 진행되어온 것을 생각하면 빙산의 일각에 불과하다. 여기에서는 정다면체에 대한 좀더 깊은 연구를 접해볼 수 있다.

주제 1은 모든 다면체에서 성립하는 오일러 식에 대한 것이다. 오일러 식은 간결함에도 불구하고 다면체, 그래프 이론 등 곳곳에서 등장하는 매우 강력한 도구이다. 주제 1에서는 오일러 식의 증명과 함께 그것을 이용하여 몇 가지 다면체에 대한 정리를 다루었다.

주제 2는 정다면체의 종류에 대한 내용인데, 학교 수학에서 다소 직관적으로 다루는 것을 넘어서 두 가지 증명 방법을 소개하였다.

주제 3은 대칭군을 이용하여 정다면체의 구조를 밝히는 내용이다. 학교 수학에서는 회전체에 대해서만 대칭축을 다루는 데 비해, 모든 다면체의 대칭군을 찾고 그것에 따라 정다면체의 기하학적 구조를 살펴본다.

주제 4에서는 정다면체의 포함 관계를 알아본다. 한 정다면체가 어떤 정다면체에 포함될 수 있는지 추론하는것이다. 이 포함 관계에 따라 정다면체의 순환 경로도 구할 수 있다. 특히, 포함되는 관계에서 등장하는 황금비는 정다면체에 대한 학습에 있어서 매우 흥미로운 부분이다.

주제 5는 정다면체의 듀얼에 대한 것이다. 듀얼(dual)은 다면체만이 아니라 함수 등 많은 수학적 대상에 적용되는 개념이다. 여기에서는 듀얼인 정다면체의 모서리의 길이를 계산하는 것을 중점적으로 다루는데, 이때는 닮음, 삼각비 등의 지식도 필요하다.

206-1

오일러 식

Keywords 정다면체, 오일러 수, 각

다각형이나 다면체에서 꼭지점, 면, 모서리의 개수 사이에 일정한 관계가 있다는 것은 오일러(Euler, 스위스, 1707~1783)에 의하여 발견되었다. 1750년경 오일러는 꼭지점의 개수를 V, 모서리의 개수를 E, 면의 개수를 F라고 할 때, $V-E+F=2$의 관계가 있음을 발견하였고, 1794년에 르장드르(Legendre, 프랑스, 1752~1833)가 처음 증명하였는데 이 식을 오일러의 식이라고 한다. 여기에서는 오일러 식을 두 가지 방법으로 증명[1]해보고 이를 다면체에 적용하는 몇 가지 예를 살펴보자.

1 오일러 식의 증명

꼭지점의 개수를 V, 모서리의 개수를 E, 면의 개수를 F라고 할 때, 구와 연결 상태가 같은 다면체에서는 $V-E+F=2$가 성립한다. 이 사실을 오일러의 식이라고 한다. 오일러의 식을 증명하여보자.

1 평면도형에서 $V-E+F=1$임을 증명하여라.

입체도형에 대한 오일러 식을 증명하기 위하여 입체도형을 평면그래프[2]로 바꾸어 생각해보자. 평면그래프란 공간도형을 서로의 모서리가 겹치지 않도록 하여 평면 위에 점과 모서리의 연결 상태가 동일하게 그리는 것으로서 이것은 공간도형의 점의 개수와 모서리의 개수 및 면의 개수를 구하는 데 매우 유용하다.

1) 오일러 식에 대한 증명 방법 17가지가 http://www.ics.uci.edu/~eppstein/junkyard/euler/에 있다.
2) 평면그래프에 대해서는 [210-4 육면체는 모두 몇 종류인가] 참고

평면그래프

공간도형을 서로의 모서리가 겹치지 않도록 하여 평면 위에 점과 모서리의 연결 상태가 동일하게 그린 것

평면그래프를 처음부터 그 모습을 상상하여 그린다는 것은 쉽지 않다. 정사면체의 평면 그래프는 한 면을 고무줄처럼 잡아 늘려 정사면체를 평면 위에 펼쳐 모든 면이 평면 위에 놓이도록 할 때 얻은 것이다. 이와 같이 간단한 것은 빨대(다면체의 모서리) 속에 고무줄을 넣어 평면에 펼쳐 확인하고, 복잡한 것은 평면그래프와 다면체 사이의 불변인 성질, 즉 점과 모서리의 연결 상태는 변하지 않음을 이용하여 각각의 점과 그 점에 모여 있는 모서리의 개수, 그리고 면의 모양을 이용하여 그려 나갈 수 있다.

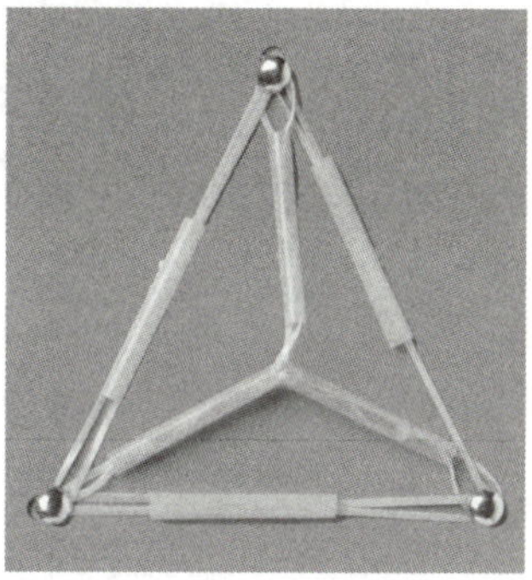

다면체에서의 오일러 식을 증명하기 위하여 평면그래프를 먼저 이야기한 것은 평면그래프에서 오일러 식을 성립함을 이용하기 위해서이다. 거칠게 말하면, 다면체를 평면에 투영시켰을 때의 모서리의 형상을 평면그래프라고 할 수 있어 다면체를 평면그래프로 바꾸어 생각할 수 있다는 것이다. 따라서 평면그래프에서 성립하는 오일러 식을 이용하여 다면체에서도 오일러 식 $V-E+F=2$이 성립함을 설명할 수 있다.

2

(1) 빨대와 고무줄을 이용하여 정사면체의 평면그래프를 만들어보아라.

(2) 다면체와 다면체의 평면그래프에서 점과 모서리의 연결 상태는 변하지 않음을 이용하여 정육면체, 정팔면체의 평면그래프를 그려보아라.

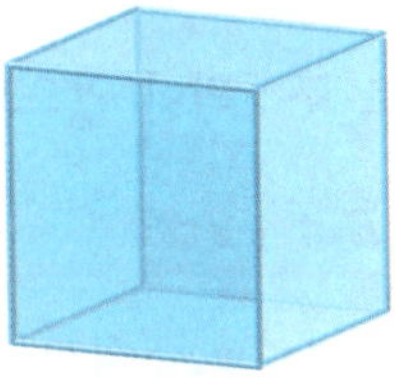

$\Rightarrow$

$\Rightarrow$

(3) 구와 연결 상태가 같은 다면체에서는 $V-E+F=2$가 성립하는가? 그 이유는 무엇인가?

이번에는 오일러 식의 또 다른 증명을 소개하겠다. 다면체에서 각 면을 이루는 다각형의 내각의 합을 이용한 증명이다. 먼저 다면체에서 각 면을 이루는 다각형의 한 내각을 '면각'이라고 부르도록 하자. 예를 들어, 정육면체의 경우 6개의 정사각형으로 되어 있고 정사각형의 한 내각의 크기가 90°이므로 정육면체의 면각의 합은

$$(90^\circ \times 4)\times 6 = 2160^\circ$$

이다. 일반적으로 면의 개수가 F인 볼록다면체에서 각 면에 1에서 F까지 번호를 붙여 E_1은 1번 면의 변의 개수, E_2는 2번 면의 변의 개수와 같이하여 E_1, …, E_F를 정하자. 그러면

면각

다면체에서 각 면을 이루는 다각형의 한 내각

1번 면의 내각의 합은 $\pi(E_1-2)$
2번 면의 내각의 합은 $\pi(E_2-2)$
3번 면의 내각의 합은 $\pi(E_3-2)$
…
F번 면의 내각의 합은 $\pi(E_F-2)$

이다. 면각의 총합을 θ라고 하면

$$\theta = \pi(E_1-2)+\pi(E_2-2)+\cdots+\pi(E_F-2)$$

이고 우변은 모두 F개의 항으로 구성되어 있으므로

(*) $\theta = \pi(E_1+E_2+\cdots+E_F)-2\pi F$

이다. 여기서 $E_1+E_2+\cdots+E_F$는 모든 면의 변의 개수의 총합인데 다면체의 경우 각 모서리는 두 면에 포함되므로

$$E_1+E_2+\cdots+E_F = 2E$$

이다. 이것을 식 (*)에 대입하면

$\theta = \pi(2E)-2\pi F$
(**) $\theta = 2\pi(E-F)$

이다. 즉, 볼록다면체의 면각의 합은 모서리와 면의 개수의 차로만 결정된다. 이제 면각의 합을 평면그래프에서 계산해보자. 예를 들어, 정육면체에서 면각의 합을 평면그래프를 이용하여 구하여 보자.

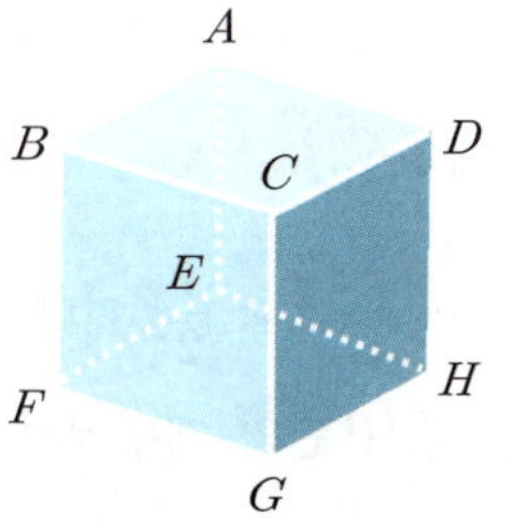

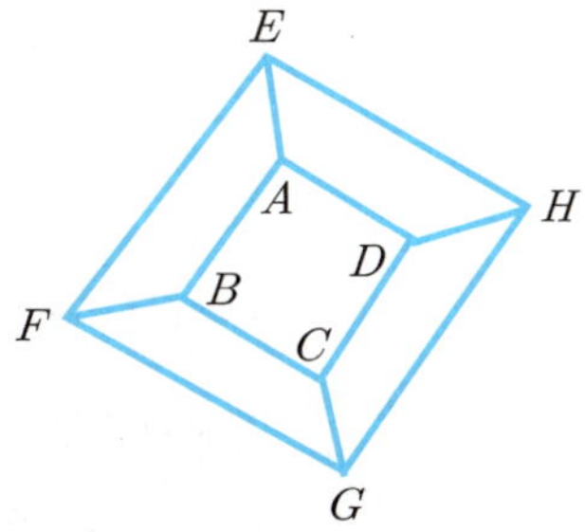

정육면체의 면각을 평면그래프에서 생각하면 다음과 같이 분류할 수 있다.

(1) 정육면체에서 밑면 $EFGH$의 내각의 합은 평면그래프에서 사각형 $EFGH$의 내각의 합 2π

(2) 정육면체에서 꼭지점 A, B, C, D 주위의 12개의 각의 합은 평면그래프에서 네 점 A, B, C, D 주위의 각의 합 $2\pi \times 4$

(3) 정육면체에서 옆면에서 네 점 E, F, G, H 주위의 8개의 각의 합은 평면그래프에서 사각형 $EFGH$의 내각의 합 2π

일반적으로 V개의 꼭지점을 가지고 있는 다면체가 밑면에 r개의 꼭지점을 가지고 있다고 하면 면각의 합은

밑면의 내각의 합은 r각형의 내각의 합과 같으므로 $\pi(r-2)$
$V-r$개의 꼭지점 주위의 각의 합은 $2\pi(V-r)$
나머지 각의 합은 r각형의 내각의 합과 같으므로 $\pi(r-2)$

을 모두 더한 것이다. 따라서

$$\theta = \pi(r-2) + 2\pi(V-r) + \pi(r-2)$$
$$\theta = 2\pi V - 4\pi$$

임을 알 수 있다. 이제 앞에서 구한 식 $\theta = 2\pi(E-F)$과 위의 식을 비교하면

$$2\pi V - 4\pi = 2\pi(E-F)$$
$$V-2 = E-F$$

즉, $V-E+F=2$이다.

2 오일러 식의 활용

오일러 식을 이용하면 다면체의 여러 가지 성질을 알아낼 수 있다.
모든 볼록다면체에서 꼭지점의 개수에서 면의 개수의 절반을 뺀 값에 대하여 알아보자. $v-e+f=2$에 $3f \leqq 2e$, 즉 $e \geqq \frac{3}{2}f$를 대입하면 $e=v+f-2 \geqq \frac{3}{2}f$이다. 즉, $v-2 \geqq \frac{1}{2}f$이다.
마찬가지로 모든 볼록다면체에서 면의 개수에서 꼭지점의 개수의 절반을 빼어도 2 이상이다. 즉, $f-2 \geqq \frac{1}{2}v$이다.

1 다면체는 한 꼭지점에서 적어도 3개의 모서리가 만나므로 $3v \leqq 2e$임을 알고 있다. 이를 이용하여 다음을 보여라.

(1) $3f \geqq 6+e$
(2) $3v \geqq 6+e$

2 (1) $6v \geqq 12+2e \geqq 12+3v$임을 보여라.
(2) $6v \geqq 12+3f$임을 보여라.
(3) 볼록다면체는 면이 4개보다 적거나 꼭지점이 4개보다 적을 수 없음을 보여라. 또한, 모서리가 6개보다 적을 수 없음을 보여라.

이번에는 오일러 식을 이용하여 주어진 조건을 만족하는 다면체를 찾아보자. 예를 들어, 정사각형과 정육각형으로 이루어진 볼록다면체를 생각해보자. 이 다면체에서 각 정사각형은 정육각형이 둘러싸고 있으며, 각 정육각형은 정사각형과 정육각형이 번갈아 둘러싸고 있다고 하자. 꼭지점의 개수 v, 모서리의 개수 e, 정사각형의 개수 f_4, 정육각형의 개수 f_6를 구하여 이 다면체에 대하여 알아보자. 만약 한 꼭지점에 면이 4개 모인다면 그 꼭지점에서의 각은 최소 $4 \times 90^\circ = 360^\circ$가 되어야 하므로 한 꼭지점에는 면이 3개 모여 있으므로 $3v=2e$, $v=\frac{2}{3}e$이다.

이 식을 오일러 식에 대입하면 $\frac{2}{3}v-e+f=2$, $3f-e=6$ (*)

한편, $f_4+f_6=f$이므로 $2e=4f_4+6f_6$이다. 이 식을 (*)에 대입하면

$$6(f_4+f_6)-(4f_4+6f_6)=12,\ f_4=6$$

이제 f_6을 구하여보자. 정사각형은 정육각형으로 둘러싸여 있는데 정사각형의 모서리의 개수는 $4f_4$이다. 이 모서리마다 정육각형이 있는데, 각각의 정육각형은 3개의 정사각형으로 둘러싸여 있으므로 $4f_4=3f_6$이 성립한다. $f_4=6$이므로 $3f_6=24,\ f_6=8$이다.

이제 $f=6+8=14$를 (*)에 대입하면 $e=36,\ v=\frac{2}{3}e=\frac{2}{3}\times 36=24$이다.

위에서 구한 다면체는 다음 그림과 같은 잘린 정팔면체(Truncated octahedron)[3]로 정육면체 또는 정팔면체의 모서리의 삼등분점을 지나는 평면으로 잘라서 만든 준정다면체이다.

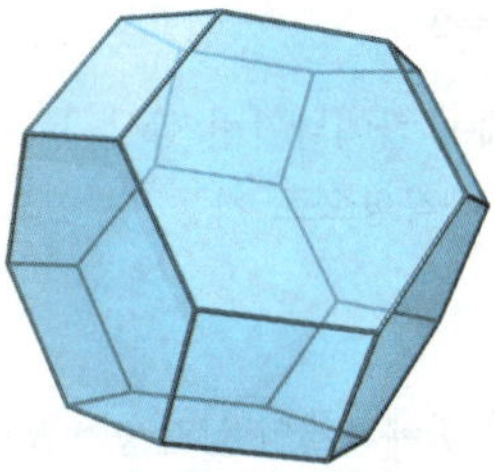

4 정삼각형과 정오각형으로 이루어진 볼록다면체가 있다. 각 꼭지점마다 4개의 면이 만난다. 각 정삼각형은 정오각형으로 둘러싸여 있으며 각 정오각형은 정삼각형으로 둘러싸여 있다. 이 다면체에서 꼭지점의 개수 v, 모서리의 개수 e, 정삼각형의 개수 f_3, 정오각형의 개수 f_5를 구하여라.

5 모서리가 7개인 볼록다면체는 존재하지 않음을 증명하여라.

6 다음을 증명하여라.

(1) 모든 면이 사각형으로 이루어진 볼록다면체는 적어도 6개의 면을 가진다.

(2) 모든 면이 오각형으로 이루어진 볼록다면체는 적어도 12개의 면을 가진다.

3) 잘린 정팔면체에 대해서는 [207-3 정다각형으로 만드는 다면체] 참고

오일러 식

❶ 오일러 식의 증명

1 모든 n각형에서는 $V=n$, $E=n$, $F=2$이므로 $V-E+F=n-n+2=2$
두 개의 다각형을 한 변을 겹치게 붙이는 경우를 생각해보자. 한 다각형의 꼭지점, 모서리, 면의 개수를 각각 V_1, E_1, F_1, 또 다른 다각형의 꼭지점, 모서리, 면의 개수를 각각 V_2, E_2, F_2라고 하자. 한 변을 겹치게 하여 두 다각형을 붙인다면 꼭지점, 모서리, 면의 개수는 각각 V_1+V_2-2, E_1+E_2-1, F_1+F_2-1이 되므로

$$\begin{aligned} V-E+F &= (V_1+V_2-2)-(E_1+E_2-1)+(F_1+F_2+1) \\ &= (V_1-E_1+F_1)+(V_2-E_2+F_2)-2+1+1 \\ &= 2 \end{aligned}$$

같은 방법으로 다각형을 계속 붙여나가면 항상 $V-E+F=2$이 성립한다. 그런데 평면도형은 유한번 반복하여 작은 다각형으로 자를 수 있으므로 모든 평면도형은 $V-E+F=2$을 만족한다.

2 (1)~(2) 정팔면체는 한 꼭지점에 4개의 삼각형이 모여 있으므로 이것의 평면그래프는 정삼각형 한 개를 중심에 두고 한 꼭지점에 삼각형이 4개 모이도록 이어나가면 된다. 가장 바깥에 있는 꼭지점은 외부도 하나의 면이므로 삼각형이 세 개만 모이면 된다.

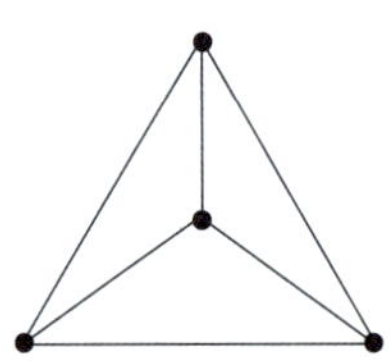
정사면체의 평면그래프

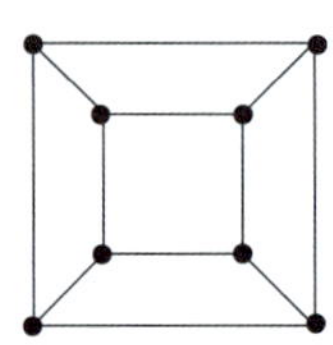
정육면체의 평면그래프

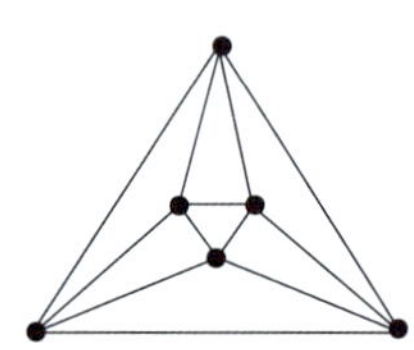
정팔면체의 평면그래프

(3) 평면그래프에서 $V-E+F=1$이 성립하는데, 위의 그림을 입체도형으로 생각하면 외부도 하나의 면으로 보면 되므로 F의 값에 1을 더하면 $V-E+F=2$이 성립한다.

❷ 오일러 식의 활용

1 (1) $v-e+f=2$에 $3v \leqq 2e$, 즉 $v \leqq \frac{2}{3}e$를 대입하면 $\frac{2}{3}e \geqq e-f+2$

$$3f \geqq e+6$$

2 (1) $3v \geqq e+6$ 에서 $6v \geqq 2e+12 \geqq 3v+12$

(2) $3f \geqq e+6$ 에서 $6f \geqq 2e+12 \geqq 3f+12$

(3) $3v \leqq 2e$, $3f \leqq 2e$이므로 $3v+3f=3e+6$, $3e+6 \leqq 4e$, $6 \leqq e$

4 $f_3=20$, $f_5=12$, $e=60$, $v=30$

5 $e=7$이라고 하면 $3v \leqq 2e=14$, $3f \leqq 2e=14$
오일러 식에 의해 $v-7+f=2$에서 $v=9-f$, $3v=27-3f \leqq 14$에서 $3f \geqq 13$
한편, $3f \leqq 14$이므로 f는 정수가 될 수 없다.

6 (1) $3v \leqq 2e=4f$에서 $v \leqq \frac{4}{3}f$, $e=2f$ 이를 오일러 식 $v=2+e-f$에 대입하면

$$2+2f-f \leqq \frac{4}{3}f,\ 2 \leqq \frac{1}{3}f,\ 6 \leqq f$$

(2) $3v \leqq 2e=5f$에서 $v \leqq \frac{5}{3}f$, $e=\frac{5}{2}f$ 이를 오일러 식 $v=2+e-f$에 대입하면

$$2+\frac{5}{2}f-f \leqq \frac{5}{3}f,\ 2 \leqq \frac{1}{6}f,\ 12 \leqq f$$

206-2

정다면체의 종류

Keywords 정다면체, 오일러 수, 각

1 다면체 분류

다면체(Polyhedron)는 다각형으로 둘러싸인 입체도형을 말한다. 다면체는 기준에 따라 여러 가지로 분류되는데 다음은 대표적인 예이다.

- 정다면체(Platonic Solid)
- 케플러-푸앵소 다면체(Kepler-Poinsot Polyhedra)
- 준정다면체(Archimedean Polyhedra)
- 기둥(Prism), 엇각기둥(Anti-Prism)
- 카탈란 다면체(Catalan Solid)
- 존슨 다면체(Johnson Solid)
- 각뿔(Pyramid), 겹각뿔(Dipyramid), 엇겹각뿔(Trapezohedra)

여기에서는 정다각형으로만 이루어진 다면체에 대한 분류만 알아보자.
흔히 말하는 정다면체는 면의 모양과 꼭지점 모양이 각각 같은 도형으로 총 9가지이다. 이중 5가지는 (볼록) 정다면체이고 4가지는 오목 정다면체인 케플러-푸앵소 다면체이다. 꼭지점 모양이란 그 꼭지점에서 만나는 모서리의 중점을 연결한 선분을 말한다. 정육면체의 꼭지점 모양은 정삼각형이고 정십이면체의 꼭지점 모양은 정오각형이다.

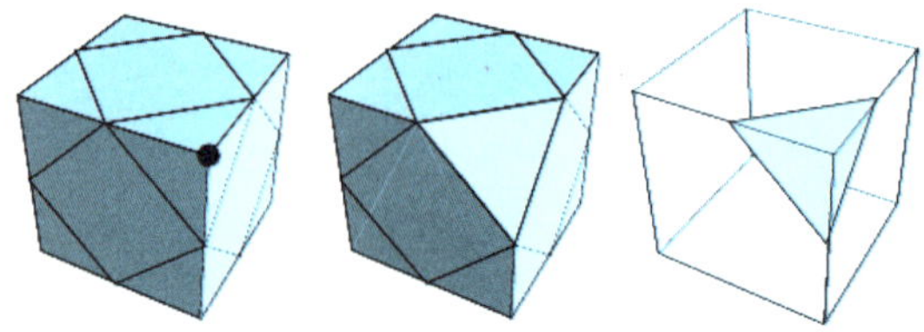

정육면체의 꼭지점 모양

정다면체에는 정사면체, 정육면체, 정팔면체, 정십이면체, 정이십면체의 5개가 있으며, 케플러-푸앵소 다면체는 오목 정십이면체(great dodecahedron), 오목 정이십면체(great icosahedron), 오목 뾰족별 정십이면체(great stellated dodecahedron), 오목 별 정십이면체(small stellated dodecahedron)의 4개가 있다.[4]

준정다면체는 아르키메데스의 다면체[5]라고도 한다. 13개의 준정다면체가 아르키메데스에 의해 처음으로 언급되었기 때문에 아르키메데스의 입체라고 부른다. 준정다면체 중 11개는 정다면체를 잘라서 만들 수 있다. 준정다면체는 두 가지 이상의 정다각형으로 구성되어 있으며, 꼭지점에 모인 정다각형의 배열이 모두 같고 볼록하다는 조건을 만족하는 다면체이다.(기둥과 엇각기둥은 제외한다.) 준정다면체의 모든 꼭지점은 한 구 위에 놓이며 모든 모서리의 길이는 같다.

기둥은 밑면이 정n각형, 옆면은 n개의 정사각형으로 되어 있고, 엇각기둥은 밑면이 정n각형, 옆면은 $2n$개의 정삼각형으로 되어 있다. 기둥과 엇각기둥의 두 밑면은 평행해야 한다. 한편, 기둥과 엇각기둥은 준정다면체의 조건을 만족하지만 준정다면체에서는 제외된다. 겹각뿔은 뿔의 밑면을 붙인 모양이고 엇겹각뿔은 겹각뿔의 면이 사각형으로 바뀐 모양이다. 기둥, 엇각기둥, 겹각뿔, 엇겹각뿔은 무수히 많다.

육각기둥

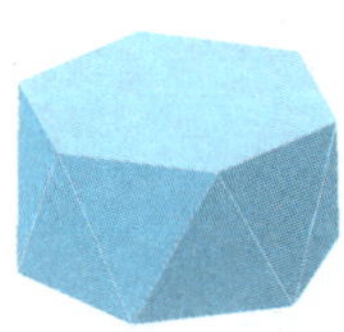
엇육각기둥

겹육각뿔

엇겹육각뿔

정다각형으로 이루어진 볼록 다면체이면서 꼭지점 모양이 같지 않은 것을 '존슨 다면체'라고 한다. 존슨 다면체는 92개 있다. 다음은 몇 가지 존슨 다면체의 예이다.

4) [208-3 오목 정다면체] 참고
5) [207-3 정다각형으로 만든 다면체] 참고

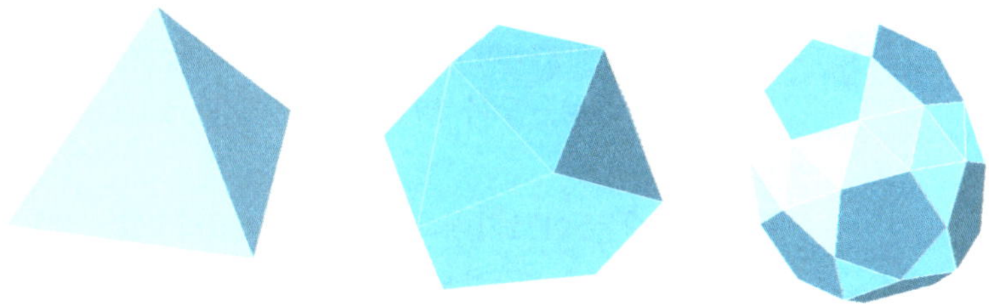

한편, 다음은 면의 모양, 꼭지점 모양에 따라 다면체를 분류한 것이다.

면이 한 종류인가	꼭지점 모양이 같은가	볼록한가	종류	다면체
O	O	O	5	정다면체
×	O	O	13	준정다면체
			무한	기둥, 엇각기둥
O	O	×	4	오목정다면체
×	×	O	92	존슨다면체

다면체를 만드는 다양한 방법이 있는데 아직도 많은 연구가 진행되고 있다. 다면체 연구는 크리스털 등의 결정이론, 바이러스나 생명체 연구, 재료공학, 금속공학, 신소재 연구, 지구과학, 건축 이론 등이나, 예술 작품, 달력 제작, 주사위 등의 놀이기구를 만드는 데에도 많이 활용된다.

2 정다면체의 종류

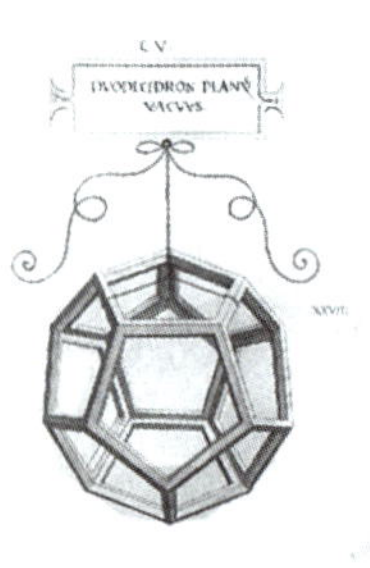

정십이면체,
다 빈치(Da Vinci)

다면체 중에서 정다면체는 매우 많은 연구가 진행된 분야이다. 고대 그리스 당시 플라톤은 정다면체를 우주의 원소에 비유하여 가장 날카로운 정사면체는 불, 안정적으로 보이는 정육면체는 흙, 불안정하게 보이는 정팔면체는 공기, 가장 둥그런 정이십면체는 물에 대응시켰고, 이들을 모두 포괄하는 우주는 정십이면체라고 했다. 이처럼 자연의 구조를 정다면체에 비유하는 전통은 중세에도 이어져 1596년 케플러(Kepler)는 〈우주 구조의 신비(Prodromus Dissertationum mathematicaram Continens Mysterium Cosmographicum)〉이라는 논문에서 우주의 모형으로 구 안에 정다면체를 넣은 모양으로 설명하였다.

이제 정다면체가 오직 다섯 가지뿐임을 두 가지 방법으로 증명해보자. 먼저 한 꼭지점에 모이는 내각의 크기가 360°보다 클 수 없음을 이용하여 증명하고 두 번째로 오일러 식을 이용하여 증명하여보자.

1 정다면체에서 하나의 면을 이루는 변(정다면체의 모서리)의 개수를 n, 하나의 꼭지점에 모인 면의 개수를 m이라고 하자. 정다면체는 오직 다섯 종류만 있다는 것을 다음 순서에 따라 설명하여라.

쉴래플리(Ludwig Schläfli)
1814~1895, 스위스

(1) 정다면체의 한 꼭지점에 모인 면의 내각의 합은 360°를 넘을 수 없다. 이 사실을 n, m을 이용한 식으로 나타내어라.

(2) 위 (2)의 식을 정리하여 가능한 n, m의 쌍을 구하여라.

(3) 다면체를 나타내는 기호는 여러 가지가 있다. 여기에서는 쉴래플리(Schläfli) 기호를 이용하여 나타내어보자. 쉴래플리 기호는 n각형이 한 꼭지점에 m개 모여있음을 $\{n, m\}$과 같이 나타내는 표현이다. 정다면체를 쉴래플리 기호로 나타내어라.

	정사면체	정육면체	정팔면체	정십이면체	정이십면체
쉴래플리 기호					

2 오일러의 식을 이용하여 정다면체는 오직 다섯 종류만 있다는 것을 증명하여보자. 여기서 n, m은 앞에서와 같다.

(1) V와 E, E와 F 사이의 관계식을 구하여라.

(2) 위 (1)의 식을 $V-E+F=2$에 대입하여 V, E, F를 n, m에 관한 식으로 나타내어라.

(3) 위의 과정에서 구한 수를 아래와 같이 표로 정리하여라.

n	m	V	E	F	정다면체 이름

정다면체의 개수

❷ 정다면체의 종류

1

(1) $\dfrac{180(n-2)}{n}$ (2) $m\dfrac{180(n-2)}{n} < 360$, $mn-2m < 2n$

(3) $n=3$이면 $3m-2m<6$, $m<6$ $\Rightarrow$ $m=3, 4, 5$

$n=4$이면 $4m-2m<8$, $2m<8$ $\Rightarrow$ $m=3$

$n=5$이면 $5m-2m<10$, $3m<10$ $\Rightarrow$ $m=3$

(4)

	정사면체	정육면체	정팔면체	정십이면체	정이십면체
쉴래플리 기호	{3, 3}	{4, 3}	{3, 4}	{5, 3}	{3, 5}

2

(1) $mV=2E$, $2E=nF$

(2) $V=\dfrac{4n}{2n+2m-nm}$, $E=\dfrac{2nm}{2n+2m-nm}$, $F=\dfrac{4m}{2n+2m-nm}$

(3)

n	m	V	E	F	정다면체 이름
3	3	4	6	4	정사면체
3	4	6	12	8	정팔면에
3	5	12	30	20	정이십면체
4	3	8	12	6	정육면체
5	3	20	30	12	정십이면체

206-3

정다면체의 구조

Keywords 듀얼(쌍대), 대칭, 대칭군

바다에 생명이 처음 등장하였을 때, 원시적인 단세포 생물들은 이리저리 흔들리며 떠다니다가 자연스럽게 구형을 이루었다. 지구상의 생물이 무수히 많은 대칭축을 가지고 있는 구형에서 출발한 셈이다. 지구상에 살고 있는 모든 생물체와 그들에 의해서 만들어진 구조물들은 대부분이 대칭을 이루고 있다. 생물이 땅 위로 올라온 후 중력에 의해 수평 방향의 대칭면은 없어졌지만 수직 방향의 대칭면은 여전히 남아 있다. 대부분의 동물은 수직 방향의 대칭면 한 개를 지니고 있으며, 꽃도 대체로 서너 개의 수직 방향의 대칭면을 지니고 있다. 이러한 환경 속에서 인간은 반복되거나 대칭되는 구조에서 아름다움을 느끼게 되었을 것이다.

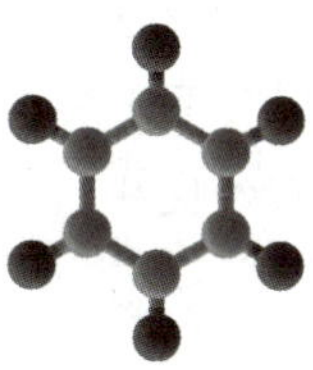

벤젠

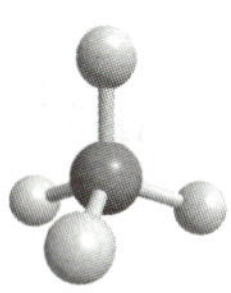

메탄

플러렌

자연에서의 대칭성은 눈에 보이지 않는 곳에서도 구현되고 있다. 물질의 분자 구조에서도 대칭성이 발견되고 있고 결정체[6]의 성질도 기하적 구조로 설명된다. 실제로 대칭적인 모양을 갖추고 있는 분자로 벤젠(C_6H_6)과 메탄(CH_4), 풀러렌(C_{60})이 널리 알려져 있다.

많은 사람들이 보석을 좋아하지만 보석도 돌일 뿐이다. 다른 돌과 차이가 난다면 흔하지 않다는 것인데, 궁극적으로는 원자 배열에 그 특징이 있다. 다이아몬드와 흑연은 모두 탄소 원자로만 구성되어 있다. 그러나 이들이 다른 성질을 갖는 것을 그 원자 배열이 다르기 때문이다. 구성 원자들이 내부적으로 규칙성 있는 배열을 하고 있는 것을 결정질(結晶質)이라고 한다. 각 물질의 결정 구조를 구분하는 방법이 정해져 있는데, 원자의 상대적인 위치로부터 원자 사이의 거리, 분자 사이의 거리 등에 의해 결정의 구조가 분류되어 있다. 대표적인 결정 구조형으로는 암염형(岩鹽形) 결정, 다이아몬드형 결정 등을 꼽을

6) 대부분의 고체 물질은 크게 결정체와 유리질로 나뉜다. 결정체란 원자나 분자가 3차원적으로 규칙적인 배열을 하고 있는 것이고, 유리질은 내부의 원자들이 아무런 규칙성 없이 무질서하게 배열돼 있는 상태를 의미한다.

수 있는데, 결정 구조는 주로 X선 해석에 의해 결정된다. 현재 X선 회절은 고체화학, 물성물리학, 생물학, 우주지구과학 등 외에 물질을 대상으로 하는 연구나 반도체공업이나 금속공업 등 산업 분야, 물질구조의 해석, 결정체의 크기 측정 등에 널리 이용되고 있다.
여기에서는 자연을 해석하는 유용한 개념인 대칭을 이용하여 정다면체의 기하적 구조를 자세히 살펴보려 한다. 즉, 정다면체의 기하적 구조를 대칭군이라는 개념으로 깊이 있게 알아보려 한다.

1 회전대칭군의 종류

학교수학에서는 다면체의 대칭은 다루지 않는다. 대칭이 등장하는 경우는 대칭이동과 회전체의 대칭축을 다룰 때 뿐이다. 그러나 직육면체, 각뿔과 같은 다면체에도 회전체의 대칭과 같은 개념을 적용할 수 있다. 도형을 어떤 점(축)을 중심으로 적당한 각도만큼 회전시키면 원래의 도형과 완전히 일치할 때, 이를 회전대칭(rotational symmetry)이라고 한다.[7] 다면체의 회전대칭군 전체를 알아보기 위하여 먼저 각뿔, 각기둥에서의 회전대칭군을 알아보자.

1. 순환회전대칭군 Cyclic symmetry C_n

밑면이 정다각형인 각뿔은 밑면의 중심을 지나는 축에 의하여 회전대칭이 된다. 그림과 같은 정육각뿔은 6겹 회전대칭이다. 정n각뿔은 축이 한 개이며 n겹 회전대칭이다. 이와 같이 축이 한 개인 회전이동으로 구성된 대칭군을 순환회전대칭군이라고 하고 C_n으로 나타낸다. 정육각뿔은 6겹 회전대칭이고 C_6으로 나타낸다.

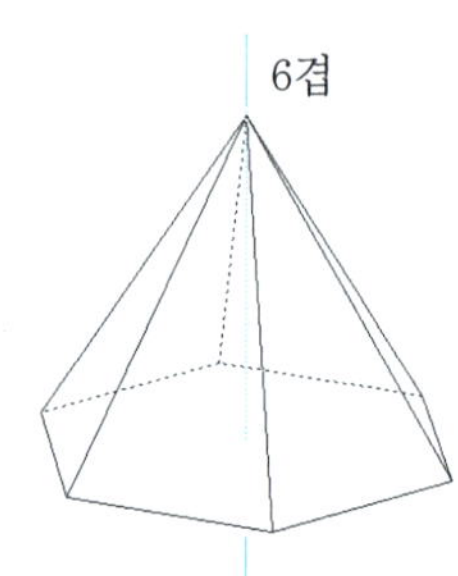

2. 정이면체군 Dihedral symmetry D_n

각기둥에서의 회전대칭군은 각뿔에서와 같이 밑면의 중심을 지나는 직선을

7) 회전대칭, 대칭군에 대해서는 [205-2 대칭군] 참고

축(주축)으로 한 회전대칭과 옆면을 지나는 축(보조축)에 의한 2겹 회전대칭으로 구성된다. 주축에 의한 회전의 성질은 각뿔, 각기둥에서와 같다. 주축의 개수가 n인 이러한 회전을 정이면체(dihedral) 회전이라 하고 D_n으로 나타낸다. 정n각기둥에는 n겹 회전대칭의 주축 1개와 n개의 2겹 회전변환의 보조축이 있으며 보조축은 주축에 수직이고 보조축의 간격은 $\left(\frac{180}{n}\right)^\circ$이다. 예를 들어, 삼각기둥은 주축이 3겹이므로 D_3으로 나타낸다. 주축에 수직인 3개의 2겹 보조축이 있는데 이들 보조축은 모서리와 마주보는 면의 중심을 지난다.

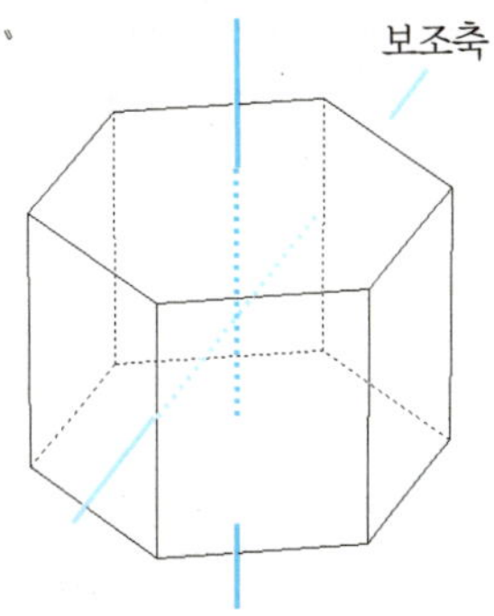

한편, n이 홀수이면 보조축의 모양은 모두 같으나 n이 짝수이면 보조축은 두 종류로 나뉜다. 예를 들어, 정육각기둥에서 2겹 보조축의 절반은 마주보는 두 면의 중점을 지나고 또 다른 절반은 모서리의 중점과 마주보는 면의 중점을 지난다.

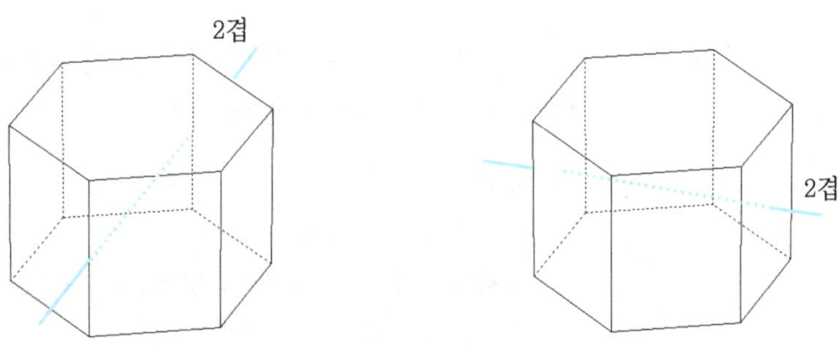

n이 짝수일 때, 정n각형에서의 두 종류의 보조축

만약 주축이 2겹 회전대칭이면 주축과 보조축이 구별되지 않는다. D_2가 바로 그러한 경우이다. 이러한 예로 마름모 십이면체,[8] 가로 세로 높이가 모두 다른 직육면체가 있다.

8) 마름모 십이면체에 대해서는 [203-4 움직이는 다면체], [207-4 주사위가 될 수 있는 다면체] 참고

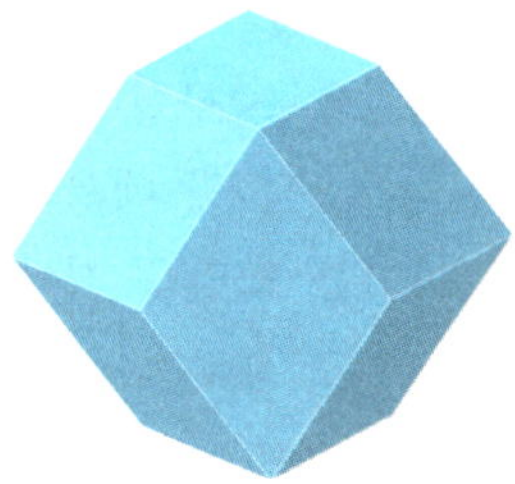

마름모 십이면체
(rhombic dodecahedron)
– 카탈란 다면체

3. 정다면체의 대칭군

정사면체를 만들어 각 꼭지점을 1, 2, 3, 4로 표시하자.

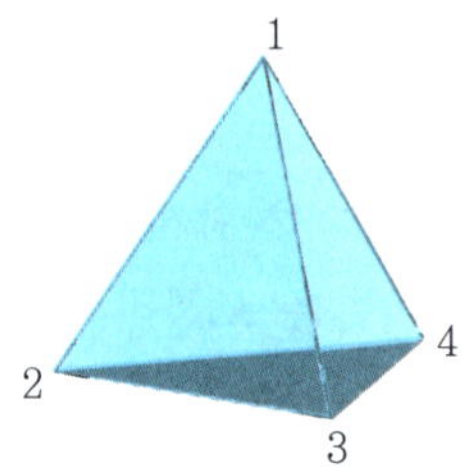

각 꼭지점에서 마주보는 면의 중심을 이은 직선은 4개가 있는데 이들을 축으로 회전하면 다음 8개의 원소를 얻는다.

꼭지점 1에서 시계 반대 방향 -------- (234), (243)
꼭지점 2에서 시계 반대 방향 -------- (143), (134)
꼭지점 3에서 시계 반대 방향 -------- (124), (142)
꼭지점 4에서 시계 반대 방향 -------- (132), (123)

1 2 3 4
↓ ↓ ↓ ↓
1 3 4 2

$\Rightarrow\begin{pmatrix}1&2&3&4\\1&3&4&2\end{pmatrix}$

$\Rightarrow(2\ 3\ 4)$

한편, 마주 보는 두 모서리의 중점을 이은 직선은 3개가 존재하는데 이 직선들을 축으로 하여 회전하면 다음을 얻는다.

(12)(34), (13)(24), (14)(23)

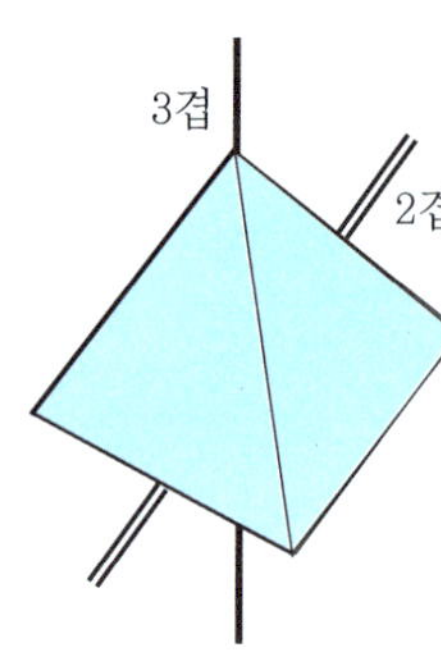

따라서 정사면체에는 4개의 3겹 축과 3개의 2겹 축, 즉 모두 7개의 축이 있다. 3겹 축은 꼭지점과 마주보는 면의 중심을 지나고 2겹 축은 마주보는 두 모서리의 중점을 지난다.
이때, 3겹 회전대칭은 모두 8개, 2겹 회전대칭은 모두 3개 있으므로 항등변환까지 하면 정사면체 회전대칭군은 위수가 12이다.

이러한 체계를 갖는 회전변환을 정사면체 대칭군이라 하고 T로 나타낸다. 항등변환을 제외하고 정사면체 대칭군을 정리하면 다음과 같다.

회전축의 종류 (n겹 회전축)	축의 개수	축의 모양	n겹 대칭군 원소 총개수
2	3	마주보는 두 모서리의 중점을 지나는 선	(2−1)×3=3
3	4	꼭지점과 마주보는 면의 중심을 지나는 선	(3−1)×4=8

1 정육면체를 만들어 축을 생각하며 돌리면서 모든 회전대칭변환을 찾아 아래 표를 채워라.

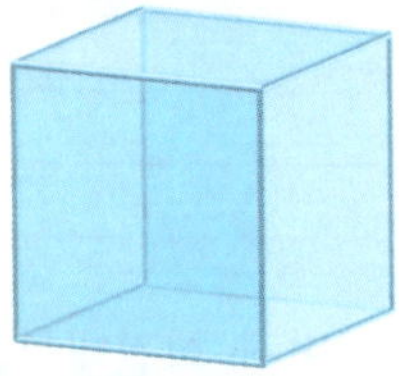

회전축의 종류 (n겹 회전축)	축의 개수	축의 모양	n겹 대칭군 원소 총개수

따라서 항등변환까지 하면 정육면체 회전대칭군은 원소가 _____개이다.

2 정팔면체를 만들어 축을 생각하며 돌리면서 모든 회전대칭변환을 찾아 아래 표를 채워라.

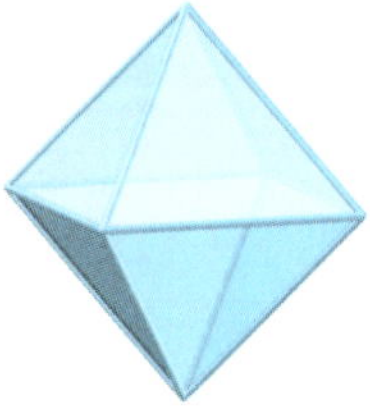

회전축의 종류 (n겹 회전축)	축의 개수	축의 모양	n겹 대칭군 원소 총개수

따라서 항등변환까지 하면 정팔면체 회전대칭군은 원소가 _____개이다.

3 정십이면체를 만들어 축을 생각하며 돌리면서 모든 회전대칭변환을 찾아 아래 표를 채워라.

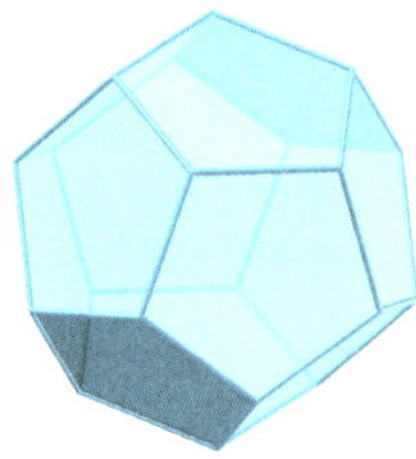

회전축의 종류 (n겹 회전축)	축의 개수	축의 모양	n겹 대칭군 원소 총개수

따라서 항등변환까지 하면 정십이면체 회전대칭군은 원소가 ______개이다.

4 정이십면체를 만들어 축을 생각하며 돌리면서 모든 회전대칭변환을 찾아 아래 표를 채워라.

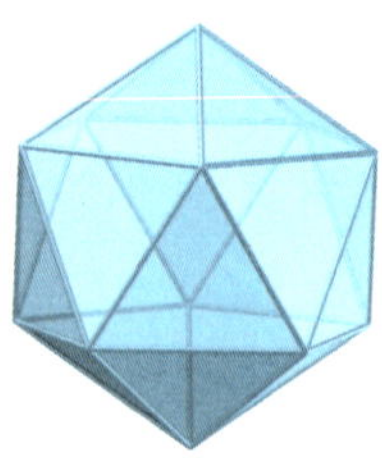

회전축의 종류 (n겹 회전축)	축의 개수	축의 모양	n겹 대칭군 원소 총개수

따라서 항등변환까지 하면 정이십면체 회전대칭군은 원소가 ______개이다.

이제까지 알아본 대칭군에 따라 정다면체를 분류하여 보자. 정육면체와 정팔면체의 대칭군을 비교해보면 축의 모양을 제외하면 회전축의 종류, 개수가 모두 같음을 알 수 있다. 이것은 두 다면체가 듀얼이기 때문인데 다면체의 듀얼에 대해서는 뒤에서 살펴보기로 하겠다. 다음 그림은 정육면체와 정팔면체를 포개어 그린 그림으로 두 다면체에서 대칭군이 같음을 쉽게 이해할 수 있다. 정육면체, 정팔면체와 같은 체계의 회전변환을 정팔면체 대칭군이라 하고 O로 나타낸다.

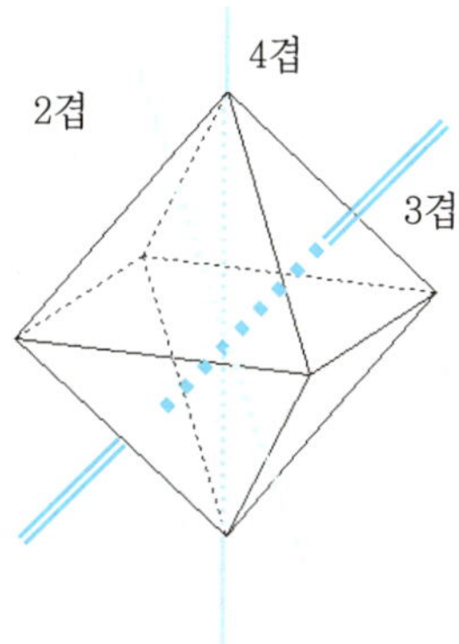

정팔면체와 정육면체의 복합체[9)]

정십이면체와 정이십면체는 서로 듀얼이고 두 다면체의 대칭군도 같다. 이와 같은 체계의 회전변환을 정이십면체 대칭군이라 하고 I로 나타낸다.

정십이면체와 정이십면체의 복합체

2 정다면체에서의 듀얼

앞에서 정육면체와 정팔면체의 대칭군이 서로 같고, 정십이면체와 정이십면체의 대칭군이 서로 같음을 보았다. 이들 다면체의 대칭군이 같은 것은 정육면체의 꼭지점이 정팔면체에서는 면으로, 정육면체의 면이 정팔면체에서는

9) http://user.chollian.net/~hovsgol/

꼭지점으로 바뀐 것으로 볼 수 있기 때문이다. 이와 같이 면과 꼭지점을 바꾼 다면체를 듀얼(Dual)이라고 한다. 다면체에서 면과 꼭지점을 바꾼 모양이 듀얼이므로 듀얼인 정다면체는 면의 개수와 꼭지점의 개수가 서로 바뀌어야 하고 모서리의 개수는 변함이 없어야 한다. 이 사실을 이용하면 정다면체의 듀얼은 모두 정다면체이고 아래의 관계를 알 수 있다.

듀얼(Dual)
면과 꼭지점을 바꾼 다면체

1 각 정다면체의 듀얼은 무엇인가? 그림을 이용하여 예측하여 보자.

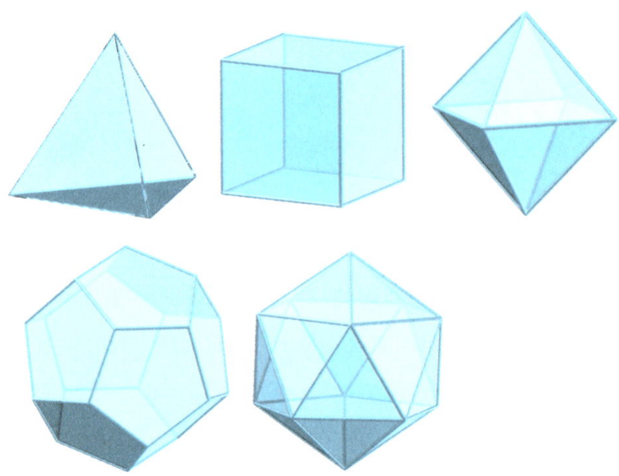

	정사면체	정육면체	정팔면체	정십이면체	정이십면체
듀얼					

2 다면체에서 면과 꼭지점을 바꾼 모양이 듀얼(Dual)이므로 듀얼인 정다면체는 면의 개수와 꼭지점의 개수가 서로 바뀌어야 하고 모서리의 개수는 변함이 없어야 한다. 이 사실을 확인하여라.

	정사면체	정육면체	정팔면체	정십이면체	정이십면체
꼭지점의 개수					
면의 개수					
모서리의 개수					

정다면체의 한 모서리의 길이가 주어져 있을 때, 듀얼 다면체의 모서리의 길이를 계산할 수 있다. 이때에는 닮음, 삼각비 등을 이용하는데, 뒤에서 살펴보도록 하겠다.

회전대칭군의 종류

다면체에서 만들어지는 회전대칭군은 몇 종류일까? 다면체의 종류만큼이나 많을 것으로 예상할 수 있으나 사실은 5종류뿐이다. 다시 말하면, 어떤 다면체가 회전대칭군을 가진다면 반드시 앞에서 설명한 5종류 중의 하나이다.

순환회전대칭군, 정이면체군, 정사면체군, 정팔면체군, 정이십면체군

예를 들어, 정육면체와 snub cube는 정팔면체와 같은 대칭군을 갖는다. 케플러의 별모양 다면체는 정이십면체 대칭군을 갖는다. 회전대칭군이 더 이상 없다는 것을 증명하기 전에 각각의 회전이동 사이의 관계에 대하여 먼저 알아보자.

정사면체 대칭군에서 각각의 회전이동 사이의 관계를 알아보자.

지구의 회전축이 지표면을 꿰뚫는 두 지점을 극점이라고 하듯이 회전축이 다면체를 꿰뚫는 지점을 극점(pole)이라고 하자. 각각의 축은 두 개의 극점을 갖는다. 극점을 두 종류로 분류될 수 있는데, n겹 회전축(n-fold axis) 위의 극점을 n-극점(n-pole)이라고 한다. 예를 들어, 정사면체는 2-극점과 3-극점을 갖는다. 모든 2-극점은 동치이나 3-극점은 모서리 위에 있는 점과 면의 중심에 있는 점으로 구분된다. 두 극점이 동치라는 것은 다면체를 회전대칭하였을 때 그 극점이 다른 극점으로 옮겨질 수 있는 것을 말한다.

동치류 안에서의 극점의 개수는 대칭의 전체 개수와 극점의 종류에 관련되어 있다. 정사면체군에서 2-극점의 개수는 $\frac{12}{2}=6$이다. 3-극점의 두 동치류 안에는 각각 $\frac{12}{3}=4$개의 극점이 있다. 일반적으로 항등사상을 포함하여 회전대칭이 N개인 다면체는 n-극점의 동치류는 $\frac{N}{n}$개의 극점을 포함한다.

따라서 각각의 동치류에서 극점의 개수로부터 회전대칭의 개수를 알아낼 수 있다. 항등사상을 제외하면 n-극점과 관계된 회전은 다음 n-1개이다.

$$\frac{1}{n}\times 360^\circ,\ \frac{2}{n}\times 360^\circ,\ \cdots,\ \frac{n-1}{n}\times 360^\circ$$

회전대칭에서 각각의 축에는 2개의 극점이 있으므로 정사면체군에서 아래의 수는 회전대칭의 수(항등사상 제외)의 2배이다.

(2-극점의 개수)×(2-극점과 관련된 회전대칭의 수)
+(3-극점의 개수)×(3-극점과 관련된 회전대칭의 수)

즉, 정사면체군에서 3-극점에는 2개의 동치류가 있으므로

$$6\times(2-1)+4\times 2+4\times 2=22$$

는 회전대칭의 수의 2배이므로 전체 회전대칭의 수는 11+1=12임을 알 수 있다.

이러한 분석을 일반적인 경우에서 되풀이하면 어떤 체계 안에서의 회전대칭의 수를 극점의 유형에 관계짓는 방정식을 이끌어낼 수 있다. 이 방정식의 근을 모두 구하면 회전대칭의 체계를 모두 파악할 수 있다.

정리 ▌ 다면체의 회전대칭체계는 다음 다섯 가지 중의 하나이다.
순환회전대칭군, 정이면체군, 정사면체군, 정팔면체군, 정이십면체군[10)]

증명 ▌ 회전대칭의 일반적인 체계를 생각해보자.
먼저 전체 회전대칭의 수가 N이라고 하자.
이러한 유형의 대칭을 갖는 다면체를 택한 후 극점의 동치류를 조사해보자.
n-극점의 동치류는 $\frac{N}{n}$개의 극점을 포함하고 각각의 n-극점에는 $(n-1)$개의 회전이동이 있다(항등사상 제외).
극점과 관련된 모든 회전대칭을 더하면 항등사상을 제외한 전체 회전대칭의 개수의 2배가 된다. 따라서

$$* \qquad 2(N-1)=\sum_{poles}\frac{N}{n}(n-1)$$

즉, $$2-\frac{2}{N}=\sum_{poles}(1-\frac{1}{n})$$

이 성립한다.
만약 $N=1$이면 이 체계 안에는 항등사상 한 개만이 존재하므로 N은 2 이상이라고 가정하자. 이것은

$$1 \leqq 2-\frac{2}{N}<2$$

를 의미한다. n의 값도 2 이상이므로

$$\frac{1}{2} \leqq 1-\frac{1}{n}<1$$

이다.
이 회전대칭의 체계가 극점에 대하여 단 하나의 동치류만 있다고 가정하자.
그러면 (*)의 우변은 1보다 작아 모순이 된다. 따라서 극점의 동치류는 2개 이상 있어야 한다. 한편, 극점의 동치류가 4개 이상 있다고 가정하면 (*)의 좌변은 2보다 작고 우변은

$$\sum_{poles}(1-\frac{1}{n}) \geqq \frac{1}{2}+\frac{1}{2}+\frac{1}{2}+\frac{1}{2}=2$$

모순이 된다. 따라서 극점의 동치류는 2개 또는 3개이다.

10) Peter R. Cromwell, *Polyhedra*, Cambridge University Press, 1997. p. 289-324

i) 극점의 동치류가 2개일 때

두 극점을 p-극점, q-극점이라고 하자. 그러면 (*)로부터

$$2-\frac{2}{N} = (1-\frac{1}{p})+(1-\frac{1}{q})$$

즉, $2=\frac{N}{p}+\frac{N}{q}$

이다. p-극점의 동치류의 극점의 개수는 $\frac{N}{p}$, q-극점의 동치류의 극점의 개수는 $\frac{N}{q}$인데 이 수들은 자연수이어야 하므로 $\frac{N}{p}=\frac{N}{q}=1$이다. 따라서 $p=q$이다. 이 체계는 2개의 극점을 가지므로 1개의 회전축을 가지고 있으며 이 축은 p겹 회전대칭축이 되어 이 회전대칭 체계는 순환군 C_p이다.

ii) 극점의 동치류가 3개일 때

세 극점을 p-극점, q-극점, r-극점이라고 하자. 그러면 (*)로부터

$$2-\frac{2}{N} = (1-\frac{1}{p})+(1-\frac{1}{q})+(1-\frac{1}{r})$$

즉, $1+\frac{2}{N}=\frac{1}{p}+\frac{1}{q}+\frac{1}{r}$

이다.

p,q,r 이 모두 3 이상이면

$$\frac{1}{p}+\frac{1}{q}+\frac{1}{r}\leqq\frac{1}{3}+\frac{1}{3}+\frac{1}{3}=1$$

이 되어 모순이 되므로 p,q,r 중의 적어도 한 수는 2이어야 한다.

이제 $r=2$라고 하고 $p\geqq q$라고 하자. 그러면

$$1+\frac{2}{N}=\frac{1}{p}+\frac{1}{q}+\frac{1}{2}$$

즉, $(p-2)(q-2)=4(1-\frac{pq}{N})<4$

가 되어 $(p-2)(q-2)$의 값은 0, 1, 2, 3이 될 수 있다.

$(p-2)(q-2)=0$ $(q=2)$이면 $1+\frac{2}{N}=\frac{1}{p}+\frac{1}{q}+\frac{1}{2}$에서 $\frac{1}{p}=\frac{2}{N}$이므로 $N=2p$이다. 따라서 이 체계는 p-극점, 2-극점, 2-극점의 3개의 동치류를 가지며 각각의 2-극점의 동치류는 $\frac{N}{2}=p$개의 극점을 가진다. 따라서 이 체계는 정이면체군 D_p이다.

$(p-2)(q-2)$의 값이 1, 2, 3인 경우에는

$$(p, q) = (3, 3), (4, 3), (5, 3)$$

이 되어 각각 정사면체군, 정팔면체군, 정이십면체군이 된다.
따라서 회전대칭은 위의 다섯 가지밖에 없다.

정다면체의 구조

❶ 회전대칭군의 종류

1 24개

회전축의 종류 (n겹 회전축)	축의 개수	축의 모양	n겹 대칭군 원소 총개수
2	6	마주보는 두 모서리의 중점을 잇는 선	(2−1)×6=6
3	4	대각선	(3−1)×4=8
4	3	마주보는 두 면의 중심을 잇는 선	(4−1)×3=9

2 24개

회전축의 종류 (n겹 회전축)	축의 개수	축의 모양	n겹 대칭군 원소 총개수
2	6	마주보는 두 모서리의 중점을 잇는 선	(2−1)×6=6
3	4	마주보는 두 면의 중심을 잇는 선	(3−1)×4=8
4	3	대각선	(4−1)×3=9

3 60개

회전축의 종류 (n겹 회전축)	축의 개수	축의 모양	n겹 대칭군 원소 총개수
2	15	마주보는 두 모서리의 중점을 지나는 선	(2−1)×15=15
3	10	대각선	(3−1)×10=20
5	6	마주보는 두 면의 중심을 지나는 선	(5−1)×6=24

4 60개

회전축의 종류 (n겹 회전축)	축의 개수	축의 모양	n겹 대칭군 원소 총개수
2	15	마주보는 두 모서리의 중점을 지나는 선	(2−1)×15=15
3	10	마주보는 두 면의 중심을 지나는 선	(3−1)×10=20
5	6	대각선	(5−1)×6=24

206-4

정다면체 안의 정다면체

Keywords 정이십면체, 정십이면체, 황금비, 정삼각형, 정오각형

정다면체의 듀얼은 원래의 정다면체 안에 포함된다. 뿐만 아니라 정다면체는 그 모양의 특징으로 인하여 한 정다면체 안에 듀얼은 물론이고 대부분의 다른 정다면체도 포함한다. 이제 정사면체부터 하나씩 어떤 정다면체가 그 안에 포함되는지, 어떤 위치에 꼭지점이 놓이는지 알아보자.[11] 위치를 상상하는 데는 꼭지점, 모서리, 면의 개수 사이의 관계와 공간지각력이, 계산에는 닮음, 피타고라스의 정리, 황금비가 쓰일 것이다.

먼저 정다면체 별로 꼭지점, 모서리, 면의 개수를 정리해놓고 시작하자.

정다면체 이름	꼭지점 개수	모서리 개수	면의 개수
정사면체	4	6	4
정팔면체	6	12	8
정이십면체	12	30	20
정육면체	8	12	6
정십이면체	20	30	12

1 정다면체 안의 정다면체

정다면체 A가 정다면체 B에 포함되는지 조사하는 기본적인 방법은 다음 두 가지이다.

- 듀얼인 정다면체 A

11) 두 정다면체의 중심이 같고 한 정다면체의 표면에 또 다른 정다면체의 꼭지점이 모두 놓이는 경우만을 고려한다.

• 정다면체 A의 꼭지점의 개수가 정다면체 B의 꼭지점, 모서리, 면의 개수의 약수

만약 어떤 다면체의 꼭지점이 정다면체의 표면에 규칙적으로 놓이게 되면 그 다면체는 모서리의 길이도 일정하게 되고 각 꼭지점에 모이는 면의 개수도 일정하게 되어 정다면체가 된다. 따라서 정다면체 안에 포함되는 정다면체를 찾는다는 것은 정다면체 A의 꼭지점이 정다면체 B의 표면에 규칙적으로 놓이는 가능성을 조사하는 것이고, 이는 정다면체 A의 꼭지점의 개수가 정다면체 B의 표면을 구성하는 꼭지점, 모서리, 면의 개수의 약수가 되는가를 살피는 데서 출발한다.
예를 들어, 정사면체가 어떤 정다면체 안에 포함되는지 알아보자. 먼저 정사면체는 듀얼인 정사면체 안에 포함된다. 두 번째로 정사면체의 꼭지점 4개가 나머지 정다면체의 표면에 놓일 수 있는지 살펴보면 다음과 같다.

• 정육면체 : 정육면체의 꼭지점 8개 중 아래 그림에서와 같이 한 면에서 대각선의 위치에 있는 꼭지점 2개씩을 선택하여 만든 다면체는 정사면체가 된다.
• 정팔면체 : 정팔면체의 12개의 모서리 위에 아래 그림과 같이 규칙적으로 4개의 꼭지점을 놓이게 하여 정사면체를 만들 수 있다.
• 정십이면체 : 정십이면체의 꼭지점 20개 중 아래 그림과 같이 한 면에서 꼭지점 1개씩을 선택하여 만든 다면체는 정사면체가 된다.
• 정이십면체 : 정이십면체의 20개의 면 중에서 4개의 면의 중심을 꼭지점으로 하면 정사면체를 만들 수 있다.

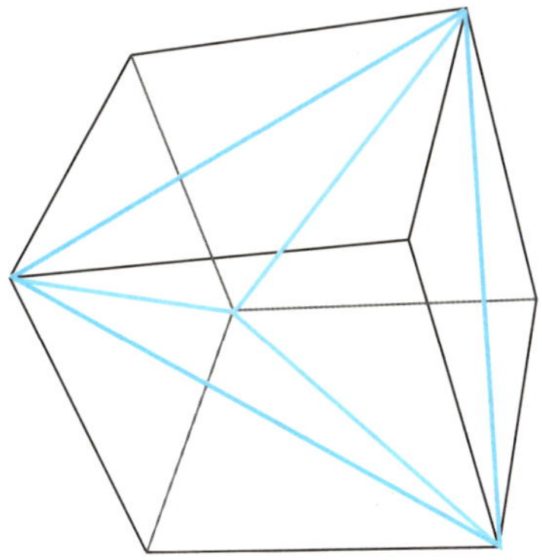

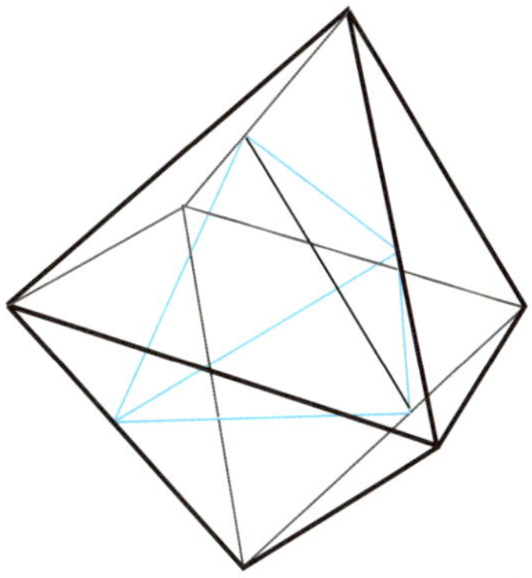

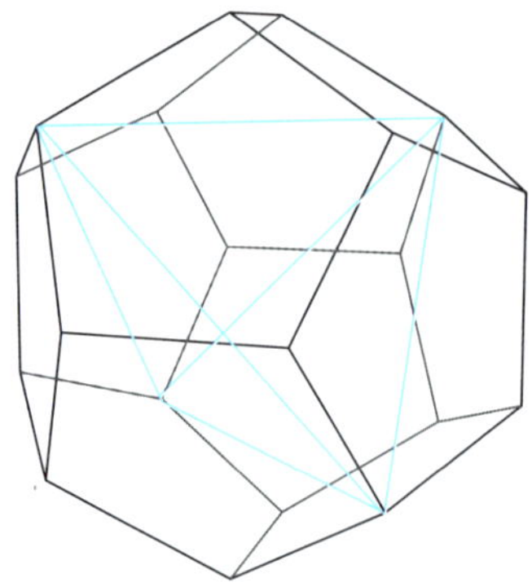

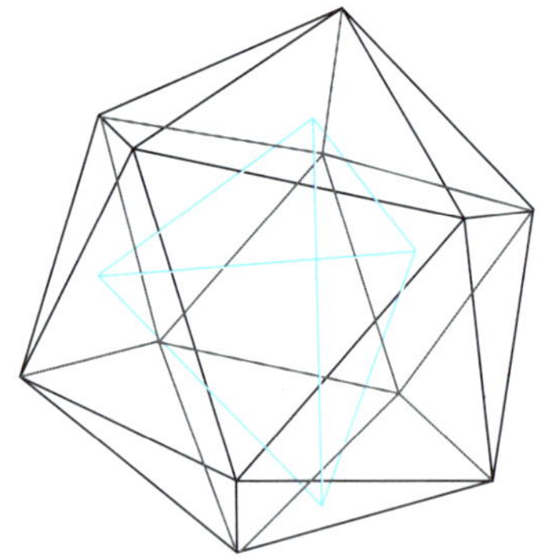

이로써 정사면체는 모든 정다면체 안에 포함될 수 있다는 것을 확인하였다. 이제 각 정사면체 별로 어떤 정사면체 안에 포함될 수 있는지 차례로 알아보자.

1 정육면체는 어떤 정다면체 안에 포함될 수 있는가? 정육면체의 꼭지점 8개가 어디에 위치할 수 있는지 꼭지점, 모서리, 면의 개수 사이의 관계를 고려하여 예측하고 확인하여라.

2 정팔면체는 어떤 정다면체 안에 포함될 수 있는가? 정팔면체의 꼭지점 6개가 어디에 위치할 수 있는지 꼭지점, 모서리, 면의 개수 사이의 관계를 고려하여 예측하고 확인하여라.

3 정십이면체는 어떤 정다면체 안에 포함될 수 있는가? 정십이면체의 꼭지점 20개가 어디에 위치할 수 있는지 꼭지점, 모서리, 면의 개수 사이의 관계를 고려하여 예측하고 확인하여라.

2 정이십면체를 포함하는 정다면체

1. 정이십면체와 황금비

정이십면체가 어떤 정다면체 안에 포함되는지 알아보자.
첫 번째로 정이십면체는 듀얼로서 정십이면체 안에 포함된다. 이때, 정이십면체의 꼭지점은 정십이면체의 면의 중심에 위치한다. 두 번째로 정이십면체는 정육면체 안에 포함된다. 정이십면체의 꼭지점은 12개로 정육면체의 면의 개수인 6의 약수가 아니다. 그러나 이 꼭지점들이 2개씩 정육면체의 한 면에 놓이게 되면 정이십면체는 정육면체 안에 포함될 수 있다. 아래 그림에서와 같이 정육면체의 여섯 개의 면에 일정한 길이의 선분을 6개 놓아 각 선분의 끝을 이웃한 선분과 이으면 정이십면체를 만들 수 있다.

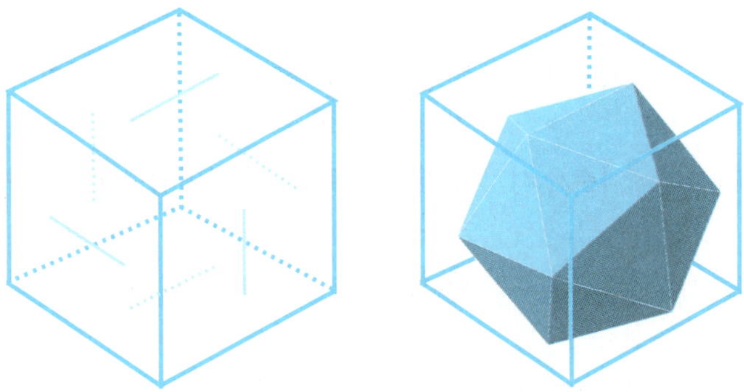

위와 같은 방법으로 정이십면체가 정육면체 안에 포함될 때, 두 다면체의 모서리의 길이의 비를 알아보자. 정이십면체가 정육면체 안에 내접하는 관계에서 출발하면 정이십면체를 가로, 세로의 길이의 비가 황금비인 직사각형 세 장을 서로 수직으로 세운 것을 뼈대로 하여 만들 수 있다. 아래에서 그 원리를 알아보자.[12)]

1 위와 같은 방법으로 정이십면체가 정육면체 안에 포함될 때, 정육면체의 한 모서리의 길이를 x, 내접하는 정이십면체의 한 모서리의 길이를 1이라고 하자. 이때, x의 값이 황금비임을 보여라.

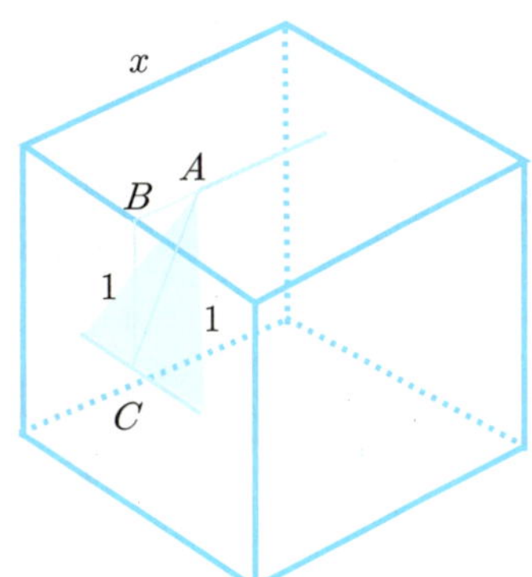

정이십면체가 정육면체에 포함될 때, 두 모서리 사이의 길이의 비는 $1:\phi$[13)]이므로 가로, 세로의 비가 황금비인 직사각형 카드를 3장 준비하여

12) Euclid, *THE ELEMENTS*, XIII. proposotion 16.

13) $\phi=\dfrac{1+\sqrt{5}}{2}$

아래 순서대로 정이십면체를 만들 수 있다.

[순서 1] 황금직사각형 카드에 칼집을 낸다. 칼집의 길이는 짧은 변의 길이이다.
[순서 2] 세 장을 서로 수직이 되도록 끼운다. 이것이 정이십면체 골격이다.
[순서 3] 투명 용지로 정이십면체(모서리의 길이는 직사각형의 짧은 변의 길이와 같다)를 만든다.
[순서 4] 투명 용지로 만든 정이십면체를 절반쯤 붙인 후, 안에 직사각형 카드로 만든 정이십면체 골격을 넣어 정이십면체 골격임을 확인한다.

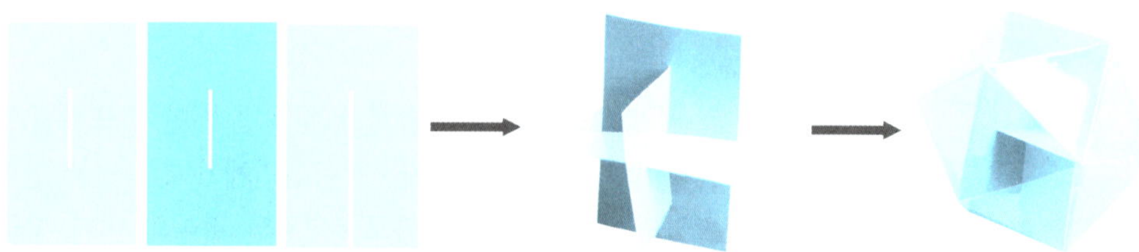

가로, 세로의 길이가 $1:\phi$ 인 직사각형으로 정십이면체 만들기

세 번째로 정이십면체는 정팔면체 안에 포함된다. 정팔면체와 정이십면체의 중심이 일치할 때, 정이십면체의 꼭지점이 정팔면체의 모서리를 황금분할하는 점 위에 놓이게 됨이 알려져 있다. 이를 증명하여 보자.[14)]
먼저 정팔면체의 모서리를 $1:x$로 분할하는 점을 생각해보자. 정팔면체의 한 꼭지점에 모이는 네 모서리 위에 꼭지점에서의 거리의 비가 각각 1, x, 1, x가 되도록 모서리 위에 점을 잡아 그림과 같이 이으면 이십면체를 만들 수 있다. 이때, 새로 만들어진 이십면체는 면의 모양이 정삼각형이고 한 꼭지점에 모이는 면의 개수가 5개로 동일하므로, 이 다면체는 정이십면체이다.

14) http://www.rwgrayprojects.com/Universe/IntersectingOcta/IntersectingOcta.html에서는 정이십면체와 정팔면체의 중심에서 각 면에 이르는 거리가 같음을 이용한 계산을 볼 수 있다.

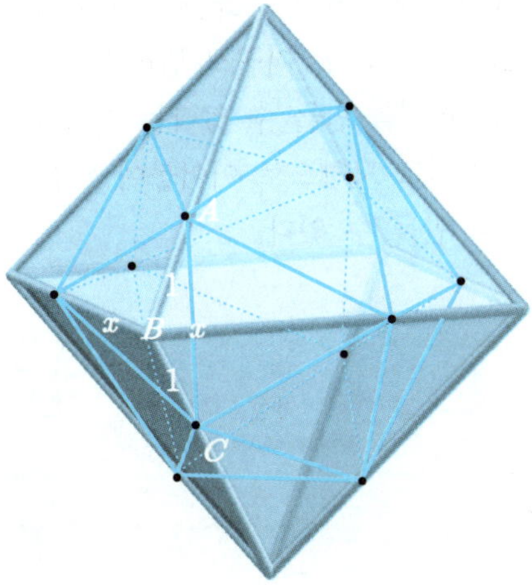

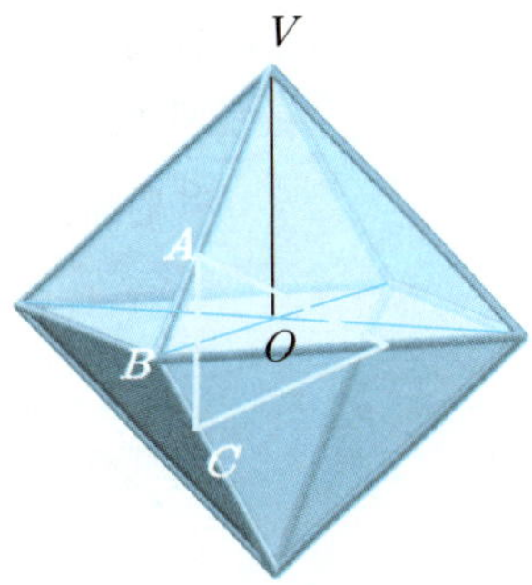

위 그림에서 정이십면체의 한 모서리 $\overline{AC}$의 길이를 구해보자.
$\angle VBO = 45^{\circ}$ [15]이므로 $\angle ABC = 90^{\circ}$ 가 되어 $\overline{AC} = \overline{AB} \times \sqrt{2} = \sqrt{2}$ 이다.

2 오른쪽 그림은 정팔면체 안에 정이십면체가 포함된 모양을 정팔면체의 한 면만 그린 것이다.
어두운 부분에서 코사인 정리를 이용하여 x를 구하여라.

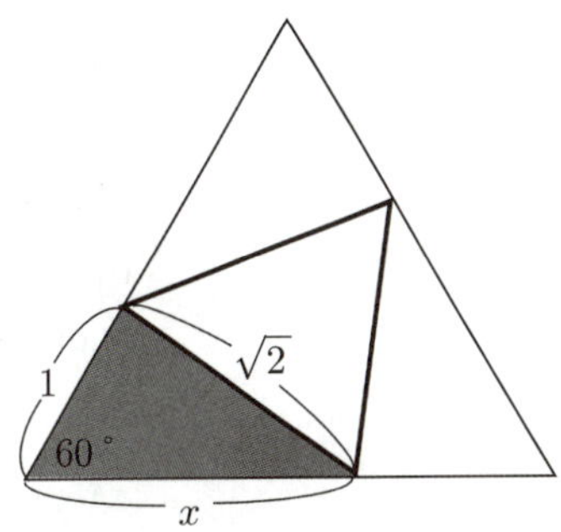

2. 정십이면체와 황금비

정이십면체가 가로, 세로의 길이가 황금비인 직사각형 3개로 만들어지는 것과 같이 정십이면체도 가로, 세로의 길이가 황금비와 관계가 있는 직사각형 3개로 만들 수 있다. 그 원리는 정십이면체와 정육면체 사이의 포함관계에서 알아낼 수 있다.
우리는 이미 정육면체는 정십이면체에 내접함을 알고 있다. 이때, 정육면체의 꼭지점은 그림과 같이 정십이면체의 꼭지점 중 8개와 일치한다. 이 모양을 다

15) [203-4 움직이는 다면체] 92쪽 참고.

시 보면 정십이면체에서 정육면체 부분을 제외하면 지붕 모양의 입체도형이 6개만 남는다는 사실을 알 수 있다. 거꾸로 말하면, 지붕 모양의 입체도형 6개를 붙여 속이 빈 정십이면체를 만들 수 있다는 것이다. 실제로 지붕 모양을 6개 만든 후 정육면체 전개도 모양으로 이어붙여 뒤집으면서 정십이면체와 정육면체를 번갈아가면서 만들 수 있다.

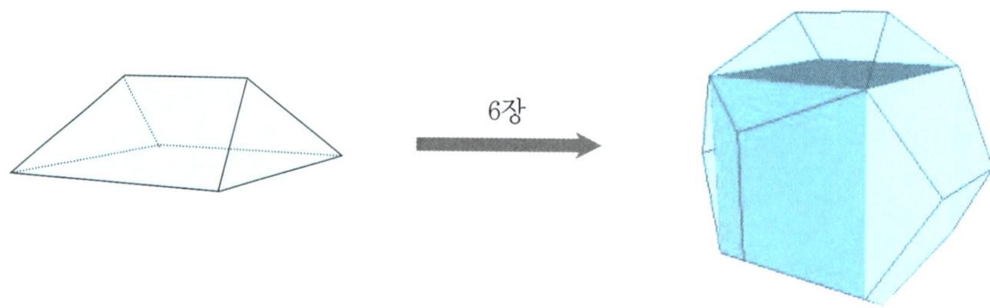

이 관계에서 출발하여 정십이면체도 황금비와 관계가 있는 직사각형 3장을 서로 수직으로 세운 것을 뼈대로 하여 만들 수 있다. 정육면체의 여섯 개의 면 위에 지붕 모양을 얹으면 이웃한 지붕에서 삼각형과 사다리꼴이 함께 정오각형을 이루면서 정십이면체가 생긴다는 것을 증명하는 과정에서 이 직사각형의 모양에 대한 정보를 얻을 수 있다.[15)]

3 정육면체의 여섯 개의 면 위에 그림과 같이 사다리꼴 모양의 지붕을 얹으면 이웃한 지붕이 서로 정오각형 면을 이루면서 정십이면체가 생긴다는 것을 증명하여보자.

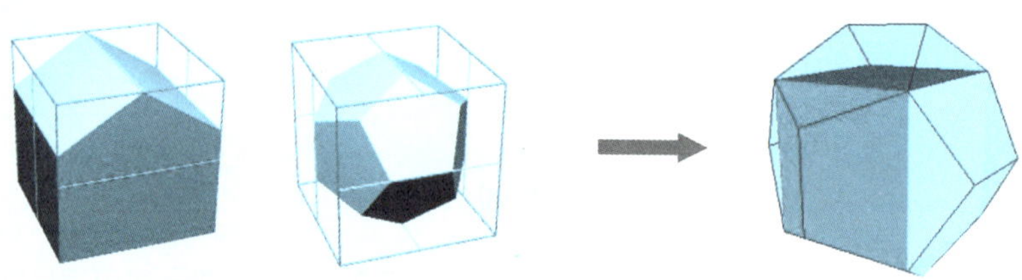

이제 정육면체의 한 모서리의 길이를 1, 지붕의 길이를 k[16)]로 하여 아래 그림과 같이 정육면체의 6개의 면에 지붕을 얹었다고 하자. 점 O는 정육면체의 중심, 점 C는 정육면체의 한 면의 중심, 점 B는 점 O에서 지붕의 모서

15) Euclid, *THE ELEMENTS*, XIII. proposotion 17.

16) $k=\frac{1}{\phi}=\frac{\sqrt{5}-1}{2}$

리에 그은 수선의 발이라 하자. 우리는 두 지붕이 만나서 이루는 정오각형이 하나의 평면 위의 도형임을 증명하면 된다.

(1) $\triangle ABO$에서 $\overline{OC}=\frac{1}{2}$, $\overline{AB}=\frac{k}{2}$, $\overline{OA}=\frac{\sqrt{3}}{2}$이다. $\overline{CB}$의 길이를 구하여라.

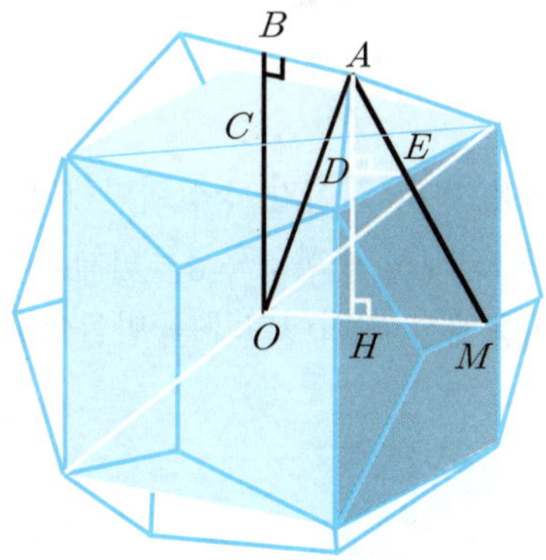

(2) $\triangle AHM$에서 $\overline{DE}$의 길이를 구하여라.

(3) 아래 그림은 위의 그림을 약간 회전시켜 본 것이다. $\tan\alpha$와 $\tan\beta$를 k에 관한 식으로 나타내어라.

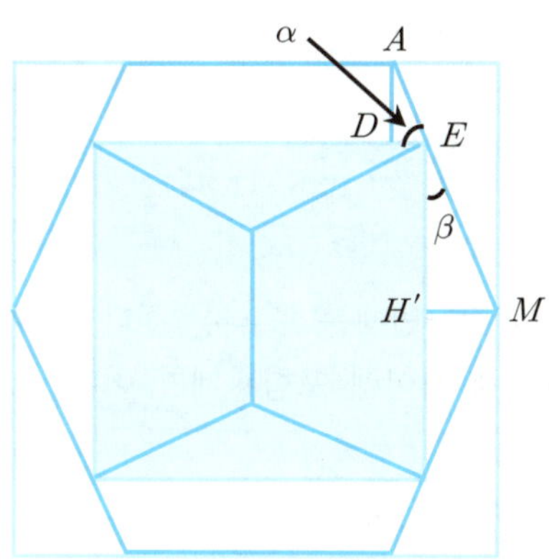

(4) 두 지붕이 만나서 생긴 정오각형이 한 평면 위에 있는가?

(5) 다음 그림에는 바깥쪽부터 큰 정육면체, 정십이면체, 작은 정육면체가 있다. 작은 정육면체의 한 모서리의 길이를 1이라고 하면 정십이면체의 한 모서리의 길이는 $k=\frac{\sqrt{5}-1}{2}$임을 알고 있다. 아래 그림에서 큰 정육면체의 한 모서리의 길이를 구하여라. 결과적으로 정십이면체와 큰 정육면체의 모서리의 길이의 비를 구하여라.

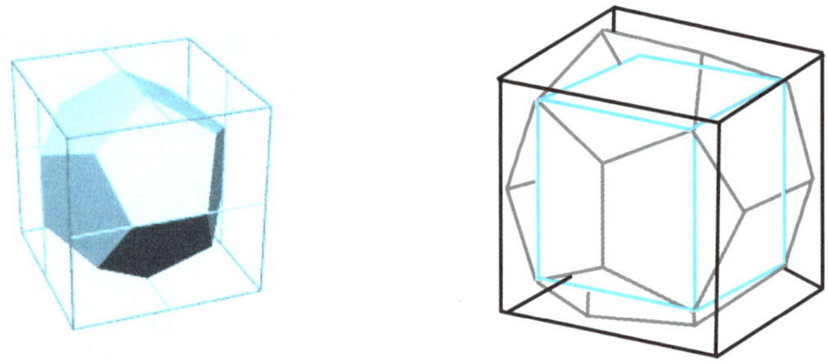

(6) 짧은 변의 길이가 정십이면체의 한 모서리의 길이와 같고 긴 변의 길이가 (5)에서 구한 큰 정육면체의 한 모서리의 길이와 같은 직사각형 3장 이용해서 정십이면체를 만들어보자.

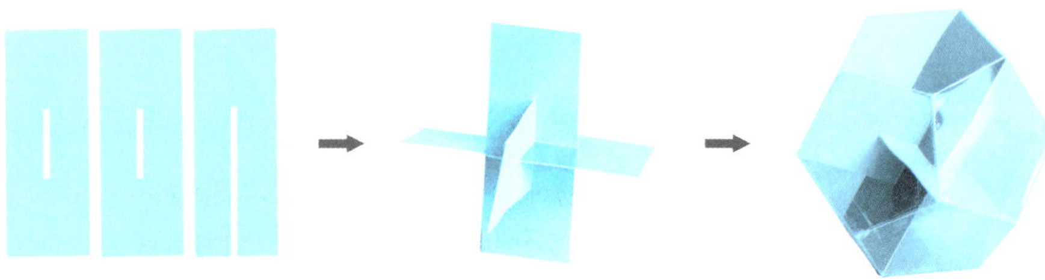

가로, 세로의 길이가 $1 : \phi^2$ 인 직사각형으로 정십이면체 만들기

3 정다면체의 순환

앞에서 한 정다면체는 또 다른 정다면체에 포함됨을 알아보았다. 이를 정리하여 정다면체 사이에 포함관계가 어떤 순서로 성립하는지 알아보자.

1 다음 표에 포함관계가 성립하는 곳에 ○표 하여라.

포함하는 다면체 / 포함되는 다면체	정사면체	정육면체	정팔면체	정십이면체	정이십면체
정사면체					
정육면체					
정팔면체					
정십이면체					
정이십면체					

2 한 정다면체 안에 또 다른 정다면체가 포함되므로 포함 경로를 따라가면 정다면체 5종류가 서로 서로 포함되는 순환 경로를 만들 수 있다. 이를 알아보자.

(1) 포함될 수 있는 다면체를 밑으로, 포함하는 다면체를 위로 하여 트리 모양의 그림을 그려라. 단, 정십이면체를 가장 밑으로 하여 그림을 완성하여라.

(2) 정십이면체에서 출발하여 정십이면체로 끝나는 정다면체의 순환 경로를 알아보아라.

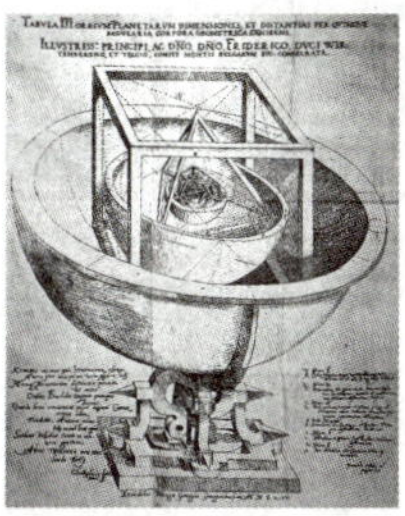

〈우주의 신비〉(1596).

1596년 케플러는 우주의 모양을 구 안에 정다면체를 넣은 모양으로 설명하였다. 당시에는 수성, 금성, 지구, 화성, 목성, 토성 등 여섯 개의 행성만이 알려져 있었다. 케플러는 목성은 정사면체, 화성은 정십이면체, 금성은 정이십면체, 수성은 정팔면체에 비유하였다. 케플러에 따르면 토성의 궤도가 놓인 구면에 정육면체가 내접하고 그 정육면체에 내접하는 구면 위에 목성의 궤도가 있다. 이 구면에 정사면체가 내접하는데, 이 내접구에 화성의 궤도가 있다. 화성의 궤도가 놓여 있는 구면에 정십이면체가 내접하고 이 내접구에 지구의 궤도가 있다. 이 구면에 내접하는 정이십면체가 있고 정이십면체의 내접구에 금성의 궤도가 있다. 정이십면체의 내접구에 정팔면체가 내접하며 이 내접구에 수성의 궤도가 놓여 있다. 이 케플러의 우주론을 그림으로 단순화하면 다음과 같다.

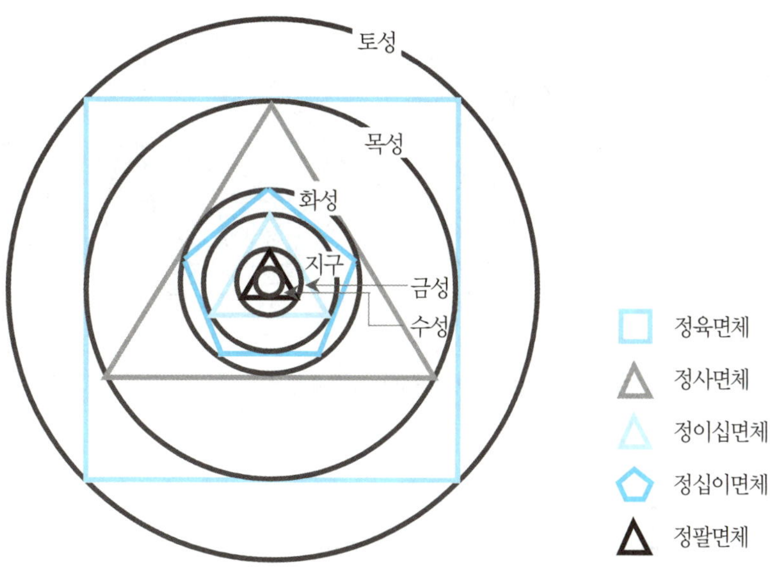

정다면체 안의 정다면체

❶ 정다면체 안의 정다면체

1 각 다면체 안에 정육면체의 꼭지점이 놓이는 위치는 정팔면체 - (듀얼) 면의 중심, 정십이면체 - 8개의 꼭지점, 정이십면체 - 8개의 면의 중심이다. 한편, 정육면체의 꼭지점이 정팔면체의 모서리에 놓이는 아래 그림과 같은 경우도 가능하다. 이 경우와 정육면체가 정십이면체에 포함되는 경우가 두 다면체 사이에서 꼭지점의 개수의 약수가 아닌 유일한 경우이다.[17]

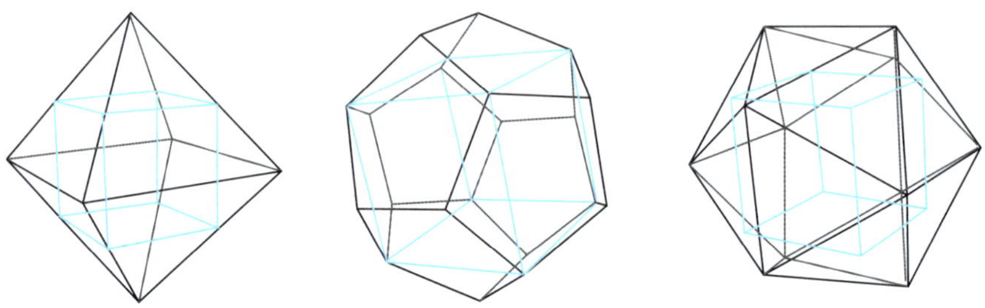

2 정사면체 - 모서리의 중점, 정육면체 - (듀얼)면의 중심, 정십이면체 - 6개의 모서리의 중점, 정이십면체 - 6개의 모서리의 중점

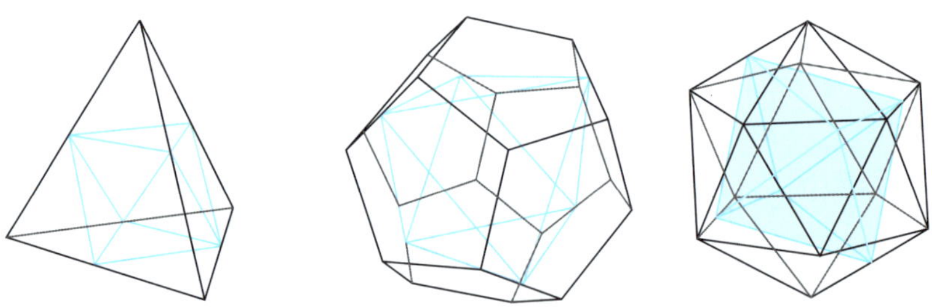

3 정십이면체는 듀얼로서 정이십면체에 포함된다.

7) http://www.toonz.com/personal/todesco/java/polyhedra/theApplet.html에서 애플릿을 볼 수 있다.

❷ 정이십면체를 포함하는 정다면체

1 $\overline{AC}=\dfrac{\sqrt{3}}{2}$, $\overline{BC}=\dfrac{x}{2}$, $\overline{AB}=\dfrac{x-1}{2}$이고 $\triangle ABC$가 직각삼각형이므로

$(\dfrac{\sqrt{3}}{2})^2=(\dfrac{x}{2})^2+(\dfrac{x-1}{2})^2$, $x^2-x-1=0$

을 얻는다. 이때, $x>0$이므로 $x=\phi$이다.

2 어두운 부분에서 코사인 정리를 이용하면 $(\sqrt{2})^2=1+x^2-2x\cos 60^\circ$,

$x^2-x-1=0$ 이므로 $x=\dfrac{1+\sqrt{5}}{2}=\phi$이다.

3 (1) $k=\dfrac{\sqrt{5}-1}{2}$이므로 $\overline{CB}=\dfrac{k}{2}$

(2) $\triangle AHM$에서 $\overline{AD}=x=\dfrac{k}{2}$, $\overline{DH}=\dfrac{1}{2}$이다. $\overline{DE}=y$라고 하면, $\overline{HM}=y+\dfrac{k}{2}$이므로

$\dfrac{k}{2}:y=\dfrac{k}{2}+\dfrac{1}{2}:y+\dfrac{k}{2}$, $y=\dfrac{k^2}{2}$ 즉, $\overline{DE}=\dfrac{k^2}{2}$

(3) $\tan\alpha=\dfrac{k}{k^2}=\dfrac{1}{k}$, $\overline{MH'}=\dfrac{k}{2}$, $\overline{EH'}=\dfrac{1}{2}$이므로 $\tan\beta=k$

(4) $\tan\beta=\dfrac{1}{\tan\alpha}$이므로 $\alpha+\beta=90^\circ$

(5) $2\times\dfrac{k}{2}+1=k+1=\dfrac{\sqrt{5}-1}{2}+1=\dfrac{\sqrt{5}+1}{2}=\phi$

따라서 정십이면체, 큰 정육면체의 모서리의 길이의 비는 $k:\phi=\dfrac{1}{\phi}:\phi=1:\phi^2$

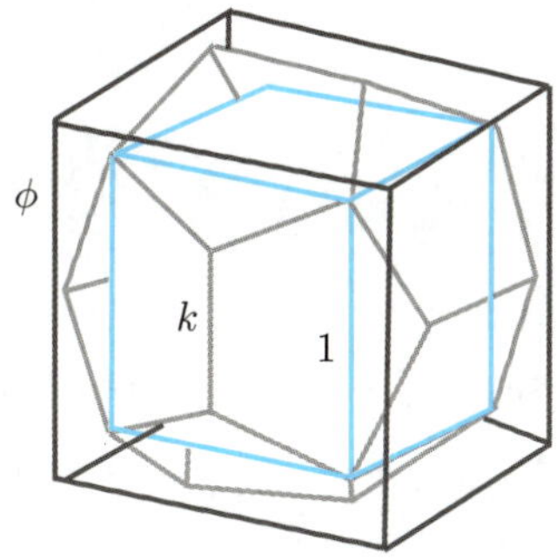

❸ 정다면체의 순환

1 다음은 정다면체의 포함 관계를 정리한 것이다.

포함되는 다면체 \ 포함하는 다면체	정사면체	정육면체	정팔면체	정십이면체	정이십면체
정사면체	○	○	○	○	○
정육면체			○	○	○
정팔면체	○	○		○	○
정십이면체					○
정이십면체		○	○	○	

2 (1)

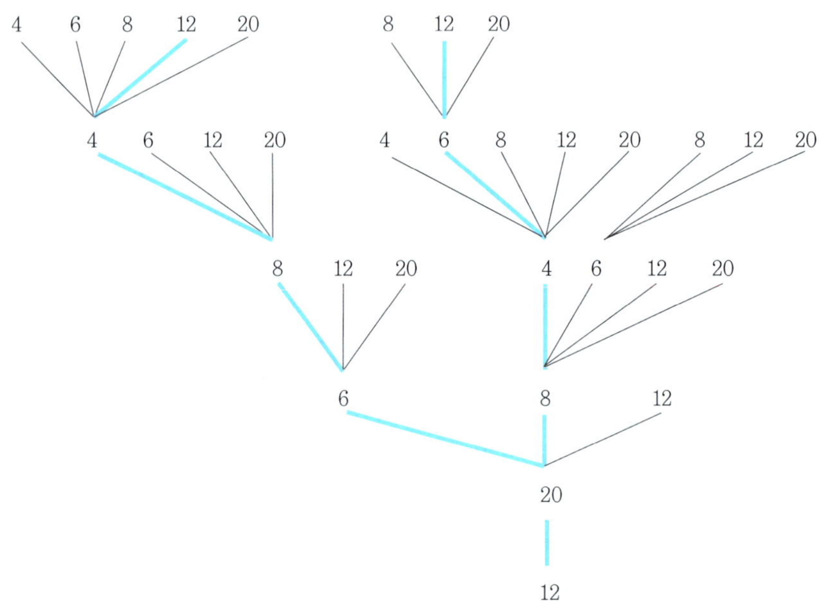

(2) 위의 그림에서 파란 선을 따라 다음 두 가지 순환경로를 구할 수 있다.

정십이면체 ⊂정이십면체 ⊂ 정육면체 ⊂ 정팔면체 ⊂ 정사면체 ⊂ 정십이면체
정십이면체 ⊂정이십면체 ⊂ 정팔면체 ⊂ 정사면체 ⊂ 정육면체 ⊂ 정십이면체

206-5

닮음으로 알아내는 정다면체의 듀얼

Keywords 정다면체, 황금비, 중점

정다면체는 정사면체, 정육면체, 정팔면체, 정십이면체, 정이십면체의 5가지가 존재한다.
다면체에서 면과 꼭지점을 바꾼 모양을 듀얼(Dual)이라고 하는데, 여기에서는 닮음의 성질을 이용하여 정다면체와 그 듀얼의 모서리의 길이 관계를 알아보고자 한다.

1 정다면체의 듀얼 계산하기

1 아래 그림은 정사면체 안에 정사면체의 듀얼을 나타낸 것이다. 처음 정사면체의 한 모서리의 길이를 a라고 할 때, 다음 순서에 따라 듀얼인 정사면체의 한 모서리 MN의 길이를 구하여라.

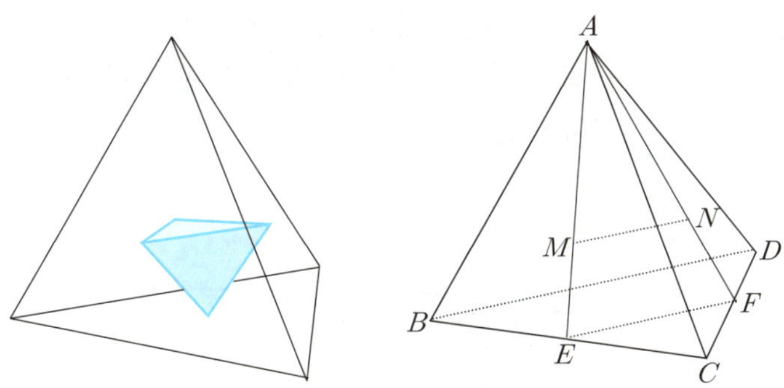

(1) $\triangle CBD$에서 선분 EF의 길이를 구하여라.
(2) $\triangle AEF$에서 선분 MN의 길이를 구하여라.

2 아래 그림은 정육면체 안에 듀얼을 나타낸 것이다. 처음 정육면체의 한 모서리의 길이를 a라고 할 때, 듀얼인 정팔면체의 한 모서리 MN의 길이를 구하여라.

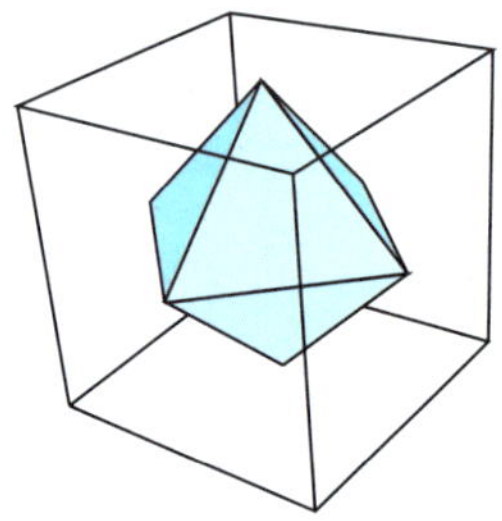

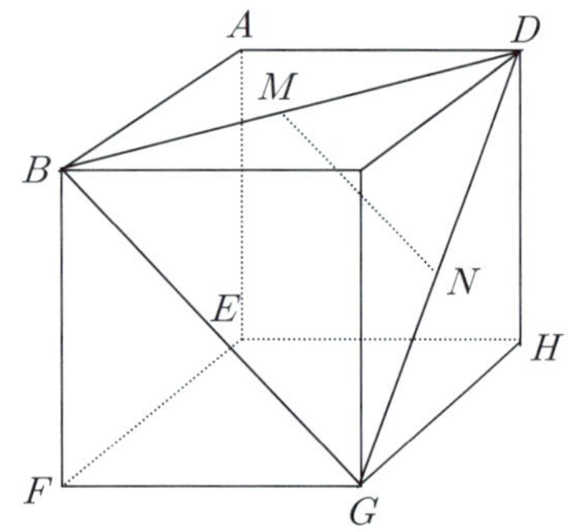

3 정팔면체의 한 모서리의 길이를 a라고 할 때, 듀얼인 정육면체의 한 모서리 MN의 길이를 구하여라.

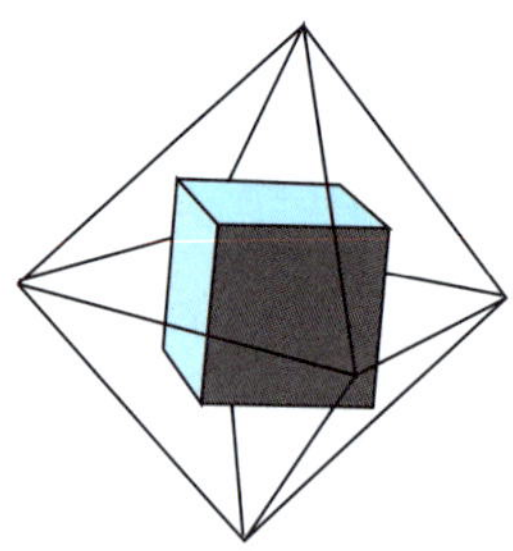

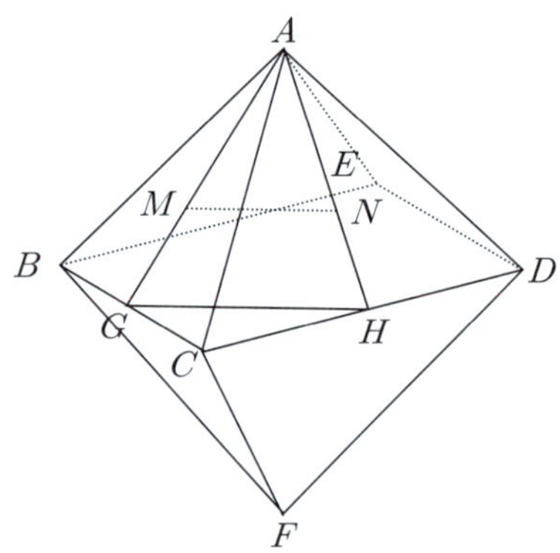

4 아래 그림은 정십이면체 안에 듀얼을 나타낸 것이다. 정십이면체의 한 모서리의 길이를 a라고 할 때, 듀얼인 정이십면체의 한 모서리 MN의 길이를 구하여라.

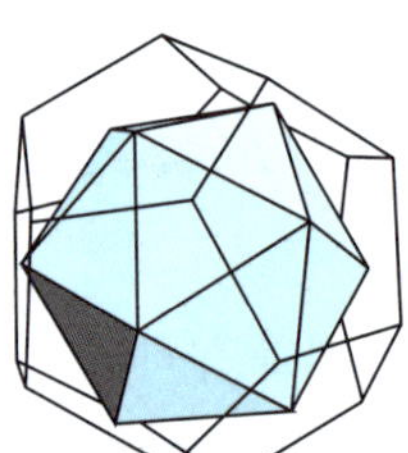

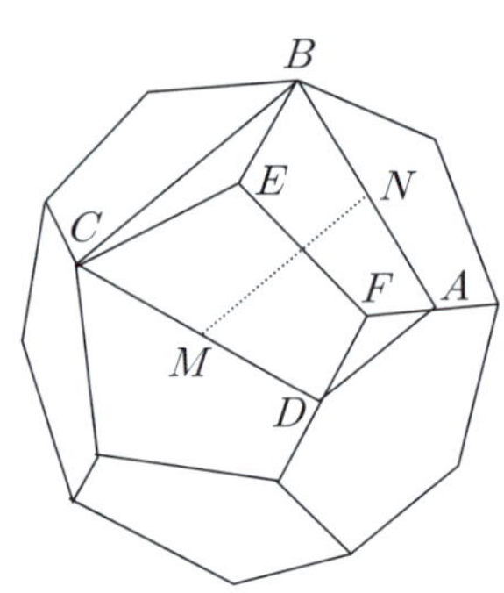

5 아래 그림은 정이십면체 안에 듀얼을 나타낸 것이다. 정이십면체의 한 모서리의 길이를 a라고 할 때, 듀얼인 정십이면체의 한 모서리 MN의 길이를 구하여라.

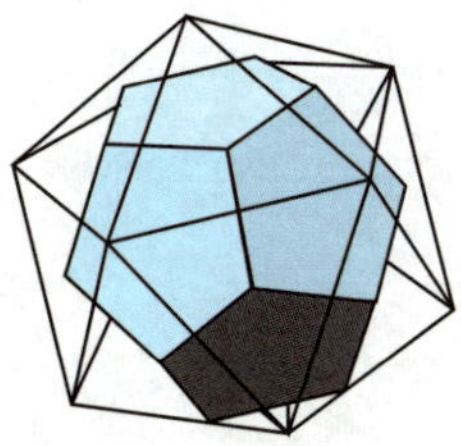

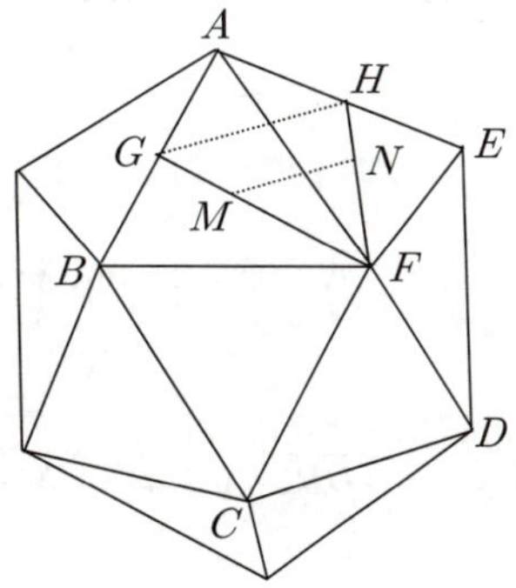

닮음으로 알아내는 정다면체의 듀얼

❶ 정다면체의 듀얼 계산하기

1 (1) $\overline{EF}=\frac{a}{2}$ (2) $\overline{MN}=\frac{a}{3}$

2 $\overline{DB}=\sqrt{2}\,a$, $\overline{MN}=\frac{\sqrt{2}}{2}a$

3 $\overline{GH}=\frac{\sqrt{2}\,a}{2}$, $\overline{MN}=\frac{\sqrt{2}}{3}a$

4 $\overline{EB}=\overline{EC}=a$, $\angle ECB=36^{\circ}$ 이므로 $\overline{BC}=2a\cos 36^{\circ}$

$\overline{AD}=a\cos 36^{\circ}$, $\overline{MC}=\frac{a}{2}/\sin 36^{\circ}$, $\overline{MD}=\frac{a}{2}/\tan 36^{\circ}$

선분 BD와 MN의 교점을 G라고 할 때, $\overline{MG}=x$, $\overline{GN}=y$라고 하면

$$\frac{x}{\frac{a/2}{\tan 36^{\circ}}}=\frac{2a\cos 36^{\circ}}{\frac{a/2}{\tan 36^{\circ}}+\frac{a/2}{\sin 36^{\circ}}},\quad x=0.724a$$

$$\frac{y}{\frac{a/2}{\sin 36^{\circ}}}=\frac{a\cos 36^{\circ}}{\frac{a/2}{\tan 36^{\circ}}+\frac{a/2}{\sin 36^{\circ}}},\quad y=0.447a$$

$\therefore\ \overline{MN}=1.17a$

5 $\overline{GH}=a\cos 36^{\circ}$, $\frac{x}{a\cos 36^{\circ}}=\frac{2}{3}$, $x=0.54a$

207

다면체와 주사위

• **교육과정**

중 1 _ 도형, 정다면체

중 2 _ 측정, 닮음

중 3 _ 문자와 식, 이차방정식, 삼각비

주제 1	튼튼하고 경제적인 집-지오데식 돔
Keywords	정이십면체, 삼각형, 돔, 지오데식 돔
주제 2	정삼각형으로만 다면체를 만든다면
Keywords	다면체, 정다면체, 정삼각형, 델타다면체, 데카르트의 식, 다면체의 외각
주제 3	정다각형으로 만드는 다면체
Keywords	기둥, 엇각기둥, 정다면체, 아르키메데스의 다면체
주제 4	주사위가 될 수 있는 다면체
Keywords	주사위, 정다면체, 카탈란 다면체, 오일러 식

학교에서 다루는 다면체는 그 종류가 매우 제한되어 있다. 각기둥, 각뿔, 원기둥, 원뿔 그리고 정다면체가 대부분을 이룬다. 다면체가 그 자체로도 매우 흥미있는 소재이면서도 치밀한 탐구 능력과 상상력을 기르는 데 매우 적합한 소재임을 생각하면 좀더 깊이 다면체에 대한 탐구를 하는 것은 매우 바람직한 일일 것이다. 정다면체를 기본으로 하여 그 조건을 조금씩 바꾸면 어떤 다면체가 만들어지는지에 대한 탐구가 이 장의 주내용이다.

주제 1은 정다면체를 삼각분할하는 방식으로 확장한 지오데식 돔에 대한 것이다. 건축에서 유용하게 쓰이고 있는 돔이라는 건축 유형에 대한 수학적 해석을 접할 수 있을 것이다. 이들에 대한 학습은 학교 수학에서 다룬 내용에 기초하여 심화된 형태로 볼 수 있는데, 돔이 만들어지는 원리를 학습한 후에는 종이 또는 적당한 교구를 사용하여 만들어보는 것도 바람직하다.

주제 2는 한 가지 정다각형으로만 만들어지는 다면체에 관한 것이다. 특히, 오직 정삼각형으로만 만들어지는 도형은 교구를 이용한 실험이나 이론적인 탐구 모두를 동원할 수 있는 매우 유용한 소재이다. 또한, 이 주제는 오일러 공식의 유용함을 다시 한 번 접할 기회를 제공할 것이다.

주제 3은 정다각형으로 만들어지는 다면체에 대한 총체적인 정리이다. 정다면체를 포함하여 정다각형으로 만들어지는 다면체를 범주화할 수 있는 기회이다.

주제 4는 다면체에 대한 색다른 접근이다. 주제 3까지는 정다면체의 조건을 변화시키면 어떤 다면체가 만들어지는가가 주요 탐구 내용이었다면 주제 4에서는 다면체를 확률과 관련짓는 내용이다. 모든 면이 나올 확률이 같은 다면체, 즉 이 세상의 모든 주사위 다면체를 찾는 내용이다. 정육면체 이외에도 주사위로 사용할 수 있는 다면체가 더 있다는 사실과 그것을 오일러 식을 이용하여 모두 찾아낼 수 있다는 놀라운 경험을 하게 될 것이다.

207-1 튼튼하고 경제적인 집 -지오데식 돔

Keywords 정이십면체, 삼각형, 돔, 지오데식 돔

대전 국립중앙과학관의 천체관

과학공원, 놀이공원 등에 설치되어 있는 천체관은 모두 둥근 모양의 건물이다. 천체관 안에 의자에 비스듬히 기대 앉아 우주 공간에 관한 영상을 볼 때, 그 둥근 건물을 따라 둥글게 만들어지는 스크린은 마치 우주 공간을 그대로 보는 듯한 착각을 일으킨다. 이와 같이 건물의 천장을 둥글게 만든 것을 돔(dome)이라고 한다. 둥근 모양은 힘이 모든 부분에 골고루 분산되기 때문에 압력에 강해 기둥을 세우지 않아도 자체의 무게를 잘 견딘다. 따라서 돔은 기둥이 없는 넓은 공간을 필요로 하는 체육관이나 전시장 같은 곳에서 흔히 볼 수 있다. 또한 돔은 재료가 적게 들고 외부와 닿는 넓이가 작아 냉난방에 유리하다.

돔은 대체로 삼각형 뼈대로 되어 있다. 그 이유는 삼각형 구조의 특징 때문이다. 삼각형은 세 변의 길이만으로 정해진다. 따라서 세 개의 막대를 연결해 삼각형 구조물을 만들면 큰 힘이 가해지더라도 철골이 휘거나 부러지지 않는 한 전체적인 변형이 일어나지 않기 때문이다.

1 돔 형태의 건물을 아는 대로 써라.

1 돔의 종류

돔은 뼈대가 어떻게 배치되느냐에 따라 다음과 같은 여러 가지 종류로 구분할 수 있다. 슈베들러 돔(Schwedler Dome)은 수평·수직·대각선으로 뼈대가 배치된 것이고, 립드 돔(Ribbed Dome)은 수평·수직으로, 라멜라 돔(Lamella Dome)은 수직 뼈대없이 대각선으로만 뼈대가 배치된 것이다. 지오데식 돔은 다른 돔과는 그 출발점이 다른데 지오데식 돔은 다면체에서 출발하여 면을 삼각형으로 분할하면서 구형으로 만든 것이다.[1)]

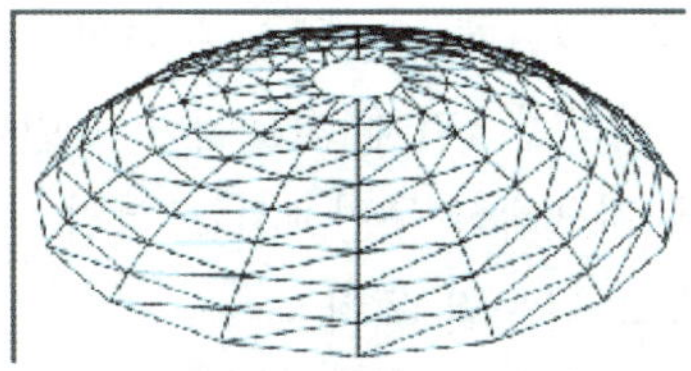

슈베들러 돔

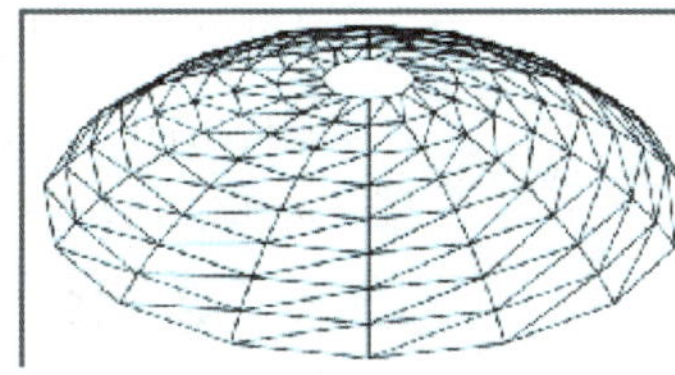

립드 돔

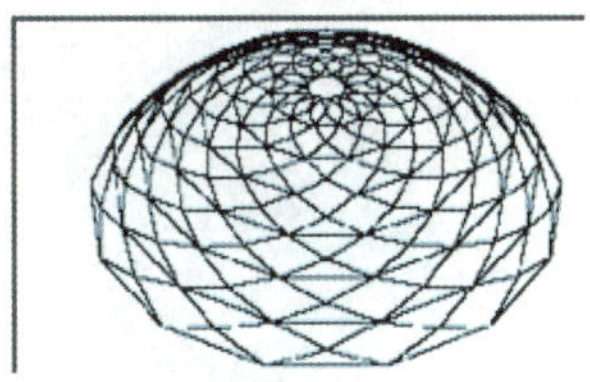

라멜라 돔

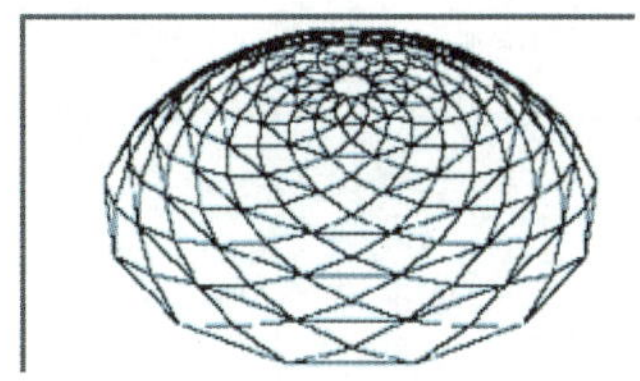

디아아매틱 돔

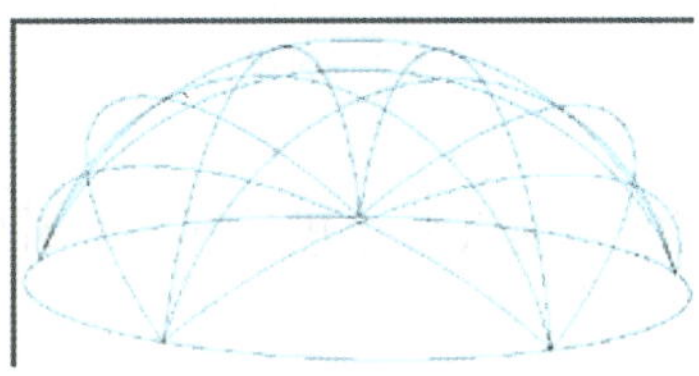

그레이트 서클 돔

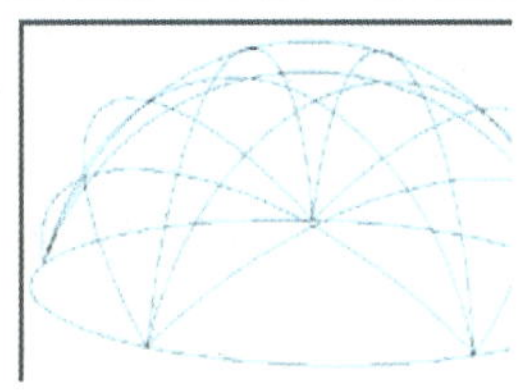

지오데식 돔

2 지오데식 돔

앞에서 언급한 대로 지오데식 돔은 정다면체 또는 다면체에서 출발하여 면을 삼각형으로 분할하면서 구형으로 만든 것이다. 예를 들어, 정이십면체에서 출발하여 지오데식 돔을 만든다면 정이십면체의 각 모서리를 이등분한 점을 꼭지점으로 하는 삼각형을 그린 후, 정이십면체에 외접하는 구의 중심으로부터 모든 꼭지점의 거리가 같도록 정이십면체를 부풀리면 된다. 지오데식 돔을 만들 때 각 모서리를 n등분하여 각 면을 n^2개의 삼각형으로 나누어 만들어지는 다면체는 n단계 지오데식 구면이다. n이 짝수일 때는 이것을 똑같은 두 개의 입체로 나눌 수 있는데, 각각을 n단계 지오데식 돔이라고 한다.

1) http://www.geodesics-unlimited.com/geodesic_dome_theory.htm

정사면체를 예로 들어 단계별로 지오데식 구면을 살펴보자.

정사면체의 각 면은 삼각형이므로 정사면체 자체가 1단계 지오데식 구면이 된다. 1단계 지오데식 구면에서 각 모서리의 중점을 연결하여 각 면을 네 개의 삼각형으로 나누면 이것이 2단계 지오데식 구면이 된다. 2단계 지오데식 구면에서 위의 과정을 되풀이하면 4단계 지오데식 구면이 된다. 3단계 지오데식 구면을 만들려면 1단계 지오데식 구면에서 모서리의 삼등분점을 연결하여 면을 아홉 개의 삼각형으로 나누면 된다.

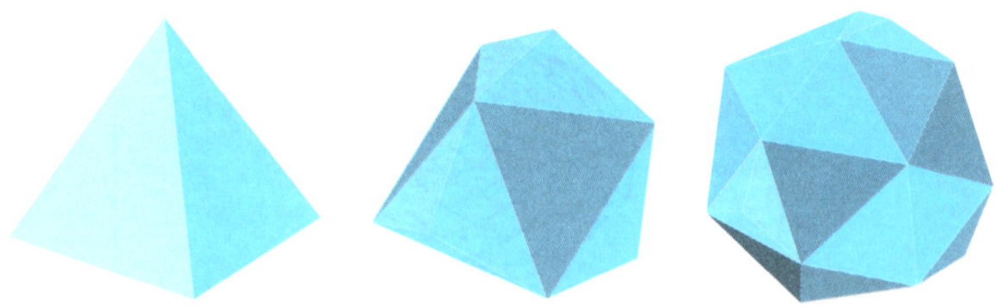

정사면체 1단계   2단계   3단계

다음은 몇 개의 다면체에서 출발하여 만들어지는 지오데식 구면의 단계별 모습이다.

	1단계	2단계
정육면체 		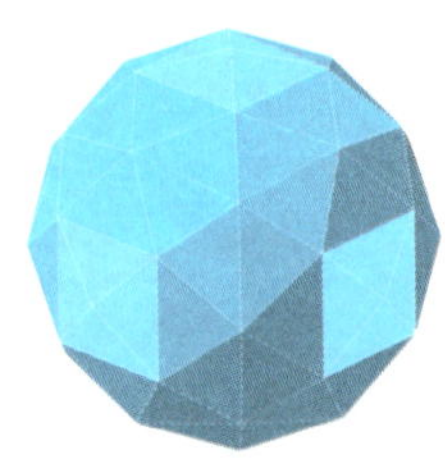
정팔면체 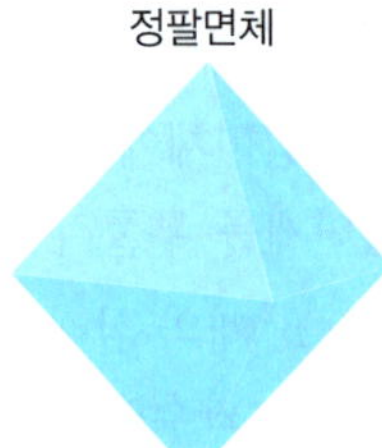		

	1단계	2단계
정십이면체 		
정이십면체 		
잘린 정사면체 2) 	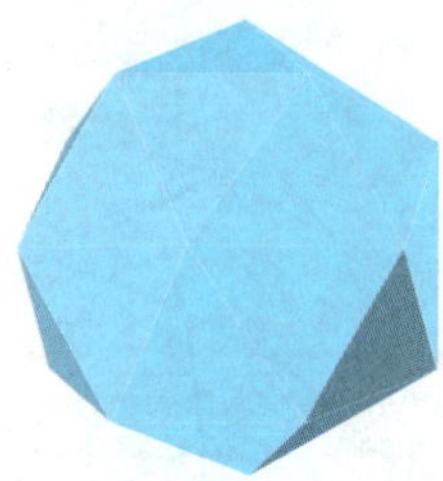	
부풀린 정육면체 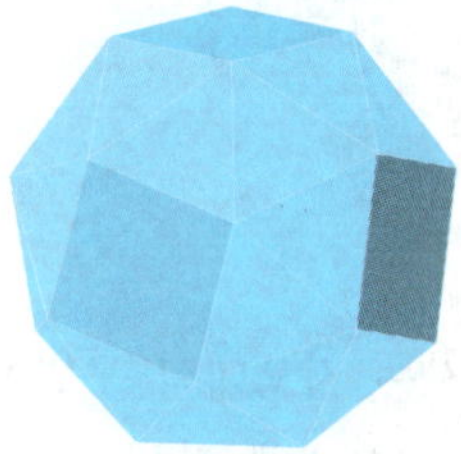		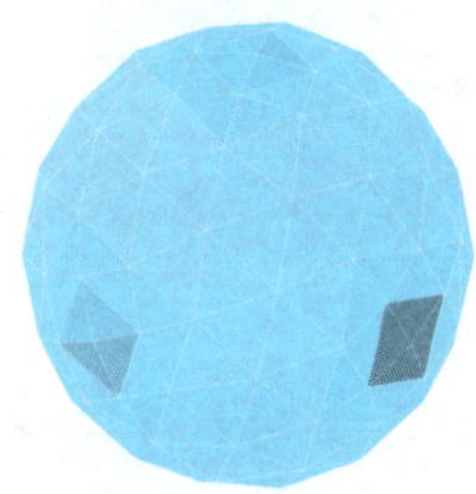

2) 잘린 정사면체, 부풀린 정육면체에 대해서는 [207-3 정다각형으로 만드는 다면체] 참고

1 상암 월드컵 경기장에 있는 지오데식 구면과 대전 엑스포 천체관은 정이십면체에서 출발한 지오데식 구면이다. 각각 몇 단계 지오데식 구면인가?

상암 월드컵 경기장

대전 국립중앙과학관의 천체관

2 다음 정이십면체에서 출발한 지오데식 돔은 몇 단계인가?

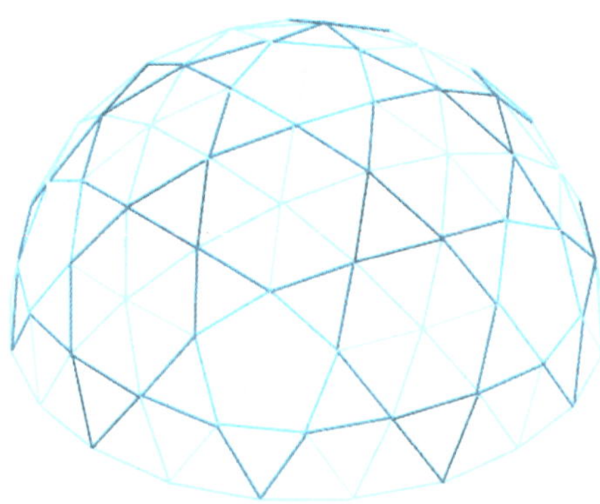

3 정사면체에서 출발하여 만들어지는 지오데식 구면에 대하여 알아보자.

(1) 아래 그림은 정사면체이다. 정사면체 자체는 정사면체에서 출발한 1단계 지오데식 돔이기도 하다. 아래 그림에 2단계 지오데식 돔을 그려보아라.

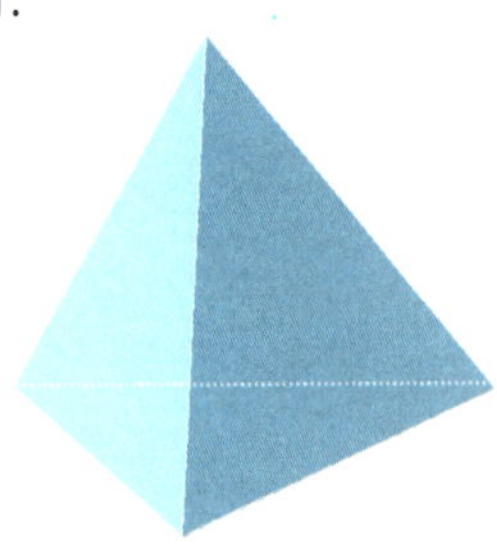

(2) 위 (1)의 지오데식 돔에 대하여 다음을 구하여라.
- 정사면체의 한 면은 몇 개의 삼각형으로 나뉘는가?
- 몇 개의 삼각형으로 만들어지는가?
- 몇 개의 모서리로 만들어지는가?

(3) 위 (1)의 지오데식 돔에 대하여 다음을 구하여라.
- 정사면체에 있던 모서리와 새로 만들어진 모서리는 각각 몇 개인가?
- 모서리가 3개 모인 꼭지점과 모서리가 4개 모인 꼭지점은 각각 몇 개인가?

3 정이십면체에서 출발한 2단계 지오데식 구면 만들기

지오데식 구면의 또 다른 특징은 지오데식 구면을 만들기 위해서는 각 모서리의 길이만을 계산하여 그 길이의 뼈대를 계속 이어나가면 되기 때문에 만들기 쉽다는 점이다. 그러나 지오데식 구면의 각 모서리의 종류와 그 길이는 모두 같지 않고 단계마다 달라진다. 정이십면체에서 만들어지는 지오데식 구면을 예를 들어 알아보자.

1 정이십면체의 각 모서리를 이등분한 점을 꼭지점으로 하는 삼각형을 그려 보자.

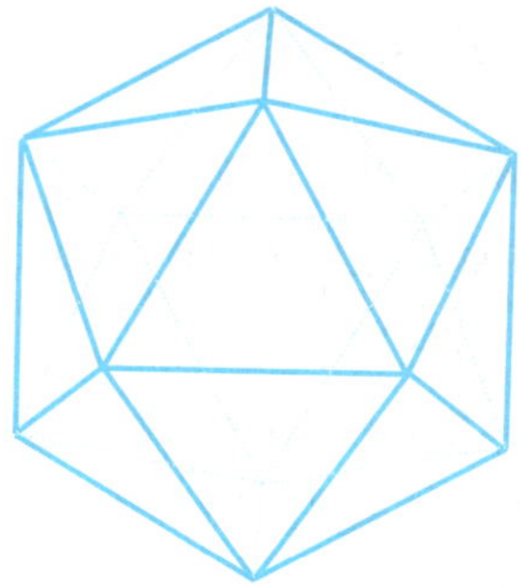

정이십면체의 각 모서리를 등분하여 면을 삼각형으로 만들면 정이십면체의 표면에는 더 많은 정삼각형이 생긴다. 이때, 원래의 꼭지점 12개는 정이십면체의 외접구 위에 위치하나 정이십면체의 중심에서 새로 생긴 30개의 꼭지점까지의 거리는 외접구의 반지름보다 짧다. 따라서 정이십면체를 부풀려 새로 생긴 30개의 꼭지점을 외접구 위에 오게 하면 표면의 정삼각형 중 일부는 이등변삼각형으로 바뀌게 된다. 즉, 오른쪽 그림에서 정이십면체 원래의 모서리인 하늘색 모서리의 길이는 새로 생긴 파란색 모서리의 길이보다 짧게 된다. 좀더 정확하게 말하면 새로 생긴 파란색 모서리의 길이는 원래 있던 하늘색 모서리의 길이의 약 1.13배이어야 한다.

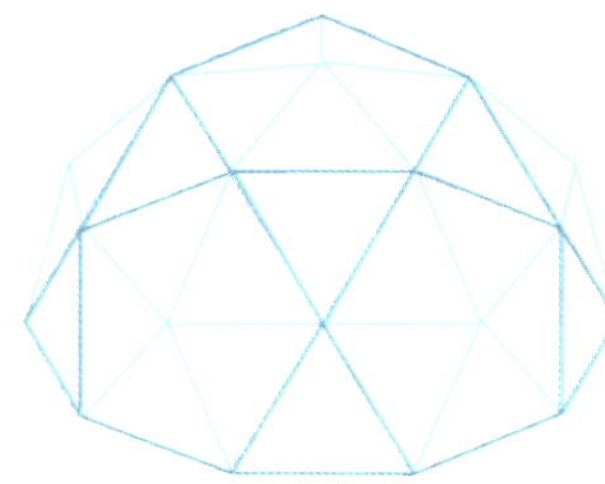

2단계

2 위 **1** 을 부풀리면 정이십면체에서 출발한 2단계 지오데식 구면이 된다. 이 지오데식 구면에서 다음을 구하여라.

(1) 위의 지오데식 구면은 몇 개의 삼각형으로 만들어지는가?

(2) 위 **1** 의 지오데식 구면에서 정이십면체의 꼭지점마다 몇 개의 모서리가 만나는가? 새로 만들어진 꼭지점마다 몇 개의 모서리가 만나는가?

3 정이십면체에서 출발한 2단계 지오데식 구면을 만들어보자.

(1) 위의 2단계 지오데식 구면에서 필요한 다음 개수를 세어보자.

처음 정이십면체에 있던 모서리 a의 개수[3]
새로 그린 모서리 b의 개수
모서리가 5개 연결되는 점의 개수
모서리가 6개 연결되는 점의 개수

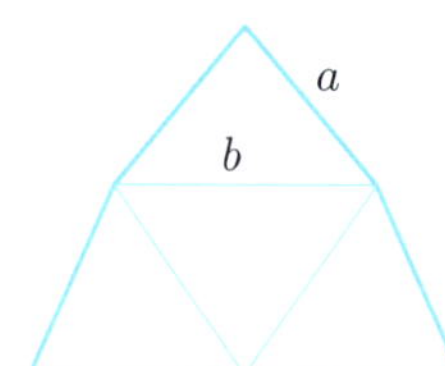

(2) 모서리 b와 a의 길이의 비는 b가 a의 1.13배로 하면 된다. 두 모서리의 길이를 정하여 종류만큼 뼈대를 준비하여라.

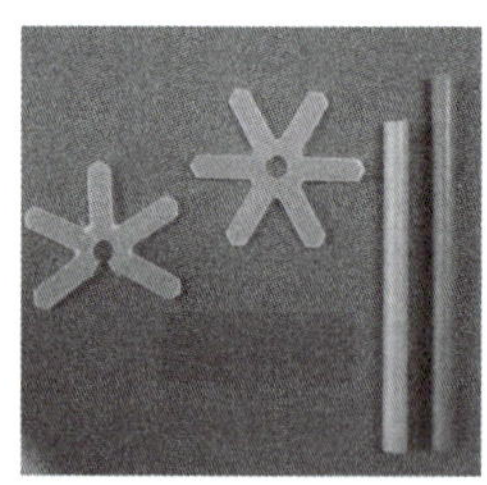

(3) 다음 순서대로 모양에 맞춰 모서리와 꼭지점을 이어 나가면서 지오데식 구면을 완성하여라.

① 모서리 a로 정이십면체의 원래 꼭지점 부분을 만든다(12조각).

3) 제2단계 지오데식 구면에서는 원래 정이십면체의 모서리가 이등분되어 새로운 모서리가 되므로 a의 개수는 실제로는 정이십면체의 모서리의 2배로 해야 한다.

② 위 ①의 모서리 2개가 정이십면체의 한 모서리가 되도록 정이십면체 모양으로 잇는다.

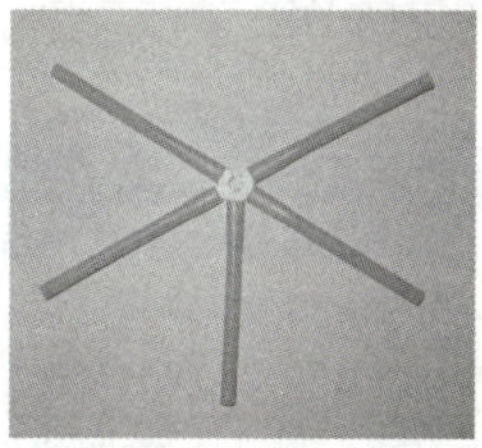

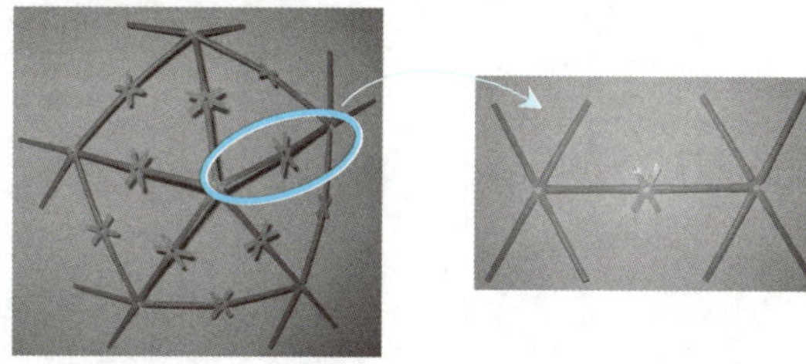

③ 정이십면체의 모서리의 중점에 해당하는 부분에 모서리 b를 연결한다.

④ 모서리 a로 정이십면체를 완성한 후, 모서리 b를 중간 중간에 끼워 넣어 완성한다.

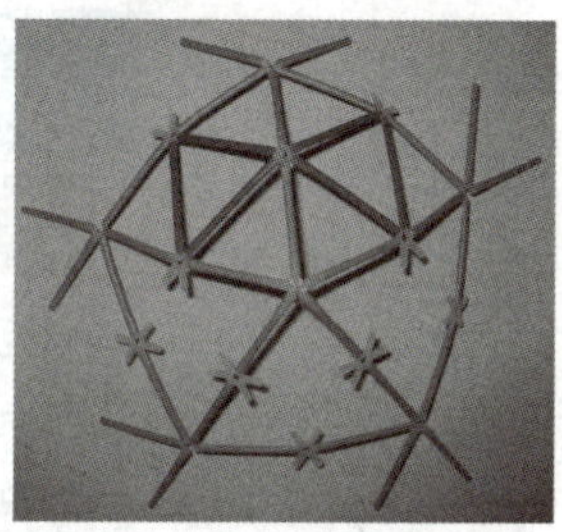

※ 단계별 지오데식 돔 또는 지오데식 구면에 필요한 모서리의 종류와 개수, 각 모서리별 길이의 비(반지름의 길이는 1)[4)]

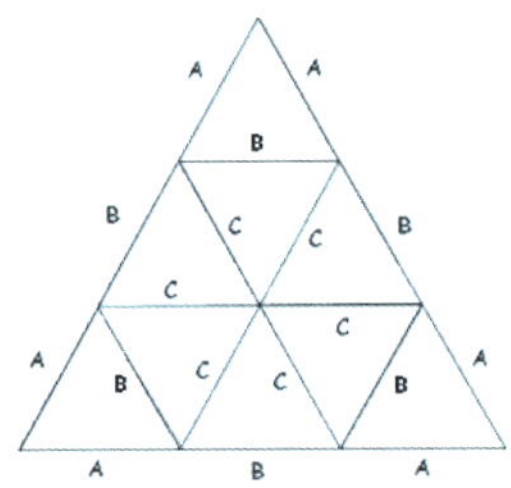

3단계	반지름에 대한 비	5/8 크기일 때의 개수	구면일 때의 개수
모서리 A	0.349	30	60
모서리 B	0.404	55	90
모서리 C	0.412	80	120
4발 꼭지점		15	0
5발 꼭지점		6	12
6발 꼭지점		40	80

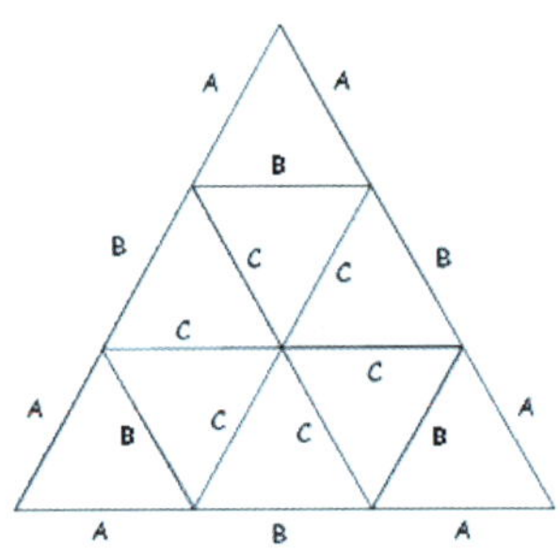

4단계	반지름에 대한 비	돔일 때의 개수	구면일 때의 개수
모서리 A	0.253	30	60
모서리 B	0.295	30	60
모서리 C	0.295	60	120
모서리 D	0.313	70	120
모서리 E	0.325	30	60
모서리 F	0.299	30	60
4발 꼭지점		20	0
5발 꼭지점		6	12
6발 꼭지점		65	150

4) http://www.desertdomes.com/index.html

튼튼하고 경제적인 집-지오데식 돔

❷ 지오데식 돔

1 상암 월드컵 경기장 : 정이십면체에서 출발한 3단계 지오데식 구면
대전 엑스포 천체관 : 정이십면체에서 출발한 4단계 지오데식 구면

2 4단계

3 (2) 4개, 16개, 18개
(3) 정사면체에 있던 모서리는 6개, 새로 만들어진 모서리는 12개
모서리가 3개 모인 꼭지점은 4개, 모서리가 4개 모인 꼭지점은 6개

❸ 정이십면체에서 출발한 2단계 지오데식 구면 만들기

2 (1) 80개　　(2) 5개, 6개

3 (1) 30개, 60개, 12개, 30개
(2) 만약 모서리 a의 길이를 6cm로 한다면 b의 길이는 6.8cm이다.
(3) 모서리가 5개 연결되는 점은 6개, 모서리가 6개 연결되는 점은 15개이다.

207-2

정삼각형으로만 다면체를 만든다면

Keywords 다면체, 정다면체, 정삼각형, 델타다면체(삼각다면체), 데카르트의 식, 다면체 외각

정다면체는 다음 두 가지 조건을 만족시키는 다면체이다.

- 면의 모양이 한 종류의 정다각형이다.
- 모든 꼭지점에 모인 면의 개수가 같다.

위 조건을 만족시키는 볼록한 다면체는 정사면체, 정육면체, 정팔면체, 정십이면체, 정이십면체로 다섯가지임을 알고 있다. 위의 조건에서 두 번째 조건을 제외시키면 어떤 다면체가 만들어질까? 즉, 면의 모양에만 집중하는 것이다.
정사면체, 정팔면체, 정이십면체는 면의 모양이 모두 정삼각형이다. 정육면체는 면의 모양이 정사각형이고 정십이면체는 면의 모양이 정오각형이다.

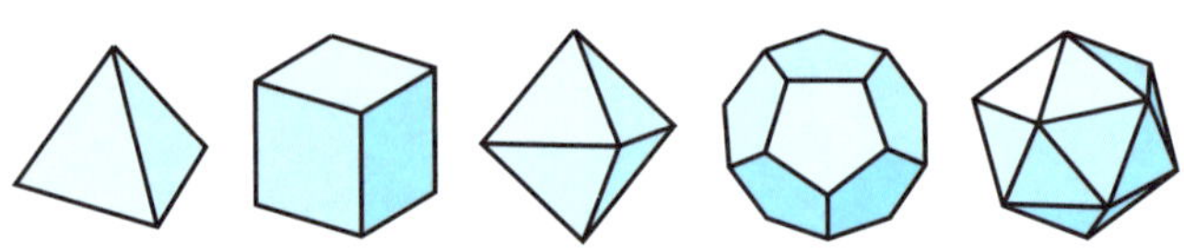

정다면체의 종류를 찾는 과정에서 정육각형으로만 만들 수 있는 다면체는 없음을 알고 있다. 물론 $n \geqq 6$인 모든 n에 대하여 정n각형으로만 만들어지는 다면체는 존재하지 않는다는 사실도 알고 있다. 따라서 어떤 다면체가 한 종류의 정다각형으로만 만들어지려면(한 꼭지점에 모이는 면의 개수가 다르더라도) 그 면의 모양은 정삼각형, 정사각형, 정오각형뿐이다. 이제 이러한 다면체가 얼마나 많은지 알아보자.
정사각형과 정오각형에 대한 답은 의외로 쉽게 얻어진다. 정사각형으로만 만들어지는 다면체는 오직 정육면체뿐이다. 그 이유는 다면체를 만들 때, 한 꼭지점에 모일 수 있는 정사각형이 오직 3개뿐이기 때문이다. 마찬가지로 정오각형으로만 만들어지는 다면체는 오직 정십이면체 한 가지뿐이다.

삼각다면체

정삼각형으로만 만드는 볼록 다면체

이제 정다면체가 아닌 정삼각형으로만 만들어지는 다면체에 대하여 생각해보자. 정삼각형은 정사각형이나 정오각형과는 달리 한 꼭지점에 3개, 4개, 5개 모일 수 있으므로 정다면체가 아닌 다면체를 더 만들 수 있을 것으로 추측할 수 있다. 정삼각형으로만 만들어지는 다면체를 삼각형 모양으로 생긴 문자 Δ(델타, delta)의 이름을 따서 델타헤드라(Deltahedra)라고 한다. 여기에서는 삼각다면체라고 하자. 그러면 정삼각형으로만 만들어지는 다면체는 모두 몇 가지일까?

폴리드론이나 지오픽스 등 기하 교구를 이용하여 삼각다면체를 모두 찾아 보자. 시행착오에 의하여 삼각다면체를 모두 찾은 후 이를 이론적으로 증명하여 보자.

1 시행착오로 삼각다면체 찾기

우리는 이미 정다면체를 찾는 과정에서 다면체를 만들 때, 한 꼭지점에 정삼각형이 3개, 4개, 5개 모일 수 있음을 알고 있다. 정삼각형 조각을 이리 저리 끼워보는 단순한 시행착오로도 5~6개의 삼각다면체를 만들어내는 것은 가능하다. 그러나 모든 삼각다면체를 찾으려면 좀더 조직화된 사고가 필요하다. 정삼각형 조각을 끼우면서 꼭지점에 모이는 면의 개수를 이용한 분류, 다른 삼각다면체에 조직적으로 정삼각형을 끼워넣거나 빼내어서 만드는 구조화된 사고 방식, 다면체가 만들어질 수 없는 경우 분류 등을 집중적으로 탐구하여야 한다. 이때, 아래와 같이 오목한 다면체, 두 삼각형이 한 평면 위에 있게 되는 경우는 해당되지 않는다.

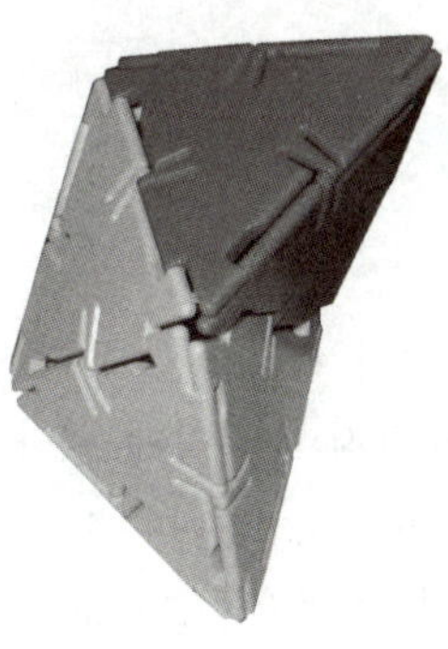

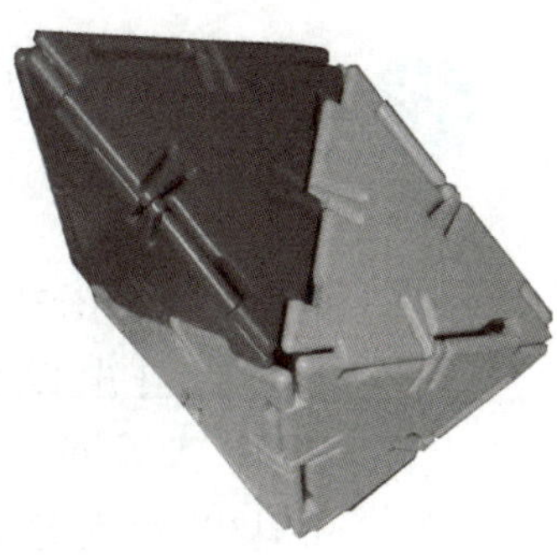

1 정삼각형 조각을 끼워 맞추면서 삼각다면체를 모두 찾아 다음 표를 채워라.

면의 개수	모양에 대한 설명	꼭지점 종류별 개수			이름 (적절한 이름 지어주기)
		V_3	V_4	V_5	

※ V_3는 면이 3개 모인 꼭지점, V_4는 면이 4개 모인 꼭지점, V_5는 면이 5개 모인 꼭지점

2 삼각다면체에서 각 면(정삼각형)은 3개의 변으로 이루어져 있고 이들 변 2개가 붙어 하나의 모서리가 된다.

이 관계를 이용하여 삼각다면체에서의 모서리의 개수 e와 면의 개수 f 사이의 관계를 구하고 f의 특징을 알아보아라.

2 삼각다면체는 모두 몇 가지인가

앞에서 찾은 삼각다면체 중 면이 4개, 8개, 20개인 삼각다면체는 정다면체이므로 이 다면체들은 오직 한 가지 종류밖에 없다. 그러면 면이 6개인 삼각다면체는 오직 한 종류인가? 면이 10, 12, 14, 16개인 삼각다면체는 몇 가지 종류인가? 이를 알기 위하여 데카르트(R. Descartes, 1596-1650)의 업적을 빌리도록 하자. 데카르트는 다면체가 둥근 정도를 측정하는 방법을 다음과 같이 제시하였다.

정육면체의 한 꼭지점에는 정사각형 3개가 모여 있다. 이것을 평면에 펼치면 360°에서 90°가 부족하다. 이것을 다면체의 외각이라고 하자.
정이십면체의 한 외각의 크기는 $360° - 108° \times 3 = 36°$ 이다.

다면체의 외각

볼록다면체에서 한 꼭지점에 모인 면을 모두 펼쳤을 때의 각의 합을 360°에서 뺀 값을 다면체의 외각이라고 한다.

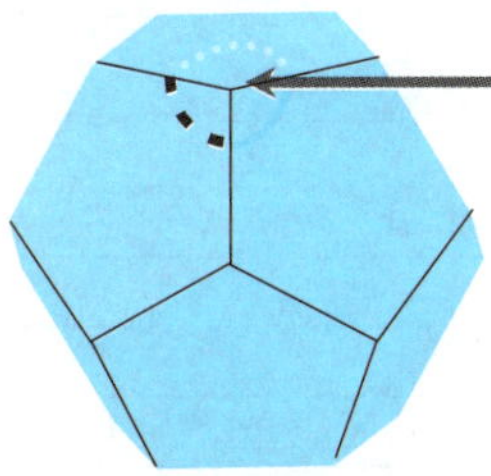

정육면체와 정이십면체를 비교해보면 다면체에서는 꼭지점의 외각을 살펴보고 둥근 정도를 말할 수 있다는 것을 알 수 있다. 즉, 외각이 작으면 작을수록 둥글다고 할 수 있다.

1 정육면체와 사각뿔에서 외각의 합을 구하여라.

데카르트는 평면에서 다각형의 외각을 모두 더하면 360°인 것처럼

모든 볼록 다면체에서 모든 외각의 합을 더하면 720°

라는 사실을 밝혔다. 이것을 데카르트의 식(Descartes' formula)라고 한다.
예를 들어, 정십이면체의 외각의 크기는 36°이고 꼭지점이 20개이므로

$$36° \times 20 = 720°$$

로 데카르트의 식이 성립한다.

Σ (시그마)

$$\sum_{n=1}^{10} f_n = f_1 + f_2 + \cdots + f_{10}$$

과 같이 합을 간단히 나타낼 때 시그마 기호를 사용한다.

2 구와 연결 상태가 같은 다면체에서 꼭지점, 모서리, 면의 개수를 각각 v, e, f라고 할 때, $v - e + f = 2$임을 이용하여 데카르트의 식을 증명하여라. 단, f_n을 n각형의 개수라고 하면 f_n의 합은 f이다. 즉, $\sum_n f_n = f$.

3 데카르트의 식을 이용하여 삼각다면체의 종류를 모두 구해보자.

(1) 삼각다면체의 각 꼭지점에는 정삼각형이 3개 또는 4개 또는 5개 모여 있다. 면이 3개 모인 꼭지점을 V_3, 면이 4개 모인 꼭지점을 V_4, 면이 5개 모인 꼭지점을 V_5라고 하여 데카르트의 식에 의하여 V_3, V_4, V_5 사이의 관계식을 구하여라.

(2) 삼각다면체에서 꼭지점의 개수 v와 면의 개수 f 사이의 관계식을 구하여라.

(3) 위에서 구한 식에 의하여 아래 표를 채워라.

꼭지점의 개수				면의 개수	이미 찾은 것은 O표, 아닌 것은 X표
V_3	V_4	V_5	V		

4 위에서 구한 식을 만족하는 모든 해에 대하여 항상 삼각다면체가 생기는 것은 아니다. 다음을 설명해보아라.

(1) $V_3 = 0$인 경우에는 어떤 삼각다면체가 만들어지는가? 삼각다면체가 만들어지지 않는 경우는 어느 경우인가?

(2) $V_3 \geqq 1$인 경우에는 어떤 삼각다면체가 만들어지는가? 삼각다면체가 만들어지지 않는 경우는 어느 경우인가?

이제 정삼각형으로만 이루어진 다면체, 삼각다면체를 모두 찾았다. 앞에서 찾은 12면체인 삼각다면체는 이것을 처음 설명한 프로이덴탈(Freudenthal)과 반 데르 와에르덴(van der Waerden)에 의하여 샴 십이면체(Siamese dodecahedron)라고 불렸으나 후에 콕스터(Coxter, 캐나다, 1907~2003)가 snub disphenoid라고 바꾸어 불렀다.

정삼각형으로만 다면체를 만든다면

❶ 시행착오로 찾기

1

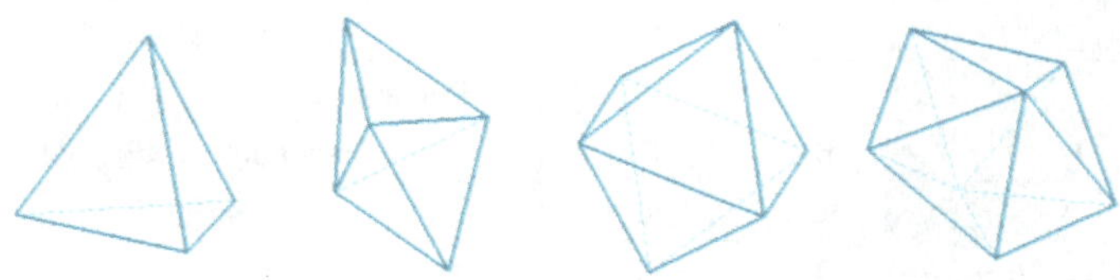

4면체 6면체 8면체 10면체

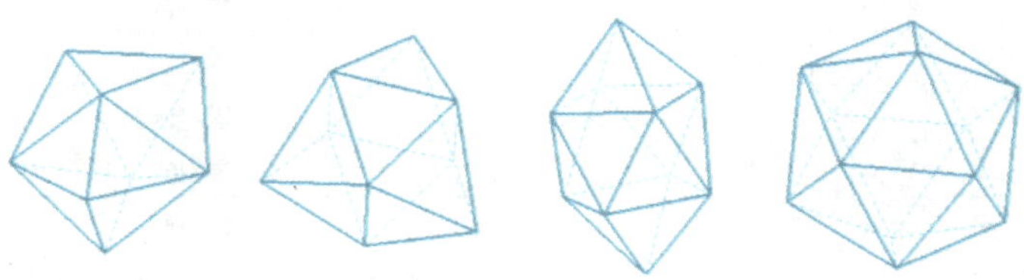

12면체 14면체 16면체 20면체

2 $2e = 3f$에서 면의 개수 f는 항상 짝수이다.

❷ 삼각다면체는 모두 몇 가지인가

1 정육면체 $8 \times (360° - 90°) = 720°$, 사각뿔 $360° \times 5 - (4 \times 180° + 360°) = 720°$

2 각 꼭지점에서 외각을 모두 더한 값은

$$\begin{aligned}(360v) - (\text{내각의 합}) &= 360v - \sum_n 180(n-2) f_n \\ &= 180(2v - \sum_n n f_n + 2\sum_n f_n) \\ &= 180(2v - 2e + 2f) \\ &= 360(v - e + f) \\ &= 720\end{aligned}$$

3 (1) $3V_3 + 2V_4 + V_5 = 12$

(2) $e = \dfrac{3f}{2}$를 오일러 식에 넣으면 $v - \dfrac{3}{2}f + f = 2$, $f = 2(v-2)$

(3) 이 부정방정식을 이용하여 다음 19가지의 해를 찾을 수 있다.

꼭지점의 개수				면의 개수	이름
V_3	V_4	V_5	V		
0	0	12	12	20	Icosahedron (정이십면체)
0	1	10	11	18	불가능
0	2	8	10	16	Gyroelongated square dipyramid
0	3	6	9	14	Triaugmented triangular prism
0	4	4	8	12	Snub disphenoid
0	5	2	7	10	Pentagonal dipyramid (오각겹각뿔)
0	6	0	6	8	Octahedron (정팔면체)
1	0	9	10	16	불가능
1	1	7	9	14	불가능
1	2	5	8	12	불가능
1	3	3	7	10	불가능
1	4	1	6	8	불가능
2	0	6	8	12	불가능
2	1	4	7	10	불가능
2	2	2	6	8	불가능
2	3	0	5	6	Triangular dipyramid (삼각겹각뿔)
3	0	3	6	8	불가능
3	1	1	5	6	불가능
4	0	0	4	4	Tetrahedron (정사면체)
1	2	5	8	12	불가능

4

(1) 면이 18개인 경우는 만들어지지 않는다. 십팔면체는 정이십면체에서 두 개의 면을 빼낸 모양이다. 정이십면체에서 이웃하지 않은 정삼각형을 각각 한 개씩 빼낸 경우, 이웃한 두 면을 빼낸 경우 모두 삼각다면체가 생기지 않는다.

(2) 세 개의 삼각형이 모여 있는 한 꼭지점을 생각해보자. 남아 있는 세 개의 모서리에 붙일 수 있는 면의 개수는 홀수 개이다. 이 세 개의 모서리에 한 개의 삼각형을 붙이면 정사면체가 된다. 만약 이 세 개의 모서리에 각각 정삼각형을 한 개씩 붙이면 삼각겹각뿔(Triangular dipyramid)이 되는데, 이것은 마치 정사면체 두 개를 한 면이 포개어지도록 붙인 것과 같은 모양이 된다.

이 세 개의 모서리에 정삼각형을 다섯 개 더 붙이면 정사면체의 한 면에 삼각겹각뿔을 붙인 모양으로 오목다면체가 되고, 정삼각형을 일곱 개 더 붙이면 정사면체의 한 면에 정팔면체를 붙인 모양으로 세 쌍의 정삼각형이 평면이 된다. (233쪽 그림 참고)

일반적으로 세 개의 정삼각형이 모인 꼭지점과 연결된 다섯 개의 정삼각형이 모인 꼭지점은 이면각이 180°를 넘게 된다. 따라서 $V_3 > 1$인 삼각다면체는 정사면체와 삼각겹각뿔 두 가지뿐이다. 따라서 삼각다면체는 여덟 가지뿐이다.

207-3

정다각형으로 만드는 다면체

Keywords 기둥, 엇각기둥, 정다면체, 아르키메데스의 다면체

다면체는 다각형으로 이루어진 도형을 말한다. 다면체의 분류를 시작하기 전에 무엇을 고려해야할 것인지 생각해보자. 가장 쉽게 떠오르는 다면체인 정육면체를 생각해보자. 정육면체는 정사각형 6개로 만들어지는 도형이다. 만약 정사각형이 아닌 사각형으로 만들어졌다면 단지 육면체일 뿐이다. 이렇게 생각한다면 이 세상에 사각형으로 만들어지는 육면체는 무수히 많다.

[질문] 사각형으로 만들어지는 육면체를 그려보아라.

[질문] 위의 육면체를 같은 것으로 보는 관점과 서로 다른 것으로 보는 관점에 대하여 토론하여보자.

우리는 다각형 중 특히 정다각형으로 만들어지는 다면체만을 대상으로 하려고 한다. 다시 말하면, 이 절의 목적은 다음 조건을 만족하는 다면체(볼록 다면체)를 모두 찾고 분류하는 것이다.

[조건 1] 정다각형으로 만들어진다.
[조건 2] 꼭지점마다 면의 배열이 일정하다. 즉, 꼭지점 모양이 같다.[5)]

위의 두 가지 조건을 만족시키는 다면체를 모두 찾기 위하여 면의 개수와 종류, 면의 배열에 대하여 알아본 후, 각 다면체가 몇 개의 면으로 만들어지는지 확인해보자.

5) 한 점을 중심으로 정다각형의 배열이 시계 방향으로 되어 있거나 시계 반대 방향으로 되어 있는 것은 동일한 배열로 본다. 즉, (4, 6, 10)과 (4, 10, 6)은 같은 다면체이다.

1 면의 종류와 배열

먼저 정다각형으로 다면체가 만들어질 때 어떤 정다각형이 필요한지 알아보자. 우리는 다면체의 면들이 모두 정다각형일 때, 한 꼭지점에 모일 수 있는 면의 개수가 3개, 4개, 5개뿐임을 알고 있다. 그러면 한 꼭지점에 여러 종류의 정다각형이 모인다면 모일 수 있는 정다각형은 최대 몇 종류인가?

1 다면체의 면들이 모두 정다각형일 때, 한 꼭지점에 모일 수 있는 정다각형은 최대 몇 종류인가?

이번에는 꼭지점에서 면이 어떻게 배열되는지 그 규칙에 대하여 알아보자. 먼저 정삼각형 주위에 면이 모이는 경우를 생각해보자.[6]
어떤 꼭지점에 정삼각형, 정b각형, 정c각형이 모였다고 하자. 즉, 꼭지점 모양이 $(3, b, c)$라고 하자. 정삼각형의 주변에 정b각형, 정c각형을 차례로 놓아 나가면 아래 그림에서 보듯이 점 A에서는 배열 $(3, b, c)$을 맞출 수가 없게 된다. 따라서 b와 c는 같아야 한다.

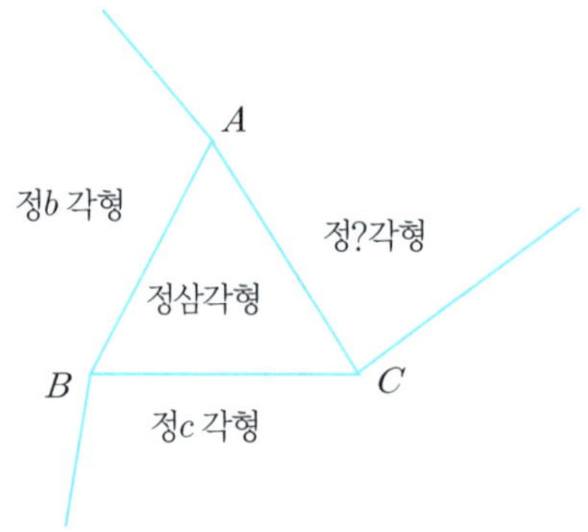

2 정삼각형 주위에 면이 모이는 경우 제한 조건이 무엇인지 알아보자.

(1) 꼭지점 모양이 $(3, b, c, d)$인 경우
(2) 꼭지점 모양이 $(3, b, c, d, e)$인 경우

6) [201-2 평면을 채우는 여러 가지 경우] 참고

3 정사각형 주위에 면이 모이는 경우를 생각해보자. 꼭지점 모양이 $(4, b, c)$, $(4, b, c, d)$, $(4, b, c, d, e)$인 경우 제한 조건이 있는지 알아보아라.

4 정오각형 주위에 면이 모이는 경우를 생각해보자. 꼭지점 모양이 $(5, b, c)$, $(5, b, c, d)$, $(5, b, c, d, e)$인 경우 각각 어떤 제한 조건이 있는지 알아보아라.

이제 한 꼭지점에 모인 면의 개수가 3개, 4개, 5개인 경우로 나누어 각 경우마다 한 꼭지점에 정다각형이 어떻게 모이는지 알아보자.

5 한 점에 모이는 정다각형이 3개인 경우, 즉, 정각형, 정b각형, 정c각형이 한 점에 모이는 경우 a, b, c의 값을 알아보아라.

(1) $a=3$인 경우의 배열

(2) $a=4$인 경우의 배열

(3) $a=5$인 경우의 배열

(4) $a \geq 6$인 경우의 배열

6 한 점에 모이는 정다각형이 4개인 경우, 즉, 정삼각형, 정b각형, 정c각형, 정d각형이 한 점에 모이는 경우 b, c, d의 값을 알아보아라.

(1) $b=3$인 경우의 배열

(2) $b=4$인 경우의 배열

(3) $b=5$인 경우의 배열

(4) $b \geq 6$인 경우의 배열

7 한 점에 모이는 정다각형이 5개인 경우, 즉, 정a각형, 정b각형, 정c각형, 정d각형, 정e각형이 한 점에 모이는 경우 a, b, c, d, e의 값을 알아보아라.

위 **5**, **6**, **7**의 과정에서 한 꼭지점에서의 각의 합이 360°가 되는 경우를 찾으면 정 다각형에 의한 테셀레이션의 모든 경우를 구할 수 있다. 그 결과는 다음과 같다.[7]

---

7) 이것은 [201-2 평면을 채우는 여러 가지 경우]에서 찾은 것과 같은 결과이다.

- 한 가지 정다각형으로 360°를 이루는 경우: (3, 3, 3, 3, 3, 3), (4, 4, 4, 4), (6, 6, 6)
- 두 가지 이상의 정다각형으로 360°를 이루는 경우: (3, 12, 12), (4, 8, 8), (4, 6, 12), (3, 4, 6, 4), (3, 6, 3, 6), (3, 3, 3, 3, 6), (3, 3, 3, 4, 4), (3, 3, 4, 3, 4)

2 다면체의 분류

정다각형으로 만들어지는 다면체 중에서 한 가지 정다각형만으로 만들어지는 다면체를 정다면체라고 한다. 또, 두 면이 평행하고 나머지 면이 모두 정사각형인 다면체를 기둥이라고 하고, 두 면이 평행하고 나머지 면이 모두 정삼각형인 다면체를 엇각기둥이라고 한다.8)

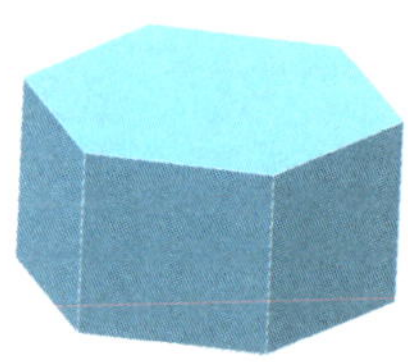
육각기둥

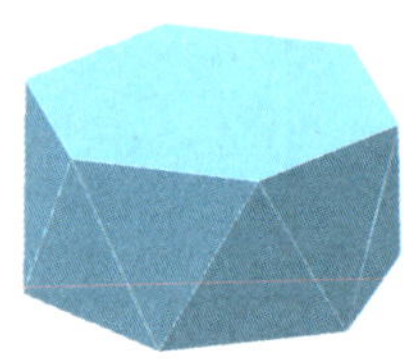
엇육각기둥

1 위에서 정다면체를 모두 찾아보아라.

2 위에서 찾은 다면체 중에 기둥, 엇각기둥을 모두 찾고 그 특징을 알아보아라.

우리가 찾은 다면체 중 정다면체, 각기둥, 엇각기둥을 제외한 것을 준정다면체(semiregular polyhedron)라 한다. 준정다면체는 아르키메데스에 의해 처음으로 언급되었기 때문에 아르키메데스의 다면체(archimedean polyhedron)라고도 부른다. 아르키메데스의 원 저서가 소실되어 아르키메데스의 입체는 그 구체적인 모양을 알 수 없었으나 르네상스 시대를 거치면서 이들 입체가 복원되기 시작하면서 1619년 케플러에 의해서 완전하게 복구되었다.

8) 다면체의 분류에 대해서는 [206-2 정다면체의 종류] 참고

아르키메데스의 다면체를 직접 만들어보는 것은 이 다면체들의 특징을 더욱 실질적으로 알아볼 수 있는 좋은 경험이 된다. 아르키메데스의 다면체 구조에서는 꼭지점 배열이 매우 중요하므로 전개도를 이용하는 것보다는 정다각형을 준비하여 꼭지점 배열에 맞추어 붙여나가는 것이 바람직하다. 즉, 두꺼운 종이 또는 얇은 아크릴로 정다각형을 잘라 준비한 후, 꼭지점 배열에 맞추어 투명 테이프로 붙여나간다. 아래 사진은 (3, 5, 3, 5) 십이이십면체[9]와 (4, 6, 8) 절단 육팔면체를 만든 것이다.

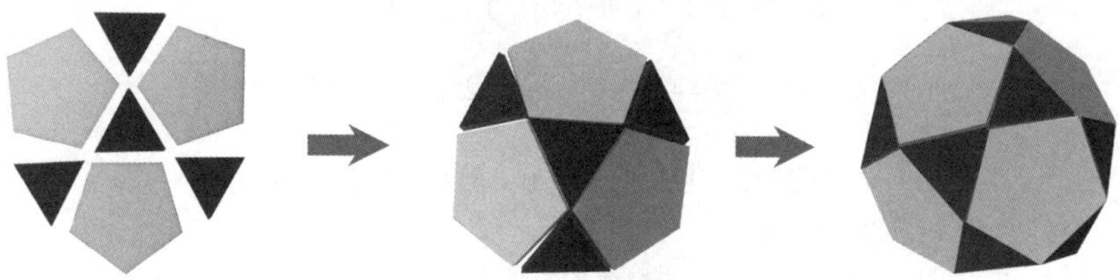

꼭지점마다 정삼각형과 정오각형을 번갈아 2개씩 붙여 (3, 5, 3, 5) 배열이 되도록 붙여나간다.

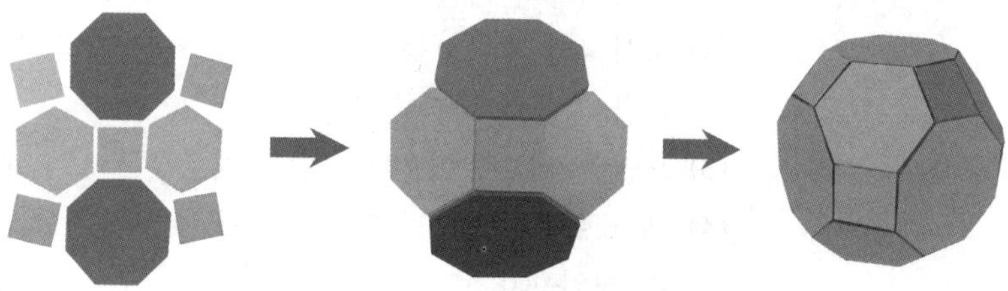

꼭지점마다 정사각형, 정육각형, 정팔각형을 붙여 (4, 6, 8) 배열이 되도록 붙여나간다.

Αρχμἠς ὁ γεωμέτρης
아르키메데스의 작도기

다면체의 모양을 안다는 것은 단지 그 면의 모양만을 아는 것으로 충분하지 않다. 이제 아르키메데스의 다면체가 각각 몇 개의 면으로 이루어지는지 알아보기 위하여 외각의 크기, 꼭지점의 개수, 모서리의 개수 등을 차례로 알아보자. 그 방법은 데카르트의 식[10]과 오일러의 식[11]을 이용하는 것이다. 예를 들어, 다면체 (3, 6, 6)의 경우는 다음과 같다.

다면체 (3, 6, 6)는 한 꼭지점에 정삼각형, 정육각형 2개가 모인 것이므로 꼭지각은

$$60° + 120° \times 2 = 300°$$

9) 아르키메데스의 다면체의 이름이다. 이들 이름은 246쪽에 그림과 함께 제시되어 있다.
10) [207-2 정삼각형으로만 다면체를 만든다면] 참고
11) [206-1 오일러 식] 참고

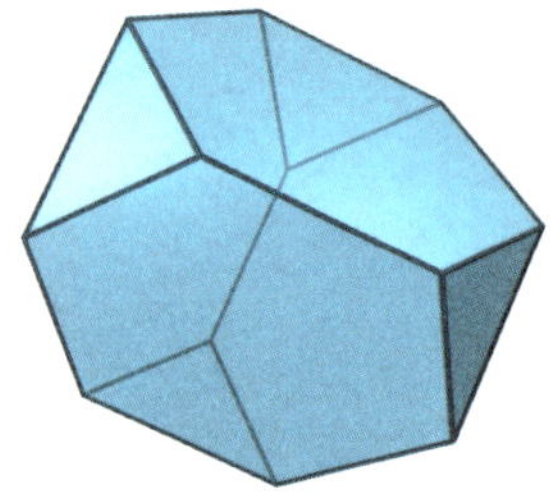

이고, 외각의 크기 d는 60°이다. 한 꼭지점에 모인 면의 개수는 3인데 데카르트 식에 의하면 모든 볼록다면체의 외각의 합은 720°이므로 꼭지점의 개수 v는

$$vd = 720, \text{ 즉 } 60v = 720$$

를 만족하므로 $v = 12$이다. 모서리의 개수는 $e = \dfrac{mv}{2}$에 의하여 18개이고 이를 오일러 식에 대입하면

$$f = 2 + e - v = 2 + 18 - 12 = 8$$

이므로 다면체 (3, 6, 6)는 팔면체이다.

3 다음 순서에 따라 식을 구하여 위에서 구한 아르키메데스의 다면체의 꼭지점, 모서리의 개수를 구하여 몇 면체인지 알아보자.

(1) 데카르트의 식을 이용하여 꼭지점의 개수 v를 외각 d로 나타내어라.

(2) 모서리의 개수 e를 한 꼭지점에 모인 면의 수 m과 꼭지점의 개수 v에 관한 식으로 나타내어라.

(3) 오일러의 식을 이용하여 면의 개수 f를 v, e에 관한 식으로 나타내어라.

(4) 데카르트의 식과 오일러의 식을 이용하여 각 다면체에 대하여 다음 표를 채워보자.

배열	꼭지각	외각 d	꼭지점 v	한 꼭지점에 모인 면의 수 m	모서리 e	면 f
(3, 6, 6)	300	60	12	3	18	6

한편, 아르키메데스의 다면체 중 부풀린 정육면체(snub cube), 부풀린 정십이면체(snub dodecahedron)를 제외한 11개는 정다면체를 잘라서 만들 수 있다.

4 정사면체의 모서리의 삼등분 점을 지나는 평면으로 정사면체의 4개의 꼭지점 부분을 잘라내면 아르키메데스의 다면체가 만들어진다. 이와 같이 정다면체를 한 번 잘라서 만들어지는 아르키메데스의 다면체를 만들 때, 모서리에서 자르는 지점의 위치를 구하여라.

5 다음 그림에 꼭지점 배열 기호를 써넣어라.

다음은 정다면체 5종류와 아르키메데스의 다면체 13종류가 어떤 관계를 맺고 있는지를 그림으로 나타낸 것이다.[12)]

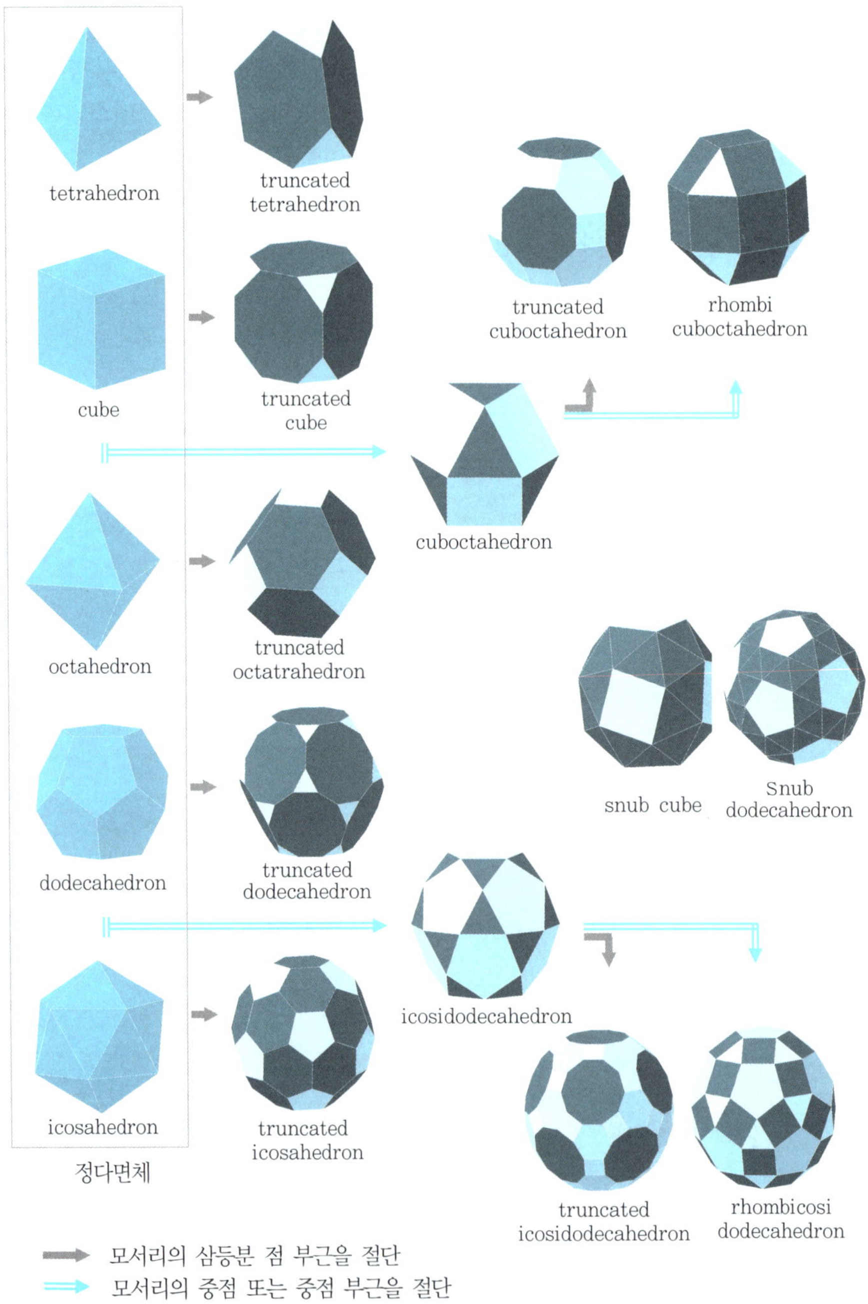

12) http://en.wikipedia.org/wiki/Archimedean_solids에서 반투명 그림을 볼 수 있다.

정다각형으로 만드는 다면체

❶ 면의 종류와 배열

1 3종류

2 (1) $b=d$ (2) $b=e$

3 없다.

4 $(5,\ b,\ c)$인 경우 $b=c$, $(5,\ b,\ c,\ d)$인 경우 $b=d$, $(5,\ b,\ c,\ d,\ e)$인 경우 $b=e$

5 (1) (3, 3, 3) 정사면체, (3, 4, 4) 각기둥 / (3, 6, 6), (3, 8, 8), (3, 10, 10)
(2) (4, 4, 4) 정육면체 / (4, 6, 6), (4, 6, 8), (4, 6, 10)
(3) (5, 4, 4) 각기둥 / (5, 5, 5) 정십이면체 / (5, 6, 6)
(4) $(n,\ 4,\ 4)$ 단, $n \geq 3$ 각기둥

6 (1) (3, 3, 3, 3) 정팔면체 / (3, 3, 4, 3), (3, 3, 5, 3) / $(3,\ 3,\ n,\ 3)$ 엇각기둥
(2) (3, 4, 3, 4), (3, 4, 4, 4), (3, 4, 5, 4)
(3) (3, 5, 3, 5)

7 (3, 3, 3, 3, 3) 정이십면체 / (3, 3, 3, 3, 4), (3, 3, 3, 3, 5)

❷ 다면체의 분류

2 $n \geq 3$인 자연수일 때, 한 꼭지점을 둘러싸는 정다각형의 배열이 $(n,\ 4,\ 4)$이면 각기둥이고, $(n,\ 3,\ 3,\ 3)$이면 엇각기둥이다.

3

배열	꼭지각	외각 d	꼭지점 $v=\frac{720}{d}$	한 꼭지점에 모인 면의 수 m	모서리 $e=\frac{mv}{2}$	면 $f=2+e-v$
(3, 6, 6)	300	60	12	3	18	8
(3, 8, 8)	330	30	24	3	36	14
(3, 10, 10)	348	12	60	3	90	32
(4, 6, 6)	330	30	24	3	36	14
(4, 6, 8)	345	15	48	3	72	26
(4, 6, 10)	354	6	120	3	180	62

배열	꼭지각	외각 d	꼭지점 $v=\frac{720}{d}$	한 꼭지점에 모인 면의 수 m	모서리 $e=\frac{mv}{2}$	면 $f=2+e-v$
(5, 6, 6)	348	12	60	3	90	32
(3, 4, 3, 4)	300	60	12	4	24	14
(3, 5, 3, 5)	336	24	30	4	60	32
(3, 4, 4, 4)	330	30	24	4	48	26
(3, 4, 5 , 4)	348	12	60	4	120	62
(3, 3, 3, 3, 4)	330	30	24	5	60	38
(3, 3, 3, 3, 5)	348	12	60	5	150	92

4 절단 정사면체, 절단 정팔면체, 절단 정이십면체 : 꼭지점에서 1/3지점

절단 정육면체 : 꼭지점에서 $a=\frac{1}{2+\sqrt{2}}$ 지점

절단 정십이면체 : 꼭지점에서 $a=\frac{1}{2(1+\sin 54^\circ)}$ 지점

육팔면체, 십이이십면체 : 중점

5

배열	이름	영문 이름
(3, 6, 6)	절단 정사면체	truncated tetrahedron
(3, 8, 8)	절단 정육면체	truncated cube
(3, 10, 10)	절단 정십이면체	truncated dodecahedron
(4, 6, 6)	절단 정팔면체	truncated octatrahedron
(4, 6, 8)	절단 육팔면체	truncated cuboctahedron
(4, 6, 10)	절단 십이이십면체	truncated icosidodecahedron
(5, 6, 6)	절단 정이십면체	truncated icosahedron
(3, 4, 3, 4)	육팔면체	cuboctahedron
(3, 5, 3, 5)	십이이십면체	icosidodecahedron
(3, 4, 4, 4)	두 번 절단 육팔면체	rhombicuboctahedron
(3, 4, 5, 4)	두 번 절단 십이이십면체	rhombicosidodecahedron
(3, 3, 3, 3, 4)	부풀린 정육면체	snub cube
(3, 3, 3, 3, 5)	부풀린 정십이면체	snub dodecahedron

207-4

주사위가 될 수 있는 다면체

Keywords 주사위, 정다면체, 카탈란 다면체, 오일러 식

주사위 놀이의 역사는 인류의 역사만큼이나 오래 전으로 거슬러 올라간다. 주사위가 인류의 친구가 된 이후, 어렸을 때 주사위 놀이를 해보지 않은 사람이 없을 것이며 집집마다 주사위가 몇 개씩은 있을 것이다.

이제 주사위를 던진 후 마음을 졸이며 쳐다보는 짧은 장면을 떠올려보자. 공중에 떠 있는 주사위는 모양이 어떠한가? 대부분의 사람들은 주사위라고 하면 정육면체를 떠올린다. 완벽한 정육면체 모양이든지 꼭지점 부분을 약간 둥글렸다거나 하는 정도의 차이는 있지만 처음 사용되었다고 추정하는 복숭아 뼈로 만든 주사위나 요즘 문방구에서 파는 주사위 모두 정육면체 모양을 갖고 있다.

그러면 주사위의 모양은 정육면체만 가능할까? 또 다른 모양도 가능할까?

이 글에서는 주사위의 정의를 살펴보고 주사위로 사용할 수 있는 다면체의 종류를 모두 살펴보고자 한다.[13] 생각보다 주사위로 사용할 수 있는 다면체가 많음에 놀랄 것이다.

아래 그림과 같은 정다면체 모양의 주사위를 본 적 있는가?

13) http://mathworld.wolfram.com/Isohedron.html

1 주사위 다면체의 정의와 조건

1 아래 그림은 사각뿔, 직육면체, 정삼각형을 12개 붙인 다면체이다. 아래와 같은 다면체를 주사위로 사용할 수 있겠는가?

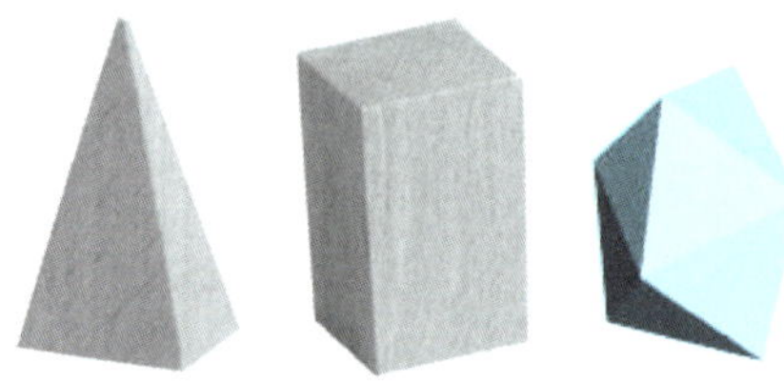

육각연필이나 사각연필도 주사위로 사용할 수 있다. 주사위는 모든 면이 나올 확률이 같은 도형이므로 나올 확률이 0인 면은 어떤 모양이든 몇 개가 있든 관계없다. 단지 나올 확률이 0보다 큰 면에 대해서만 확률이 같으면 되는 것이다. 따라서 육각연필이나 사각연필도 주사위로 사용할 수 있다. 그러나 우리는 여기서 존재하는 모든 면에 대하여 확률이 같은 다면체에 대하여 알아보려고 한다. 즉, 모든 면이 나올 확률이 같은 다면체를 주사위 다면체라고 하자.

2 다면체를 주사위로 사용할 수 있으려면 어떤 조건을 갖추어야 할지 생각해 보자.

주사위 다면체[14]가 되려면 어느 면이나 나올 확률이 같아야 한다. 다시 말하면, 각 면과 서로 다른 면의 관계가 모두 동일해야 하며 각 면이 다면체의 중력의 중심과 갖는 관계가 모두 동일해야 한다. 이것을 수학적 용어로 말하면, 모든 면이 그 다면체의 대칭군[15] 아래에서 동치인 다면체를 주사위 다면체(Isohedron)[16]라고 한다. 주사위 다면체가 이러한 군 구조를 갖기 때문에 군 이론과 오일러의 식을 이용하여 그 종류를 증명할 수 있다.[17]
한 면의 모서리의 개수를 m(면의 모양이 m각형)이라고 하면

$$e = \frac{mf}{2}$$

14) 여기서 주사위 다면체라고 할 때는 면에 숫자를 쓰는 것은 고려하지 않고 정의만 만족하면 된다.
15) [205-2 대칭군] 참고
16) www.mathworld.com
17) http://hjem.get2net.dk/Klaudius/Dice.htm

이다. 이것을 오일러의 식 $v-e+f=2$에 대입하면

$$v-\frac{mf}{2}+f=2$$

$$v=\frac{fm}{2}-f+2$$

다면체에서 한 꼭지점은 적어도 세 개의 면이 만나 생기므로 면의 개수 f와 각 면의 변의 개수 m의 곱은 $3v$ 이상이다. 즉,

$$3v \leqq fm$$

3 위 관계에 식 $v=\dfrac{fm}{2}-f+2$를 대입하여 m에 관한 정보를 구하여라.

주사위 다면체의 각 면은 합동이어야 하지만 한 꼭지점에 모이는 모서리의 유형까지 똑같을 필요는 없다. 여기서 모서리의 유형이란 한 꼭지점에 모이는 모서리의 종류별 순서를 말한다. 예를 들어, 각 면이 이등변삼각형인 16면체(아래 사진, 8각뿔이 위 아래로 붙은 모양)에서 꼭지점 A, B의 모서리의 유형이 같고 꼭지점 C, D의 모서리 유형이 같다.

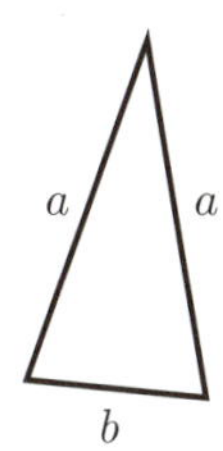

꼭지점 A에 모인 모서리 : $aaaaaaaa$
꼭지점 B에 모인 모서리 : $aaaaaaaa$
꼭지점 C에 모인 모서리 : $abab$
꼭지점 D에 모인 모서리 : $abab$

이제 꼭지점을 모서리 유형에 따라 V_1, V_2, V_3와 같이 이름을 붙이고 V_i의 개수를 v_i, V_i에서 만나는 면의 개수를 $r_i(r_i \geqq 3)$라고 하자. 또, 한 면에서의 V_i의 개수를 m_i라고 하자.

V_i	모서리 유형에 따른 꼭지점 이름
v_i	V_i의 개수
r_i	V_i에서 만나는 면의 개수 $(r_i \geqq 3)$
m_i	한 면에서의 V_i의 개수

예를 들어, 위의 16면체에서 점 C, D를 각각 V_1, 점 A를 V_2라고 하면 그 값은 다음과 같다.

$$v_1 = 8,\ r_1 = 4,\ m_1 = 2$$
$$v_2 = 2,\ r_2 = f/2,\ m_2 = 1$$

다면체에서 v, m, f 사이의 관계를 알아보면 다음을 쉽게 알 수 있다.

$$v = \sum v_i,\ m = \sum m_i,\ v_i = \frac{f\,m_i}{r_i}\ (i = 1, 2, \cdots)$$

위 식과 $v = \dfrac{f\,m}{2} - f + 2$에서

$$\sum \frac{f\,m_i}{r_i} = \frac{fm}{2} - f + 2$$

이다.

4 위 식을 f에 관하여 풀어라. 우리는 이 식 (*)으로부터 주사위가 될 수 있는 다면체를 모두 구하게 될 것이다.

이제 꼭지점 모양이 모두 같은 경우, 모두 같지 않은 경우로 나누어 주사위의 모양을 알아보자.

2 꼭지점에 모인 모서리 유형이 모두 같은 경우

모서리의 유형이 모두 같으므로 $m_i = m$라고 하면 4 에서 구한 식 (*)은

$$f = \frac{2}{\dfrac{m}{r} - \dfrac{m}{2} + 1}$$

이 되고 이 식으로부터 알 수 있는 주사위는 다음과 같이 계산된다.

$m = 3$이면 $f = \dfrac{2}{\dfrac{3}{r} - \dfrac{3}{2} + 1} = \dfrac{4r}{6 - r}$,

$$r=3\text{이면 } f=\frac{4\times 3}{6-3}=4 \qquad \Rightarrow (1),\ (2),\ (3)$$

$$r=4\text{이면 } f=8 \qquad \Rightarrow (4)$$

$$r=5\text{이면 } f=20 \qquad \Rightarrow (5)$$

$$m=4\text{이면 } f=\frac{2}{\frac{4}{r}-\frac{4}{2}+1}=\frac{2r}{4-r},\quad r=3\text{이면 } f=6 \qquad \Rightarrow (6),\ (7)$$

$$m=5\text{이면 } f=\frac{2}{\frac{5}{r}-\frac{5}{2}+1}=\frac{4r}{10-3r},\quad r=3\text{이면 } f=12 \qquad \Rightarrow (8)$$

이상을 정리하면 다음과 같은데 이중의 다섯 가지는 이미 우리가 잘 알고 있는 정다면체이고 (2)는 정사면체의 면을 이등변삼각형으로 바꾼 모양, (3)은 정사면체의 면을 세 변의 길이가 같지 않은 삼각형으로 바꾼 모양, (7)은 정육면체의 면을 마름모로 바꾼 모양이다.

순서	f	m	r	v	비고
(1)	4	3	3	4	정사면체
(2)					사면체(면은 이등변삼각형)
(3)					사면체(면은 삼각형)
(4)	8	3	4	6	정팔면체
(5)	20	3	5	12	정이십면체
(6)	6	4	3	8	정육면체
(7)					평행육면체(면은 마름모)
(8)	12	5	3	20	정십이면체

(2)

isosceles tetrahedron

(3)

scalene tetrahedron

(7)

Trapezoidal dihedron

1 정다면체는 정다각형으로 이루어져 있으며 모든 꼭지점에 모인 면의 개수가 같다. 정다면체의 모서리 유형은 모든 꼭지점에서 같은가?

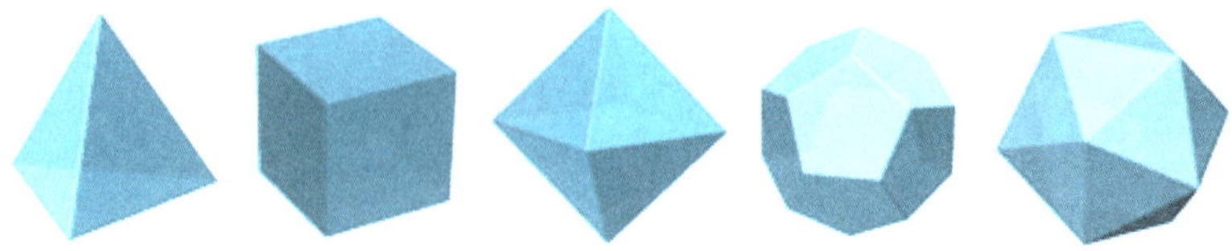

2 다음 주사위 다면체 (3), (7)의 모든 꼭지점에서의 모서리 유형을 주사위 다면체 (2)와 같이 써보아라. 모서리는 길이에 따라 그림과 같이 a, b, c라고 하자.

(2)

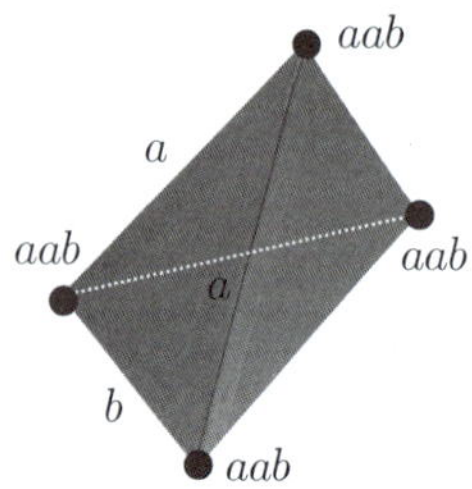

(3)

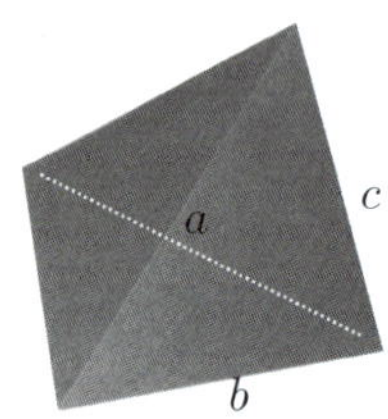

(7)

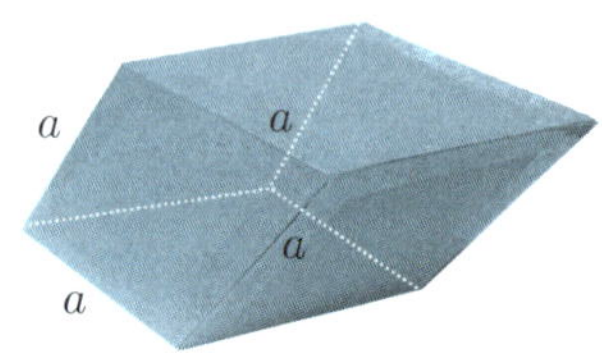

3 꼭지점에 모인 모서리 유형이 모두 같지 않은 경우

주사위가 될 다면체에서 모서리의 길이가 모두 같지 않다면 가능한 회전대칭은 180° 회전뿐이다. 따라서 길이가 같은 모서리의 쌍이 존재할 수 있다. 다시 말하면, 모서리의 길이가 모두 같지 않은 경우에는 길이가 같은 모서리가 한 쌍 이상 존재한다. 모서리의 길이에 대한 가능성을 삼각형, 사각형, 오각형 각 경우에 대해서 정리하면 다음과 같다.

삼각형 (1) 한 쌍의 변의 길이가 같은 경우
(2) 세 변의 길이가 모두 다른 경우
사각형 (1) 네 변의 길이가 모두 같은 경우
(2) 두 쌍의 변의 길이가 같은 경우
(3) 한 쌍의 변의 길이가 같은 경우
오각형 (1) 네 변의 길이가 같은 경우
(3) 세 변의 길이가 같은 경우

(2) 두 쌍의 변의 길이가 같은 경우

이제 각 경우에 대하여 주사위가 될 수 있는 다면체를 구하여보자.

1. 삼각형 : 한 쌍의 변의 길이가 같은 경우

한 면에서 모서리 유형이 같은 꼭지점이 2개인 경우, 즉 $m_1 = 2$, $m_2 = 1$이면 식 (*)으로부터

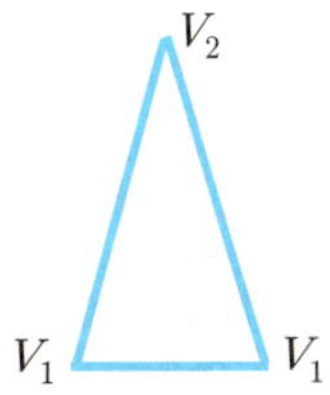

$$f = \frac{2}{\frac{2}{r_1} + \frac{1}{r_2} - \frac{3}{2} + 1} = \frac{4r_1r_2}{4r_2 + 2r_1 - r_1r_2}$$

를 얻고 이 식으로부터 알 수 있는 주사위는 다음과 같이 계산된다.

■ $r_1 = 4$이면 $f = \dfrac{4r_1r_2}{4r_2 + 2r_1 - r_1r_2} = 2r_2$ ($f \geq 6$;짝수)이다.

따라서

$$v_1 = \frac{f \cdot 2}{4} = \frac{f}{2},\ r_2 = \frac{f}{2},\ v_2 = \frac{f \cdot 1}{1}\frac{2}{f} = 2$$

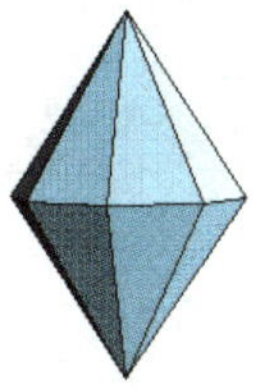

Triangular Dihedron

로 이것은 오른쪽 그림과 같이 위아래에 뿔을 붙인 모양의 다면체이다. 이것을 Triangular Dihedron이라고 한다.

■ $r_1 = 6$이면 $f = \dfrac{24r_2}{12 - 2r_2}$이고 이 경우 $r_2 = 3$이면 $f = 12$이다. 이것은

- 면이 이등변삼각형인 12면체
- $v_1 = 4$, $v_2 = 4$이므로 전체 꼭지점의 개수는 $v_1 + v_2 = 8$
- $m_1 = 2$, $r_1 = 6$, $v_1 = 4$이므로 한 면에서 두 개의 꼭지점에 모이는 면의 개수는 6개이고 전체적으로 이러한 꼭지점은 4개
- $m_2 = 1$, $r_2 = 3$, $v_2 = 4$이므로 한 면에서 한 개의 꼭지점에 모이는 면의 개수는 3개이고 전체적으로 이러한 꼭지점은 4개

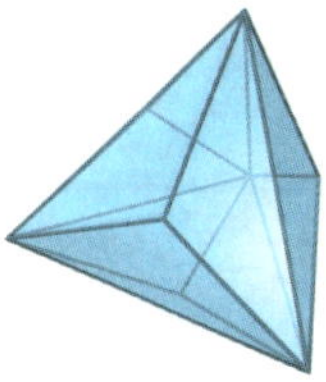

triakis tetrahedron

이므로 오른쪽 그림과 같이 정사면체의 각 면에 삼각뿔을 얹은 모양이다. 이 주사위 다면체의 이름은 triakis tetrahedron이다.

1 위에서 구한과 triakis tetrahedron의 모든 꼭지점에서의 모서리 유형을 아래 그림에 써보아라.

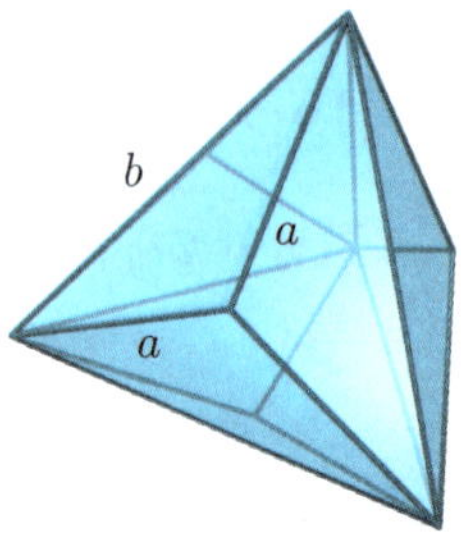

주사위 다면체는 그 다면체의 대칭군 아래에서 모든 면이 동치이다. triakis tetrahedron으로 이를 확인하여보자.

2 triakis tetrahedron의 대칭군은 정사면체 대칭군이다. 그림과 같이 정사면체의 네 꼭지점과 같은 위치에 1, 2, 3, 4 번호를 붙일 때, 면 A와 B는 어떤 치환에 의하여 포개어지는가? 또, 면 A와 C는 어떤 치환에 의하여 포개어지는가?

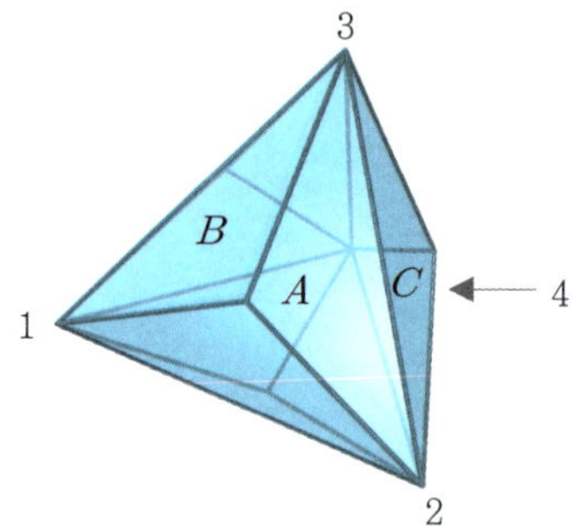

3 $r_1 = 6$, $r_2 = 4$인 경우에 대하여 알아보자.

(1) 다음 표를 채워라.

f	r_1	v_1	r_2	v_2

(2) 위의 표를 분석하여 이 주사위 다면체는 어떤 모양인지 설명하고 간단히 그려보아라. 이 주사위 다면체를 tetrakis hexahedron라고 한다.

4 $r_1 = 6$, $r_2 = 5$인 경우에 대하여 알아보자.

(1) 다음 표를 채워라.

f	r_1	v_1	r_2	v_2

(2) 위의 표를 분석하여 이 주사위 다면체는 어떤 모양인지 설명하여라.

5 $r_1 = 8$이면 $f = \dfrac{32r_2}{16 - 4r_2}$이다. 이 경우에 대하여 알아보자.

(1) 다음 표를 채워라.

f	r_1	v_1	r_2	v_2

(2) 위의 표를 분석하여 이 주사위 다면체는 어떤 모양인지 설명하고 간단히 그려보아라.

6 $r_1 = 10$이면 $f = \dfrac{40r_2}{20 - 6r_2}$이다. 이 경우에 대하여 알아보자.

(1) 다음 표를 채워라.

f	r_1	v_1	r_2	v_2

(2) 위의 표를 분석하여 이 주사위 다면체는 어떤 모양인지 설명하여라.

준정다면체(Archimedean Solid)[18]의 듀얼[19]을 카탈란 다면체(Catalan Solid)라고 하는데, 카탈란 다면체는 모두 주사위 다면체이다. 위에서 tetrakis hexahedron는 절단 정육면체(truncated cube)의 듀얼인데 아래 그림은 두 다면체를 한꺼번에 그린 모양이다.

카탈란 다면체

카탈란 다면체는 준정다면체의 듀얼이므로 모두 13종류이다.

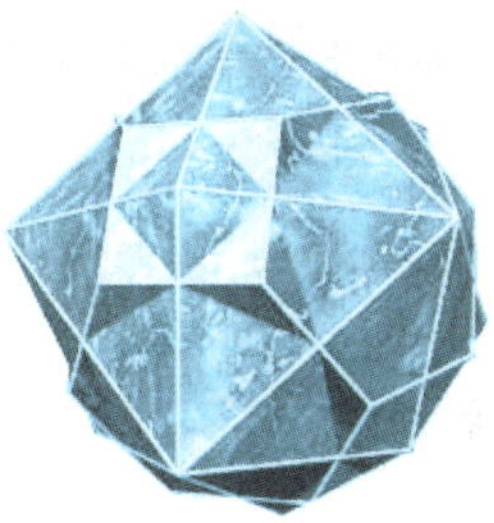

tetrakis hexahedron + truncated cube

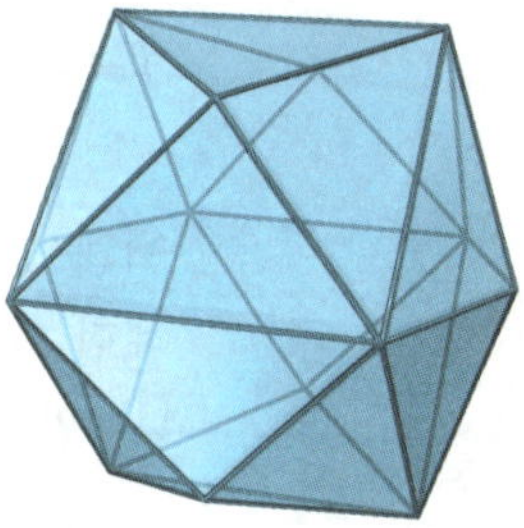

tetrakis hexahedron

18) [207-3 정다각형으로 만드는 다면체] 참고
19) 다면체의 듀얼에 대해서는 [206-4 정다면체 안의 정다면체] 참고

삼각형의 한 쌍의 변의 길이가 같은 주사위 다면체 중, Triangular Dihedron를 제외한 다섯가지는 카탈란 다면체로 정다면체 위에 뿔을 얹은 모양으로 만들어질 수 있다. 예를 들어, tetrakis hexahedron는 정육면체 위에 높이가 정육면체 한 모서리의 1/6인 정사각뿔을 얹은 모양이다.

2. 삼각형 : 세 변의 길이가 모두 다른 경우

■ 한 면에서 꼭지점의 모서리 유형이 두 종류라고 하자. 즉, $m_1 = 2$, $m_2 = 1$이라면 식 (*)에서

$$f = \frac{4r_1r_2}{4r_2 + 2r_1 - r_1r_2}$$

가 되어 이 식으로부터 $r_1 = 4$이면 $f = 2r_2$이므로

$$v_1 = \frac{f \times 2}{4} = \frac{f}{2},\ v_2 = \frac{f \times 1}{1/2} = 2$$

가 되어 면의 개수가 4의 배수(8 이상)이다.

■ 이번에는 한 면에서 꼭지점의 모서리 유형이 모두 다르다고 하자. 즉, $m_1 = m_2 = m_3 = 1$이므로

$$f = \frac{2}{\frac{1}{r_1} + \frac{1}{r_2} + \frac{1}{r_3} - \frac{1}{2}} = \frac{4r_1r_2r_3}{2r_2r_3 + 2r_1r_3 + 2r_1r_2 - r_1r_2r_3} \quad (r_i\text{는 모두 짝수})$$

이다. 이때, $r_1 = 4$이면 $f = \frac{16r_2r_3}{2r_2r_3 + 8r_3 + 8r_2 - 4r_2r_3}$, $r_2 = 4$이면 $f = 2r_3$가 되어 면의 개수가 4의 배수(8 이상)이다.

7 위에서 간단히 알아본 두 경우에 대하여 어떤 주사위 다면체가 생기는지 자세히 알아보자.

(1) 먼저 다음 표를 채워라.

순서	f	m_1	r_1	v_1	m_2	r_2	v_2	m_3	r_3	v_3
모서리 유형이 두 종류인 경우								/	/	/
모서리 유형이 모두 다른 경우										

(2) 위의 두 주사위 다면체는 모두 앞에서 살펴본 Triangular Dihedron을 변형한 모양이다. 모서리 유형이 두 종류인 경우를 Triangular Dihedron (up/down), 모서리 유형이 모두 다른 경우를 Triangular Dihedron (in/out)이라고 한다. 다음과 같이 세 변의 길이가 모두 다른 삼각형을 8장 이어붙여 두 주사위 다면체를 만들어보자. 이때, 모서리 유형에 주의해서 붙여야 한다.

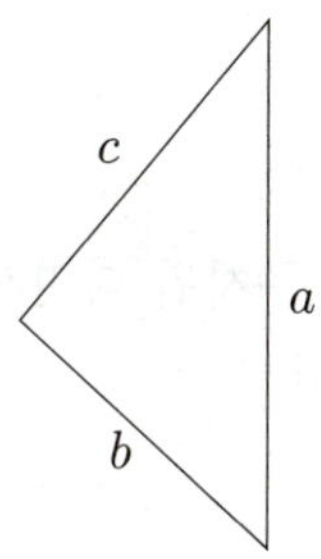

Triangular Dihedron (up/down)

Triangular Dihedron (in/out)

8 한 면에서 꼭지점의 모서리 유형이 모두 다른 경우를 알아보자. 식

$$f=\frac{4r_1r_2r_3}{2r_2r_3+2r_1r_3+2r_1r_2-r_1r_2r_3}$$

에서 $r_1=4$, $r_2=6$인 경우에 r_3의 값을 변화시키면서 어떤 주사위 다면체가 생기는지 알아보자.

(1) 다음 표를 채워라.

f	m_1	r_1	v_1	m_2	r_2	v_2	m_3	r_3	v_3
	1	4		1	6		1	6	
	1	4		1	6		1	8	
	1	4		1	6		1	10	

(2) 다음 그림을 위에서 찾은 주사위 다면체와 짝지워라.

hexakis tetrahedron

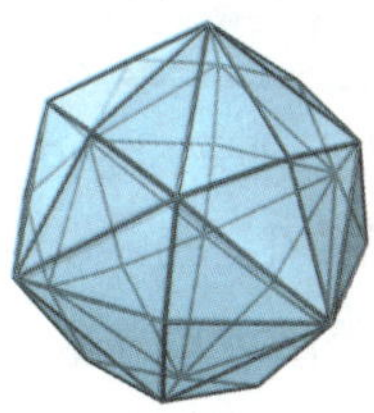

disdyakis dodecahedron

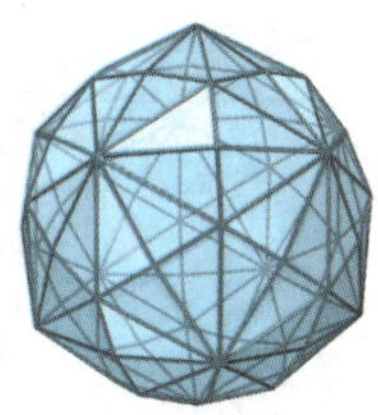

disdyakis triacontahedron

3. 사각형 : 네 변의 길이가 같은 경우

한 면에서 두 꼭지점에서의 모서리 유형이 같다면, 즉 $m_1 = m_2 = 2$이면 식 (*)으로부터

$$f = \frac{2}{\frac{2}{r_1} + \frac{2}{r_2} - 1} = \frac{2r_1r_2}{2r_2 + 2r_1 - r_1r_2}$$

를 얻는다.

9 위의 식으로부터 구할 수 있는 주사위 다면체를 구하여보자.

(1) $r_1 = 3$일 때, f를 r_2에 관한 식으로 나타내어라.

(2) 다음 표를 채워라.

f	m_1	r_1	v_1	m_2	r_2	v_2
	2	3		2	4	
	2	3		2	5	

(3) $r_2 = 4$인 경우에는 오른쪽 그림과 같은 주사위 다면체가 만들어진다. 즉, 면은 마름모이면서 V_1(큰 각)에서는 면이 3개 모이고, V_2(작은 각)에서는 면이 4개 모이는 구조이다. $r_2 = 5$일 때는 어떤 주사위 다면체가 생기는지 설명하여라.

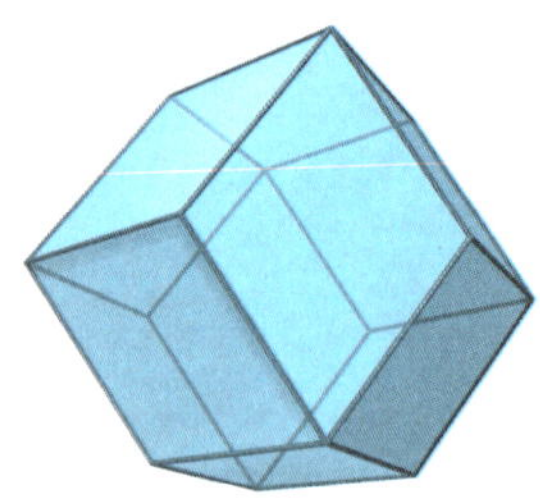

마름모 십이면체
(rhombic dodecahedron)

4. 사각형 : 두 쌍의 변의 길이가 같은 경우

두 쌍의 변의 길이가 같은 사각형은 '연' 모양이라고 부르는데, 오른쪽과 같은 모양이다. 면의 모양이 이와 같을 때, 어떤 주사위 다면체가 생기는지 알아보자.

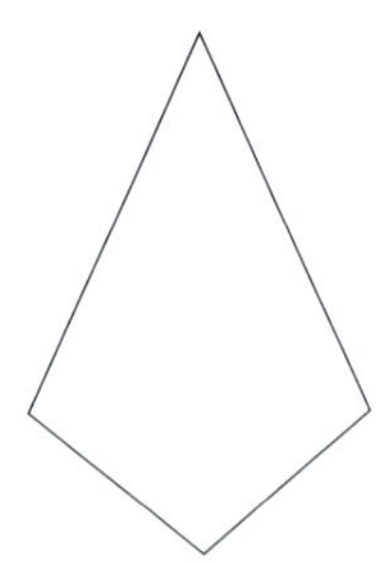

10 한 면에서 세 꼭지점의 모서리 유형이 같은 경우에 대하여 알아보자. 즉, $m_1 = 3$, $m_2 = 1$라고 하자.

(1) 식 (*)로부터 f를 구하여라.

(2) $r_1 = 3$일 때, 다음 표를 채워라.

f	m_1	r_1	v_1	m_2	r_2	v_2
6 이상의 짝수	3	3		1		

(3) 이 주사위 다면체는 어떤 모양인지 설명하고, 8면체인 경우를 만들어보아라.

11 $m_1 = 2$, $m_2 = m_3 = 1$인 경우에는 식 (*)로 부터

$$f = \frac{2}{\frac{2}{r_1} + \frac{1}{r_2} + \frac{1}{r_3} - 1} = \frac{2r_1r_2r_3}{2r_2r_3 + r_1r_3 + r_1r_2 - r_1r_2r_3}$$

를 얻는다. $r_1 = 4$이면 $f = \frac{8r_2r_3}{4r_3 + 4r_2 - 2r_2r_3}$로 $r_2 = 3$, $r_3 = 3$이면 $f = 12$를 얻는다. 이 주사위 다면체는 trapezoidal dodecahedron라고 하며 이에 대한 정보를 정리하면 다음과 같다.

f	m_1	r_1	v_1	m_2	r_2	v_2	m_3	r_3	v_3
12	2	4	6	1	3	4	1	3	4

(1) 아래 사진은 trapezoidal dodecahedron이다. 각 꼭지점을 V_1, V_2, V_3로 구분하여라.

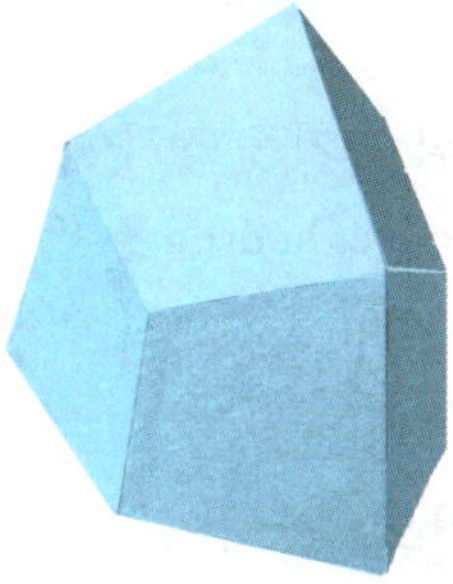

(2) $r_3 = 4$, $r_3 = 5$인 경우에 대하여 다음 표를 채워라.

f	m_1	r_1	v_1	m_2	r_2	v_2	m_3	r_3	v_3
	2	4		1	3		1	4	
	2	4		1	3		1	5	

(3) 위 (2)에서 알아낸 두 주사위 다면체의 모양을 설명하여라.

5. 사각형 : 한 쌍의 변의 길이가 같은 경우

한 면에 모서리 유형이 같은 꼭지점이 2개 있다면, 즉 $m_1 = 2$, $m_2 = m_3 = 1$로 하면 식 (*)로부터 $f = \dfrac{2}{\dfrac{2}{r_1} + \dfrac{1}{r_2} + \dfrac{1}{r_3} - 1}$를 얻는다. 이로부터 $r_1 = r_2 = 4$, $r_3 = 3$인 경우에 $f = 24$를 얻고 이를 dyakis dodecahedron라고 한다.

f	m_1	r_1	v_1	m_2	r_2	v_2	m_3	r_3	v_3
24	2	4	12	1	4	6	1	3	8

12 아래 사진은 dyakis dodecahedron이다.

(1) 각 꼭지점을 $V_1(abac)$, $V_2(bcbc)$, $V_3(aaa)$로 구분하여라.

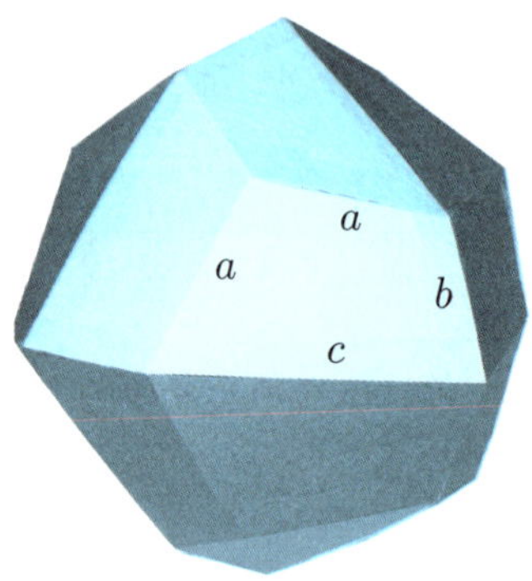

(2) 변의 길이, 각의 크기를 정하여 24장의 면을 종이로 오리고 이것들을 붙여 dyakis dodecahedron을 만들어보아라. 한 면의 모양을 정할 때, 고려해야 하는 것이 무엇인지 이야기해보자.

6. 오각형 : 네 변의 길이가 같은 경우

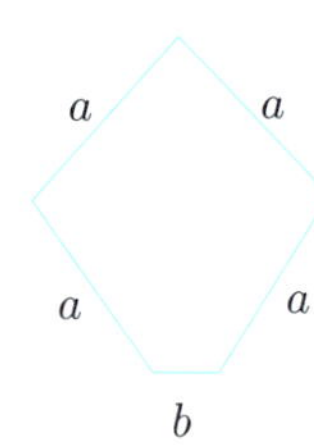

한 면에 모서리 유형이 같은 꼭지점이 4개 있다고 하자.
즉, $m_1 = 3$, $m_2 = 2$라고 하면 식

$$f = \frac{2}{\dfrac{3}{r_1} + \dfrac{2}{r_2} - \dfrac{3}{2}}$$

에서 $r_1 = 3$, $r_2 = 3$이면 $f = 12$이다.

13 위의 경우에 만들어지는 주사위 다면체에 대하여 알아보자.

(1) 아래 표를 채워라.

f	m_1	r_1	v_1	m_2	r_2	v_2
12	3	3	12	2	3	8

(2) 아래 주사위 다면체의 각 꼭지점을 $V_1(aab)$, $V_2(aaa)$로 구분하여라.

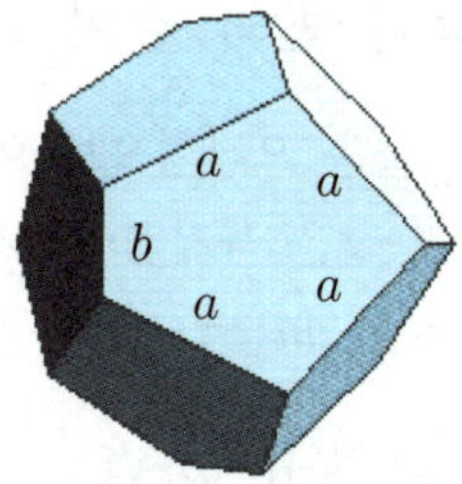

7. 오각형 : 세 변의 길이가 같은 경우

한 면에 모서리 유형이 같은 꼭지점이 3개 있다면, 즉 $m_1=3$, $m_2=1$, $m_3=1$이면 $f=\dfrac{2}{\dfrac{3}{r_1}+\dfrac{1}{r_2}+\dfrac{1}{r_3}-\dfrac{3}{2}}$이다.

14 위의 경우에 만들어지는 주사위 다면체에 대하여 알아보자.

(1) 아래 표를 채워라.

f	m_1	r_1	v_1	m_2	r_2	v_2	m_3	r_3	v_3
	3	3		1	3		1	4	
	3	3		1	3		1	5	

(2) $r_3=4$인 경우를 pentagonal icositetrahedron, $r_3=5$인 경우를 pentagonal hexecontahedron라고 한다. 이 주사위 다면체들의 꼭지점은 모서리 유형에 따라 세 종류로 분류할 수 있다. 각 다면체의 꼭지점에 모서리 유형을 써보아라.

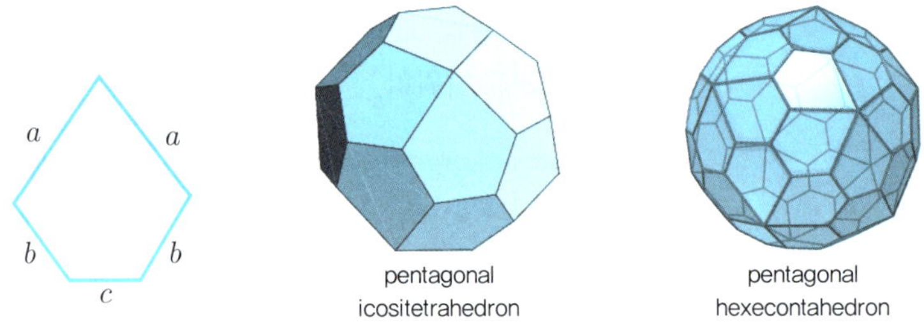

8. 오각형 : 두 쌍의 변의 길이가 같은 경우

두 쌍의 변의 길이가 같은 오각형으로 이루어진 다면체에서 한 면에 모서리 유형이 같은 꼭지점이 3개가 있다면 해를 얻을 수 있다. 즉, $m_1=3$, $m_2=1$, $m_3=1$이면

$$f=\frac{2}{\frac{3}{r_1}+\frac{1}{r_2}+\frac{1}{r_3}-\frac{3}{2}}$$ 이다.

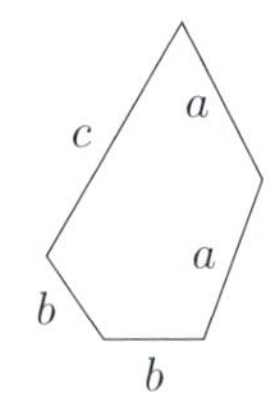

15 $r_1=r_2=r_3=3$인 경우에 얻어지는 주사위 다면체를 tetragonal pentagonal dodecahedron라고 한다.

(1) 다음 표를 채워라.

f	m_1	r_1	v_1	m_2	r_2	v_2	m_3	r_3	v_3
	3	3		1	3		1	3	

(2) 아래 주사위 다면체의 각 꼭지점을 $V_1(abc)$, $V_2(bbb)$, $V_3(aaa)$로 구분하여라.

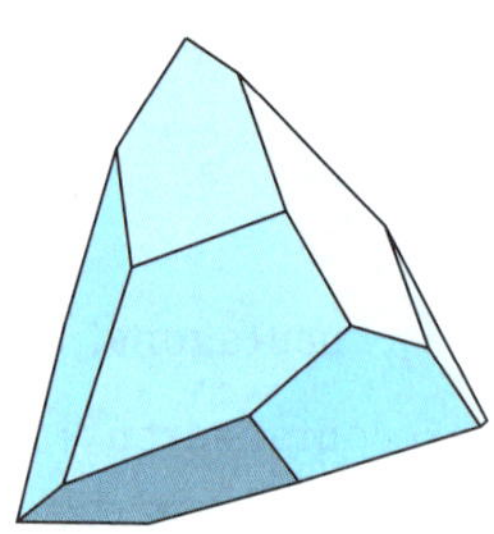

(3) 변의 길이, 각의 크기를 정하여 한 면을 종이로 오리고 이것들을 붙여 tetragonal pentagonal dodecahedron을 만들어보아라. 한 면의 모양을 정할 때, 고려해야 하는 것이 무엇인지 이야기해보자.

16 지금까지 구한 주사위 다면체는 모두 몇 종류인가? 이것들을 직관적으로 다음과 같이 분류해보자.

정사면체가 변형된 것으로 볼 수 있는 다면체	
정육면체가 변형된 것으로 볼 수 있는 다면체	
정팔면체가 변형된 것으로 볼 수 있는 다면체	
정십이면체가 변형된 것으로 볼 수 있는 다면체	
정이십면체가 변형된 것으로 볼 수 있는 다면체	
뿔이 변형된 것으로 볼 수 있는 다면체	
기 타	

주사위가 될 수 있는 다면체

❶ 주사위 다면체의 정의와 조건

3 $m \leq 6 - \dfrac{12}{f}$에서 $m < 6$이어야 한다. 즉, 주사위를 이루는 다면체의 면은 삼각형, 사각형, 오각형뿐이다.

4 $$f = \dfrac{2}{\sum \dfrac{m_i}{r_i} - \dfrac{m}{2} + 1}$$

❷ 주사위 다면체의 종류

1 같다.

2 (3) acb (7) aaa

❸ 꼭지점에 모인 모서리 유형이 모두 같지 않은 경우

1 (1) $aa \cdots a$, $abab$ (2) $ababab$, aaa

2 면 A와 B는 치환 (123)에 의하여 동치, 면 A와 C는 치환 (14)(23)에 의하여 동치

3 (1)

f	m_1	r_1	v_1	m_2	r_2	v_2
24	2	6	8	1	4	6

(2) 정육면체의 각 면 위에 사각뿔을 얹은 모양

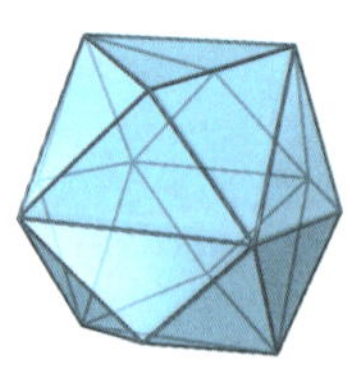

4 (1)

f	m_1	r_1	v_1	m_2	r_2	v_2
60	2	6	20	1	5	12

(2) 정십이면체의 각 면 위에 오각뿔을 얹은 모양

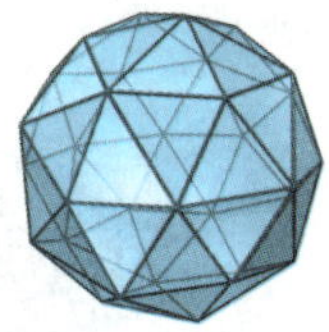

5 (1)

f	m_1	r_1	v_1	m_2	r_2	v_2
24	2	8	6	1	3	8

(2) 정팔면체의 각 면 위에 삼각뿔을 얹은 모양

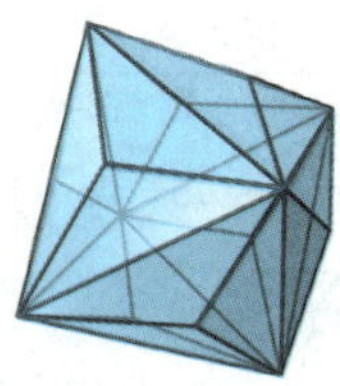

6 (1)

f	m_1	r_1	v_1	m_2	r_2	v_2
60	2	10	12	1	3	20

(2) 정이십면체의 각 면 위에 삼각뿔을 얹은 모양

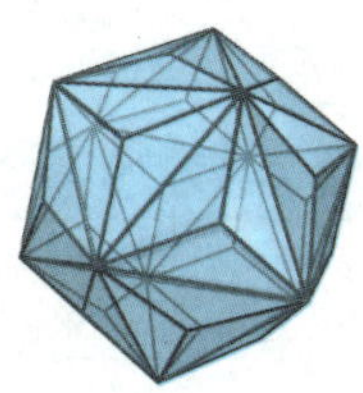

7 (1)

순서	f	m_1	r_1	v_1	m_2	r_2	v_2	m_3	r_3	v_3
모서리 유형이 두 종류인 경우	8 이상의 4의 배수	2	4	$f/2$	1	$f/2$	2			
모서리 유형이 모두 다른 경우	8 이상의 4의 배수	1	4	$f/4$	1	4	$f/4$	1	$f/2$	2

(2) 아래 모서리 유형에 맞추어 붙이면 된다.

Triangular Dihedron (up/down)

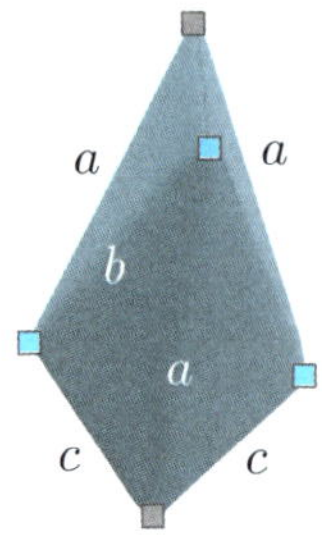

□ V_1 $(abcb)$

■ V_2 $(acac)$

Triangular Dihedron (in/out)

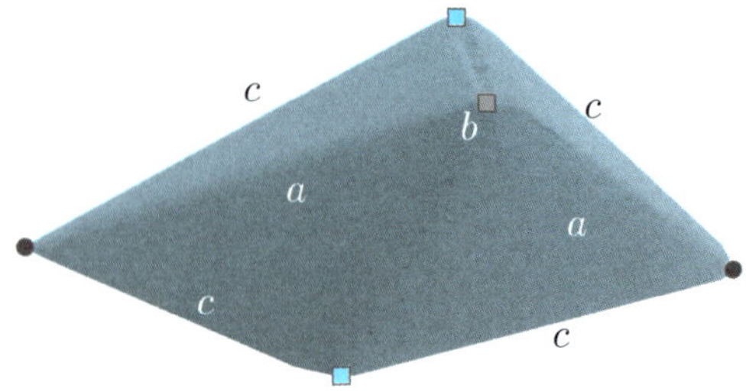

□ V_1 $(bcbc)$

■ V_2 $(abab)$

● V_3 $(acac)$

8

(1) $r_1 = 4$, $r_2 = 6$이면 $f = \dfrac{96r_3}{12r_3 + 8r_3 + 48 - 24r_3} = \dfrac{96r_3}{48 - 4r_3}$ 에서

$r_3 = 6$이면 $f = 24$, $r_3 = 8$이면 $f = 48$, $r_3 = 10$이면 $f = 120$이다.

f	m_1	r_1	v_1	m_2	r_2	v_2	m_3	r_3	v_3
24	1	4	4	1	6	4	1	6	4
48	1	4	12	1	6	8	1	8	6
120	1	4	30	1	6	20	1	10	12

(2) 차례대로임.

9

(1) $f = \dfrac{2}{\dfrac{2}{r_1} + \dfrac{2}{r_2} - 1} = \dfrac{2r_1r_2}{2r_2 + 2r_1 - r_1r_2}$

(2)

f	m_1	r_1	v_1	m_2	r_2	v_2
12	2	3	8	2	4	6
30	2	3	20	2	5	12

(3) 면은 마름모이고 큰 각에서는 $V_1(aaa)$, 작은 각에서는 $V_2(aaaaa)$인 구조이다.

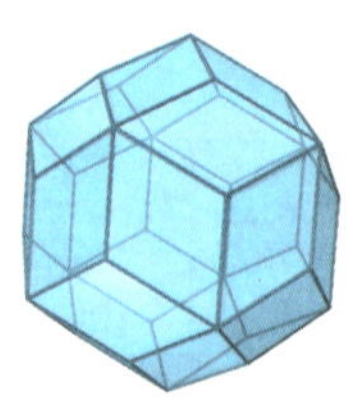

rhombic triacontahedron

10

(1) $f=\dfrac{2}{\dfrac{3}{r_1}+\dfrac{1}{r_2}-1}$

(2)

f	m_1	r_1	v_1	m_2	r_2	v_2
6 이상의 짝수	3	3	f	1	$f/2$	2

(3) 연 모양으로 만든 뿔을 위 아래에 붙인 형태이다.

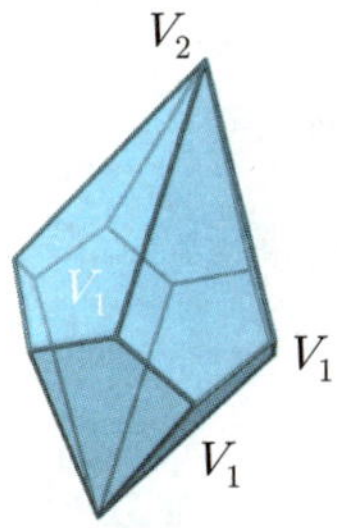

Trapezoidal dihedron (skewed)

11

(1)

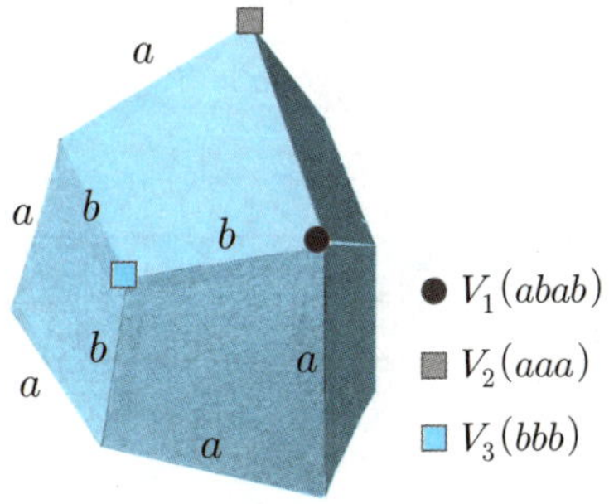

(2)

f	m_1	r_1	v_1	m_2	r_2	v_2	m_3	r_3	v_3
24	2	4	12	1	3	8	1	4	6
60	2	4	30	1	3	20	1	5	12

(3) 정육면체의 각 면마다 4개의 연 모양을 얹은 모양, 정십이면체의 각 면마다 5개의 연 모양을 얹은 모양

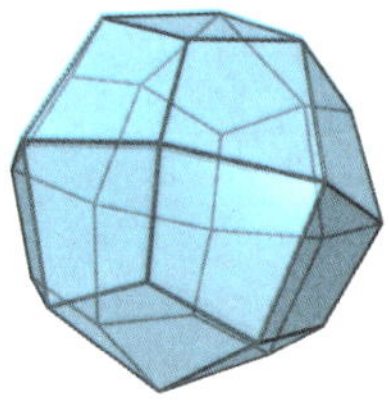

deltoidal icositetrahedron

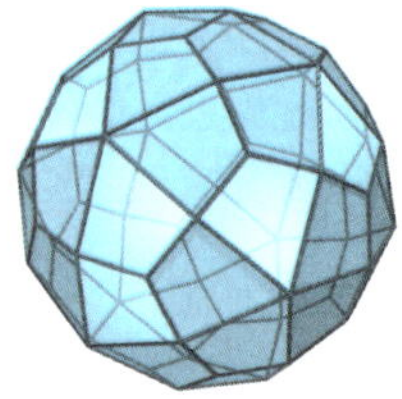

deltoidal hexecontahedron

12 (1)

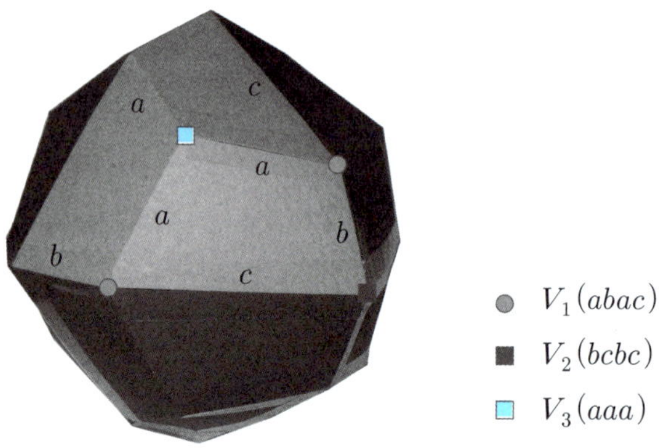

13 (1)

f	m_1	r_1	v_1	m_2	r_2	v_2
12	3	3	12	2	3	8

(2)

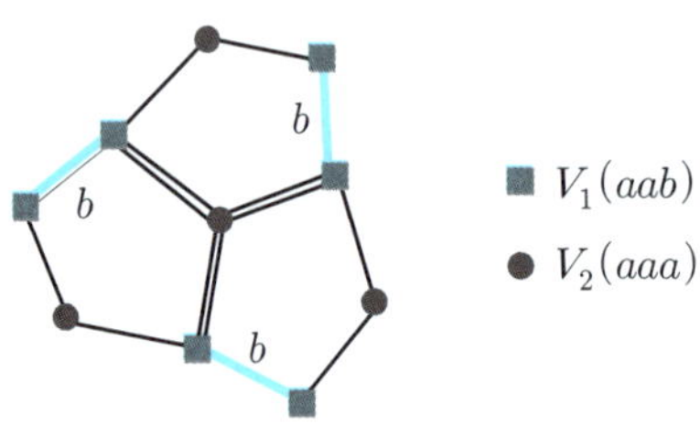

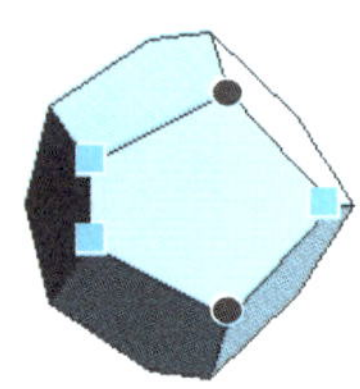

14 (1)

f	m_1	r_1	v_1	m_2	r_2	v_2	m_3	r_3	v_3
24	3	3	24	1	3	8	1	4	6
60	3	3	60	1	3	20	1	5	12

(2) pentagonal hexecontahedron

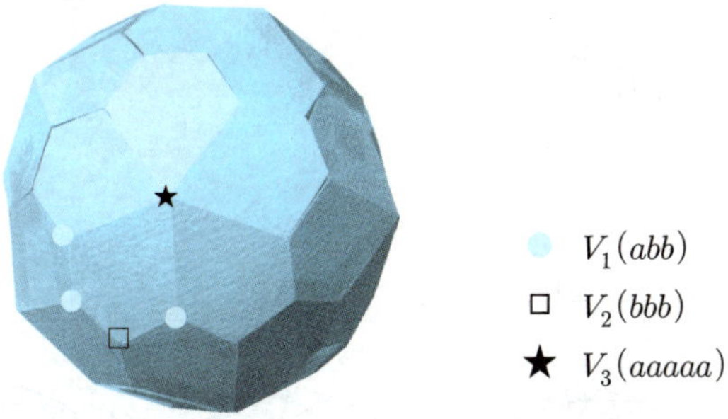

15 (1)

f	m_1	r_1	v_1	m_2	r_2	v_2	m_3	r_3	v_3
12	3	3	12	1	3	4	1	3	4

(2)

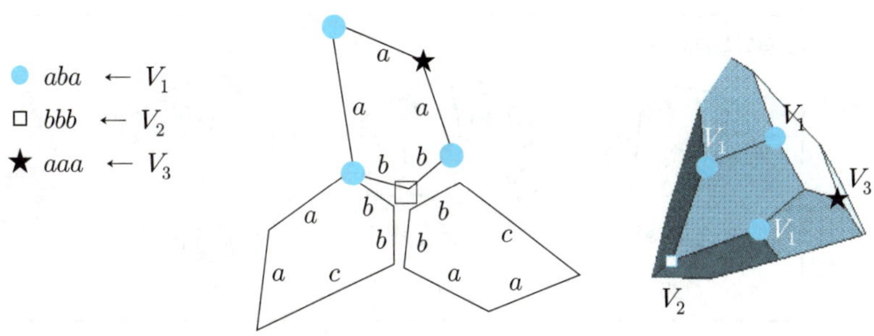

16 30종류. D24는 dice 24면체를 줄여서 표현한 것이다.

정사면체 변형

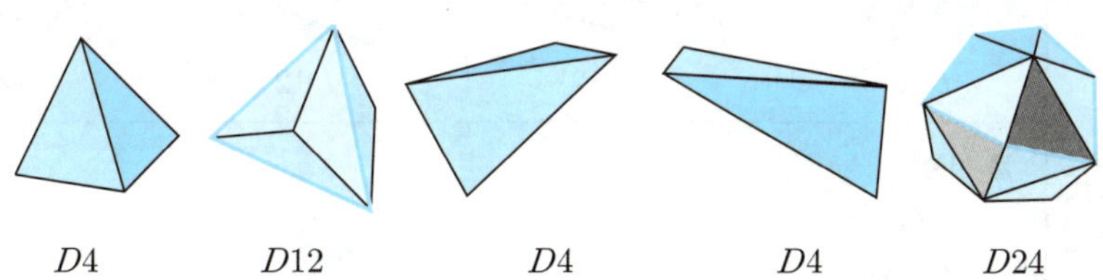

정육면체 변형

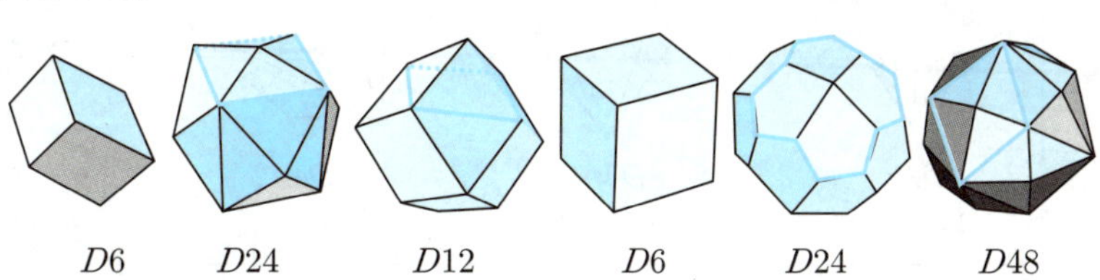

정팔면체 변형

$D8$ $D24$

정십이면체 변형

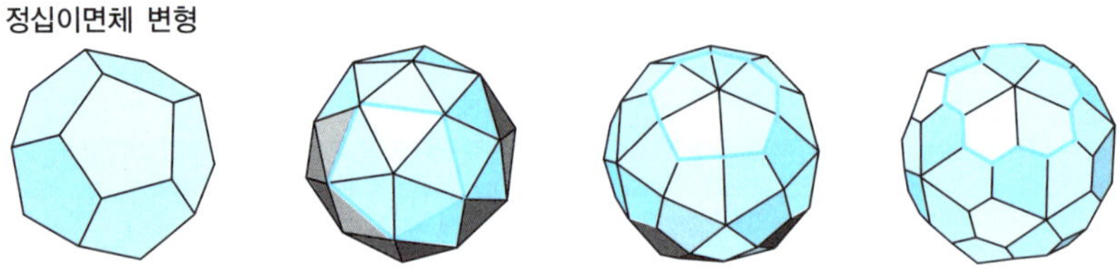

$D12$ $D60$ $D60$ $D60$

정이십면체 변형

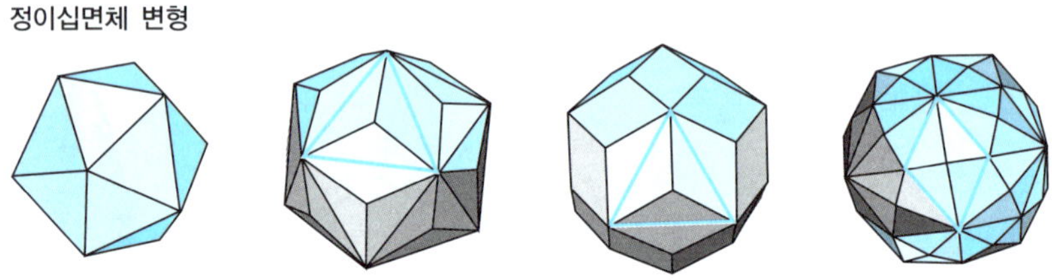

$D20$ $D60$ $D30$ $D120$

십이면체 또는 십이면체 변형

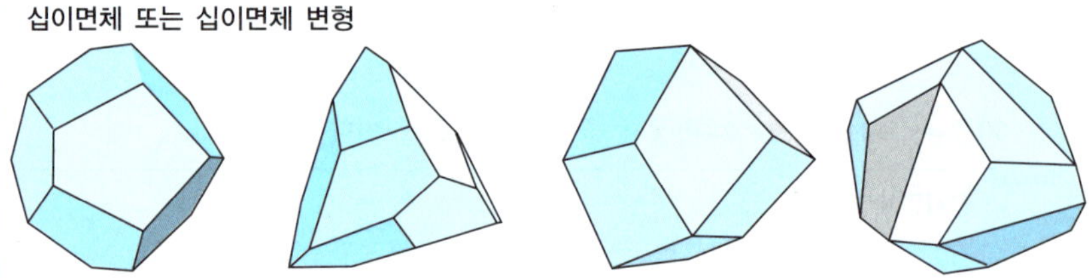

$D12$ $D12$ $D12$ $D24$

뿔 변형

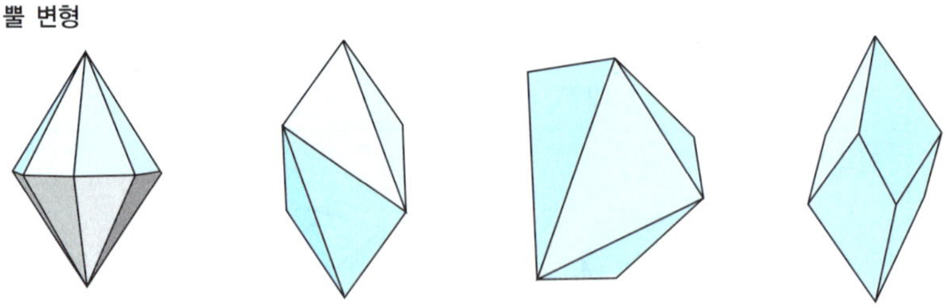

$D2n$ $(2n \geqq 6)$ $D4n$ $(4n \geqq 8)$ $D4n$ $(4n \geqq 8)$ $D2n$ $(2n \geqq 6)$

208

별다각형과 오목 정다면체

• 교육과정
중 1 _ 수와 연산, 자연수
중 1 _ 도형, 다각형, 정다면체
중 3 _ 도형, 원

주제 1	자연수로 만드는 별다각형
Keywords	자연수, 합, 약수, 소수, 서로소, 다각형, 별다각형
주제 2	별다각형의 규칙
Keywords	별다각형, 내각, 원주각, 중심각
주제 3	오목한 정다면체
Keywords	다각형, 별다각형, 정다면체, 오목 정다면체

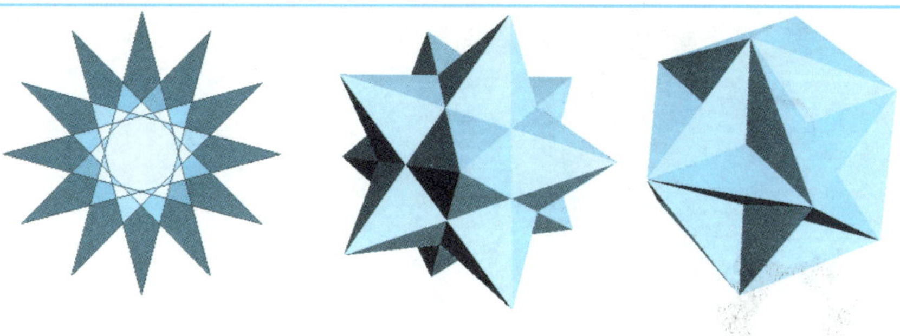

학교 수학에서는 볼록 다각형만을 다룬다. 볼록 다각형은 다각형 내부의 임의의 두 점을 잇는 선분이 항상 다각형 내부에 있게 되는 다각형을 말한다. 오목다각형은 볼록 다각형이 아닌 다각형을 말하는데, 별다각형은 오목다각형이다. 흔히 오각별, 칠각별에서 각의 합을 묻는 문제가 출제되곤 하는데, 별다각형에서의 내각의 크기는 매우 흥미로운 탐구 과제이다. 한편, 다면체도 오목 다면체로 확장될 수 있는데, 케플러와 푸앵소는 오목 정다면체를 발견하였다.

주제 1은 원 위의 점을 잇는 규칙을 통해서 별다각형을 정의하고 그 성질을 탐구하는 내용이다. 별다각형은 순환군과 관련 있다.

주제 2는 별다각형의 내각의 크기에 대한 것이다. 중학교 1학년에서 볼록 n각형의 내각의 크기를 공식화하듯이 별다각형 $\left\{\frac{n}{k}\right\}$의 내각의 크기도 식으로 만들 수 있다. 물론 이 식은 볼록, 오목을 가리지 않고 적용할 수 있다.

주제 3은 오목 정다면체에 관한 것이다. 오목 정다면체의 모양을 정다면체에서 출발하여 쉽게 해부해보았다.

208-1

자연수로 만드는 별다각형

Keywords 자연수, 합, 약수, 소수, 서로소, 다각형, 별다각형

자연수를 어떤 수로 나누면 나머지는 그 수보다 작은 수뿐이다. 나머지가 같은 수를 '같은' 수로 보면 새로운 수의 구조를 얻을 수 있다. 또한 이를 다각형과 관련지으면 볼록 다각형이 아닌 오목다각형을 얻을 수 있다. 여기에서는 나머지가 같은 수와 이런 수들이 만드는 다각형에 대하여 알아보고자 한다.

1 5로 나눈 나머지가 만드는 도형

1. 덧셈표 칠하기

자연수를 5로 나누면 나머지는 항상 0, 1, 2, 3, 4 중의 한 수가 된다. 나머지로 구한 0, 1, 2, 3, 4에서 덧셈을 하고 그 결과를 5로 나눈 나머지로 표시하면 다음과 같다.

$0+1=1 \qquad 1+3=4 \qquad 2+3=0$

$3+3=1 \qquad 4+3=2$

1 이와 같은 계산을 다음 표에 완성하여라(이것은 위수가 5인 순환군[1]이다).

+	0	1	2	3	4
0	0				
1	1				
2	2				
3	3				
4	4				

1) 군에 대해서는 [205-1 군] 참고

0부터 4까지의 각 숫자를 다음과 같은 모양으로 나타내기로 하고 덧셈표의 숫자를 다음 모양으로 바꾸어보자.

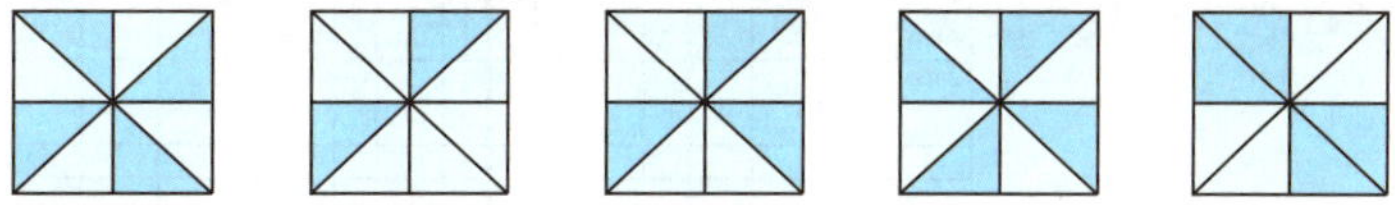

0 1 2 3 4

2 위의 모양의 스티커를 준비하여 덧셈표에 붙여보자. 어떤 모양이 만들어지는가? 또, 이렇게 색칠한 곱셈표를 4개 만들어 서로 붙여보자. 그림에 대하여 어떤 설명을 할 수 있는가?

0	1	2	3	4
1	2	3	4	0
2	3	4	0	1
3	4	0	1	2
4	0	1	2	3

3 덧셈표의 모양을 변형시켜 같은 방법으로 색칠하면 다음과 같다.

0	1	2	3	4
1	2	3	4	0
2	3	4	0	1
3	4	0	1	2
4	0	1	2	3

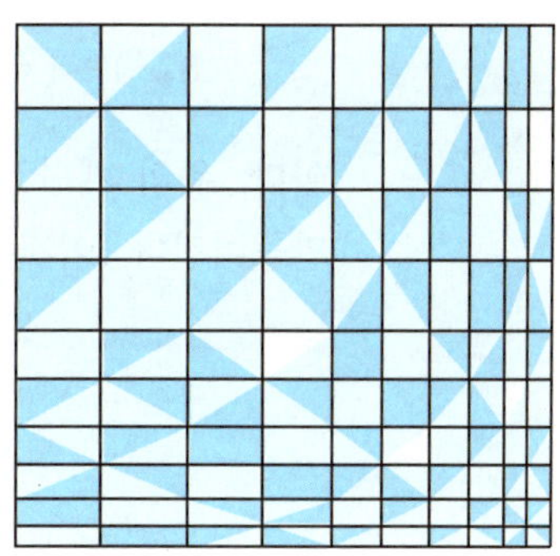

앞에서와 같이 색칠된 덧셈표를 4개를 만들어 서로 붙이면 다음과 같다. 다음 그림에 대하여 어떤 설명을 할 수 있는가?

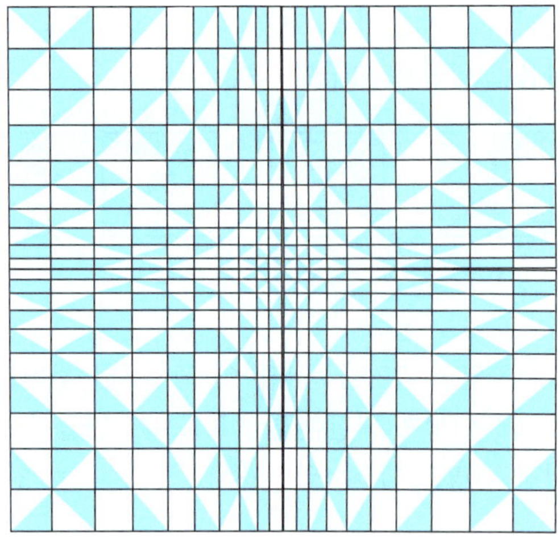

4 0부터 4까지의 각 숫자에 다른 모양을 정하여 앞에서와 같이 색칠하기를 해 보아라.

2. 덧셈표를 이용한 다각형 만들기

원 위에 5개의 점에 0, 1, 2, 3, 4의 수를 표시하고 덧셈을 활용하여 점을 연결해보자.
먼저 1을 계속 더하여보자.
0에서 출발하여 계속 1을 더하면

$$0,\ 0+1=1,\ 1+1=2,\ 2+3=4,\ 4+1=0$$

이다. 위의 계산 결과대로 0, 1, 2, 3, 4의 순서로 점을 연결하면 정오각형이 만들어진다.(이것은 1로 생성된 부분군이다.)

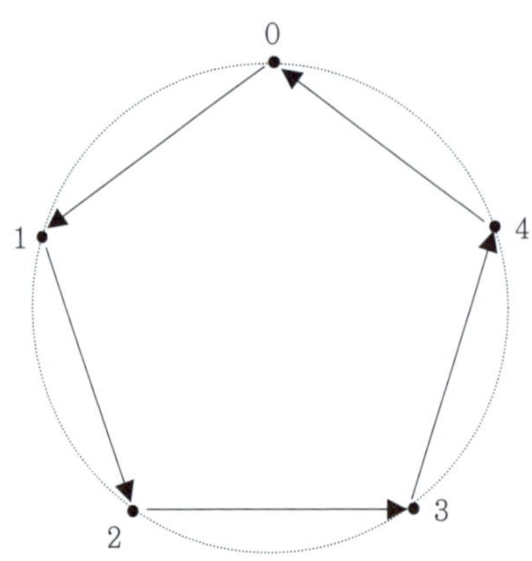

이번에는 2를 계속 더하여 보자.
0에서 출발하여 계속 2를 더하면

$$0,\ 0+2=2,\ 2+2=4,\ 4+2=1,\ 1+2=3,\ 3+2=0$$

이다. 위 계산 결과대로 0, 2, 4, 1, 3의 순서로 점을 연결하면 다음과 같은 별모양이 만들어진다.(이것은 2로 생성된 부분군이다.)

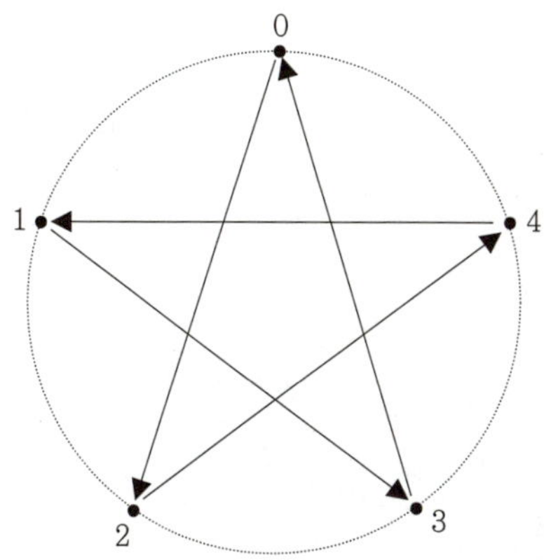

3을 계속 더하면 어떤 결과가 나오겠는가? 마찬가지로 4를 더하면 어떤 결과가 나오겠는가? 위 과정을 표로 만들어보자.

더하기	도형	확인
1을 더하자	0, 1, 2, 3, 4, 0	0,1,2,3,4 모두 있다
2를 더하자	0, 2, 4, 1, 3, 0	0,1,2,3,4 모두 있다
3을 더하자	0, 3, 1, 4, 2, 0	0,1,2,3,4 모두 있다
4를 더하자	0, 4, 3, 2, 1, 0	0,1,2,3,4 모두 있다

앞에서 구한 도형을 화살표 대신 선분으로 연결하자. 우리는 이 도형을 푸앵소의 별 또는 별다각형이라 부른다. 푸앵소의 별을 모두 겹치면 다음과 같다.

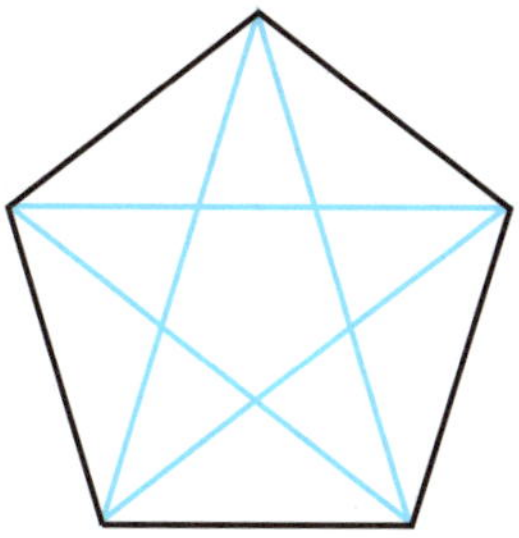

푸앵소(Louis Poinsot), 프랑스, 1777~1859

지금까지는 5를 고정하고 덧셈표를 만들어서 다각형을 만들어보았다. 다음에서 4, 6, 7에 대하여 시행해보자. 이 실험의 본질은 서로 다른 도형이 몇 개 나오느냐를 파악하는 데에 있다. 앞에서 5일 때는 2개의 도형이 나왔다.

2 다른 덧셈표와 그 활용

$n=4$일 때의 다각형의 종류를 모두 찾아보자. 먼저 덧셈표를 완성하자(위수가 4인 순환군).

+	0	1	2	3
0	0	1	2	3
1	1	2	3	0
2	2	3	0	1
3	3	0	1	2

0부터 1을 더해가면 0, 1, 2, 3을 얻고 이때 그려지는 도형은 정사각형이다(1로 생성된 부분군).
0부터 2를 더해가면 0, $0+2=2$, $2+2=0$으로 두 점 0, 2가 연결된다(2로 생성된 부분군).
1부터 2를 더해가면 1, $1+2=3$, $3+2=1$로 두 점 1, 3이 연결된다.
따라서 $n=4$일 때는 두 가지 푸앵소의 별이 나오며 이를 함께 그리면 다음과 같다.

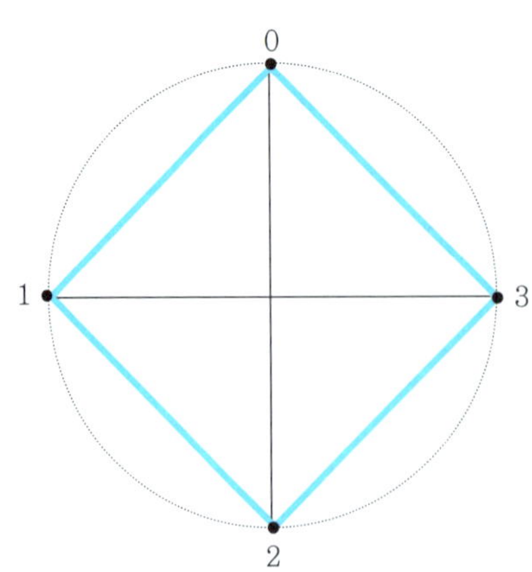

1 $n=6$일 때 만들어지는 다각형에 대하여 알아보자.

(1) 다음 덧셈표를 완성하여라(위수가 6인 순환군).

+	0	1	2	3	4	5
0	0	1	2	3	4	5
1						
2						
3						
4						
5						

(2) 0부터 4를 더해가면 어떤 결과를 얻을까? 0부터 5까지의 모든 수에 적용하여 다음 표를 채워라.

더하기	도형
1을 더하자	0, 1, 2, 3, 4, 5, 0
2를 더하자	0, 2, 4, 0,
	1,
3을 더하자	0, 3, 0
4를 더하자	0, 4, 2, 0
5를 더하자	

(3) 위의 계산 결과에서 중복되는 것을 묶고 푸앵소의 별을 그려보아라. 몇 개의 별이 만들어지는가?

2 $n=7$일 때 만들어지는 다각형에 대하여 알아보자.

(1) 덧셈표를 완성하여라.

+	0	1	2	3	4	5	6
0							
1							
2							
3							
4							
5							
6							

(2) 위 표를 바탕으로 앞에서 시행한 방법을 표로 직접 만들어 보자.

더하기	도형
1 더하기	0, 1, 2, 3, 4, 5, 6, 0
2 더하기	0, 2, 4, 6, 1, 3, 5, 0
3 더하기	
4 더하기	
5 더하기	
6 더하기	

(3) 위의 계산 결과에서 중복되는 것을 묶고 푸앵소의 별을 그려보아라. 몇 개의 별이 만들어지는가?

이제 $n=6$, 7인 경우를 바탕으로 별다각형에서 몇 가지 패턴을 찾아보자.

먼저 별다각형의 개수를 추정해보면 위 표에서 별다각형의 개수는 주어진 정수를 두 자연수의 합으로 나타내는 경우의 수와 같다. 즉,

$$6=1+5=2+4=3+3$$
$$7=1+6=2+5=3+4$$

로부터 각각 3개의 별다각형이 만들어진다.

3 $n=8$, 9, 10인 경우에 별다각형이 만들어지는 개수는 각각 몇 가지인가?

4 일반적으로 주어진 n개의 점에 존재하는 푸앵소의 별다각형의 개수는 정수 n을 두 자연수의 합으로 나타내는 경우의 수이다. n개의 점에 존재하는 별다각형의 개수를 n을 이용하여 나타내어라.

5 별각형이 원의 중심을 지나는 경우는 어느 때인가? 그 이유를 설명하여보아라.

6 한 점에서 출발하여 나머지 모든 점을 한 번에 연결하여 만들어지는 별다각형이 만들어지는 조건은 무엇일까?

자연수로 만드는 별다각형

❶ 5로 나눈 나머지가 만드는 도형

1

+	0	1	2	3	4
0	0	1	2	3	4
1	1	2	3	4	0
2	2	3	4	0	1
3	3	4	0	1	2
4	4	0	1	2	3

❷ 다른 덧셈표와 그 활용

1

(1)

+	0	1	2	3	4	5
0	0	1	2	3	4	5
1	1	2	3	4	5	0
2	2	3	4	5	0	1
3	3	4	5	0	1	2
4	4	5	0	1	2	3
5	5	0	1	2	3	4

(2)

더하기	도형
1 더하자	0, 1, 2, 3, 4, 5, 0
2 더하자	0, 2, 4, 0, 1, 3, 5, 1
3 더하자	0, 3, 0 1, 4, 1 2, 5, 2
4 더하자	0, 4, 2, 0 1, 5, 3, 1
5 더하자	0, 5, 4, 3, 2, 1, 0

(3)

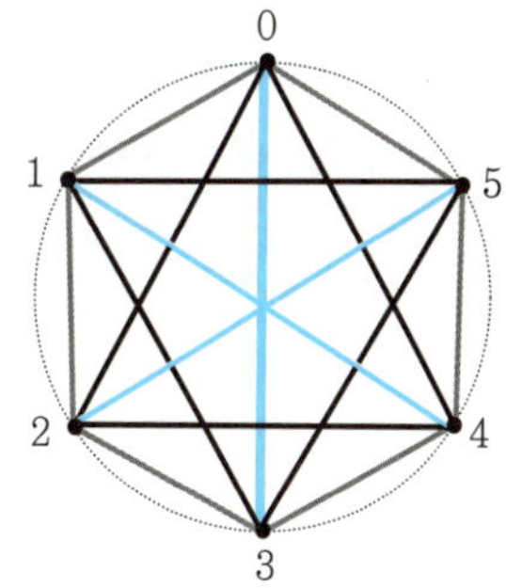

2

(1)

+	0	1	2	3	4	5	6
0	0	1	2	3	4	5	6
1	1	2	3	4	5	6	0
2	2	3	4	5	6	0	1
3	3	4	5	6	0	1	2
4	4	5	6	0	1	2	3
5	5	6	0	1	2	3	4
6	6	0	1	2	3	4	5

(2)

더하기	도형
1 더하기	0, 1, 2, 3, 4, 5, 6, 0
2 더하기	0, 2, 4, 6, 1, 3, 5, 0
3 더하기	0, 3, 6, 2, 5, 1, 4, 0
4 더하기	0, 4, 1, 5, 2, 6, 3, 0
5 더하기	0, 5, 3, 1, 6, 4, 2, 0
6 더하기	0, 6, 5, 4, 3, 2, 1, 0

(3)

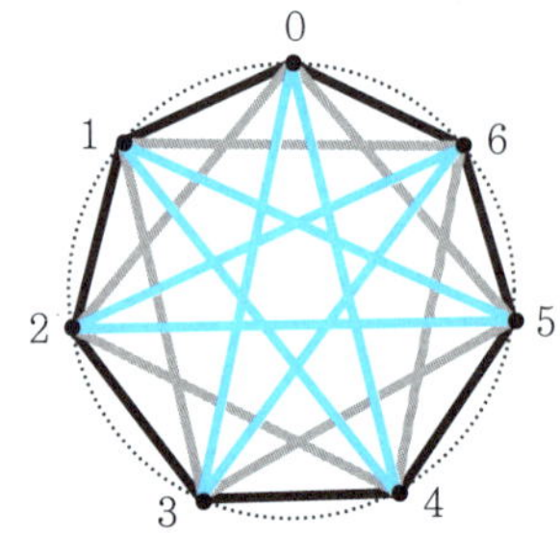

3 4가지, 4가지, 5가지

4 1부터 $\left[\frac{n}{2}\right]$까지의 수 중 n과 서로소인 수의 개수만큼 존재한다. 이 때, $\left[\frac{n}{2}\right]$은 $\frac{n}{2}$을 넘지 않는 정수를 말한다.

5 n이 짝수일 때, $\frac{n}{2}$을 더하여 만들어지는 별다각형은 원의 중심을 지난다.

6 전체 점의 개수와 더하는 개수가 서로소일 때

208-2

별다각형의 규칙

Keywords 별다각형, 내각, 원주각, 중심각

1 오목다각형의 변과 각

별다각형은 그동안 보아왔던 대부분의 다각형과는 다르게 다각형 내부의 두 점을 연결하면 그 선분이 항상 다각형 내부에 있지 않다. 이를 기준으로 하여 다각형은 볼록다각형과 오목다각형으로 나눌 수 있다.
다각형의 내부에 있는 임의의 두 점에 대하여 두 점을 잇는 선분이 다각형의 내부에 있는 다각형을 볼록다각형(Convex Polygon)이라고 하고 볼록다각형이 아닌 다각형을 오목다각형(Concave Polygon)이라고 한다.

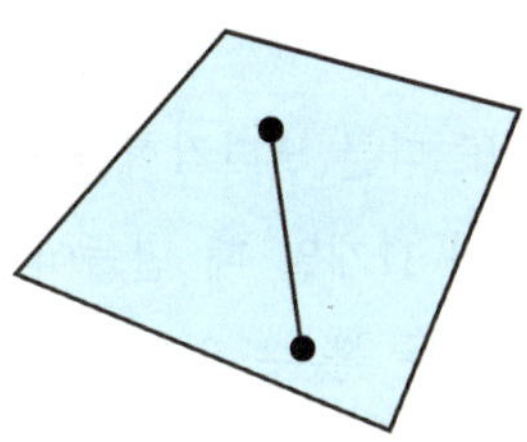

볼록다각형

오목다각형

원 위에 일정한 간격으로 놓여진 n개의 점에 $0, 1, 2, \cdots, n-1$의 수를 표시하고 각 점에 k씩 더한 수를 연결하여 만든 푸앵소의 별은 오목정다각형을 이룬다. 즉, n개의 점을 k번째 점과 연결한 선분들로 이루어진 것을 정$\frac{n}{k}$각형이라 한다(단, n, k는 서로소, $n > 2k$. 이를 간단히 $\left\{\frac{n}{k}\right\}$와 같이 나타내기도 한다. 예를 들어, $\left\{\frac{7}{3}\right\}$은 다음과 같다.

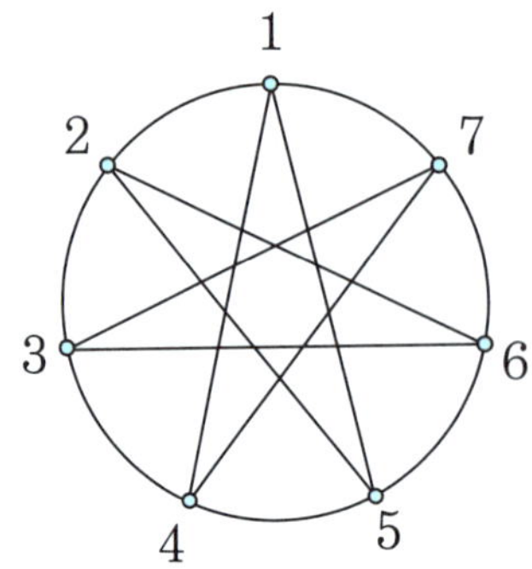

1 아래 원 위에 푸앵소의 별을 그려보아라.

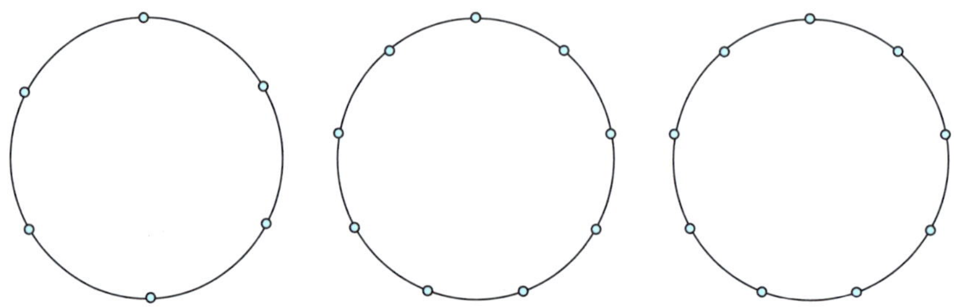

$\left\{\frac{6}{3}\right\}$ $\left\{\frac{9}{2}\right\}$ $\left\{\frac{9}{4}\right\}$

2 볼록오각형을 뽀앵소의 별을 나타내는 기호로 나타내보아라.

하나의 별다각형 그림에서 또 다른 별다각형을 볼 수도 있다. 다음은 $\left\{\frac{1}{11}\right\}$, $\left\{\frac{5}{12}\right\}$를 그린 것이지만 점이 11개일 때 만들어지는 별다각형, 점이 12개일 때 만들어지는 별다각형을 모두 볼 수 있다.

3 아래 그림은 $\left\{\frac{10}{4}\right\}$인데, 이 그림에는 $\left\{\frac{10}{3}\right\}$, $\left\{\frac{10}{2}\right\}$, $\left\{\frac{10}{1}\right\}$도 이미 그려져 있다. 각각의 별다각형을 서로 다른 색으로 표시하여라.

위에서 그린 바에 의하면 $\left\{\frac{n}{k}\right\}$에서 두 수 n과 k가 서로소일 때 하나의 별다각형이 그려지고 그렇지 않을 때에는 다각형이 나뉘거나 선분이 그려진다. 1969년 콕스터(Coxeter)에 의해서 별각형 정$\frac{p}{q}$각형은 p, q가 서로소인 경우로 정의되었다. 단, 여기에서는 편의상 두 수 n과 k가 서로소가 아닐 때에도 별다각형이라고 부르도록 하겠다. 이제 별다각형의 꼭지점, 변, 각에 대하여 알아보자.

별다각형에서의 꼭지점과 변은 볼록다각형이나 별다각형이 아닌 오목다각형에서와는 다르다. 꼭지점은 별다각형을 만들 때 원 위에 있었던 점만을 말한다. 즉, $\left\{\frac{5}{2}\right\}$에서 꼭지점은 5개이다. 변은 꼭지점과 꼭지점을 이은 선분을 말한다. 따라서 $\left\{\frac{5}{2}\right\}$에는 굵은 선과 같은 변이 5개 있다.

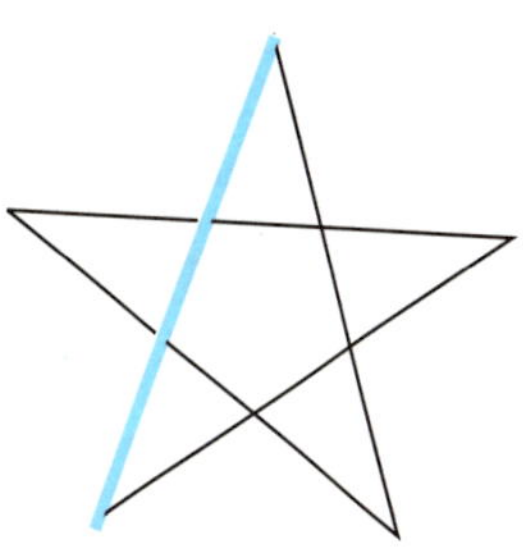

4 아래 $\left\{\frac{7}{2}\right\}$에 꼭지점을 표시해보아라. 모두 몇 개인가? 또, 변을 한 개만 굵게 칠하여라. 변은 모두 몇 개인가?

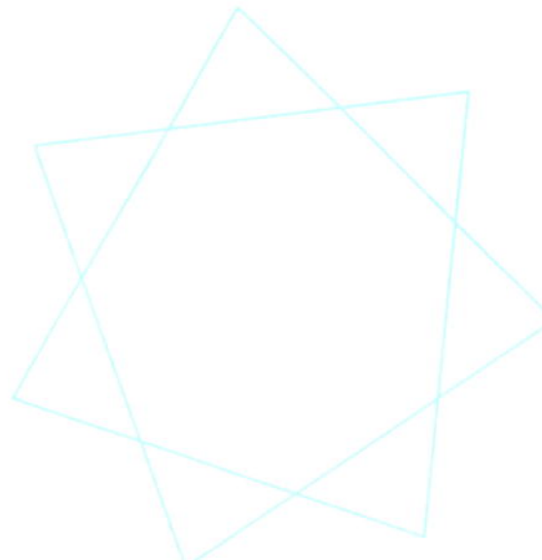

2 별다각형 $\left\{\frac{n}{k}\right\}$의 내각의 크기

볼록 정n각형에서의 내각의 크기의 합은 $180° \times (n-2)$이다. 별다각형에서도 이와 같이 n과 k를 이용하여 별다각형 $\left\{\frac{n}{k}\right\}$의 내각의 크기를 나타내는 식을 구할 수 있다. 원주각의 크기가 중심각의 크기의 $\frac{1}{2}$임을 이용하여 먼저 다음을 알아보자.

1 $\left\{\frac{5}{2}\right\}$에서 내각의 크기의 합을 구해보아라.

(1) 호 AB에 대한 중심각의 크기
(2) 한 내각의 크기
(3) 내각의 합

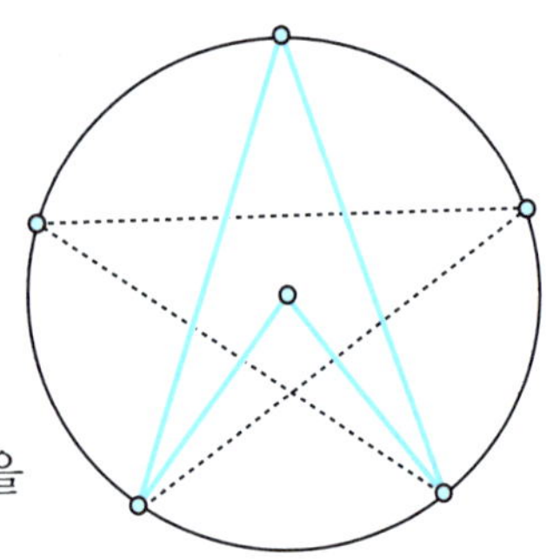

이제 별다각형 $\left\{\frac{n}{k}\right\}$의 내각의 크기의 합의 공식을 만들어보자.

2 다음을 순서대로 구하여라.

(1) 별다각형 $\left\{\frac{n}{k}\right\}$의 한 내각에 대한 중심각의 크기를 360°와 n, k를 이용하여 나타내어라.
(2) 한 내각의 크기를 n, k를 이용하여 나타내어라.

(3) 별다각형 $\left\{\dfrac{n}{k}\right\}$의 내각의 합을 n, k를 이용하여 나타내어라.

(4) 별다각형 $\left\{\dfrac{n}{k}\right\}$의 내각의 합이 180°인 것은 어떤 경우인가?

4 다음 별다각형의 한 내각의 크기, 내각의 합을 각각 구하여라.

	$\left\{\dfrac{7}{2}\right\}$	$\left\{\dfrac{8}{2}\right\}$	$\left\{\dfrac{9}{2}\right\}$	$\left\{\dfrac{15}{2}\right\}$
한 내각의 크기				
내각의 합				

	$\left\{\dfrac{9}{3}\right\}$	$\left\{\dfrac{10}{3}\right\}$	$\left\{\dfrac{12}{5}\right\}$	$\left\{\dfrac{15}{7}\right\}$
한 내각의 크기				
내각의 합				

5 별다각형 $\left\{\dfrac{n}{k}\right\}$에서 n과 k에 따라 내각의 합에 어떤 패턴이 있는지 설명하여라.

별다각형의 규칙

❶ 오목다각형의 변과 각

3

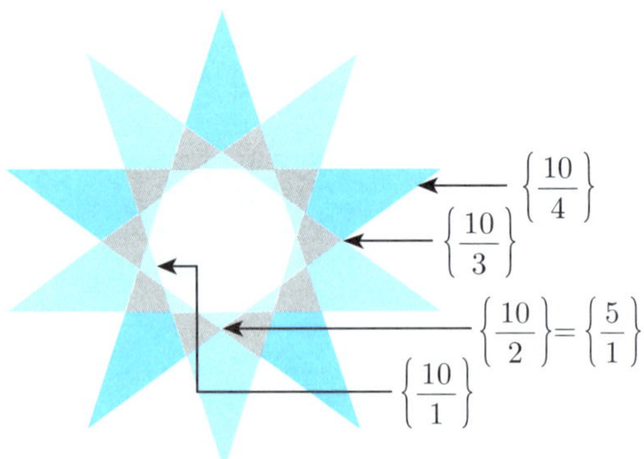

❷ 별다각형 $\left\{\frac{n}{k}\right\}$의 내각의 크기

3

(1) $360\frac{(n-2k)}{n}^{\circ}$

(2) $\frac{180(n-2k)^{\circ}}{n}$

(3) $180^{\circ}(n-2k)$

(4) n과 $2k$의 차가 1인 경우

208-3

오목한 정다면체

Keywords 다각형, 별다각형, 정다면체, 오목 정다면체

정다면체가 5종류 존재하는 것은 이미 알고 있다. 정다면체는 모든 면이 합동인 정다각형이며 한 꼭지점에 모인 면의 개수가 같다. 물론 면은 볼록다각형으로 이루어져 있다. 정다면체의 조건에서 '볼록'이라는 조건만 제외시킨다면 위의 조건을 만족시키는 다면체는 5가지가 아니다. 즉, 오목 정다각형인 별다각형으로 만들어지는 정다면체도 존재하는 것이다. 이제 볼록 정다면체, 오목 정다면체를 구분하여보자.

1619년 케플러(Johannes Kepler, 1571~1630, 독일)는 12개의 정오각별 $\left\{\frac{5}{2}\right\}$로 정다면체를 만들 수 있음을 발견하였다〔오목 별 정십이면체(Small Stellated Dodecahedron), 오목 뾰족별 정십이면체(Great Stellated Dodecahedron)〕. 그 후 1809년 푸앵소는 12개의 정오각형이 서로 교차하여 생기는 오목 정십이면체(Great Dodecahedron)와 20개의 정삼각형이 서로 교차하여 생기는 오목 정이십면체(Great Icosahedron)를 발견하였다.

1813년 코시(Augustin Cauchy, 1789~1857, 프랑스)는 위 4가지 이외에 더 이상의 정다면체가 있을 수 없음을 증명하여 위 4가지 오목한 정다면체를 케플러-푸앵소의 입체(Kepler-Poinsot Solid)라고 한다.

헝가리 우표. 케플러

푸앵소

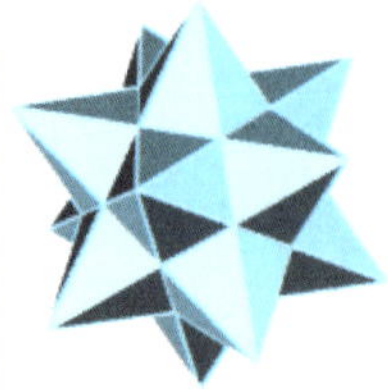		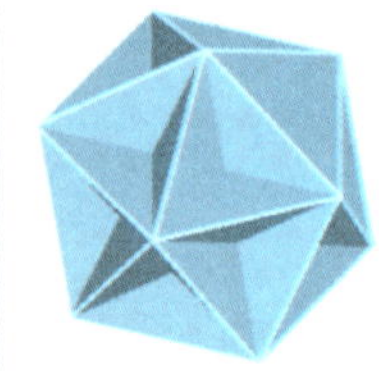	
오목 별 정십이면체 Small Stellated Dodecahedron	오목 뾰족별 정십이면체 Great Stellated Dodecahedron	오목 정십이면체 Great Dodecahedron	오목 정이십면체 Great Icosahedron

1 오목 정다면체 탐구

케플러 입체인 오목 별 정십이면체와 오목 뾰족별 정십이면체를 알아보자. 케플러 입체는 모두 오목다각형인 $\left\{\frac{5}{2}\right\}$로 만들어진다.

먼저 오목 별 정십이면체는 다음과 같이 생각할 수 있다. 정십이면체의 한 면의 모서리를 연장하면 그림과 같이 정오각별 $\left\{\frac{5}{2}\right\}$가 생긴다. 각 면마다 이를 되풀이하면 정오각별의 한 꼭지점에서 5개의 정오각별이 만나는 오목 다면체가 만들어진다. 즉, 오목 별 정십이면체는 다섯 개의 $\left\{\frac{5}{2}\right\}$가 한 꼭지점에서 만나서 만들어지는 정다면체이다. 한편, 이 12개의 꼭지점은 정이십면체의 꼭지점이기도 하다.

1 오목 별 정십이면체에 대하여 알아보자.

(1) 오른쪽 그림에 다면체의 한 면인 $\left\{\frac{5}{2}\right\}$를 표시해보아라.

(2) 모서리의 개수는

(한 꼭지점에 모이는 모서리의 개수)
×(꼭지점의 개수)
÷(한 모서리를 공유하는 꼭지점의 개수)

로 계산할 수 있다. 모서리의 개수는 몇 개인가?

(3) 면의 개수도 위와 같은 방법으로 계산해보아라.

두 번째로 오목 뾰족별 정십이면체는 정이십면체에서 출발하면 된다. 정이십면체에서 정오각형을 이루는 모서리를 연장하면 그림과 같이 정오각별 $\left\{\frac{5}{2}\right\}$가 생긴다. 이러한 정오각형은 꼭지점 개수만큼 있다. 각 꼭지점을 기준으로 이를 되풀이하면 정오각별의 한 꼭지점에서 3개의 정오각별이 만나는 오목 다면체가 만들어진다. 즉, 오목 별 정십이면체는 세 개의 $\left\{\frac{5}{2}\right\}$가 한 꼭지점에서 만나서 만들어지는 정다면체이다. 한편, 이 20개의 꼭지점은 정십이면체의 꼭지점이기도 하다.

2 오목 뾰족별 정십이면체에 대하여 알아보자.

(1) 오른쪽 그림에 다면체의 한 면인 $\left\{\frac{5}{2}\right\}$를 표시해보아라.

(2) 한 꼭지점에서 별다각형 $\left\{\frac{5}{2}\right\}$ 몇 개가 만나는가?

(3) 모서리의 개수를 구하여라.

(4) 면의 개수를 구하여라.

케플러 입체가 만들어지는 방법은 다면체를 별 모양의 다면체로 만드는 것이다. 오목 별 정십이면체는 한 꼭지점에 5개의 정오각별이 만나고 오목 뾰족별 정십이면체는 한 꼭지점에서 3개의 정오각별이 만난다. 따라서 오목 별 정십이면체보다 오목 뾰족별 정십이면체가 더 별 모양으로 많이 진행되었다고 볼 수 있다. 별 모양으로 많이 진행될수록 다면체는 더욱 뾰족하게 보이게 되는데, 이것은 오목 정다면체가 아닌 일반적인 별 모양의 다면체에서도 마찬가지이다.

이제 푸앵소 입체에 대하여 알아보자. 푸앵소 입체인 오목 정십이면체와 오목 정이십면체는 모두 볼록 정다각형에 의해서 만들어진다. 오목 정십이면체는 정오각형, 오목 정이십면체는 정삼각형으로 만들어진다.
첫 번째 푸앵소 입체인 오목 정십이면체는 오목 뾰족별 정십이면체를 만드는 방법과 비슷하다. 정이십면체에서 모서리 다섯 개로 만들어지는 정오각형을 생각하자. 이러한 정오각형은 모두 정십이면체 속에 있게 되는데, 이들 정오각형이 한 꼭지점에서 3개가 만나 만들어지는 다면체가 오목 정십이면체이다. 오목 정십이면체는 처음 출발한 정이십면체와 꼭지점, 모서리가 일치한다.

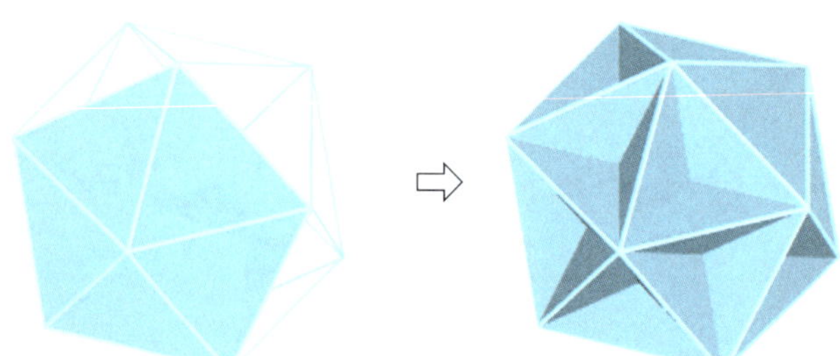

3 오목 정십이면체에 대하여 알아보자.

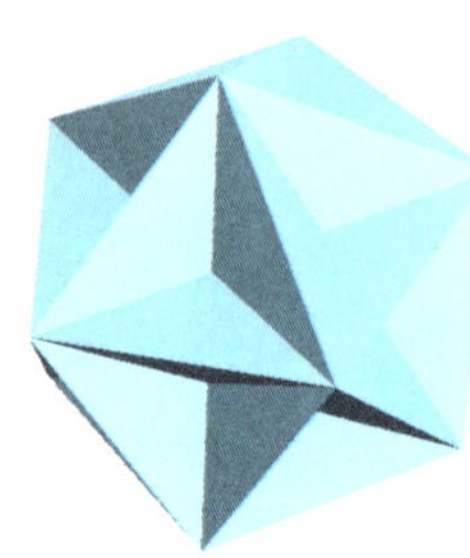

(1) 오른쪽 그림에 다면체의 한 면인 정오각형을 표시해보아라.
(2) 한 꼭지점에 정오각형 몇 개가 만나는가?
(3) 모서리의 개수를 구하여라.
(4) 면의 개수를 구하여라.

두 번째 푸앵소 입체인 오목 정이십면체를 만드는 방법을 알아보자. 정이십면체의 세 꼭지점 A, K, H를 이어 만들어지는 삼각형은 정삼각형이다. 이러한 삼각형은 모두 20개 있으며 모든 꼭지점은 5개의 정삼각형에 속하게 된다. 즉, 이들 정삼각형이 한 꼭지점에서 5개가 만나 만들어지는 다면체가 오목 정이십면체이다. 오목 정이십면체는 처음 출발한 정이십면체와 꼭지점이 일치한다.

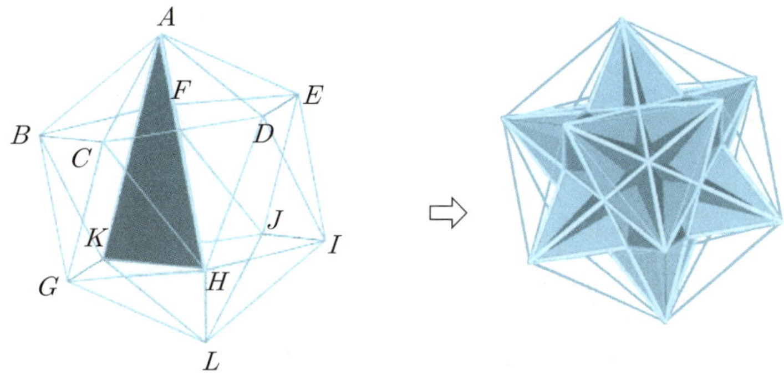

4 오목 정이십면체에 대하여 알아보자.

(1) 오른쪽 그림에 다면체의 한 면인 정삼각형을 표시해보아라.

(2) 한 꼭지점에 정삼각형 몇 개가 만나는가?

(3) 모서리의 개수를 구하여라.

(4) 면의 개수를 구하여라.

2 오목정다면체 만들기

1 다음 부분 전개도를 이용하여 오목 별 정십이면체(Small Stellated Dodecahedron)와 오목 뾰족별 정십이면체(Great Stellated Dodecahedron)를 만들어라. 이들 다면체의 꼭지점의 개수만큼 아래와 같은 조각을 만들어서 이어붙이면 된다.

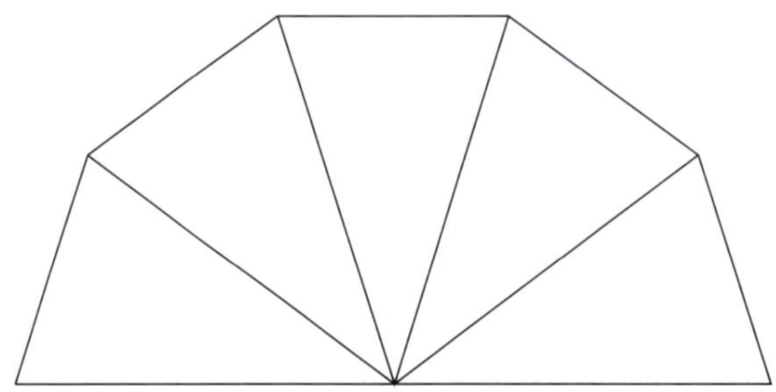

오목 별 정십이면체
(Small Stellated Dodecahedron)

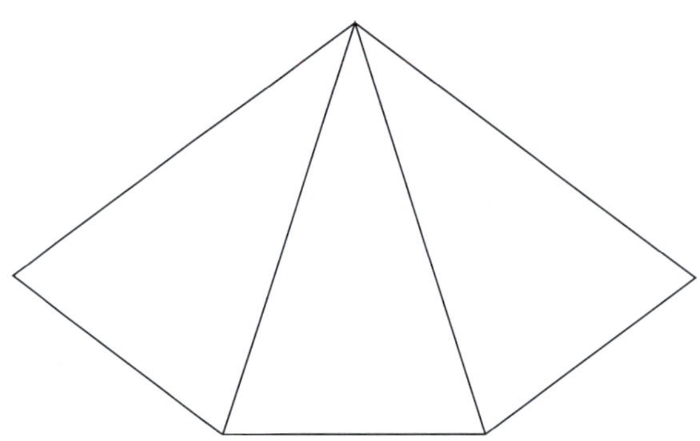

오목 뾰족별 정십이면체
(Great Stellated Dodecahedron)

다음 부분 전개도[2])를 이용하여 오목 정십이면체(Great Dodecahedron)와 오목 정이십면체(Great icosahedron)를 만들어보자.

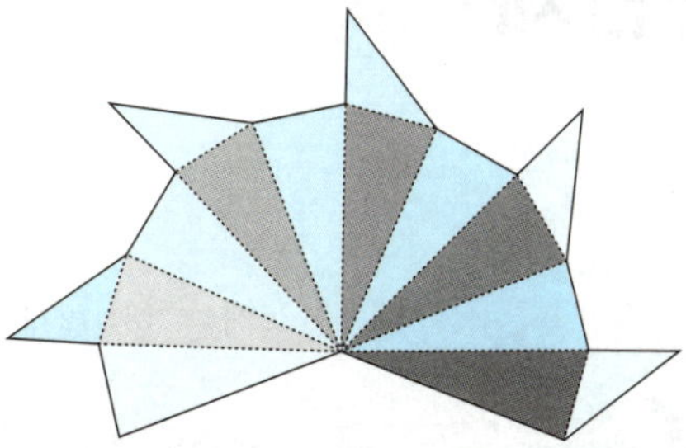

오목 정십이면체 (Great Dodecahedron)
12장을 만들어 정십이면체의 면 위에 한 개씩 얹듯이 만들면 된다.

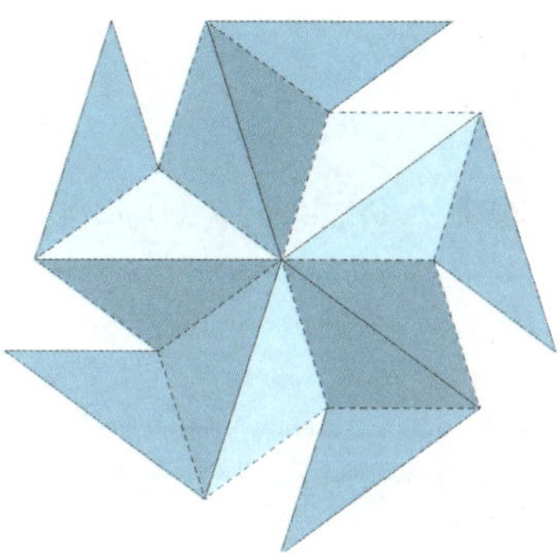

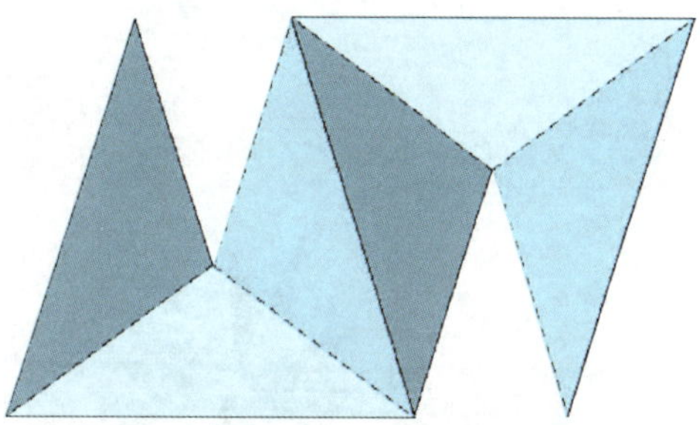

오목 정이십면체 (Great Icosahedron)
왼쪽 그림은 2장, 오른쪽 그림은 5장을 만들어 정이십면체 형태를 따라 만든다.

2) http://www.geocities.com/SoHo/Exhibit/5901/sm_st_dod.html
http://www.korthalsaltes.com/paper_polyhedra_collections.htm에 전체 전개도가 있다.

오목한 정다면체

❶ 오목 정다면체 탐구

1 (1)

(2) 30개 (3) 12개

2 (1)

(2) 20개 (3) 30개 (4) 12개

3 (1)

(2) 5개 (3) 30개 (4) 12개

4 (2) 5개 (3) 30개 (4) 20개

209

닮음과 프랙털

• **교육과정**

중 1 _ 도형, 정다면체

중 2 _ 문자와 식, 식의 계산, 측정, 닮음

중 3 _ 문자와 식, 이차방정식, 측정, 삼각비

고 1 _ 로그

주제 1	걸리버와 닮음
Keywords	닮음, 단면적, 부피
주제 2	생명체가 살기 위해 택한 방법 – 프랙털
Keywords	프랙털, 지수법칙, 차원, 로그
주제 3	평면도형의 무게중심
Keywords	삼각형, 중선, 무게중심, 모멘트, 연직선
주제 4	무게중심에 나타나는 수열
Keywords	무게중심, 조화수열

영화에는 거대한 곤충 모양의 괴물도 등장하고 수십층의 건물보다 큰 동물도 등장한다. 《걸리버 여행기》에 의하면 키가 보통사람보다 12배 크면 부피는 12^3=1728배만큼 커져 먹는 양도 1728배만큼 많이 준비해야 한다. 그러나 실제로는 거대한 몸집을 가진 동물 중에는 개미처럼 가느다란 다리를 가진 동물이 없고 몸집이 작은 곤충 중에는 코끼리처럼 굵은 다리를 가진 곤충이 없다. 이것은 크기와 모양 사이에 어떤 관계가 있다는 것을 암시한다. 즉, 크기가 커진다고 해서 모든 현상이 닮음을 유지하며 변하지는 않는다는 것이다.

주제 1에서는 '닮음'이라는 것은 생명체에 그대로 적용될 수 없다는 사실을 크기와 힘, 크기와 형태, 에너지 대사율 등을 중심으로 알아보았다. 중학교 2학년에서 닮음비, 넓이의 비, 부피의 비를 학습하면서 이 관계를 무차별적으로 적용하는 것에 대한 제동이다.

주제 2는 주제 1에 이어서 생명체의 신비를 닮음의 관점에서 다룬 것으로 인체에 구현된 프랙털 구조를 심도 있게 이해할 수 있도록 구성하였다. 정해진 부피 안에 엄청난 표면적을 가지는 기관을 갖는 구조로 인하여 우리 생명체들은 에너지 대사를 효율적으로 할 수 있게 된 것이다. 또한, 주제 2에서는 닮은 도형에서의 차원을 소개하여 차원이 정수가 아니라 소수로 표현되는 경우도 다루었다.

주제 3, 4는 학교 수학에서 닮음과 관련하여 다루는 또 다른 내용인 무게중심에 대한 것이다. 무게중심은 중학교 2학년에서 닮음을 활용하는 내용으로 도입되며, 고등학교에서는 해석기하 측면에서 다루어진다. 주제 3에서는 모멘트를 출발로 하여 무게중심을 정의하여 삼각형이 아닌 모든 도형에 대하여 무게중심을 생각할 수 있도록 하였다. 이어 다각형이 아닌 도형의 무게중심을 구하기 위하여 모멘트 개념에서 적분으로 연결하였다. 무게중심과 관련하여 재미있는 실험이 나무판 밀어내기 실험이다. 똑같은 나무판을 여러 장 쌓아놓고 한 장씩 최대한 밀어내는 길이에 대한 내용인데, 그 결과는 놀랍게도 조화수열로 이어진다. 수학체험전 등에서 여러 번 소개된 내용인데, 여기에서는 그것을 일반화하고 증명을 소개하였다.

209-1

걸리버와 닮음

Keywords 닮음, 단면적, 부피

《걸리버 여행기》에 등장하는 수치는 흔히 수학적으로 정확한 글의 예로 거론되곤 한다. 수학은 정확한 것이라는 강박관념 속에 어떤 편견과 오류가 포함될 수 있는지 《걸리버 여행기》의 수치를 분석하며 알아보자.

미로 윈터(1886–1956)

1 《걸리버 여행기》에서는 걸리버는 소인국 사람들보다 12배 크지만 먹는 것은 1728배를 먹어야 한다고 설명되어 있다. 이와 같이 계산을 한 이유를 추측해보자.

1 크기와 힘의 상관성

조그만 벼룩이 자기 몸 크기의 약 200배나 튀어오르고, 작은 개구리가 자기 몸의 수십 배나 되는 높이를 튀어오르는 것을 보면 그들에게 무슨 초능적인 힘이 있는 것처럼 보인다. 그러나 차원 해석을 해보면 이것은 특별한 일이 아닌 것을 알게 된다. 동물의 몸무게는 부피에 비례하므로 동물을 한 변의 길이가 L인 정육면체로 생각하면

$$몸무게 \propto L^3$$

이다. 그러나 몸이 뛰어오르는 힘을 제공하는 근육의 힘이나 관절의 힘은 근육이나 뼈의 넓이(단면적)에 비례하므로

근육, 뼈의 힘 $\propto L^2$

이다. 여기에서는 계산을 편리하게 하기 위하여 동물을 정육면체로 생각하자.

1 위의 사실에 근거하여 몸의 길이가 배가 될 때, 몸무게, 근육의 힘은 각각 몇 배가 되는지 다음 표를 채워보아라.

	2배	3배	4배	a배
몸무게				
근육의 힘				

2 위 1의 표를 보고 몸이 커질수록 체중과 힘의 비가 커지는지 작아지는지 말하여라. 또, 쇠똥구리는 자신의 몸무게의 30~40배나 되는 똥을 굴릴 수 있는 반면, 인간은 자신의 몸무게의 약 0.9배 정도만 들 수 있는 이유를 설명하여라.

	2배	3배	4배	a배
몸무게 증가율에 대한 근육의 힘의 증가율				

일반적으로 몸이 커질수록 체중과 힘의 비가 작아진다. 이 원리를 이용하면 개미의 힘이 왜 그렇게 강한지 알 수 있다. 크기는 다르고 구조는 거의 비슷한 닮은 동물을 생각해 보자. 큰 동물의 키가 작은 동물의 키의 3배라고 하면 표면의 넓이 또는 근육의 단면 넓이는 9배, 부피나 무게는 27배가 된다. 그런데 근육이 물건을 들어올리는 힘은 근육의 굵기, 곧, 단면의 넓이에만 비례하기 때문에 동물의 몸길이가 3배가 되면 체중은 27배가 되지만 근육의 힘은 9배밖에 되지 않는다. 동물의 힘은 오히려 체중의 9/27, 곧 1/3로 줄어드는 것이다. 마찬가지 이유로 몸길이가 4배가 된다면 힘은 체중의 1/4로 줄어버릴 것이고, 몸길이가 5배가 되면 힘은 체중의 1/5로 줄어버릴 것이다.

3 크기가 1cm인 개구리는 25cm(자기 몸의 25배) 튀어오른다고 한다. 만약 이 개구리가 가로 · 세로 · 높이가 같은 비율로 커져 키가 2m가 된다면 튀어오를 수 있는 높이는 어떻게 변하는가?

2 크기와 형태의 상관성

몸의 크기와 몸의 형태는 서로 분리해서 결정되지 않는다. 크기와 형태는 밀접한 상관관계를 가진다. 이미 갈릴레오는 《두 과학에 관한 대화》에서 이를 지적하였다. 크기는 형태를 결정하는 중요한 요인이다. 닭의 다리는 가늘고 코끼리 다리는 두꺼운 것은 크기와 형태가 서로 연관성을 갖기 때문이다. 인간을 그대로 확대·축소한 형태로는 인간을 만들 수 없다. 그러나 걸리버나 릴리푸트인은 그 크기만 다를 뿐 형태는 그대로이다.
만약 크기가 커진다면 근육의 단면적도 체중을 지탱할 만큼 커져야 한다. 따라서 결국 완전히 똑같은 모양을 유지한 채 크기만 몇 배로 늘어난다는 것은 거의 불가능한 일이다. 그러므로 걸리버 여행기의 거인족과 소인족은 모두 현실적으로 있을 수 없다. 거인은 더 뚱뚱하고 몽땅해져야 하고 소인은 더 가늘어져야 한다. 다음 문제에서 크기와 굵기와의 관계를 보자.

1 몸의 길이와 폭, 그리고 높이까지 3배로 늘어났다고 해보자. 그럴 경우 체중은 길이의 세제곱에 비례하므로 27배(3^3)가 된다. 늘어난 몸무게를 지탱하기 위해서는 다리의 굵기는 몇 배 늘어나야 하는가?

한편, 뼈의 재질을 더욱 강도 높은 것으로 바꾸면 걸리버형 거인을 만드는 것이 가능하다. 그러나 지구상의 동물들은 크든, 작든 상관없이 칼슘의 인회석이라는 동일한 성분으로 되어 있다. 따라서 증가하는 무게를 지탱하기 위해서는 그 뼈의 단면적이 무게에 비례해서 증가해야 하며 그와 함께 길이도 증가하므로 길이의 증가분을 여기에 곱해주어야 한다. 즉, 무게를 W라 하면 길이는 $W^{\frac{1}{3}}$로 표시할 수 있으므로 뼈가 지탱해야 하는 총무게는 단면적 W와 그 길이 $W^{\frac{1}{3}}$의 곱이다. 이 관계를 정리하면 다음과 같다.

> 뼈의 무게는 (뼈의 단면적) × (뼈의 길이)에 비례한다.
>
> 따라서 뼈의 무게는 $W \times W^{\frac{1}{3}} = W^{\frac{4}{3}}$에 비례한다. 1)

1) 포유류의 뼈에 관한 상당한 자료가 프레인지(Prange) 등에 의해서 수집되었다. 그 결과는 1.04와 1.12 사이에 분포되어 있으며 평균 1.08 정도이다. http://www.alife.or.kr/guliver.htm

2 위의 관계에 따라 크기가 커질 때의 몸에서 뼈가 차지하는 비율을 알아보자. 고양이를 포유류의 표준적인 크기라고 해보자. 고양이(5kg)의 골격계는 체중의 7%이다. 이것을 기준으로 하여 만약 위의 예측대로 골격계의 무게가 체중의 $W\times W^{\frac{1}{3}}=W^{\frac{4}{3}}$에 비례하여 증가한다고 보고 체중이 5000kg인 코끼리에 대하여 다음을 구하여라.

(1) 고양이의 골격계의 무게

(2) 고양이와 코끼리의 무게의 비

(3) 고양이의 골격계와 코끼리의 골격계의 비

(4) 코끼리의 골격계의 무게

(5) 코끼리의 골격계의 무게가 말의 체중에서 차지하는 비율

그러나 실제로 동물은 위에서 구한 만큼의 골격계의 비율을 갖고 있지는 않다. 실제 골격계의 비율은 사람은 체중의 약 15%, 코끼리는 체중의 약 20% 정도로 알려져 있다. 만약 동물의 몸에서 뼈가 차지하는 비율이 위에서 구한 것과 비슷하다면 몸에는 뼈 이외의 장기가 들어갈 자리가 부족할 것이다. 즉, 큰 동물은 장기가 들어갈 공간을 확보하기 위하여 몸 구조의 안전성을 희생하는 것이다. 또한, 큰 동물은 몸에서 뼈가 차지하는 비율이 낮아 골절의 위험이 높기 때문에 작은 동물만큼 민첩하게 행동하지 못하는 제약이 있다. 이렇듯 크기의 차이는 그 형태를 바꿀 뿐만 아니라 행동 습성까지도 바꾸게 하는 것이다.

3 대사량과 크기

에너지 대사는 표피를 통하여 이루어지므로 표면적 대 부피의 비율은 대사율과 밀접한 관계가 있다. 즉, 몸집이 커진다고 해서 대사량이 비례적으로 커지지는 않는다. 몸집이 클수록 단위부피당 에너지 소모량은 줄어들 것이기 때문이다.

에너지 대사는 표피에서 일어나므로 에너지 대사율은 표면적과 밀접한 관계를 가진다. 대사율은 체중의 $\frac{2}{3}$제곱에 비례할 것으로 예측할 수 있지만 실제로 중력으로 인해서 체중과 대사율의 비례 관계에 약간의 변화가 있다. 몸 안의 물질의 수송은 표면을 통하여 일어나는데 폐에서는 기체의 교환이, 장에서

는 영양물질의 교환이, 또 세포막을 통한 물질의 교환도 일어난다. 이것을 위해서는 중력에 대해서 일을 해야 하며 이것은 몸집, 즉 중량이 많이 나갈수록 커져 대사율은 기본적으로 표면적의 법칙을 따르지만 여기에 이 비용이 부가되어야 한다. 따라서 대사율은 체중의 $\frac{3}{4}$ 제곱에 비례한다고 알려져 있다.

1 체중이 100배, 10000배 늘어날 때 에너지 소비량이 어떻게 늘어나는가?

2 위의 사실에 근거하여 걸리버가 한 끼 식사를 하기 위해서는 릴리푸트인 몇 명분의 식사를 준비하면 되는지 알아보아라.

3 "걸리버 여행기가 수학적으로 정확하다"는 믿음이 퍼진 이유는 무엇일까? 실제로 수학은 정확하지 않을 수도 있다. 정확하지 않아도 문제가 되지 않는 예를 들고 그 이유를 설명해보아라.

걸리버와 닮음

❶ 크기와 힘의 상관성

1 릴리푸트인들의 키는 걸리버의 12배이기 때문에, 몸 전체의 크기(부피)는 12×12×12, 곧 1728에 해당하므로.

1
2

	2배	3배	4배	a배
몸무게	2^3	3^3	4^3	a^3
근육의 힘	2^2	3^2	4^2	a^2
몸무게 증가율에 대한 근육의 힘의 증가율	$\frac{1}{2}$	$\frac{1}{3}$	$\frac{1}{4}$	$\frac{1}{a}$

체중과 근육의 힘이 증가하는 비율이 다르기 때문이다.

3 크기가 200배 늘어난 것이므로 몸무게는 $200^3=8\times10^6$배 늘어나지만 근육의 힘은 단지 $200^2=4\times10^4$배 늘어나는데 그친다. 따라서 커진 개구리가 높이 뛸 수 있는 능력은 $\frac{200^2}{200^3}=\frac{1}{200}$로 줄어들어 자기 몸의 $25\times\frac{1}{200}=\frac{1}{8}$ 밖에 튀어 오르지 못한다. 즉, 2m 짜리 개구리가 튀어 오르는 높이는 $\frac{1}{8}\times2\text{m}=25\text{cm}$이고, 이것은 사람이 뛰어오를 수 있는 높이(약 1m)에 비하면 별것 아니다.

❷ 크기와 형태의 상관성

1 단면적이 27배가 되려면 지름은 $\sqrt{27}\fallingdotseq5.2$배가 되어야 한다.

2 (1) 0.35kg, (2) 1000배 (3) $1000^{\frac{4}{3}}=10000$배 (4) 3500kg, (5) $\frac{3500}{5000}\times100=70\%$

❸ 대사량과 크기

1 $100^{\frac{3}{4}}=(\sqrt{10})^3=(3.2)^3=31.6$배, $10000^{\frac{3}{4}}=10^3=1000$배

2 $1728^{\frac{3}{4}}=268$인분

209-2 생명체가 살기 위해 택한 방법-프랙털

Keywords 프랙털, 지수법칙, 차원, 로그

1 중요한 것은 표면적

생물체는 아메바같이 아주 작은 단세포 생물부터 코끼리처럼 큰 동물까지 그 크기가 매우 다양하다. 생명체는 살아 있는 한 에너지 대사를 유지해야 하는데 대사에 필요한 산소나 영양 물질은 표피를 통해 자연스럽게 확산되어 몸 내부로 들어온다. 즉, 중요한 것은 표피의 넓이, 즉 표면적이다. 생물체는 자신의 생명을 유지할 수 있을 만큼 대사 활동을 해야 하며 이를 위해서 일정 정도의 표면적을 확보해야 하기 때문이다.

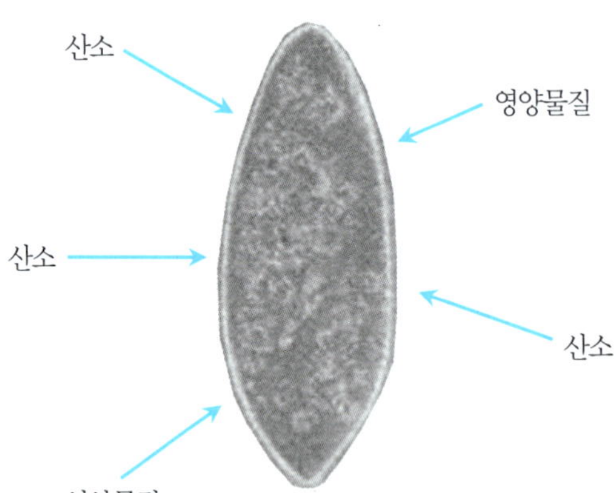

짚신벌레

몸이 구 모양으로 생긴 동물이 자기가 필요로 하는 산소를 구의 표면으로부터 확산에 의해 들어오는 것만으로 충당하려면 가능한 구의 크기는 1mm라고 한다. 즉, 호흡계와 순환계를 모두 갖추지 않은 동물은 반지름 1mm 이상이 될 수 없다는 것이다. 그 이상으로 몸이 커진다면 몸을 넓게 펴면 되는데 이러한 동물의 최대 두께는 6mm로 알려져 있다. 또, 지렁이 같은 원통형 동물이 호흡계도 없고 순환계도 없이 확산에만 의지하여 산소를 운반한다면 최대 반지름은 0.8mm이고 순환계가 있다면 최대 반지름은 1.3mm로 커질 수 있다고 한다.[2] 이제 인간의 몸이 구형이나 원통형일 때, 몸이 지금과 같이 커질 수 있는지 생각해보면 몸의 크기가 변할 때 표면적과 부피가 같은 비율로 변하지 않기 때문에 이는 불가능하다. 실제 몸으로는 그 비율을 계산하기 어려우므로 몸이 정육면체라고 가정하고 계산해보자.

1 다음 표를 채우고 정육면체가 커질수록 부피에 대한 겉넓이의 비가 어떻게 변하는지 설명하여라.

모서리의 길이	겉넓이	부피	겉넓이/부피
1	$1^2 \times 6 = 6$	$1^3 = 1$	$6/1 = 6$
2			
3			
…	…	…	…
n			

위의 표에서 알 수 있듯이 몸이 커지면 부피에 대한 겉넓이의 비가 점점 작아진다. 거꾸로 이야기하면 크기가 작을수록 외부와 접촉하는 표면적이 넓어지므로 아주 작은 동물은 호흡기관, 순화기관이 필요 없다. 그러나 몸이 커지면 표면적의 비율이 작아져서 단세포 동물과 같은 구조로는 대사에 필요한 영양물질과 산소를 충분히 흡수할 수 없게 된다. 따라서 생물체는 몸의 외부를 내부로 집어넣어 표면적을 확보하는 구조를 택한 것이다.

아마 대부분의 학생들이 생물 시간에 인간의 구강에서 항문까지의 소화관의 총 길이는 8m이고 그 면적은 약 400m^2, 외부와 접촉해 가스를 교환하는 폐의 넓이는 80m^2 정도라는 사실을 배웠을 것이다. 해부학적으로 소화관이나 폐는 외부이다. 따라서 외부에서 음식물이나 산소가 들어가 흡수되는 것이 가능하다. 다시 말하면, 몸이 큰 생물체의 호흡기관이나 소화기관 등은 에너지 대사를 하기 위하여 표면적이 엄청나게 넓은 구조를 하고 있는데, 그것을 몸의 바깥쪽이 아니라 안쪽에 넣어두고 있는 것이다.

표피가 몸의 안쪽으로 들어간 데에는 표면적 확보 이외에도 중요한 이유가 있

2) 모토카와 타츠오, 이상대 옮김, 《시간으로 보는 생물이야기》, 사계절, 1993. p.37-54, p.117-128

다. 항온동물의 경우 표피를 통해 달아나는 분량만큼의 열을 다시 생산하여 체온을 유지해야 하는데, 이 넓은 표피가 밖으로만 나와 있다면 에너지 소비가 그만큼 많아지기 때문이다. 만약 인간의 몸 내부에 이러한 구조를 갖고 있지 못했다면 이미 오래 전에 인류의 역사는 끝났을 것이다.

그러면 일정한 크기의 몸 안에 어떻게 엄청나게 넓은 표면적을 확보할 수 있을까? 그 원리가 바로 프랙털이다. 프랙털은 '규칙적인 반복'으로 이러한 구조를 만들어내었다. 평면에서의 프랙털에서 시작하자.

2 주어진 도형을 벗어나지 않으면서 넓은 세상으로 나아가기 – 2차원

1 모눈종이 위에 다음과 같은 규칙에 따라 그림을 그려보자.

1단계 정사각형의 대변의 삼등분점을 각각 변에 평행하게 연결한다.
새로 만들어진 작은 정사각형 중 가운데 것을 제외한 나머지를 선택한다.

2단계 1단계에서 선택된 정사각형에 위의 방법을 반복 적용한다.

3단계 2단계에서 선택된 정사각형에 위의 방법을 반복 적용한다.

2 처음 정사각형의 한 변의 길이를 1로 하여 도형의 둘레의 길이가 어떻게 변하는지 규칙을 찾아보자.

(1) 다음 표를 채워라.

단계	새로 생긴 가장 작은 정사각형의 한 변의 길이	늘어난 도형의 길이
0단계		
1단계		
2단계		
3단계		
n단계		

(2) 단계를 더 진행하면 도형의 둘레의 길이는 어떻게 되겠는가?

3 이번에는 도형의 넓이가 어떻게 변하는지 규칙을 찾아보자.

(1) 다음 표를 채워라.

단계	새로 생긴 가장 작은 정사각형의 넓이	도형의 전체 넓이
0단계		1
1단계		
2단계		
3단계		
n단계		

(2) 단계를 더 진행하면 도형의 넓이는 어떻게 되겠는가?

4 넓이가 1인 정사각형 안에서 **1**과 같은 규칙에 따라 정사각형을 계속 만들어나가면 궁극적으로 어떤 일이 벌어지는지 설명하여라.

3 주어진 도형을 벗어나지 않으면서 넓은 세상으로 나아가기 – 3차원

1 정육면체를 다음과 같은 규칙에 따라 일부분을 제거해나가면 어떤 모양의 도형이 남는지 알아보자.

(1) 대강의 그림을 그리면서 상상해보자.

1단계 : 정육면체의 각 모서리를 3등분하여 생기는 작은 27개의 정육면체에서 중앙의 정육면체와 처음 정육면체의 각 면의 중앙에 있는 정육면체를 제외한 나머지를 택한다.

2단계 : 1단계에서 선택된 정육면체에 위의 방법을 반복 적용한다.

3단계 : 2단계에서 선택된 정육면체에 위의 방법을 반복 적용한다.

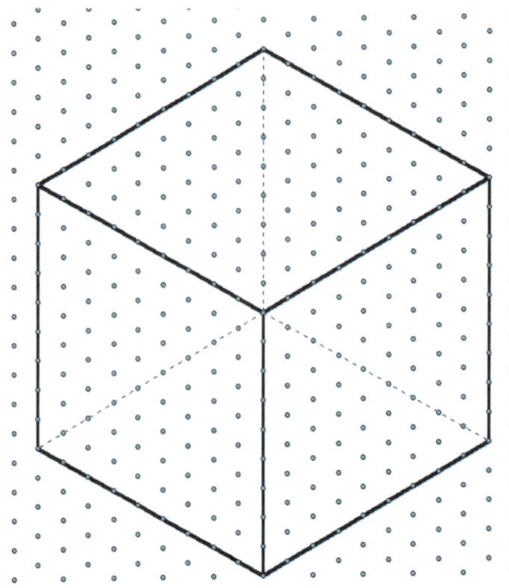

(2) 2단계 도형을 만들어보아라.

준비물 : 정육면체 스치로폼, 스치로폼 본드(양면 테이프) 또는 멀티 큐브

2 만들어놓은 모형을 보고 부피의 변화 규칙을 찾아보자. 단, 0단계의 정육면체의 한 모서리의 길이를 1로 한다.

(1) 다음 표를 채워라.

단계	가장 작은 정육면체의 개수	새로 생긴 가장 작은 정육면체의 부피	전체 부피
0단계	1		1
1단계	20	$\left(\frac{1}{3}\right)^3$	$\left(\frac{1}{3}\right)^3 \times 20$
2단계			
3단계			
…		……	
n단계			

(2) 단계를 더 진행하면 도형의 부피는 어떻게 되겠는가?

3 이번에는 겉넓이의 변화 규칙을 찾아보자.

(1) 다음 표를 채워라.

단계	가장 작은 정육면체 한 면의 넓이	감소하는 넓이	증가하는 넓이	겉넓이 증가분
1단계	$\frac{1}{9}$	$\frac{1}{9}\times 6$	$\frac{1}{9}\times 4\times 6$	$\frac{1}{9}\times 3\times 6$
2단계				
3단계				
n단계				

(2) 단계를 더 진행하면 도형의 겉넓이는 어떻게 되겠는가?

앞에서 만든 도형을 발명자의 이름을 따서 멩거 스펀지(Menger's Sponge)라고 한다. 칼 멩거(Karl Menger, 1902-1985)는 오스트리아의 수학자이다. 멩거 스펀지는 정육면체 스치로폼 또는 멀티큐브를 붙여나가면서 만들 수 있다.[3] 실제로 멩거 스펀지는 정육면체의 일부를 제거해 나가면서 만들어지는 도형이지만 현실적으로는 붙여나가면서 만들 수밖에 없다. 모형을 만들고 부피의 변화 규칙을 찾아보자. 단, 0단계의 정육면체의 한 모서리의 길이를 1로 한다.

4 부피가 1인 정육면체 안에서 1 과 같은 규칙에 따라 작은 정육면체를 만들어나가면 궁극적으로 어떤 일이 벌어지는지 설명하여라. 또, 이러한 현상을 생물체의 에너지 대사와 관련지어 설명하여라.

4 새로운 세계 – 차원

프랙털 도형은 이전에 보던 도형과 매우 다른 성질을 가졌다는 사실을 확인하였다. 프랙털 도형의 놀라운 점은 앞에서 확인한 것만이 아니라 '차원'이라는 개념에까지 확정된다. 자기 닮음 도형의 '차원'에 대하여 알아보자. 선은 1차원, 면은 2차원, 입체는 3차원으로 알고 있을 것이다. 프랙털 도형의 차원에

3) 정육면체 스치로폼은 스치로폼 판매처에 크기를 지정해서 잘라달라고 하면 받을 수 있고 멀티큐브는 여러 군데의 수입 교구 판매처에서 살 수 있다.

대하여 알아보기 전에 차원이 무엇인지 잠깐 생각해보자.
먼저 선분은 1차원의 이야기이다. 주어진 선분을 등분하여 길이가 처음 길이의 r배가 되는 작은 선분이 N개 생기면 이들의 관계식은

$$N=\left(\frac{1}{r}\right)^1$$

이다. 2차원으로 옮겨가 보자. 정사각형의 각 변을 등분하여 한 변의 길이가 처음 길이의 r배가 되는 N개의 작은 정사각형이 생기면 이들의 관계식은

$$N=\left(\frac{1}{r}\right)^2$$

이다. 이제 마지막으로 3차원으로 가보자. 먼저, 정육면체의 각 모서리를 등분하여 한 모서리의 길이가 처음 길이의 r배가 되는 N개의 작은 정육면체가 생기면 이들의 관계식은

$$N=\left(\frac{1}{r}\right)^3$$

이다.
이를 종합하면 다음 등식을 만족하는 D가 존재한다.

> 주어진 도형을 등분하여 크기가 r배인 N개의 작은 도형으로 만들어질 때,
>
> $$N=\left(\frac{1}{r}\right)^D$$

위의 식에서 지수 D를 주어진 도형의 차원이라 한다. 양변 $N=\left(\frac{1}{r}\right)^D$에 상용로그[4]를 택하면 $\log N=\log\left(\frac{1}{r}\right)^D$, $\log N=D\log\frac{1}{r}$ 이므로 차원

$$D=\frac{\log N}{\log\frac{1}{r}}$$

이다. 예를 들어, 선분의 차원을 알아보자. 다음 선분을 4등분 하면 새로 생기

4) 로그에 대해서는 [103-1 소수의 세계를 탐험하다] 참고 (80쪽)

는 작은 도형은 4개이고 그 크기는 $\frac{1}{4}$이므로 $N=4$, $r=\frac{1}{4}$이다. $4=\left(\frac{1}{\frac{1}{4}}\right)^D$를 만족시키는 $D=1$이므로 선분은 1차원 도형이다.

1 정사각형의 각 변을 등분하여 정사각형의 차원을 계산하여라.

2 정육면체의 한 모서리의 길이를 등분하여 정육면체의 차원을 계산하여라.

3 앞에서 만든 밍거 스펀지의 차원을 계산해보아라.

4 정삼각형의 각 변의 중점을 연결하여 4개의 작은 정삼각형으로 나누고 가운데 있는 정삼각형을 제외한 나머지를 택한다. 각각의 정삼각형에 대하여 이 과정을 반복하여 얻은 도형을 시어핀스키 삼각형이라고 한다.

(1) 아래의 1단계 그림 위에 2단계, 3단계 그림을 그려보아라.

0단계　　　1단계

(2) 시어핀스키 삼각형의 차원을 구하여라.

5 시어핀스키 삼각형을 삼차원으로 확장한 것을 시어핀스키 피라미드라고 한다. 정사면체의 각 모서리의 중점을 연결하여 4개의 작은 정사면체로 나누고 가운데 있는 정사면체를 제외한 나머지를 택한 후, 각각의 정사면체에 대하여 이 과정을 반복하여 만들 수 있다. 시어핀스키 피라미드의 차원을 구하여라.

생명체가 살기 위해 택한 방법 – 프랙털

❶ 중요한 것은 표면적

1

모서리의 길이	겉넓이	부피	겉넓이/부피
1	$1^2 \times 6 = 6$	$1^3 = 1$	$6/1 = 6$
2	$2^2 \times 6 = 24$	$2^3 = 8$	$24/8 = 3$
3	$3^2 \times 6 = 54$	$3^3 = 27$	$4/27 = 2$
…	…	…	…
n	$n^2 \times 6$	n^3	$6n^2/n^3 = 6/n$

❷ 주어진 도형을 벗어나지 않으면서 넓은 세상으로 나아가기 – 2차원

1

1단계

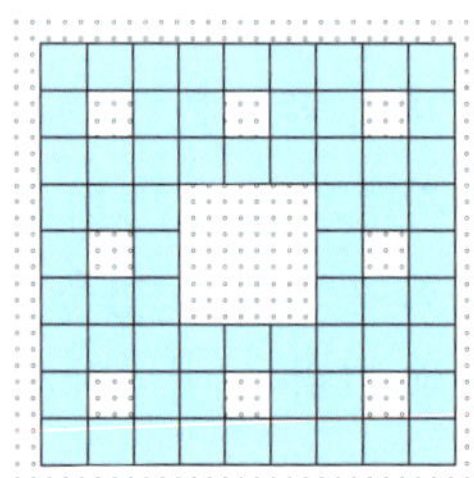
2단계

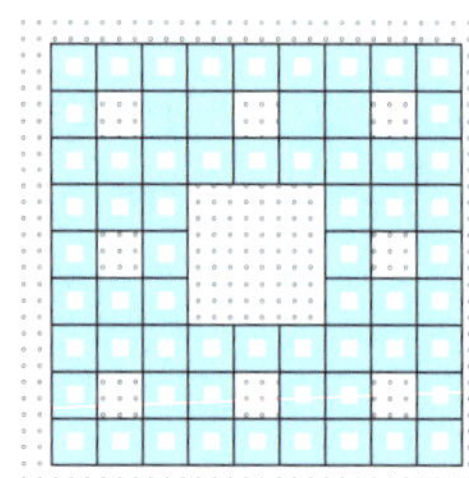
3단계

2
3

(1)

단계	새로 생긴 가장 작은 정사각형의 한 변의 길이	늘어난 도형의 길이	새로 생긴 가장 작은 정사각형의 넓이	도형의 전체 넓이
0단계				1
1단계	$1/3$	$(1/3)\times 4$	$1/9$	$(1/9)\times 8$
2단계	$1/3^2$	$(1/3^2)\times 4\times 8^2$	$1/9^2$	$(1/9^2)\times 8^2$
3단계	$1/3^3$	$(1/3^3)\times 4\times 8^3$	$1/9^3$	$(1/9^3)\times 8^3$
n단계	$1/3^n$	$(1/3^n)\times 4\times 8^n$	$1/9^n$	$(1/9^n)\times 8^n$

(2) 각 단계마다 $\left(\frac{8}{3}\right)^n \times 4$만큼 늘어나는데 $\left(\frac{8}{3}\right)^n > 1$이므로 단계를 많이 진행하면 둘레의 길이는 무한으로 커진다. 반면, n단계의 넓이는 $\left(\frac{8}{9}\right)^n$이므로 넓이는 0이 된다.

4 넓이는 굉장히 작은데 둘레의 길이는 굉장히 커지는 도형이 만들어진다.

❸ 주어진 도형을 벗어나지 않으면서 넓은 세상으로 나아가기 - 3차원

1

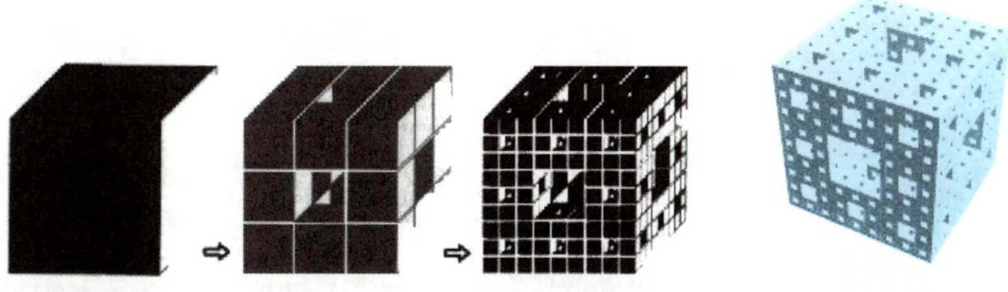

0단계 1단계 2단계 3단계

2 (1)

단계	가장 작은 정육면체의 개수	새로 생긴 가장 작은 정육면체의 부피	전체 부피
0단계	1		1
1단계	20	$\left(\frac{1}{3}\right)^3$	$\left(\frac{1}{3}\right)^3 \times 20$
2단계	20^2	$\left\{\left(\frac{1}{3}\right)^2\right\}=\left(\frac{1}{3}\right)^6$	$\left(\frac{1}{3}\right)^6 \times 20^2$
3단계	20^3	$\left\{\left(\frac{1}{3}\right)^3\right\}=\left(\frac{1}{3}\right)^9$	$\left(\frac{1}{3}\right)^9 \times 20^3$
…		……	
n단계	20^n	$\left(\frac{1}{3}\right)^{3n}$	$\left(\frac{1}{3}\right)^{3n} \times 20^n$

(2) n단계의 도형의 부피는 $\left(\frac{1}{3}\right)^{3n} \times 20^n = \left(\frac{20}{27}\right)^n$이다. 단계를 더 진행하면 $\frac{20}{27} < 1$이므로 도형의 부피는 0이 된다.

3 오른쪽 사진은 1단계 멩거 스펀지에서 2단계로 갈 때 제거할 부분을 한쪽 면에서 본 부분에만 표시한 것이다. 아래 표는 단계마다 겉넓이가 어떻게 증가하는지 규칙을 찾기 위하여 사진에 표시된 부분 12면을 기준으로 하여 생각하고 이것의 6배를 하면서 구한 것이다.

단계	가장 작은 정육면체 한 면의 넓이	감소하는 넓이	증가하는 넓이	겉넓이 증가분
1단계	$\frac{1}{9}$	$\frac{1}{9}\times 6$	$\frac{1}{9}\times 4\times 6$	$\frac{1}{9}\times 3\times 6$
2단계	$\frac{1}{9^2}$	$\frac{1}{9^2}\times 12\times 6$	$\frac{1}{9^2}\times 4\times 20\times 6$	$\frac{1}{9^2}\times(4\times 20-12)\times 6$
3단계	$\frac{1}{9^3}$	$\frac{1}{9^3}\times 12^2\times 6$	$\frac{1}{9^3}\times 4\times 20^2\times 6$	$\frac{1}{9^3}\times(4\times 20^2-12^2)\times 6$
n단계	$\frac{1}{9^n}$	$\frac{1}{9^n}\times 12^{n-1}\times 6$	$\frac{1}{9^n}\times 4\times 20^{n-1}\times 6$	$\frac{1}{9^n}\times(4\times 20^{n-1}-12^{n-1})\times 6$

(2) 도형의 겉넓이는 각 단계마다 $\frac{1}{9^n}\times(4\times 20^{n-1}-12^{n-1})\times 6$만큼 늘어나는데 이 값은 1보다 크므로 단계를 많이 진행하면 겉넓이는 무한으로 커진다.

4 밍거 스펀지는 부피는 0으로 가면서 겉넓이는 무한으로 커지는 도형이다. 바로 이 밍거 스펀지의 원리가 생물체의 몸 안에 몸의 크기에 비해 엄청난 표면적이 구현되어 있는 원리이다. 폐포의 구조, 혈관의 구조, 소화 기관의 구조 등 몸의 내부라고 흔히 생각하는 호흡기관, 순환기관, 소화기관 등은 사실상 몸 안쪽에 들어가 있는 표피이며, 프랙털의 원리로 확보한 표면적으로 인해 생명체의 생명이 유지되고 있는 것이다.

❹ 새로운 세계 - 차원

1 각 변을 3등분하면 $N=9$, $r=\frac{1}{3}$이므로 차원은 $9=3^D$를 만족하는 D이다.

$$D=\frac{\log N}{\log 1/r}=\frac{\log 9}{\log 3}=\frac{\log 3^2}{\log 3}=2$$

이므로 평면도형은 2차원이다.

2 각 모서리를 3등분하면 $N=27$, $r=\frac{1}{3}$이므로 차원은 $27=3^D$를 만족하는 D이다.

$$D=\frac{\log N}{\log 1/r}=\frac{\log 27}{\log 3}=\frac{\log 3^3}{\log 3}=3$$

이므로 정육면체는 3차원이다.

3 $N=20$, $r=\frac{1}{3}$이므로 $20=3^D$에서 $D=\frac{\log 20}{\log 3}=2.7268\cdots$

4 $N=3$, $r=\frac{1}{2}$, $D=1.5849\cdots$

5 $N=4$, $r=\frac{1}{2}$ $D=2$

209-3

평면도형의 무게중심

Keywords 삼각형, 중선, 무게중심, 모멘트, 연직선

삼각형의 무게중심은 세 중선의 교점으로 정의된다. 여기에서는 일반적인 무게중심의 정의에서 출발하여 삼각형, 사각형, 원 등 평면도형에서의 무게중심을 구해보자.

1 무게중심의 정의

무게가 m_1, m_2인 두 물체가 원점에서 거리 x_1, x_2만큼 떨어져 있는 상태에서 그림과 같이 평형을 이루었다면 식 $m_1 x_1 + m_2 x_2 = 0$[5]이 성립한다. 이때, $m_1 x_1 + m_2 x_2$를 원점에 대한 모멘트라고 한다.

지렛대를 이용해 지구를 드는 아르키메데스

이번에는 무게가 m_k인 물체가 평형을 이룬 점으로부터 x_k만큼 떨어져 있다고 하자. 평형을 이룬 점의 좌표를 $\bar{x}$라고 하면 $\sum (x_k - \bar{x})\, m_k = 0$이 성립한

5) 실제로는 $(g\,m_1)\,x_1 + (g\,m_2)\,x_2 = 0$. g는 중력가속도이고 거리는 부호가 있는 값이다.

다. 이 식을 정리하면 $\sum x_k m_k = \bar{x} \sum m_k$에서

$$\bar{x} = (\sum x_k m_k)/M, \text{ 단, } M = \sum m_k$$

이 된다. 이 점 $\bar{x}$가 무게중심이다.
마찬가지로 생각하면 평면에서의 무게중심 $(\bar{x}, \bar{y})$은

$$\bar{x} = (\sum x_k m_k)/M, \quad \bar{y} = (\sum y_k m_k)/M, \text{ 단, } M = \sum m_k$$

이다. 즉, 무게중심은 모멘트(각 점의 모멘트의 합)를 전체 무게로 나눈 값이라고 할 수 있다. 무게중심의 x좌표는 y축에 대한 모멘트의 합을 전체 무게로 나눈 값이고, 무게중심의 y좌표는 x축에 대한 모멘트의 합을 전체 무게로 나눈 값이다.

y축에 대한 모멘트 $M_y = \sum m_k y_k$
x축에 대한 모멘트 $M_x = \sum m_k x_k$

1 수직선 위에 아래와 같은 무게를 갖는 점들이 있다. 네 점의 무게중심을 구하여라.

(1)

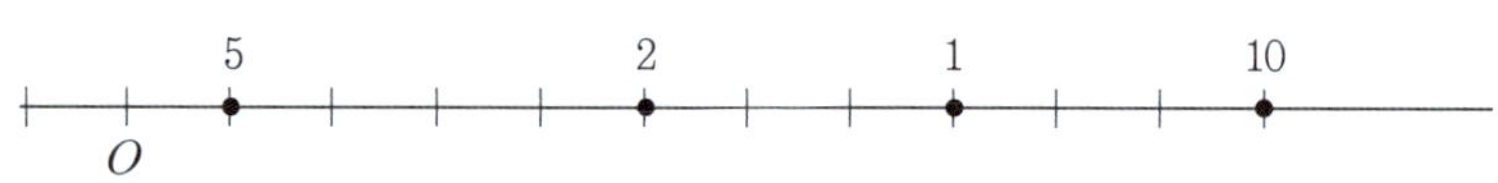

(2)

무게중심은 위와 같이 계산으로도 구할 수 있지만 실험을 통해서도 구할 수 있다. 물체가 평형이 되도록 하여 모멘트의 합이 0이 되는 지점을 찾는 것이다. 어떤 물체를 매달면 중력에 대해 좌우 균형을 이루는 상태로 멈추게 된다. 이 때 중력 방향으로 매달린 실(연직선)은 도형의 무게 평형선이 된다. 물체를 매다는 위치를 바꾸어가면서 연직선의 교점을 찾으면 그 점이 무게중심이다.

2 다음과 같은 연직선 실험을 통하여 무게중심을 구하여라.

(1) 종이로 무게중심을 구하고 싶은 도형을 만든다.
(2) 도형에 추를 매달은 핀을 꽂고 핀만 잡는다. 판이 흔들리다가 멈추면 추가 만드는 일직선을 종이에 그린다.

(3) 같은 방법으로 위치를 바꾸어 위의 (2) 과정을 반복하여 교점을 구한다.

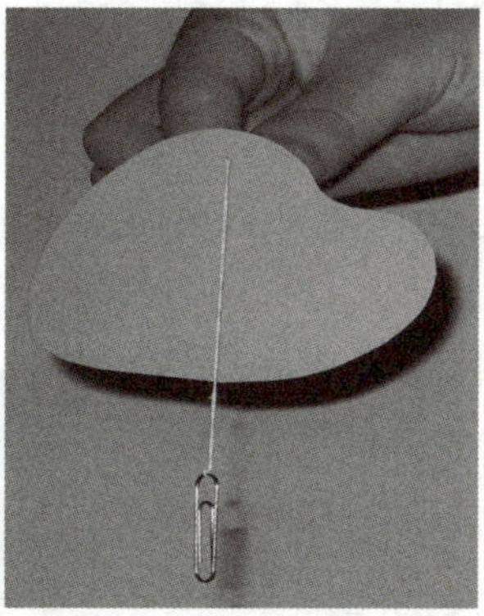

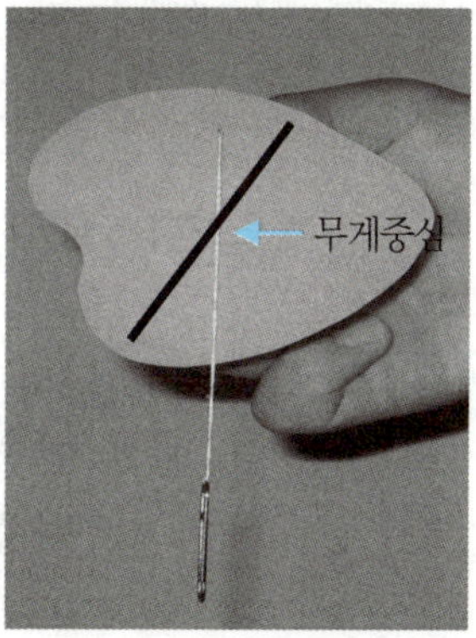

3 삼각형에서 중선은 삼각형의 넓이를 이등분한다. 그러면 삼각형의 넓이를 반으로 나누는 모든 선은 무게의 균형선이 되는가?

2 다각형의 무게중심

1 삼각형의 꼭지점의 좌표가 $(x_1,\ y_1)$, $(x_2,\ y_2)$, $(x_3,\ y_3)$일 때, 무게중심의 좌표를 구하여라.

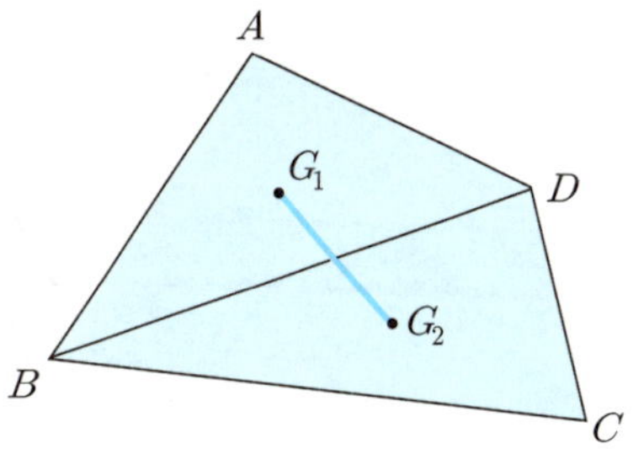

이제 평면도형의 무게중심에 대하여 알아보자. 사각형의 무게중심은 삼각형으로 나누어 생각할 수 있다. 사각형을 삼각형 두 개로 나누어 각각의 무게중심을 G_1, G_2라고 하자. 각 삼각형의 무게는 그 무게중심 한 점에서 작용하는 것으로 볼 수 있으므로 이제는 무게가 다른 두 점의 무게중심을 구하는 문제로 바뀐다. 무게가 m_1, m_2인 두 점이 원점에서 거리 x_1, x_2만큼 떨어져 있는 상태에서 그림과 같이 평형을 이루었다면 식 $m_1x_1+m_2x_2=0$이 성립하므로 사각형의 무게중심은 두 점 G_1, G_2를 잇는 선을 $\triangle ABD : \triangle CBD$로 내분하는 점 G이다.

무게중심 G의 좌표를 구하기 위하여 세 점 G, G_1, G_2의 x좌표를 각각 x, x_1, x_2라고 하자. 그러면 무게중심의 정의에 의하여

$$x(ABCD) = x_1 \triangle ABC + x_2 \triangle CBD$$

가 성립한다. 물론 y좌표에 대해서도 이 식이 성립한다.

2 오른쪽 사각형의 무게중심을 구하여라.

(1) 두 개의 삼각형으로 나누었을 때, 각각의 무게중심을 G_1, G_2라고 하자. 각각의 x좌표를 구한 후, 이것을 이용하여 무게중심 G의 x 좌표를 구하여라.

(2) G_1, G_2의 y 좌표를 구한 후, 이것을 이용하여 무게중심 G의 y좌표를 구하여라.

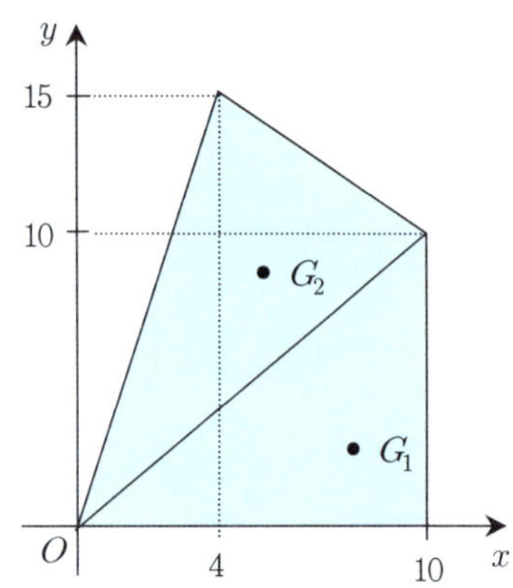

3 아래 도형의 무게중심을 구하여라.

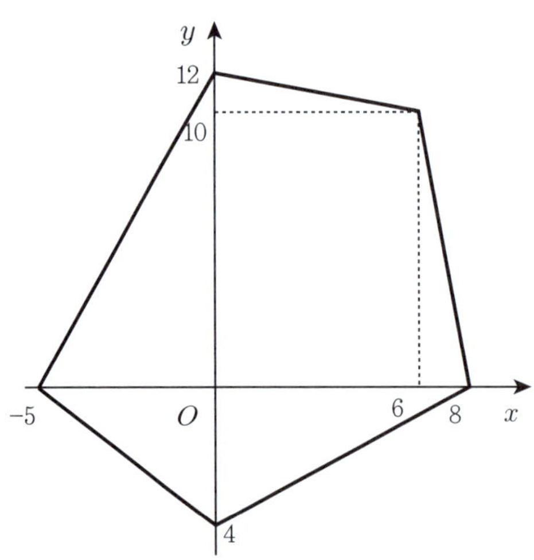

벡터로 구하는 다각형의 무게중심

다각형의 내부에 원점이 놓이도록 평행이동하고 원점을 기준으로 삼각형으로 나누자. 다각형의 무게중심의 위치벡터를 $\overrightarrow{G}$라고 하면

$$\overrightarrow{G} = \frac{\sum \overrightarrow{G_i} \times (\text{삼각형 넓이})}{(\text{다각형 넓이})} \text{ 이다.}$$

단, 각 삼각형의 무게중심의 위치벡터 $\overrightarrow{G_i}$, 삼각형의 넓이 A_i는 다음과 같다.

$$\overrightarrow{G_i} = \left(\frac{x_i + x_{i+1}}{3}, \frac{y_i + y_{i+1}}{3}\right) \qquad A_i = \frac{x_i y_{i+1} - x_{i+1} y_i}{2}$$ 6)

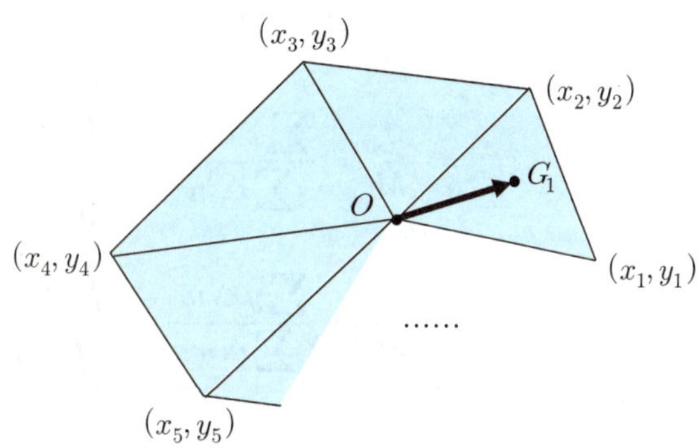

3 다각형이 아닌 평면도형의 무게중심

앞에서 무게중심을 모멘트의 개념으로 알아보았다. 평면도형은 몇 개의 입자로 이루어진 도형이 아니라 연속된 분포를 갖는 도형이므로 아래와 같이 직사각형으로 잘라서 생각하자. 또한 평면도형은 밀도가 고르다고 볼 수 있으므로 무게를 넓이로 생각하기로 하자.

6) 세 점 (0, 0), (a_1, a_2), (b_1, b_2)으로 이루어진 삼각형의 넓이는 벡터의 외적으로부터 다음과 같다.

$$\frac{1}{2}|\vec{a}||\vec{b}|\sin\theta = \frac{|\vec{a} \times \vec{b}|}{2} = \frac{|a_1 b_2 - a_2 b_1|}{2}$$

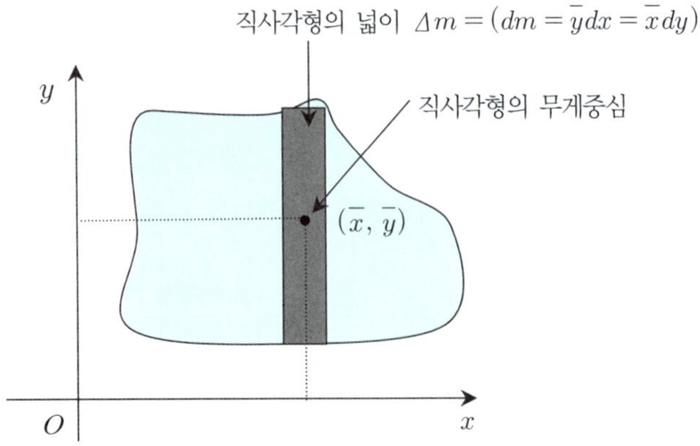

그러면 위 그림에서 도형의 y축에 대한 모멘트는 $M_y = \sum x\,\Delta m$ 이고 x축에 대한 모멘트는 $M_x = \sum y\,\Delta m$ 이므로 위 영역의 무게중심 (G_x, G_y)는

$$G_x = \frac{M_y}{M} = \frac{\sum x\,\Delta m}{\sum \Delta m} = \frac{\int x\,dm}{\int dm}$$

$$G_y = \frac{M_x}{M} = \frac{\sum y\,\Delta m}{\sum \Delta m} = \frac{\int y\,dm}{\int dm}$$

과 같이 적분식으로 나타낼 수 있다.

포물선 $y = \frac{1}{4}x^2$ 과 직선 $y = \frac{3}{2}x$ 로 둘러싸인 부분의 무게중심을 구해보자.

주어진 영역을 수평방향으로 잘라 적분해보자. 그림에서 수평방향의 넓이 요소[7])는

$$dm = (2\sqrt{y} - \frac{2}{3}y)\,dy$$

이므로

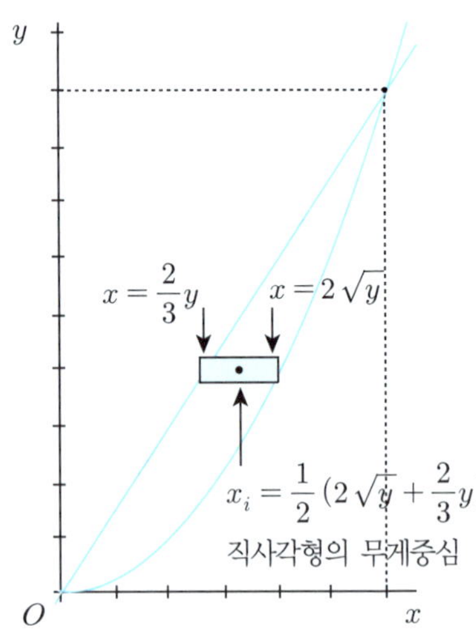

7) 수직 방향의 넓이 요소 $dm = \left(\frac{3}{2}x - \frac{1}{4}x^2\right)dy$를 이용하여 계산할 수도 있다.

$$\int dm = \int_0^9 (2\sqrt{y} - \frac{2}{3}y)\, dy = 9$$

$$\int x\, dm = \int_0^9 \frac{1}{2}(2\sqrt{y} - \frac{2}{3}y)(2\sqrt{y} + \frac{2}{3}y)dy = 27$$

$$\int y\, dm = \int_0^9 y(2\sqrt{y} - \frac{2}{3}y)dy = 32.4$$

이다. 따라서 구하는 영역의 무게 중심은 (3, 3.6)이다.

1 다음 영역의 무게중심을 구하여라.

(1) 영역 $\{(x,\ y)\ |\ 0 \le x \le 9,\ 0 \le y \le \frac{2}{3}x\}$

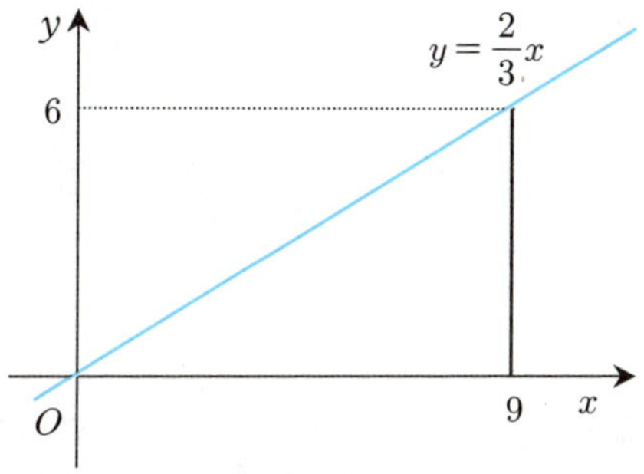

(2) 영역 $\{(x,\ y)\ |\ 0 \le x \le 2,\ 0 \le y \le 2x^2\}$

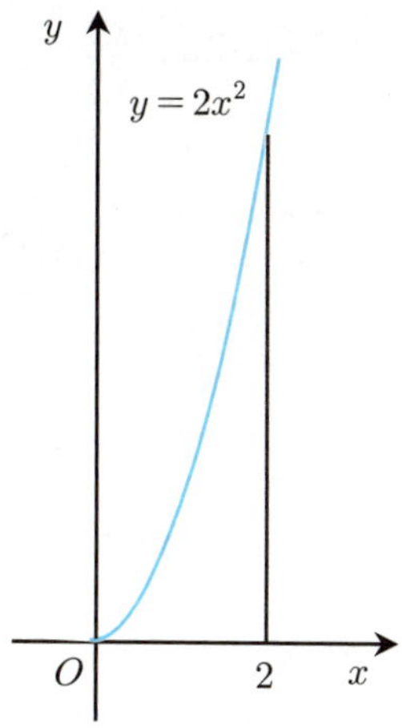

2 반원 $x^2+y^2=r^2$, $y \geq 0$ 의 무게중심을 구하라.

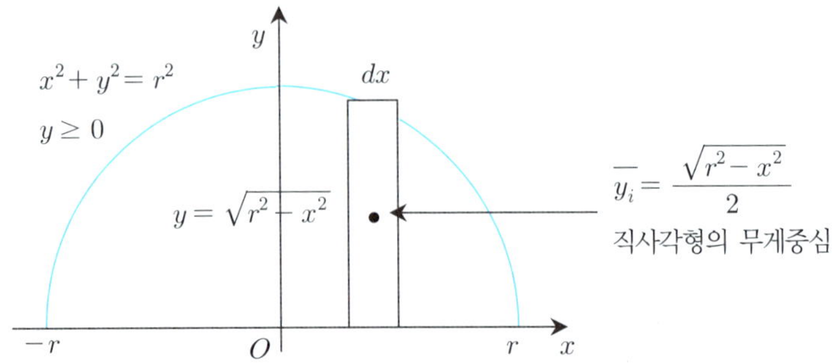

무게중심으로 찾아보는 수열

❶ 무게중심의 정의

3 그렇지 않다.

❷ 다각형의 무게중심

1 $G_x = \dfrac{(x_1+x_2+x_3)}{3}$, $G_y = \dfrac{(y_1+y_2+y_3)}{3}$

2 (1) $x \times 105 = \dfrac{14}{3} \times 55 + \dfrac{20}{3} \times 50$, $x = 5.62$

❸ 다각형이 아닌 평면도형의 무게중심

1 (1) $dm = \dfrac{2}{3}x\,dx$, $G_x = \dfrac{\int x\,dm}{\int dm} = \dfrac{\int_0^9 x\,\frac{2}{3}x\,dx}{\int_0^9 \frac{2}{3}x\,dx} = 6$,

$$G_y = \frac{\int y\,dm}{\int dm} = \frac{\int_0^9 (\frac{1}{2} \cdot \frac{2}{3}x)\,\frac{2}{3}x\,dx}{\int_0^9 \frac{2}{3}x\,dx} = 2$$

(2) $dm = 2x^2\,dx$, $G_x = \dfrac{\int x\,dm}{\int dm} = \dfrac{\int_0^2 x \times 2x^2\,dx}{\int_0^2 2x^2\,dx} = 1.5$,

$$G_y = \frac{\int y\,dm}{\int dm} = \frac{\int_0^2 (\frac{1}{2} \cdot 2x^2)2x^2\,dx}{\int_0^2 2x^2\,dx} = 2.4$$

2 주어진 영역은 y축에 대해서 대칭이므로 $G_x = 0$이다.

$\int_{-r}^{r} y\,dm = \int_{-r}^{r} \dfrac{\sqrt{r^2-x^2}}{2}\sqrt{r^2-x^2}\,dx = \dfrac{2r^3}{3}$ 이므로 $G_y = \dfrac{\frac{2r^3}{3}}{\frac{\pi r^2}{2}} = \dfrac{4r}{3\pi}$

209-4 무게중심에 나타나는 수열

Keywords 무게중심, 조화수열

1 나무판을 최대한 멀리 내밀면?

아래 사진은 똑같은 나무판을 여러 장 준비하여 가지런히 쌓아놓은 것이다. 아래와 같이 나무판을 가지런히 쌓아놓은 상태에서 한 장씩 밀어낸다고 하자. 나무판을 나무판 한 장의 길이보다 더 멀리 내보낼 수 있을까?

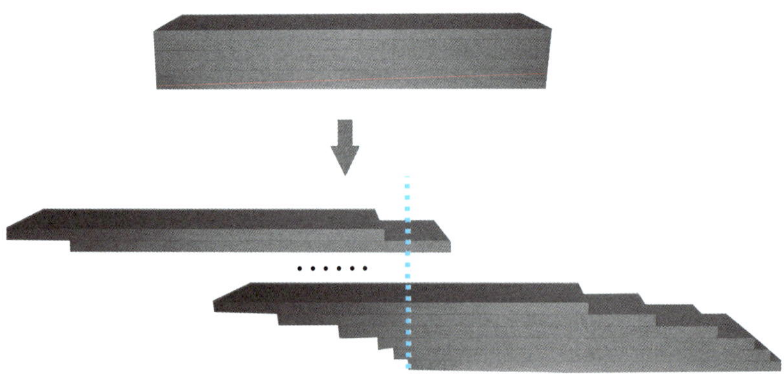

실험을 통해 위의 질문에 대한 답을 찾아낼 수 있다. 이때 주의할 점은 나무판을 위에서부터 한 개씩 최대한 밀어내야 정확한 실험 결과를 얻을 수 있다는 점이다. 처음에 가장 위의 것을 최대한 내밀면 나무판 길이의 $\frac{1}{2}$만큼 내밀 수 있다는 것은 너무나 자명한 일이다. 이제 한 장씩 나무판을 밀어내면서 최대로 나올 수 있는 길이를 기록하고 그 규칙을 알아보자.

1 나무판 6개를 가지런히 쌓아놓은 후, 한 장씩 밀어내자. 나무판이 떨어지지 않도록 하면서 최대한 밀어내고 그 길이를 기록하면 된다.

(1) 나무판이 최대한 밀어내어진 모양이 다음과 같다고 하자. 내밀어진 길이를 아래에 기록하여라.

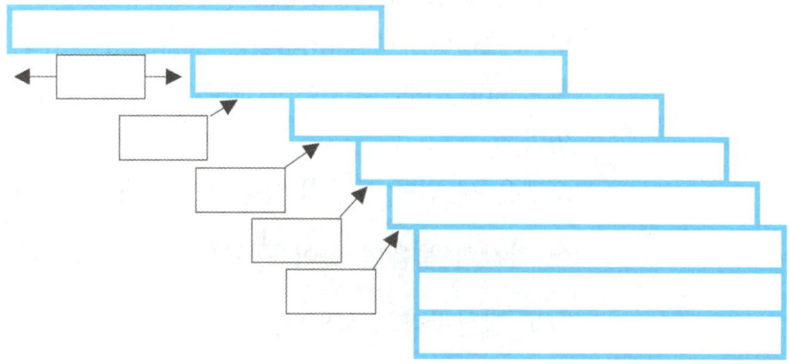

(2) 나무판 한 장의 길이보다 나무판이 앞으로 나오게 되는 것은 몇 번째 나무판을 내밀 때인가?

(3) 각 경우마다 밀어낸 길이는 나무판의 길이의 몇 분의 1인가?

	첫 번째 나무판	두 번째 나무판	세 번째 나무판	네 번째 나무판	다섯 번째 나무판
$\dfrac{(\text{밀어낸 길이})}{(\text{나무판의 길이})}$					

2 (1) n번째 나무판이 최대한 내밀어진 길이를 n을 써서 나타내어라.

(2) 나무판은 모두 밀도가 고르고 무게를 1이라고 하자. 위 (1)에서 구한 식이 타당함을 설명하여라.

(3) 나무판을 나무판의 길이의 두 배 이상 밀어내기 위해서는 최소한 몇 장의 나무판이 필요한가? 계산기를 사용하여 구하여라.

2 조화수열

수열 $\{a_n\}$의 각 항의 역수가 등차수열을 이룰 때, 즉,

$$\frac{1}{a_1},\ \frac{1}{a_2},\ \frac{1}{a_3},\ \cdots,\ \frac{1}{a_n},\ \cdots$$

이 등차수열이면 이 수열 $\{a_n\}$을 조화수열이라고 한다. 조화수열의 합은 유한값이 아니라 발산함이 알려져 있다.

조화수열 $\left\{\frac{1}{k}\right\}$의 무한합인 조화급수 $\sum_{k=1}^{\infty}\frac{1}{k}$의 값이 발산함을 처음 증명한 사람은 오렘(Nicole d'Oresme, 1323-1382년경)인데 수세기 동안 잊혀져 있었다. 그러나 멩골리(Pietro Mengoli, 1647년), 요한 베르누이(Johann Bernoulli, 1687년), 야곱 베르누이(Jakob Bernoulli) 등에 의해 다시 증명되었다.[8)]

오렘은 세 번째 항부터 항을 2개, 4개, 8개, 16개씩, 즉 2의 거듭제곱개씩 묶어 각각의 묶음의 합이 $\frac{1}{2}$보다 크고 $\frac{1}{2}$의 무한합은 발산하므로 조화수열의 합도 발산한다고 하였다.

1 조화급수 $\sum_{k=1}^{\infty}\frac{1}{k}=1+\frac{1}{2}+\frac{1}{3}+\frac{1}{4}+\frac{1}{5}+\frac{1}{6}+\frac{1}{7}+\frac{1}{8}+\cdots$가 발산함을 보여라.

조화급수에서 제n항까지를 H_n이라고 나타내면

$$H_n=\sum_{k=1}^{n}\frac{1}{k}=1+\frac{1}{2}+\frac{1}{3}+\frac{1}{4}+\frac{1}{5}+\frac{1}{6}+\frac{1}{7}+\frac{1}{8}+\cdots+\frac{1}{n}$$

이다. 조화급수의 부분합 H_n은 다음과 같은데, 발산 속도가 매우 느림을 알 수 있다. 한편,

$\sum_{k=1}^{n}\frac{1}{k}$보다 $\sum_{k=1}^{n}\frac{1}{2k}$이 더 작으므로 나무판을 쌓는 문제에서 나무판을 나무판 길이보다 몇 배만큼 내미는 것이 이론적으로 항상 가능하지만 상상을 초월할 만큼 매우 많은 나무판이 필요하다.

8) http://mathworld.wolfram.com/HarmonicSeries.html

n	H_n[9]
1	1
2	1.5
3	1.83333333333333
4	2.08333333333333
5	2.28333333333333
6	2.44999999999999
7	2.59285714285714
8	2.71785714285714
9	2.82896825396825
10	2.92896825396825
11	3.01987734487734
30	3.99498713092039
31	4.02724519543652
82	4.99002007990908
83	5.00206827268016
226	5.99996142200195
227	6.00436670834556
615	6.99965072051078
616	7.00127409713416
1673	7.99988820043066
1674	8.00048557199578
4549	8.99998828271133
4550	9.00020806293111
12366	9.99996214792161
12367	10.0000430082757

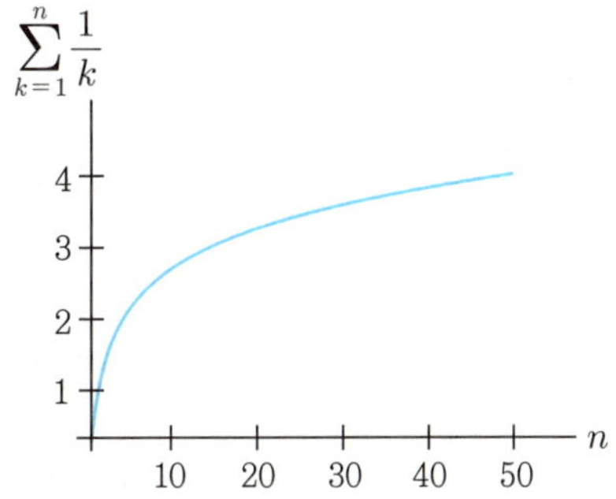

2 나무판의 길이의 세 배, 네 배가 넘도록 나무판을 쌓아올리려면 각각 최소 몇 장의 나무판이 필요한가?

$\lim_{n\to\infty} \frac{H_n}{\log\ n} = 1$인데, H_n의 더 정확한 값은 다음 식으로 구할 수 있다.

$$H_n = \log n + \gamma + \frac{1}{2n} - \frac{1}{12n^2} + \frac{1}{120n^4} + O\left(\frac{1}{n^6}\right)$$

여기서 $\gamma \approx 0.5772$는 오일러 상수이고 $O\left(\frac{1}{n^6}\right)$는 적당한 상수 c에 대하여

9) http://www.math.utah.edu/~carlson/teaching/calculus/harmonic.html

$f(n) \leqq c\frac{1}{n^6}$이 성립하는 함수 $f(n)$이다.[10)]

한편, 조화급수를 일반화한 $\zeta(n) = \sum_{k=1}^{\infty} \frac{1}{k^n}$은 리만제타함수(Riemann zeta function)라고 한다. 오일러(Euler)는 $\zeta(2)$부터 $\zeta(26)$까지 n이 짝수일 때의 값을 구하였고 스틸티에스(Stieltjes)는 1887년에 $\zeta(2)$부터 $\zeta(70)$까지의 값을 30자리까지 정확하게 구하였다.[11)]

$$\zeta(1) = \infty$$
$$\zeta(2) = \frac{\pi^2}{6}$$
$$\zeta(3) = 1.2020569032...$$
$$\zeta(4) = \frac{\pi^4}{90}$$
$$\zeta(5) = 1.0369277551...$$
$$\zeta(6) = \frac{\pi^6}{945}$$
$$\zeta(7) = 1.0083492774...$$
$$\zeta(8) = \frac{\pi^8}{9450}$$
$$\zeta(9) = 1.0020083928...$$
$$\zeta(10) = \frac{\pi^{10}}{93555}$$

10) Martin Aigner · Günter M. Ziegler, *Proofs from THE BOOK*, Springer, 2000, p.11
11) http://mathworld.wolfram.com/RiemannZetaFunction.html

무게중심에서 나타나는 수열

❶ 나무판을 최대한 멀리 내밀면?

1 (1)

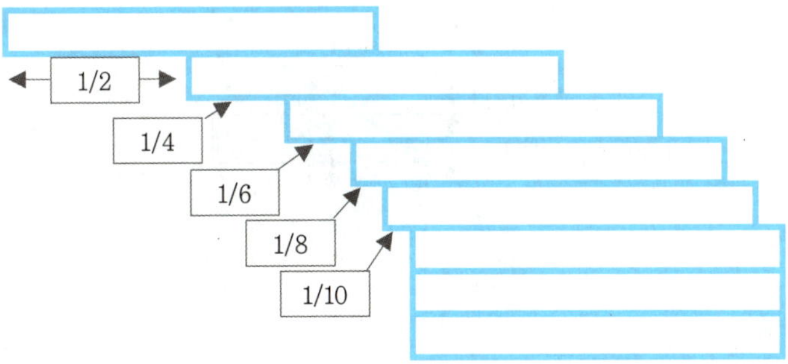

(2) 4장 (3) $\frac{1}{2}$, $\frac{1}{4}$, $\frac{1}{6}$, $\frac{1}{8}$, $\frac{1}{10}$

2 (1) $\frac{1}{2n}$

(2) 모든 나무판의 무게를 1이라고 하자. n번째 나무판이 최대로 내밀어지는 길이를 x_n이라고 하면 $x_1=\frac{1}{2}$이다.

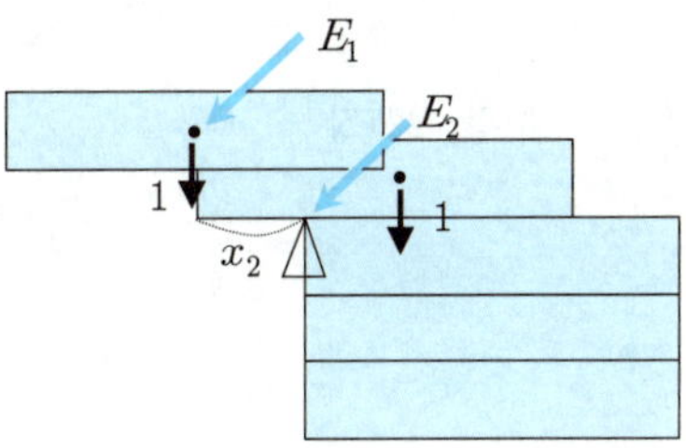

두 번째 나무판을 최대한 내밀었을 때 첫 번째 나무판의 무게는 모두 E_1에 작용하며 새로운 균형점 E_2으로부터 첫 번째 나무판의 무게중심까지는 거리는 x_2이다. 두 번째 나무판의 무게는 E_2로부터 $\frac{1}{2}-x_2$ 떨어진 곳에 작용하므로

$$1\times x_2=1\times\left(\frac{1}{2}-x_2\right),\ x_2=\frac{1}{4}$$

이제 $(n-1)$번째의 나무판이 최대한 내밀어진 거리가 $\frac{1}{2(n-1)}$이라고 가정하면 $(n-1)$개의 나무판의 무게는 모두 E_{n-1}에 작용하며 새로운 균형점 E_n으로부터 $(n-1)$번째 나무판의 무게중심까지는 거리는 x_{n-1}이다. n번째 나무판의 무게는 E_n으

로부터 $\dfrac{1}{2}-x_n$ 떨어진 곳에 작용하므로

$$(n-1)\times x_n = 1\times\left(\frac{1}{2}-x_n\right) \quad x_n = \frac{1}{2n}$$

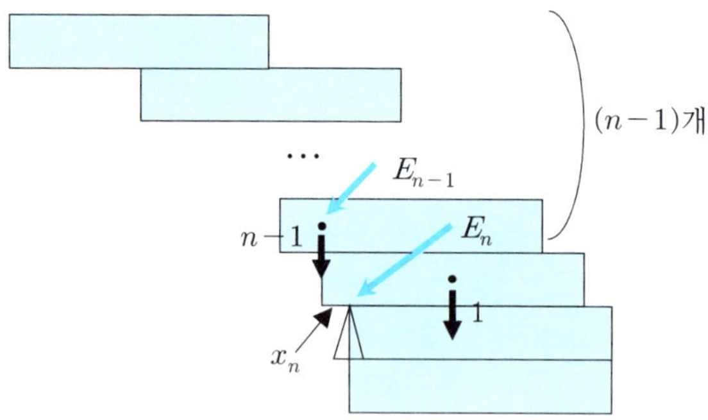

(3) 11장

❸ 조화수열

1 $\displaystyle\sum_{k=1}^{\infty}\frac{1}{k}= 1+ \frac{1}{2}+(\frac{1}{3}+\frac{1}{4})+(\frac{1}{5}+\frac{1}{6}+\frac{1}{7}+\frac{1}{8})+\cdots$

$$> 1+\frac{1}{2}+\frac{1}{2}+\frac{1}{2}+\cdots$$

2 31장, 227장

210

그래프 이론

• 교육과정
중 1 _ 도형, 다면체
이산수학

주제 1	그래프 이론
Keywords	단순, 완전, 정칙그래프, 이분그래프, 차수, 트리
주제 2	오일러 그래프
Keywords	오일러 경로, 오일러 회로, 오일러 그래프
주제 3	해밀턴 그래프
Keywords	해밀턴 경로, 해밀턴 회로, 해밀턴 그래프
주제 4	육면체는 모두 몇 종류인가
Keywords	사면체, 오면체, 육면체, 다면체, 듀얼,
주제 5	그래프의 응용
Keywords	카탈란 수, 크로매틱 수, 클리크 수

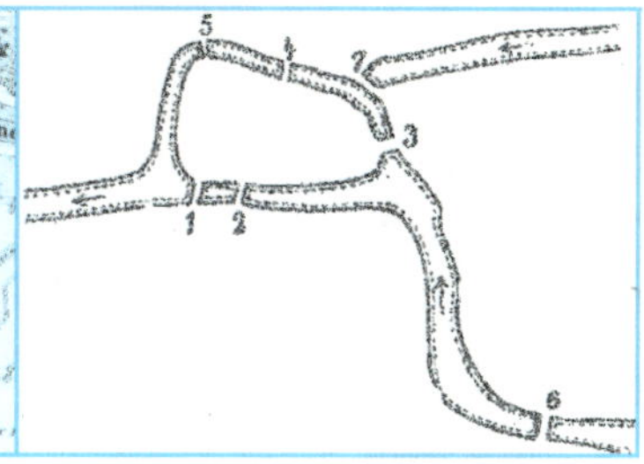

프러시아(현재는 독일)의 땅이었던 쾨니히스베르크(Koenigsberg)라는 마을을 가로질러 흐르는 프레겔(Pregel) 강 한복판에는 2개의 섬과 이를 잇는 7개의 다리가 위의 그림처럼 놓여져 있었다.
이곳에 놀러오는 사람이면 누구나 "어느 한 지점을 출발하여 각 다리를 한 번씩만 건너서 이 7개의 다리를 모두 지날 수는 없겠는가?"하는 것이 화제가 되었다고 한다.
이 문제를 알게 된 오일러(L. Euler, 1701-1783)에 의하여 그래프 이론을 시작하였다고 한다(1736년). 그러나 그래프 이론이 본격적으로 수학의 한 분야로 자리잡아 가기 시작한 것은 1936년 이후이다.
그래프 이론은 함수나 방정식과 같이 해가 존재하는가에 관심이 있다. 그러나 그래프 이론은 해가 존재한다면 몇 개 존재하는가, 그 해 중에서 가장 최적의 해는 어느 것인가로 관심이 옮겨간다는 점에서 기존 수학과 다른 점이 있다. 예를 들어, 네트워크망을 머릿속에 그려보자. 이때에는 현실적인 방위나 거리 등은 무시되기도 하는데, 중요한 것은 장치들이 몇 개의 선으로 연결되어 있는가, 연결망을 어떻게 구성할 것인가 등이다. 이는 도로망이나 항공로, 회사의 조직도나 가계도, 토너먼트의 대진표, 전기회로의 배선도 등도 마찬가지이다. 여기서 중요한 것은 점으로 표시되는 것(각 부서, 부자 관계, 대전 상대, 저항이나 반도체)의 결합 관계이다. 그래프 이론은 이러한 질적 관계의 연구 분야이다. 최근 그래프 이론은 수학, 물리, 화학 등에만 국한되지 않고, 컴퓨터 공학이나 인문, 사회 과학이나 생명과학에도 많이 활용되고 있다. 예를 들면, 지하철 노선도는 그래프의 좋은 예이다.
주제 1에서는 용어를 중심으로 하여 그래프 이론의 기본적인 내용을 다루었다.
주제 2, 3에서는 그래프 이론의 가장 고전적인 문제인 오일러 회로와 해밀턴 회로에 대하여 다루었다. 해밀턴 회로는 그 정의는 단순하지만 미해결문제인 N-NP문제와 관련이 있어 지적 호기심을 자극하기에 아주 좋은 소재이다.
주제 4에서는 면의 개수를 기준으로 하여 다면체를 분류하였다. 면이 6개인 다면체는 몇 종류가 있는가가 주요 질문인데, 그래프 이론의 도움을 받아야 해결할 수 있다.
주제 5는 오일러에게서 시작된 카탈란 수에 대한 것이다. 평면도형에 대한 문제제기가 어떻게 그래프 이론과 연결되는지, 한 가지 문제를 해결하는 방법이 얼마나 다양한지 접해볼 수 있을 것이다.

210-1 그래프 이론

Keywords 단순, 완전, 정칙그래프, 이분그래프, 차수, 위수, 트리

1 그래프에 관한 기본 용어

1. 그래프란?

그래프(graph)란, 유한개의 꼭지점(vertex, node)의 집합 V와 꼭지점을 끝점으로 하는 유한개의 변(edge, line)의 집합 E로 구성된 새로운 집합(도형)을 말하고, $G=(V, E)$로 나타낸다. 특히, 모든 변에 방향이 주어진 그래프를 방향그래프(directed graph)라 한다. 그래프 이론은 대체로 임의의 두 꼭지점이 유한개의 변으로 연결되어 있는 연결그래프(connected graph)를 다룬다.

여기에서는 특별한 언급이 없는 한 그래프는 방향을 무시한 연결그래프를 의미한다. 예를 들면, 다음은 화학반응식을 그래프로 나타낸 것이다.

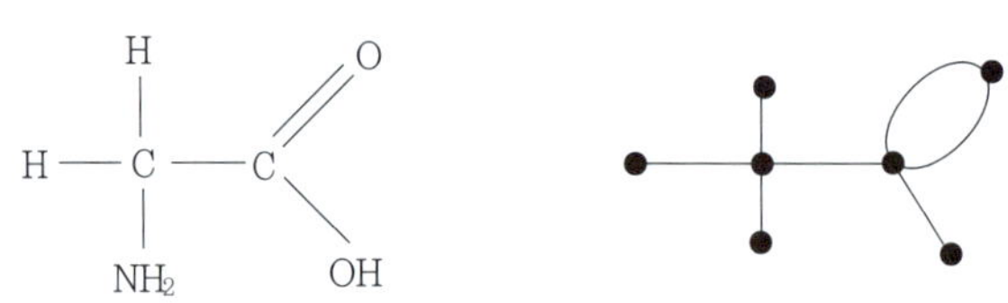

2. 위수, 차수, 동형

그래프에 포함된 꼭지점의 수를 주어진 그래프의 위수(drder)라 하고, 임의의 한 꼭지점에 연결된 변의 수를 주어진 꼭지점의 차수(degree)라 한다. 단, 자기 자신으로의 루프(loop) 를 갖는 꼭지점의 차수는 2로 정의한다.

1 주어진 그래프에 대하여 답하여라.

(1) 그래프의 위수

(2) 차수가 6인 꼭지점

(3) 차수가 5인 꼭지점

(4) 차수가 3인 꼭지점

(5) 차수가 2인 꼭지점

(6) 차수가 1인 꼭지점

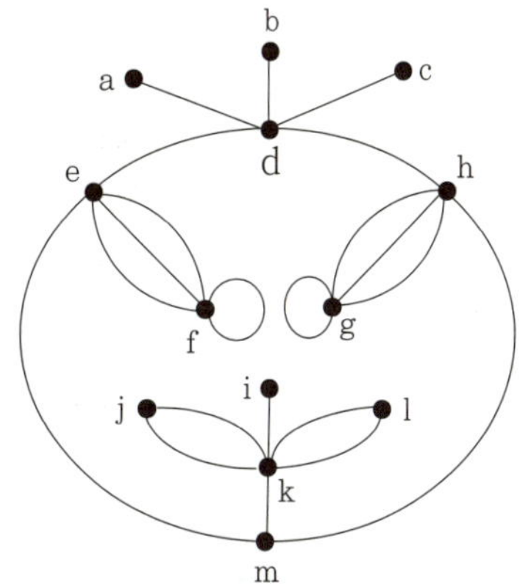

한 그래프의 변의 길이를 구부리거나 늘이면서 적당히 변형하여 얻어진 그래프를 처음 그래프와 동형(isomorphism)이라고 한다. 예를 들면, 아래의 세 그래프는 동형이다.

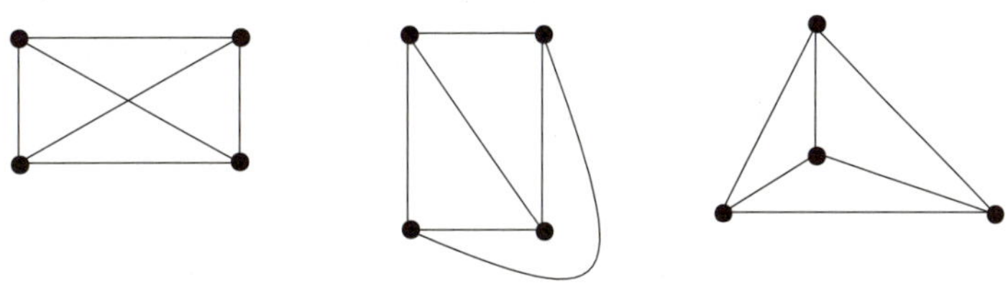

2 다음 그래프 중에서 서로 동형인 것은 어느 것인가?

(1)

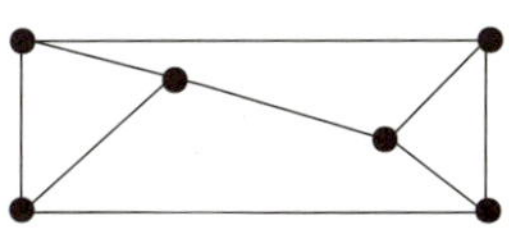

(2)

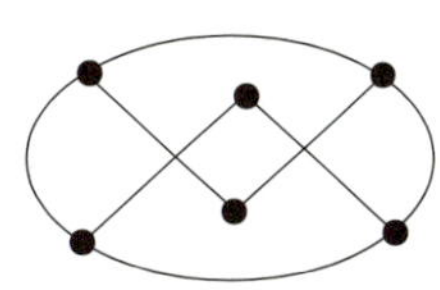

(3)

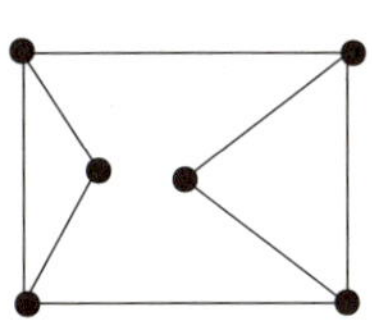

(4)

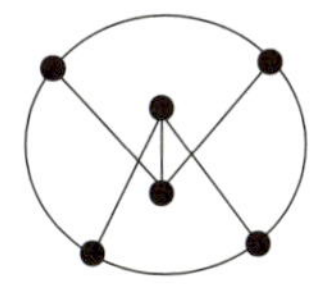

3 다음 중 서로 동형 그래프가 될 수 없는 것은 무엇인가?

(1)

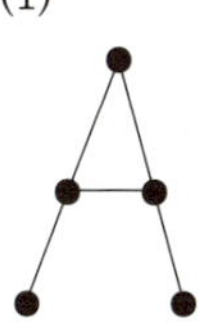

(2)

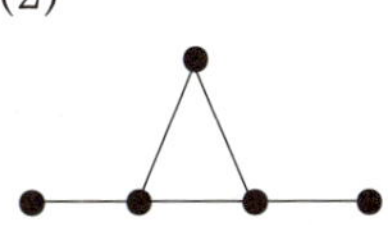

(3)

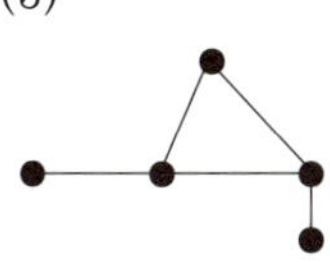

(4)

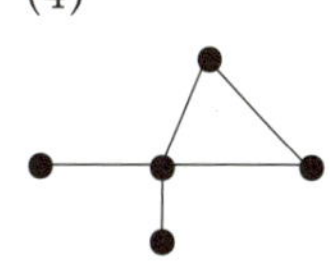

4 꼭지점에 모인 변의 개수를 오름차순으로 쓴 것을 꼭지점 차수 수열(degree sequence)이라 한다. 동형인 두 그래프는 같은 꼭지점 차수 수열을 갖는다. 역이 성립하는가?

5 쾨니히스베르크 다리 문제를 오일러는 그래프 이론으로 해결하였다. 오일러의 생각은 무엇이고, 쾨니히스베르크 다리 문제에 알맞은 그래프를 그려보아라.

2 그래프의 종류

단순그래프(simple graph)란, 두 꼭지점을 연결하는 변의 수가 많아야 1개이고 임의의 꼭지점에서 자기 자신으로의 루프(loop)를 포함하고 있지 않는 그래프를 말한다.

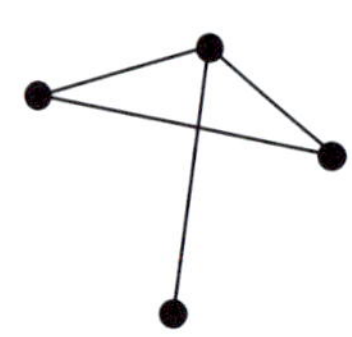

단순그래프

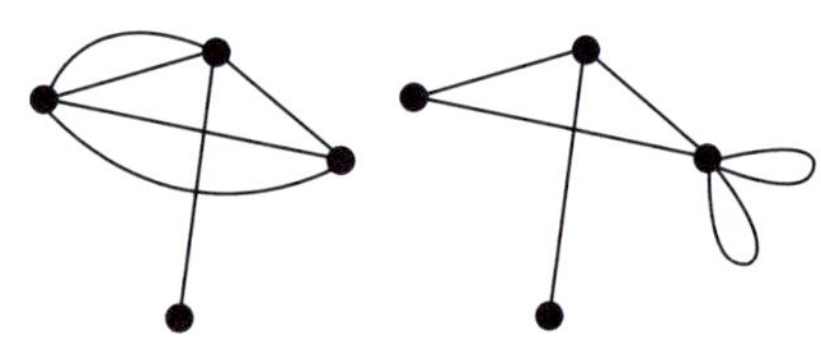

단순그래프가 아닌 그래프

완전그래프(complete graph)란, 모든 꼭지점들이 서로 연결되어 있는 그래프를 말한다. 꼭지점의 수가 n인 완전그래프를 n차 완전그래프라 하고, 기호 K_n으로 나타낸다.

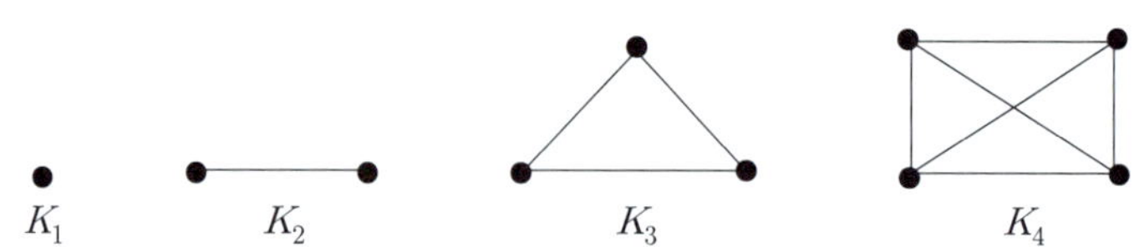

1 5차, 6차, 7차 완전그래프를 각각 그려보고, 각각의 변의 총 개수를 구하여라. 그리고 n차 완전그래프의 변의 총 개수를 문자 n이 들어간 식으로 나타내어라.

정칙그래프(regular graph)란, 각 꼭지점의 차수가 모두 같은 그래프를 말한다. 특히 모든 꼭지점의 차수가 r인 정칙그래프를 r차 정칙그래프라 한다. 예를 들면, 아래의 두 그래프는 3차 정칙그래프이다. 그리고 n차 완전그래프 K_n는 $(n-1)$차 정칙그래프이다.

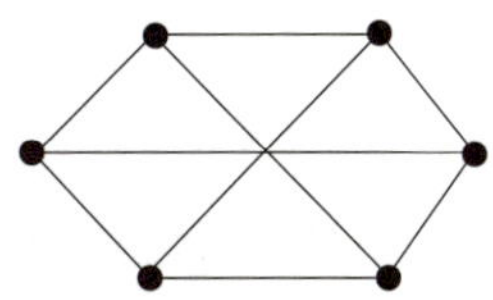
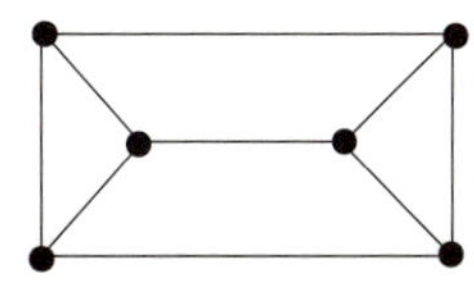

이분그래프(bipartite graph)란, 꼭지점의 집합 V가 공통부분이 없는 두 개의 부분집합 V_1과 V_2의 합집합이고, 같은 부분집합 $V_i\,(i=1,2)$에 속하는 두 점을 잇는 연결선은 존재하지 않으며, V_1에 속한 점과 V_2에 속한 점들끼리만 연결되어 있는 그래프를 말한다. 다음은 이분그래프이다.

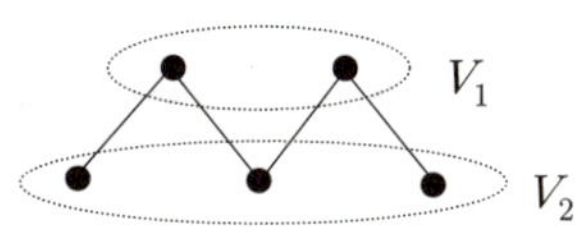

특히, $V_1=\{a_1,\cdots,a_m\}$의 모든 꼭지점과 $V_2=\{b_1,\cdots,b_n\}$의 모든 꼭지점이 서로 연결되어 있는 그래프를 완전이분그래프(complete bipartite graph)라 하고, $K_{m,n}$으로 나타낸다.

2 완전이분그래프 $K_{2,3}$과 $K_{3,3}$을 그려보아라.

평면그래프(plane graph)란, 평면 위에 그래프를 그릴 때, 어떠한 변도 서로 교차하지 않고 모두 그릴 수 있는 그래프를 말한다.

3 꼭지점이 4개인 평면그래프를 모두 그려보아라.

주어진 그래프가 평면그래프인지 아닌지를 결정하는 방법은 많은 수학자들에 의해 연구되어 왔는데, 이 문제는 1930년 폴란드의 수학자 쿠라토프스키(K. Kuratowski)에 의해 해결되었다. 특히, K_5인 완전그래프와 $K_{3,3}$인 완전이분그래프를 쿠라토프스키의 그래프라 하고, K_5 이상의 완전그래프와 $K_{3,3}$ 이상의 완전이분그래프는 비평면그래프이다.

4 완전그래프 K_5와 완전이분그래프 $K_{3,3}$이 비평면그래프임을 설명해보아라.

3 트리(tree)

트리(tree)하면 크리스마스트리와 가족가계도(family tree)가 떠오른다. 이외에 트리를 사용하는 예들은 실생활(컴퓨터를 통한 자료의 처리)에서 찾아볼 수 있다. 수학적인 측면에서 트리는 그래프(graph) 혹은 자료구조(data structure)로 생각할 수 있는 수학적인 구조로 1857년에 케일리(Cayley)에 의해 처음으로 연구되었다.

트리(tree)란, 순환(cycle)이 없는 연결그래프를 말한다. 예를 들면, 다음은 모두 트리이다.

하나의 꼭지점으로 구성되어 있는 트리를 퇴화 트리(degenerated tree)라 한다. 그리고 트리는 임의의 한 연결선을 제거하면 연결그래프가 되지 않고, 꼭지점의 추가 없이 임의의 한 연결선을 추가하면 순환을 가지게 되어 트리가 될 수 없다.

1 n개의 꼭지점을 가지는 트리의 연결선을 k개라고 하자. 역으로 n개의 꼭지점과 k개의 연결선을 가진 연결그래프는 반드시 트리이다. k를 n에 대한 식으로 나타내어라.

방향그래프의 임의의 꼭지점에 연결된 연결선이 종점이 되는 연결선의 수를 내차수(in degree), 연결선이 시점이 되는 연결선의 수를 외차수(out degree)라 한다. 예를 들면, 그림에서 내차수는 2이고 외차수는 3이다.

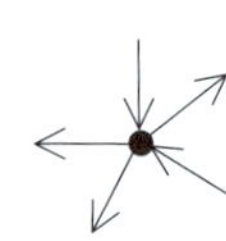

내차수가 0인 꼭지점(근-꼭지점)이 오직 하나 존재하고, 나머지 꼭지점들의 내차수는 모두 1이면서 근-꼭지점에서 다음 꼭지점들로 방향의 순서가 지켜진 방향트리를 근-트리(root tree)라 한다.

근-트리에서는 근-꼭지점의 선택이 연결선의 방향을 결정하기 때문에 근-꼭지점을 중심으로 아래의 방향(이후 화살표를 생략)으로 꼭지점을 연결시켜 나가자. 편의상 근-꼭지점을 레벨1선 위에 놓고, 나머지 꼭지점들을 레벨2선, 레벨3선, ⋯ 위에 놓아 연결하자. 앞으로 별다른 언급이 없으면 트리는 근-트리를 의미한다. 예를 들면,

근-트리에서 사용하는 용어는 다음과 같다.

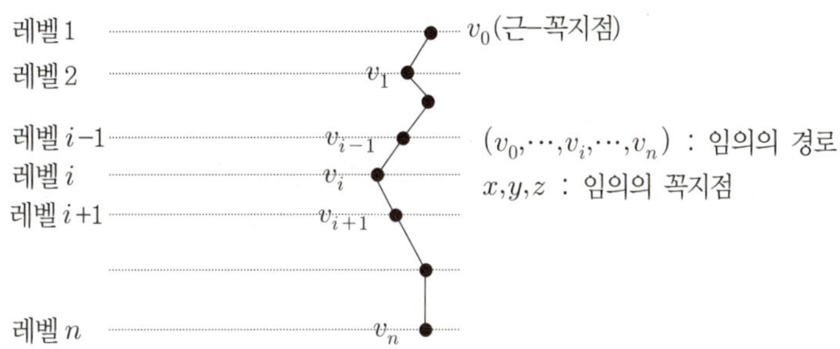

- v_{i-1}은 v_i의 부-꼭지점(parent node), 역으로 v_i는 v_{i-1}의 자-꼭지점(son node)
- $v_0,\cdots,v_{i-1}$은 v_i의 조상(ancestor), 역으로 $v_{i+1},\cdots,v_n$은 v_i의 후손(descendent)
- x,y가 z의 자-꼭지점이면, x,y는 형제(brother)
- 자-꼭지점이 없는 꼭지점을 종점-꼭지점(terminal node)
- 부-꼭지점이 없는 꼭지점을 근-꼭지점(root node)
- 종점-꼭지점이 아닌 꼭지점을 내부-꼭지점(internal node)
- 내부-꼭지점과 종점-꼭지점을 총칭하여 숲(forest)
- 가장 큰 레벨 값을 트리의 높이(height)라 하고 $h(T)$로 나타낸다.
- 트리의 모든 꼭지점들에 대한 자-꼭지점의 수들 중에서 최대 자-꼭지점의 수를 트리의 차수(degree)라 하고 $\deg(T)$로 나타낸다.

2 주어진 트리에 대해, 다음을 구하여라.

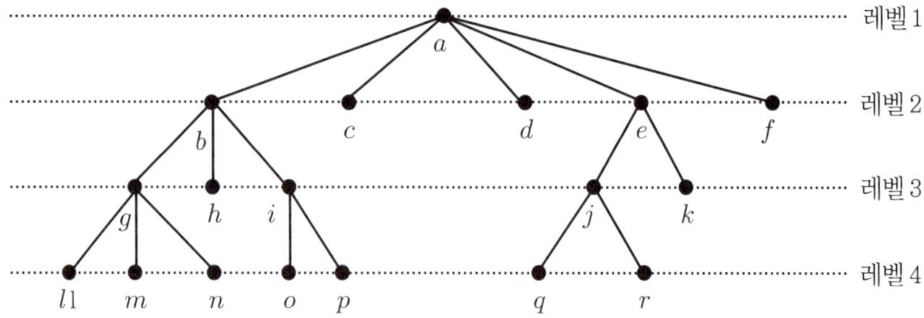

(1) 근-꼭지점
(2) 종점-꼭지점
(3) 내부-꼭지점
(4) 꼭지점 m의 형제들
(5) 꼭지점 j의 조상들
(6) 꼭지점 e의 후손들
(7) 꼭지점 g의 부-꼭지점
(8) 꼭지점 b의 자-꼭지점
(9) 트리의 높이
(10) 트리의 차수

트리의 각 꼭지점이 가진 자-꼭지점의 수가 2를 넘지 않을 때, 이진트리라 부른다. 이진트리의 꼭지점들 중에서 내부-꼭지점이 아닌 종점-꼭지점들에 대한 형제의 수가 다같이 2이면서 트리의 높이가 일정한 트리를 정-이진트리라 한다.

정-이진트리에 대하여 다음 물음에 답하여라.

(1) 종점-꼭지점의 수가 k개이면, 내부-꼭지점의 수는 몇 개인가?
(2) 내부-꼭지점의 수가 k개이면, 총 꼭지점의 수는 몇 개인가?
(3) 종점-꼭지점의 수가 k개이면, 총 꼭지점의 수는 몇 개인가?
(4) 높이가 h이면, 종점-꼭지점의 수는 몇 개인가?
(5) 높이가 h이면, 내부-꼭지점의 수는 몇 개인가?
(6) 높이가 h이면, 총 꼭지점의 수는 몇 개인가?

위 문제에서 (1), (2), (3)은 역도 성립한다. 운동경기에서의 토너먼트 운영방식은 정 이진트리이다. 총 게임의 수와 참가선수의 인원수가 트리에서의 어떤 꼭지점의 개수와 같은지 다음에서 알아보자.

4 30명이 참가한 어느 테니스 대회에서 이 운동경기를 토너먼트 방식으로 경기를 치르려고 한다. 총 게임 수는 얼마인가?

그래프 이론

❶ 그래프에 관한 기본 용어

1 (1) 13　(2) k　(3) d, e, f, g, h　(4) m　(5) j, l　(6) a, b, c, i

2 (1)과 (4), (2)와 (3)

3 (4)

4 역은 성립하지 않는다.

5 오일러는 육지와 다리의 크기를 중요하게 생각하지 않았다. 그래서 육지를 축소시켜 점으로 보았고, 다리를 육지(점)를 연결하는 선(변)으로 보았다.

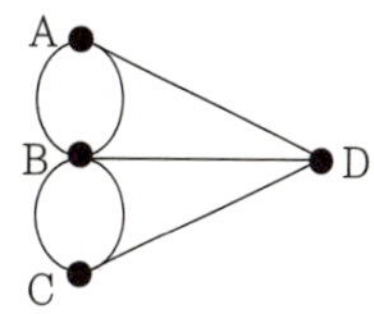

❷ 그래프의 종류

1

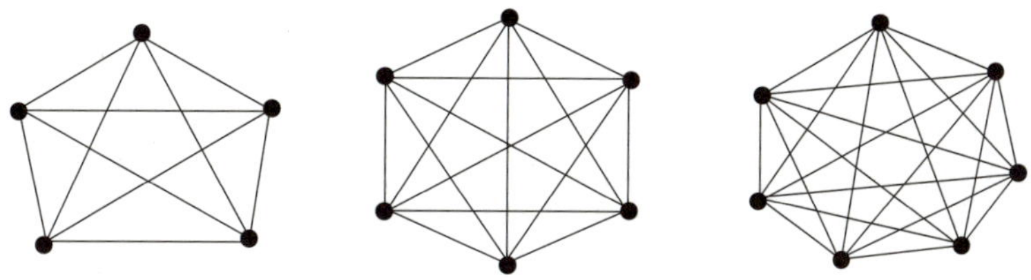

K_5　　K_6　　K_7

완전그래프의 변의 총 개수는

K_5 : 4+3+2+1, K_6 : 5+4+3+2+1, K_7 : 6+5+4+3+2+1

이므로 K_n의 변의 총 개수는 $1+2+\cdots+(n-1)=\dfrac{n(n-1)}{2}$

2

$K_{2,3}$　　$K_{3,3}$

3

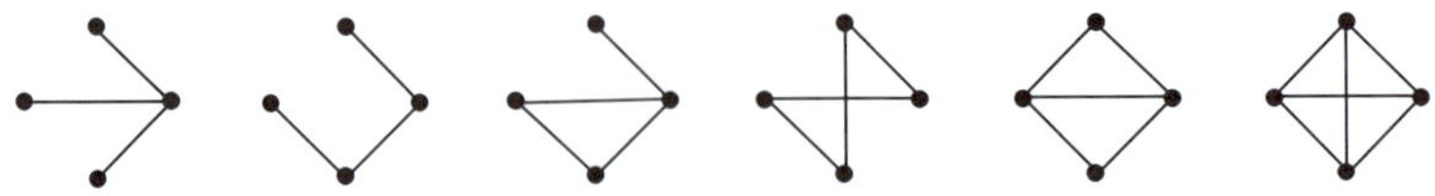

4 아래의 그림과 같이 변을 옮겨 그려보면 점선은 반드시 실선과 교차한다.

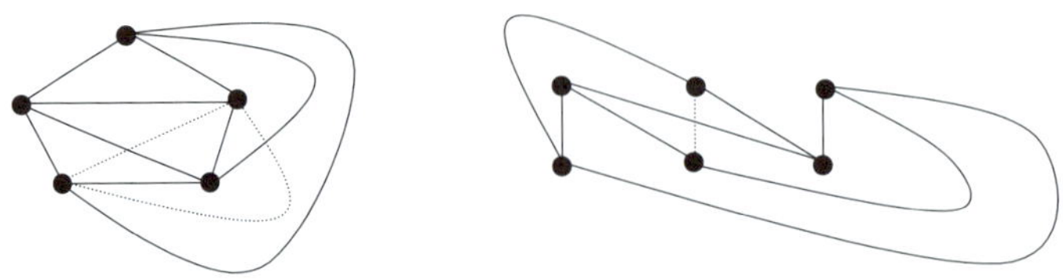

❸ 트리(tree)

1 $k=n-1$

2 (1) a (2) c, d, f, h, k, l, m, n, o, p, q, r (3) a, b, e, g, i, j
(4) l, m, n (5) a, d (6) j, k, q, r (7) b (8) g, h, i (9) 4 (10) 5

3 (1) k, $k-1$, 성립 (2) k, $2k+1$, 성립 (3) k, $2k-1$, 성립 (4) h, 2^{h-1}
(5) h, $2^{h-1}-1$ (6) h, 2^h-1

4 총 게임의 수는 내부-꼭지점의 수와 같고, 참가선수의 수는 종점-꼭지점의 수와 같다. 총 게임 수를 x라고 하면 $30+x=2x+1$, 즉 $x=29$

210-2

오일러 그래프

Keywords 오일러 경로, 오일러 회로, 오일러 그래프

그래프(비방향성 연결그래프)에 포함된 모든 변을 꼭 한번씩만 지나는 경로를 오일러 경로(Eulerian path)라 한다. 오일러 경로가 닫힌 경로(루프)일 때, 오일러 경로를 오일러 회로(Eulerian circuit)라 한다. 오일러 회로를 가진 그래프를 오일러 그래프(Euler graph)라 한다. 편의상 한 개의 꼭지점으로 이루어진 그래프는 오일러 그래프로 본다.

그래프에서 E는 변의 수, S는 차수의 합, S_e는 짝수 차수의 합, S_o는 홀수 차수의 합이라 할 때, 다음에 주어진 그래프에 대해, E, S_e, S_o, S를 구하면 다음과 같다.

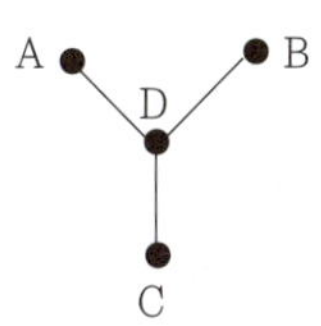

$E=3$, $S_e=0$, $S_o=6$

$S=1+1+3+1=6$

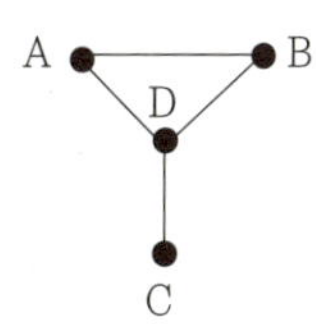

$E=4$, $S_e=4$, $S_o=4$

$S=2+2+3+1=8$

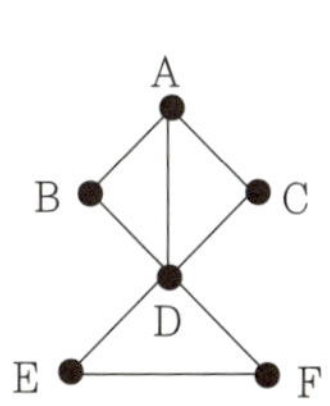

$E=8$, $S_e=8$, $S_o=8$

$S=3+2+2+5+2+2=16$

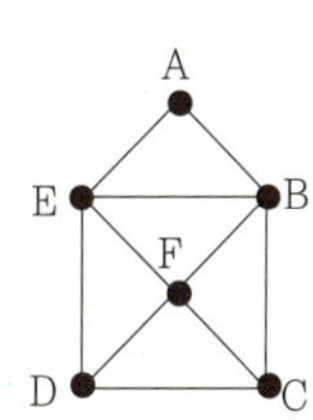

$E=10$, $S_e=14$, $S_o=6$

$S=2+4+3+3+4+4=20$

이를 관찰하면 관계식

$$S = 2E \text{ (짝수)},\ \ S_e \text{ (짝수)},\ \ S_0 = S - S_e \text{ (짝수)}$$

을 얻는다.

1 그래프의 모든 꼭지점의 차수의 합, 홀수 차수를 갖는 꼭지점의 수의 특징을 추측하여라. 또, 파티에서 홀수 번 악수한 손님의 수의 특징을 설명하여라.

어떤 그래프에 오일러 경로가 존재하는 조건을 알아보기 위하여 다음 그래프에서 차수가 홀수인 꼭지점과 오일러 경로를 구해보자. 아래 그림의 그래프의 오일러 경로는 오른쪽과 같고 차수가 홀수인 꼭지점은 C(1차), D(3차)이다.

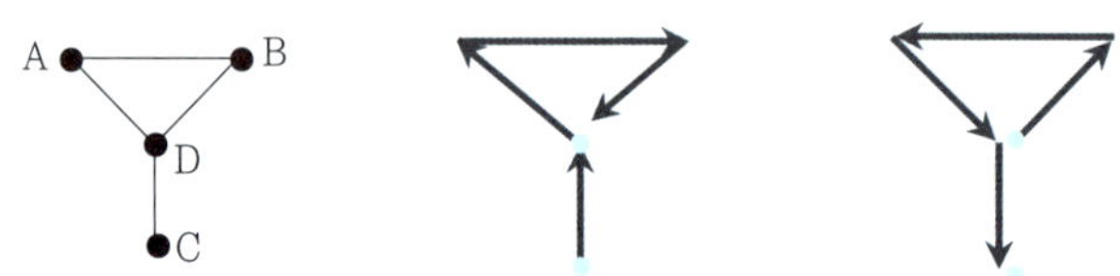

2 다음에 주어진 그래프에서, 차수가 홀수인 꼭지점을 구하여라. 오일러 경로가 존재하는가? 존재한다면 오일러 경로를 두 개 구하여라.

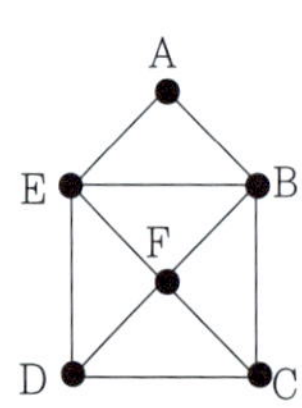

(1)

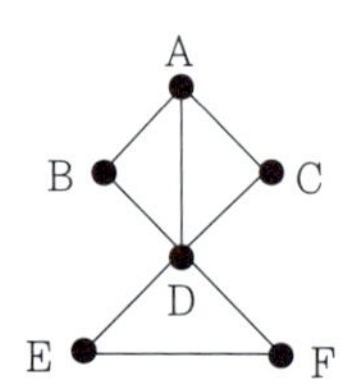

(2)

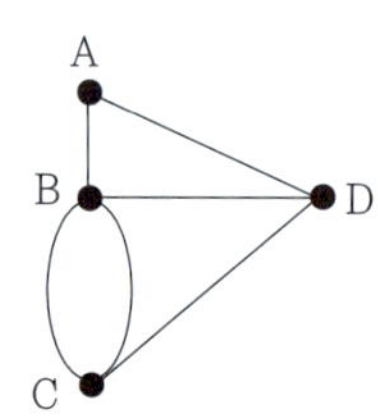

(3)

위의 **2** 의 관찰에서 유추할 수 있는 사실은 첫째는 어느 꼭지점의 차수가 홀수이면, 모든 오일러 경로는 반드시 그 꼭지점에서 시작하거나 혹은 그 꼭지점에서 끝나고, 둘째는 오일러 경로의 역순도 오일러 경로이고, 셋째는 그래프가 홀수 차수인 꼭지점을 두 개 가진다면, 그 꼭지점을 끝점으로 하는 오일러 경로가 반드시 존재한다는 것이다.

3 다음에 주어진 그래프에서, 차수가 홀수인 꼭지점을 구하여라. 오일러 경로가 존재하는가? 존재한다면 오일러 경로를 두 개를 구하여라.

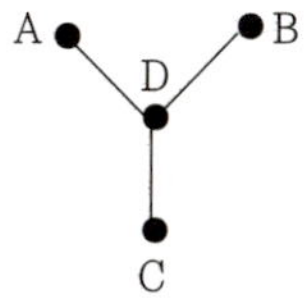

(1)

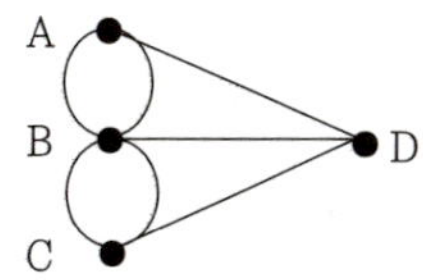

(2)

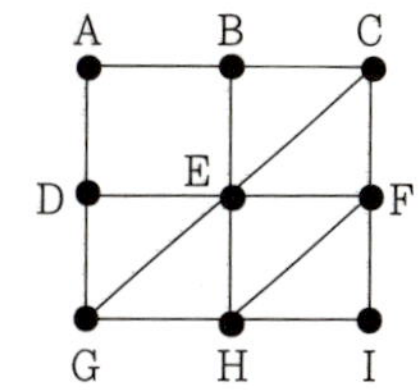

(3)

위의 **3** 의 관찰에서 유추할 수 있는 사실은 차수가 홀수인 꼭지점을 4개 이상 가지고 있는 그래프는 오일러 경로를 가지지 않는다는 것이다. 다시 말하면, 오일러 경로를 가지는 그래프는 차수가 홀수인 꼭지점을 0개(모든 꼭지점의 차수는 짝수) 혹은 2개만을 가진다. 특히, 모든 꼭지점의 차수가 짝수인 그래프에서 오일러 경로는 오일러 회로가 된다.

4 다음에 주어진 그래프에서 오일러 회로가 존재하는가? 존재한다면 꼭지점 A에서 시작하는 오일러 회로를 하나 구하여라.

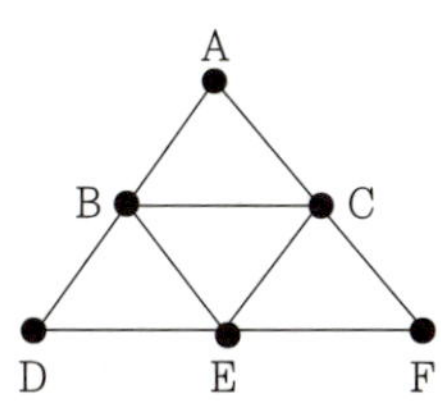

5 이상을 종합하여 그래프가 오일러 회로, 오일러 경로를 가질 조건을 구하여라.

6 꼭지점이 1개, 2개, 3개, 4개, 5개인 오일러 그래프는 각각 몇 개씩 존재하는가? 그래프를 그려 유추하여라. 규칙이 있는가?

한편, 오일러 그래프가 아닌 그래프는 오일러 회로가 존재하는 조건을 만족하도록 적당히 변을 더 그어서 오일러 그래프로 만들 수 있다.

7 다음 그래프는 오일러 그래프인가? 아니면 오일러 그래프가 되도록 수정하여라.

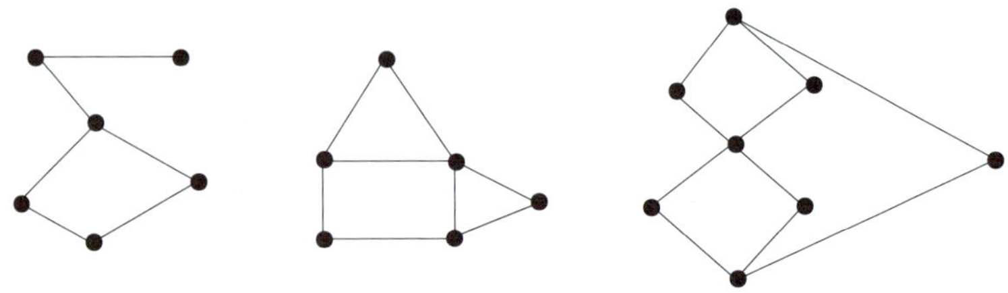

8 아래 그림은 두 개의 외부 출입문 a와 i를 가진 평면도이다. 출입문 a로 들어가서 모든 출입문을 한 번씩만 거쳐 출입문 i로 나올 수 있는가? 그래프를 그려 답하여라.

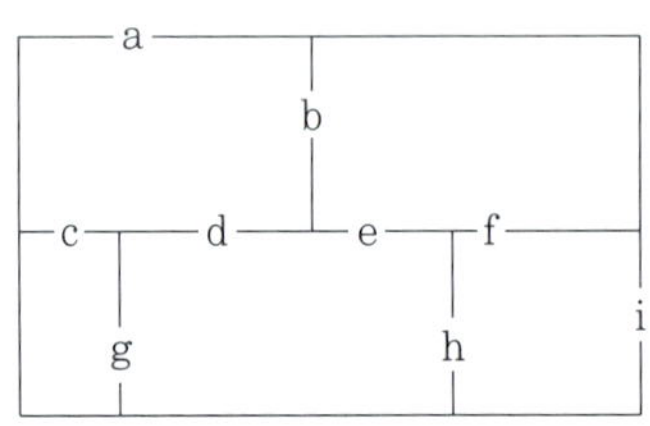

차수가 홀수인 꼭지점을 $2k(k \geq 2)$개 가진 그래프에서는 오일러 경로는 존재하지 않는다. 이 같은 그래프를 우리나라의 고속도로망이라 하면 조사자 한 사람만으로는 지나간 고속도로를 다시 지나지 않고 모든 고속도로를 조사할 수는 없다. 최소의 경비를 들여 고속도로 전체를 조사하기 위해서는 몇 명의 조사자가 필요할까? 예를 들면, 아래와 같은 고속도로망이라면 2명의 조사자가 필요하다. 경로 B-C-E-G-D-E-B-A-D와 경로 G-H-E- F-H-I-F-C는 서로 공통변을 포함하지 않고 전체 변을 구성한다.

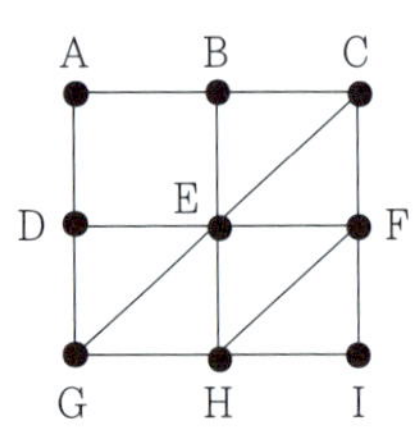

오일러 그래프

1 그래프의 각 변은 그 변의 끝점인 두 꼭지점의 차수에 1씩을 주어 꼭지점 차수의 합에 2를 준다. 혹은 루프인 경우에 한 꼭지점에 2를 준다. 따라서 $S=2E$이다. 만약에 정수의 합이 짝수이면 홀수 정수의 수는 반드시 짝수이어야 한다. 따라서 홀수 차수를 갖는 꼭지점의 수와 파티에서 홀수 번 악수한 손님의 수는 항상 짝수이다.

2 (1) C(3), D(3) ; D-E-A-B-C-F-E-B-F-D-C, C-D-F-B-E-F-C-B-A-E-D

(2) A(3), D(5) ; A-B-D-A-C-D-F-E-D, D-E-F-D-C-A-D-B-A

(3) C(3), D(3) ; C-B-A-D-B-C-D, D-C-B-D-A-B-C

3 (1) 존재하지 않는다.

(2) 존재하지 않는다. 이 문제는 케니히스베르그 다리 문제, 즉 "어느 한 지점을 출발하여 각 다리를 한 번씩만 건너서 이 7개의 다리를 모두 지날 수는 없겠는가?" 를 그래프로 그린 것이다. 이 그래프에는 오일러 경로가 존재하지 않으므로 문제에서 제시한 대로 건널 수 없다.

(3) 존재하지 않는다.

4 모든 꼭지점의 차수가 짝수이므로 오일러 회로는 존재한다. A-B-D-E-F-C-E-B-C-A

5 그래프가 오일러 회로를 가질 필요충분조건은 모든 꼭지점의 차수가 짝수이다. 그래프가 (오일러 회로가 아닌) 오일러 경로를 가질 필요충분조건은 차수가 홀수인 꼭지점이 두개만 존재한다.

6 1, 0, 1, 1, 4, … 규칙은 없다

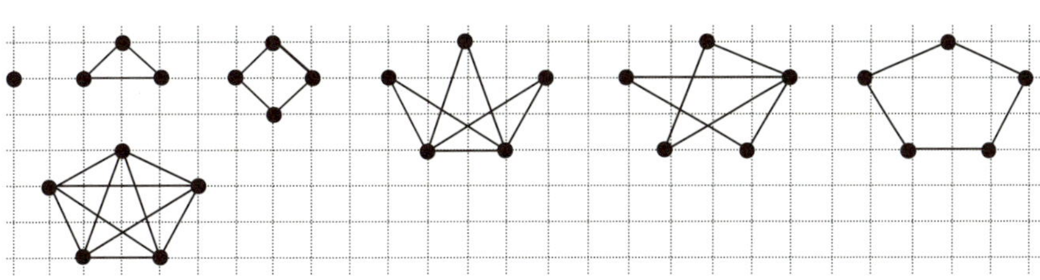

7

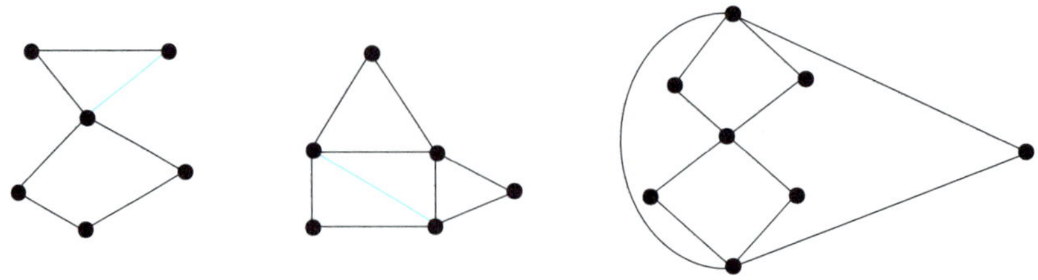

8 각 방을 대문자 A, B, C, $\cdots$, 외부를 점 F라 하고 방과 외부를 잇는 그래프에서 F에서 시작하는 오일러 경로는 존재하지 않으므로 나올 수 없다.

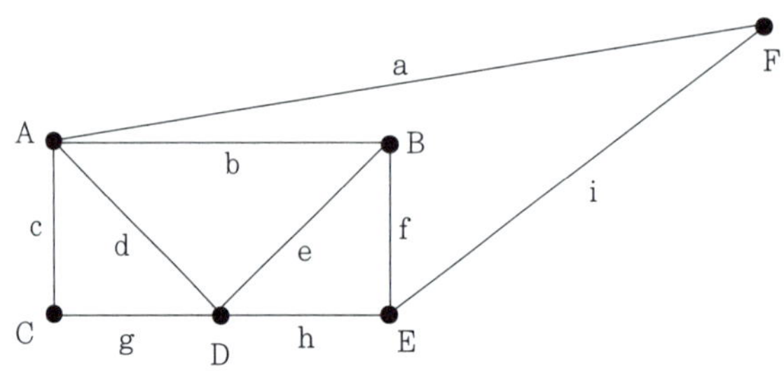

210-3 해밀턴 그래프

Keywords 해밀턴 경로, 해밀턴 회로, 해밀턴 그래프

1 해밀턴 그래프

모든 점을 한 번씩만 지나는 경로를 해밀턴 경로라고 하고 닫힌 경로를 해밀턴 회로(Hamiltonian circuit), 해밀턴 회로를 갖는 그래프를 해밀턴 그래프(Hamiltonian graph)라고 한다. 편의상 한 개의 꼭지점으로 이루어진 그래프는 해밀턴 그래프로 본다. 아래의 그래프는 각각의 예이다.

1 아래의 그래프들을 해밀턴 경로가 있는 그래프, 해밀턴 그래프 등으로 구분하여라.

(1)

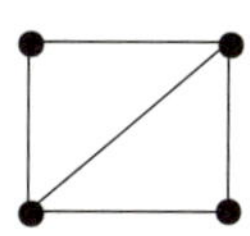

(2)

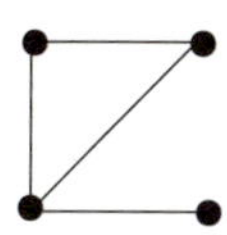

(3)

2 아래의 그래프들을 오일러 그래프와 해밀턴 그래프로 구분하여라.

(1)

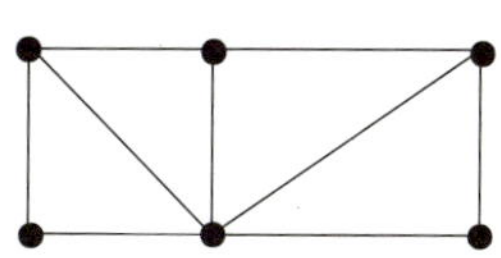

(2)

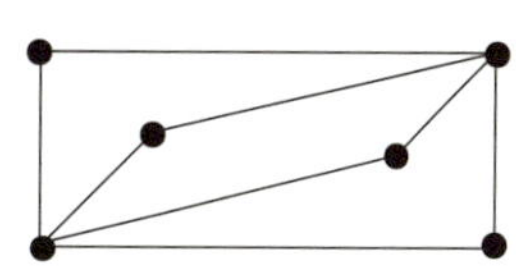

3 다음 그래프가 해밀턴 그래프인지 알아보자.

(1) 다음 정다면체에 대해서 해밀턴 회로를 찾아보아라.

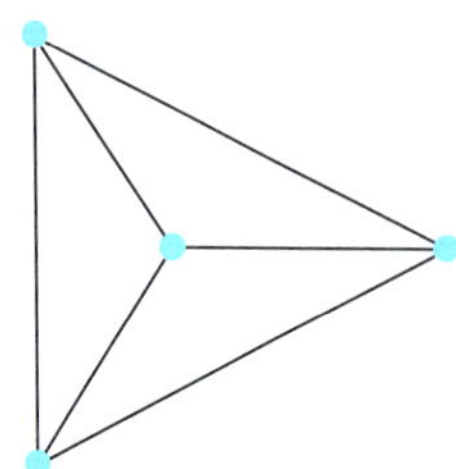

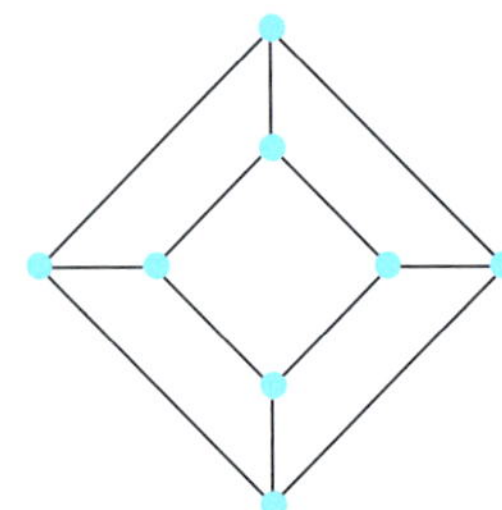

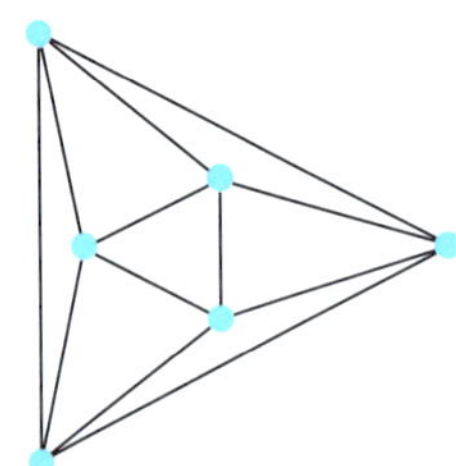

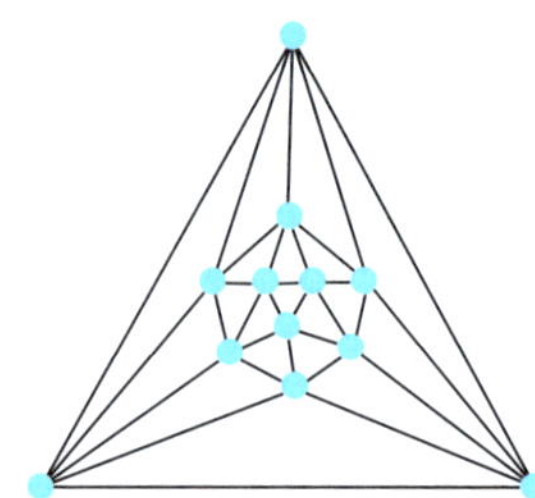

(2) 정십이면체의 각 꼭지점마다 도시가 있다고 하자. 어떤 도시에서 출발하여, 변을 따라서 한 도시를 한 번만 방문하여, 최초의 출발 도시로 돌아올 수 있는가?

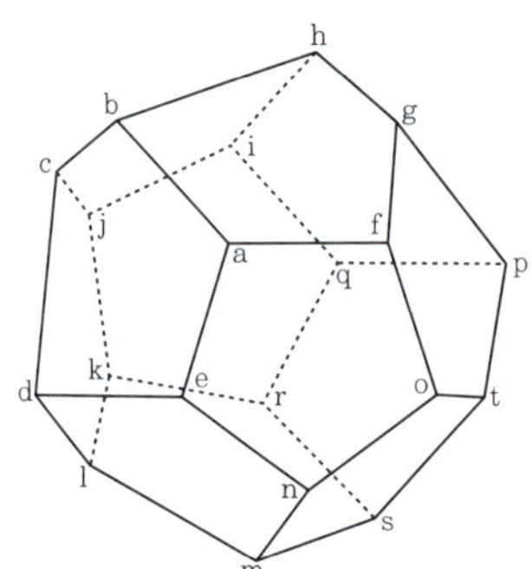

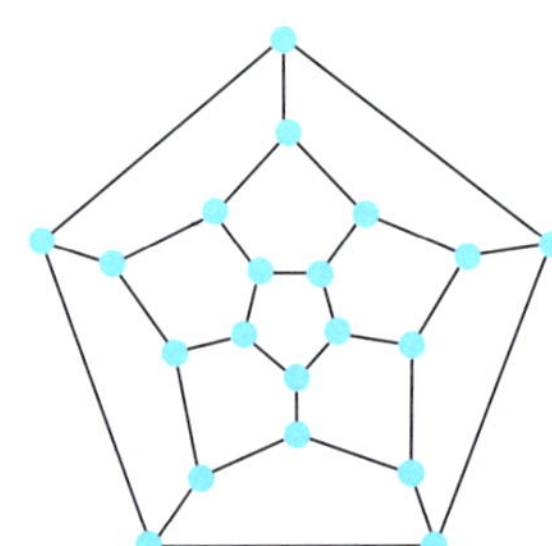

(3) 다음 그래프에서 해밀턴 회로를 찾아보아라.

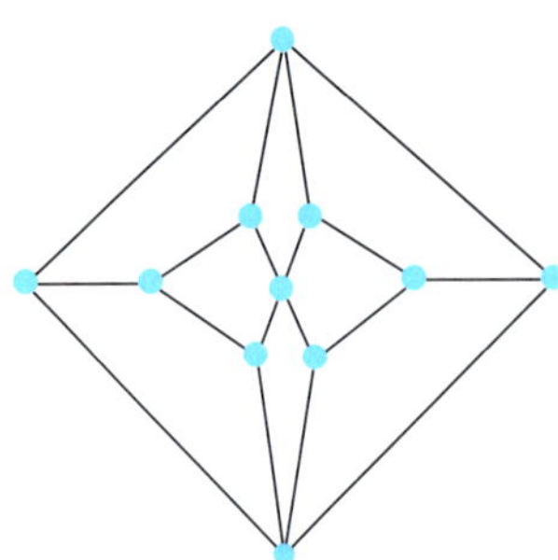

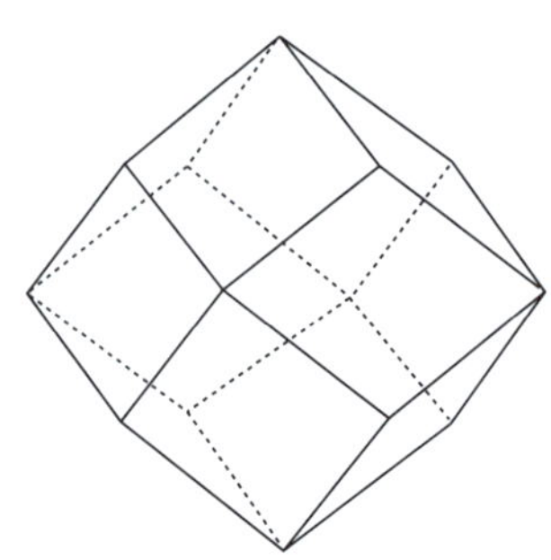

1857년에 영국의 수학자 해밀턴(William Rowan Hamilton, 1805~65)은 정12면체의 각 꼭지점마다 도시가 있다고 가정하고, 어떤 도시에서 출발하여, 변을 따라서 한 도시를 한 번만 방문하여, 최초의 출발 도시로 돌아올 수 있는가? 라는 문제를 제시하였다.(그는 런던의 한 게임 딜러에게 1859년에 이 문제를 25파운드에 팔았다고 한다.) 이런 문제는 많은 사람들에게 여행시간이나 여비를 절약할 수 있는 매우 중요한 문제이다. 이 문제를 '해밀턴의 회로 문제'라고 한다.

2 해밀턴 그래프의 성질

한 개의 점으로 이루어진 그래프는 해밀턴 그래프로 본다. 두 개의 꼭지점이 연결된 그래프는 해밀턴 그래프가 아니다. 꼭지점이 n개인 해밀턴 그래프의 종류를 알아보자.

1 두 개의 꼭지점이 연결된 그래프는 해밀턴 그래프가 아니다. 꼭지점이 n개인 해밀턴 그래프는 몇 가지인가? 그림을 그려 확인하여라.

꼭지점의 개수	단순 해밀턴 그래프의 모양	단순 해밀턴 그래프의 가지수
3	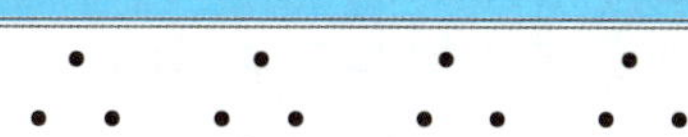	
4	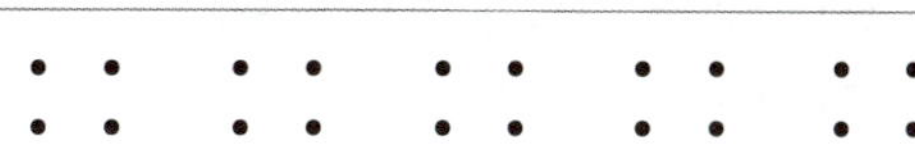	
5	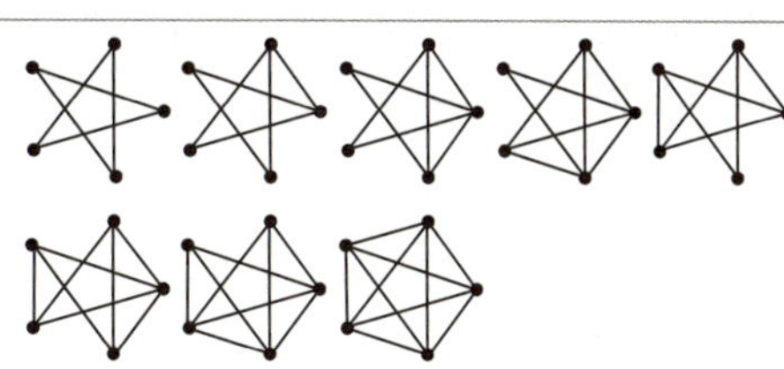	8

어떤 그래프가 해밀턴 그래프인지 아닌지 판단하는 일반적인 방법은 알려지지 않았다. 다만 각 꼭지점의 차수가 $\frac{n}{2}$ $(n \geq 3)$이상인 그래프는 해밀턴 회로를 갖는다(Dirac 정리)는 것이 증명되어 있다.

2 다음 문장이 옳으면 O, 옳지 않으면 X표 하여라.

(1) 완전그래프 $K_n(n \geq 3)$는 항상 해밀턴 그래프이다.

(2) 완전그래프 $K_n(n \geq 3)$는 항상 오일러 그래프이다.

(3) 완전그래프 K_5는 평면 그래프이다.

(4) 완전그래프 K_4는 평면 그래프이다.

(5) 완전그래프 K_5는 12개의 해밀턴 회로를 갖는다.

3 축구공은 정이십면체의 모든 모서리의 삼등분점을 잘라 만드는 입체도형이다.

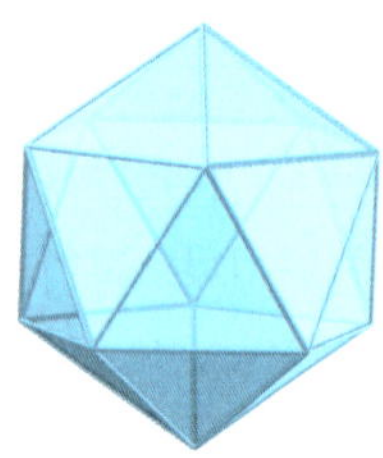

정이십면체

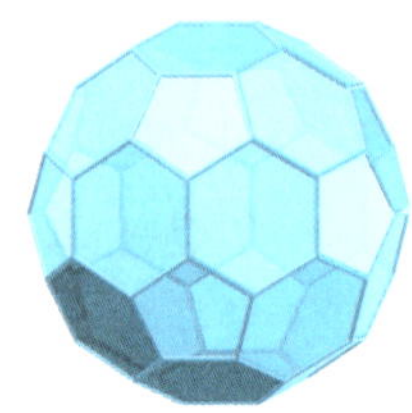

절단 정이십면체(축구공)

(1) 정이십면체의 꼭지점과 모서리의 개수를 구하여라.

(2) 축구공의 꼭지점과 모서리의 개수를 구하여라.

(3) 축구공의 면의 개수를 구하여라.

(4) 오일러 회로가 존재하는가?

(5) 해밀턴 회로가 존재하는가?

(6) 축구공의 모든 꼭지점의 차수의 합은 축구공의 모서리의 개수의 몇 배인가?

4 다음 세 개의 그래프에 대하여 물음에 답하여라.

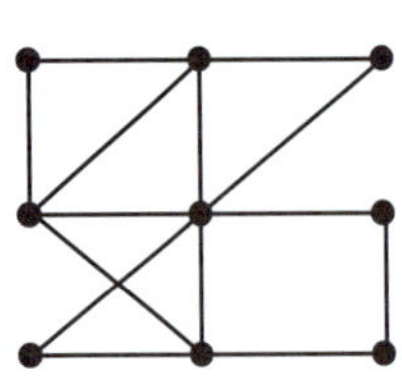

A

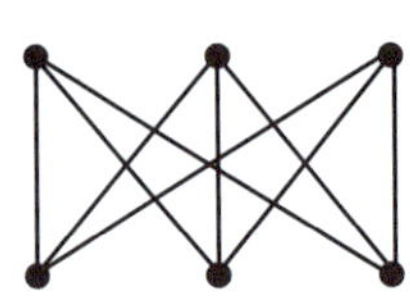

B

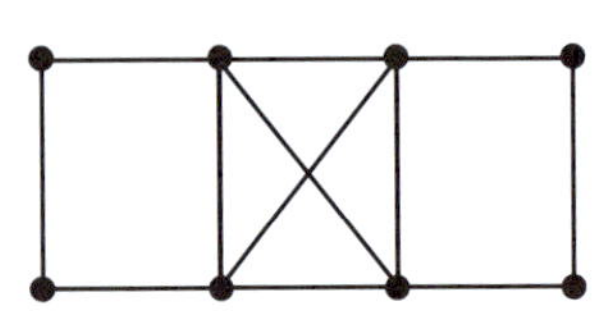

C

(1) 모든 꼭지점의 차수의 합이 변의 개수의 2배와 같은 것은 어느 것인가?
(2) 평면 그래프는 어느 것인가?
(3) 오일러 회로는 존재하지만 해밀턴 회로는 존재하지 않는 것은 어느 것인가?
(4) 해밀턴 회로는 존재하지만 오일러 회로는 존재하지 않는 것은 어느 것인가?
(5) 오일러 회로와 해밀턴 회로가 모두 존재하는 것은 어느 것인가?

5 $n \times m$ 바둑판에 대하여 옳으면 O표, 옳지 않으면 X표 하고 그 이유를 설명하여라.
(1) $n = m = 1$인 경우만 오일러 회로가 존재한다.
(2) $n = m = 2$인 경우 해밀턴 회로가 존재한다.
(3) $n = m = 3$인 경우 해밀턴 회로가 존재한다.

3 그래프 이론에서 NP-완전 문제

그래프 이론에서 NP-완전 문제는 다음과 같이 두 가지로 나누어 생각할 수 있다.

- 주어진 연결그래프의 부분그래프로 홀수개의 꼭지점을 갖는 가장 큰 오일러 그래프를 찾는 문제
- 일반적인 형태에서의 해밀턴 회로를 찾는 문제

특히, 두 번째 문제는 뒤의 금속판 문제에서와 같이 가중치가 있는 경우에 최적의 해밀턴 회로를 찾는 문제로 2000년 클레이 재단[1]에서 상금을 건 밀레니엄 7대 문제 중의 하나이다. 간단히 말하자면 세일즈맨의 여행 문제와 같이 주어진 그래프에서 최적의 해밀턴 회로를 찾기 위해서 모든 경우의 수를 일일이 조사하는 방법 외에는 알려진 방법이 없는 문제이다.
일반적으로 해밀턴 회로를 찾는 방법은 다음과 같다. 물론 이 방법이 최선이 아님에 주의해야 한다.

1) http://www.claymath.org

(1) 먼저 임의로 선택된 한 꼭지점에서 출발한다.
(2) 다음은 그 꼭지점에서 최단거리에 있는 이웃 꼭지점으로 간다.
(3) 위 (2)의 방법으로 계속 진행하되, 어떠한 루프도 만들지 않도록 마지막 꼭지점까지 간다.
(4) 마지막 꼭지점과 출발점을 잇는 루프를 만들면 된다.

1 다음 그래프에서 꼭지점 A를 시점으로 하는 해밀턴 회로를 찾고 그 거리를 구하여라. 여기서 수는 거리를 나타낸다.

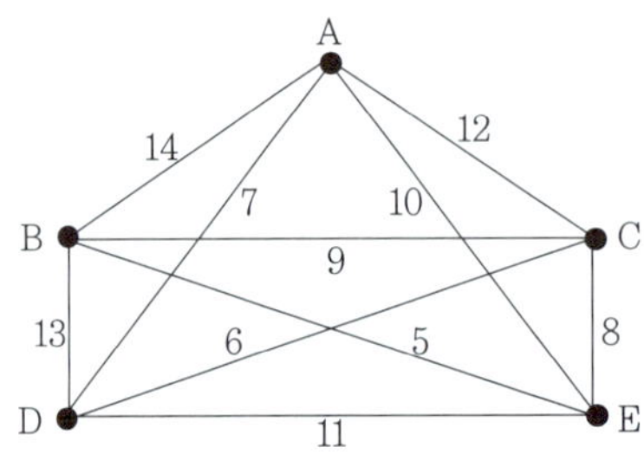

2 금속판에 오른쪽과 같이 구멍을 뚫고 그 구멍에 볼트를 조여 제품을 만들려고 한다. 이 구멍들을 컴퓨터로 제어하면서 드릴 프레스를 이용하여 뚫으려고 하는데 시간과 경비를 절약하기 위해 가능한 한 드릴 프레스의 움직임을 최소로 하려고 한다. 이 상황을 그래프로 모델화하여 보자.

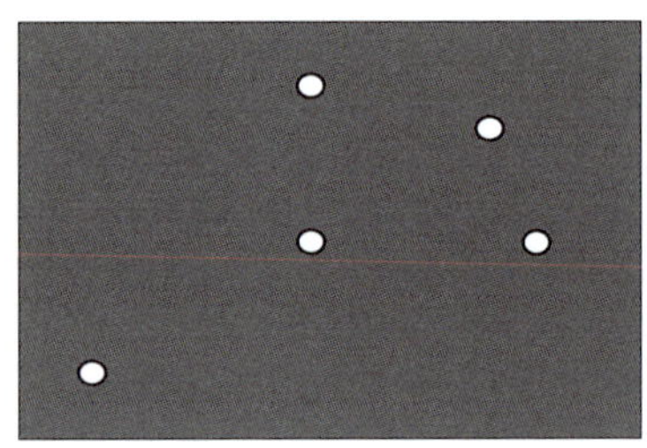

(1) 다음은 구멍을 꼭지점으로 하여 그래프로 나타낸 것이다. 각각의 선에 써 있는 숫자는 두 구멍 사이를 드릴 프레스가 움직이는 데 걸리는 시간이다. 구멍 A에서 출발하여 구멍 A에서 끝내는 경로 중 시간이 최소로 걸리는 회로를 찾아라.

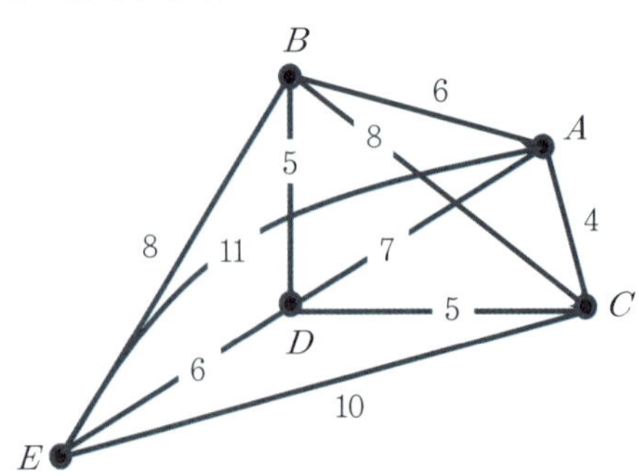

(2) 위 (1)에서 구한 최소 길이 경로가 이 문제의 최적의 해답인가? 그렇지 않다면 그 이유를 설명하고 최적의 해답을 어떻게 구할 수 있는지 설명하여라.

위에서 구한 값이 구멍 A에서 출발하는 회로 중 최소의 값이라는 보장은 없다. 더구나 B, C 등 다른 구멍에서 출발하는 경우에 최소의 값이 나올지 아직 알 수 없다. 위에서 최소의 값을 가지는 회로를 구하기 위해서는 모든 경우를 일일이 다 구해보아야 한다. 다음에서 모든 경우를 일일이 조사한다는 것의 의미를 생각해보자.

도시 A에서 도시 B에 이르는 도로의 길이를 확인하는 데 필요한 계산을 1이라고 정의하자. 그러면 도시 A에서 출발해서 B, C, D를 거쳐서 다시 A에 돌아오는데 걸리는 시간을 측정하기 위해서는 아래 그림에서 보는 것처럼 4만큼의 계산이 필요하다.

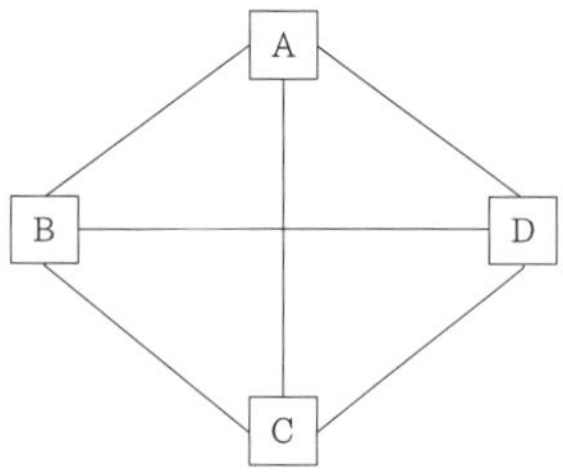

이제 도시의 개수가 N일 때, 몇 가지의 길이 가능한지 알아보자.

출발점에서 선택할 수 있는 길 : (N−1)가지
두 번째 도시에서 선택할 수 있는 길 : (N−2)가지
…
(N−1) 번째 도시에 도착했을 때 선택할 수 있는 길 : 1가지

따라서 가능한 경로의 총 개수는 (N−1)×(N−2)×(N−3)×⋯×1, 즉 (N−1)!이다. 그런데 ABCDA와 ADCBA는 방향만 반대일 뿐 경로의 전체 길이는 같으므로 여행하는 세일즈맨의 문제를 해결하기 위해서 수행해야 하는 계산의 총량은 $\frac{(N-1)!}{2}$로 정해진다. 도시의 수가 증가할 때 이 값이 얼마나 커지는지 확인하여보자.

N = 6,	5!/2	= 60
N = 7,	6!/2	= 360
N = 8,	7!/2	= 2,520
N = 9,	8!/2	= 20,160
…	…	…
N = 14,	13!/2	= 3,113,510,400
N = 15,	14!/2	= 43,589,145,600
N = 16,	15!/2	= 653,837,184,000
…	…	…
N = 24,	23!/2	= 12,926,008,369,442,488,320,000

1초에 1만 개의 경로를 계산할 수 있다고 할 때, 도시의 수가 14개일 때는 약 4일, 15개일 때는 약 50일, 16개일 때는 약 757일이 걸린다. 따라서 '일일이 조사'한다는 무식한 방법은 너무나 엄청난 계산을 필요로 한다.

그럼, 어떤 문제는 몇 가지 조사만으로 가장 최적의 길을 찾을 수 있고 어떤 문제는 모든 경우를 다 조사해야 하는 걸까?
먼저 '쉬운' 문제와 '어려운' 문제에 대하여 알아보자. 답을 구하는 데 걸리는 시간이 짧은 문제가 쉬운 문제이고, 그렇지 않은 문제는 어려운 문제이다. 알고리즘을 수행하는 속도가 세일즈맨의 문제와 같이 다항함수로 표현되지 않는 문제를 '어려운' 문제라고 말한다. 즉, 알고리즘의 속도가 다항식이 아니라 지수함수로 표현되면 그것은 어려운 알고리즘인 것이다. 답을 구하기 위하여 시행하는 연산의 수가 입력 길이에 대한 다항식에 지배되는 알고리즘을 다항시간 알고리즘이라 부르고, 다항시간 알고리즘이 존재하는 문제, 즉 풀기 쉬운 문제를 P로 나타낸다.

어려운 문제의 보기로는 하노이 탑을 들 수 있다. 이 문제는 탑의 층수가 증가함에 따라 해결하는 데 걸리는 시간이 기하급수적으로 증가하고, 따라서 어려운 문제이다. 만약 63빌딩을 하노이 탑과 같은 방식대로 1초에 한 층씩 옮긴다면 3천억 년 이상이 걸린다.[2] 여기서 P는 Polynomial(다항식), NP는 nondeterministic polynomial(비결정성 다항식)의 머리 글자이다. 이때, NP는 다항식으로 표현되는지 여부가 아직 알려지지 않은 것을 말한다. NP에 속

2) http://www.math.snu.ac.kr/~hongjong/잡필/PversusNP/PversusNP.html

하는 문제들이 궁극적으로는 모두 다항식, 즉 쉬운 알고리즘을 이용해서 해결될 수 있을까라는 질문은 매우 어려운 질문이다.
한편, 'NP-hard'라고 불리는 문제들은 세일즈맨의 여행 문제처럼 모든 경우의 수를 전부 확인해보는 방법 이외에는 정확한 답을 구할 수 있는 뾰족한 수가 없는 문제들을 뜻한다. 어떤 문제가 NP에 속하면서, 즉 다항식으로 표현될 수 있는지 여부가 알려지지 않았으면서 동시에 NP-hard에 속한다면, 즉 '무식한 힘'의 방법말고 다른 절묘한 알고리즘이 알려져 있지 않다면 그 문제는 'NP 완전 문제(NP complete)'라고 부른다.

어떤 문제가 쉽게 풀릴 수 있는 문제인지 아닌지를 구별하는 것은 매우 중요하다. 만약 어려운 문제라면 알고리즘을 찾기 위하여 시간을 허비하지 말고 빨리 돌아갈 줄(근사값으로 만족)도 아는 것이 현명한 것이다.
2001년에 프린스턴 대학교와 라이스 대학교의 학자들은 110대의 컴퓨터와 평면절단법 (Cutting-Plane Method)이라는 알고리즘을 동원해서 독일을 뒤덮고 있는 무려 15,112개에 달하는 도시들을 연결하고 있는 그래프를 대상으로 최적의 경로를 찾아내는 데 성공했다. 그렇게 많은 도시를 연결하는 최단 경로를 다른 알고리즘이 아니라 무식한 힘의 방법으로 찾아야 했다고 생각해보라![3]
이와 같이 '어떻게 찾을 것인가?'하는 문제는 여전히 풀리지 않은 것들이 많이 있고, 큰 관심을 끌고 있다.

3) http://www.aistudy.co.kr/computer/complexity_lim.htm

해밀턴 그래프

❶ 해밀턴 그래프

1 (1) 해밀턴 그래프 (2) 해밀턴 경로가 있는 그래프 (3) 해밀턴 경로가 없는 그래프

2 (1) 해밀턴 그래프이지만 오일러 그래프 아님
(2) 오일러 그래프이지만 해밀턴 그래프 아님

3 (1) 모두 해밀턴 회로이다. (2) 있다. (3) 없다.

❷ 해밀턴 그래프의 성질

1

꼭지점의 개수	단순 해밀턴 그래프의 모양	단순 해밀턴 그래프의 가지수
3	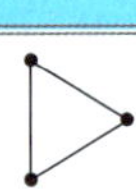	1
4	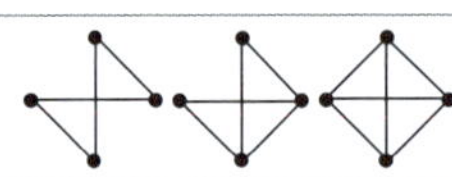	3

2 (1) O (2) X (3) X (4) O (5) O

3 (1) 12, 30 (2) 60, 90 (3) 32 (4) 존재하지 않는다. (5) 존재한다. (6) 2배

4 (1) A, B, C (2) A, C (3) A (4) B (5) C

5 (1) O (2) X (3) O

❸ 그래프 이론에서 NP-complete 문제

1 A-D-C-E-B-A : 7+6+8+5+14=40, A-D-C-B-E-A : 7+6+9+5+10=37

2 (2) 모든 경우를 일일이 다 구해보아야 한다.

210-4 육면체는 모두 몇 종류인가

Keywords 사면체, 오면체, 육면체, 다면체, 듀얼

우리는 정다면체는 5종류, 오목정다면체는 4종류 등 특별한 조건을 만족하는 다면체가 몇 종류인지 알고 있다. 그러면 육면체는 모두 몇 종류 있을까? 여기서 육면체란 6개의 면을 가진 다면체를 말한다. 많이 다루었던 정다면체, 오목 정다면체 등과는 달리 면의 모양에 대한 제한 조건은 없고 단지 면이 6개인 다면체이면 된다. 면의 모양에 제한 조건이 없기 때문에 정다면체 등과 같이 면의 모양을 중심으로 육면체를 모두 구하려는 시도는 성공할 수 없다. 육면체의 종류가 몇 가지인가를 알아내려면 그래프 이론을 이용해야 한다. 이것은 그래프 이론이 유한개의 정점과 변의 결합 양식에 관한 이론이기 때문이다.

1 그래프와 다면체의 관계

n-다면체 그래프(n-polyhedral graph)란, n개의 꼭지점으로 이루어진 연결도가 3인 평면그래프를 말한다. 여기서 연결도라는 것은 점과 점 사이의 관계를 뜻한다. 어떤 그래프(비방향성 연결그래프) G의 연결도가 k(k-connected)라는 것은 그래프 G의 각각의 꼭지점이 k개 이상의 꼭지점과 연결되어 있다는 뜻이다.

모든 볼록다면체는 평면이나 구면 위에서 연결도가 3인 평면그래프로 나타내어질 수 있다. 역으로, 슈타이니츠(Steinitz)의 정리에 의하여 연결도가 3인 평면그래프 모두는 볼록다면체로 대응될 수 있다.[4] 따라서 n-다면체는 n개의

4) http://mathworld.wolfram.com/PolyhedralGraph.html

꼭지점을 가진 다면체 그래프(Polyhedral graph)에 대응시켜 생각할 수 있다.

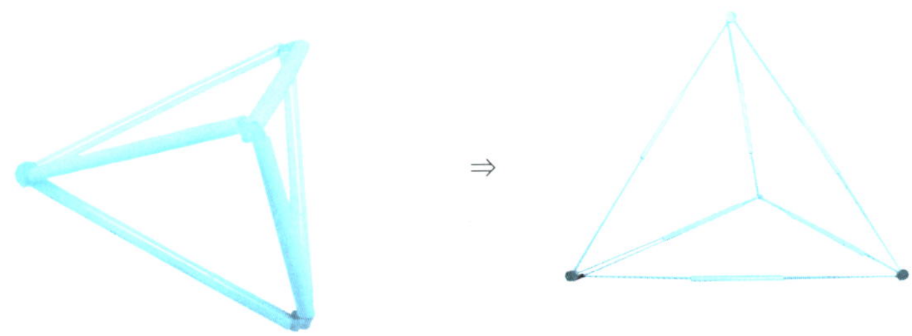

정사면체와 정사면체 그래프

여기서 주의할 것은 n다면체의 종류를 알기 위해서는 면이 n개인 다면체 그래프를 찾는 것이 아니라 꼭지점이 n개인 다면체 그래프를 찾아야 한다는 것이다. 즉, 육면체의 종류를 알려면 6개의 꼭지점을 갖는 다면체 그래프를 찾고 그것의 듀얼(Dual)5) 그래프를 생각하면 된다. 이 듀얼 그래프의 3차원 형상이 육면체의 모양이 되는 것이다.

2 꼭지점이 n개인 다면체 그래프의 종류

일반적으로 꼭지점의 개수가 주어졌을 때 다면체 그래프의 종류를 모두 구하는 방법은 알려져 있지 않다. 단지 꼭지점의 개수가 작은 몇 가지 경우에 대하여 다면체 그래프의 개수가 알려져 있고 그 모양은 아래와 같다.6)

꼭지점 개수	1	2	3	4	5	6	7	8	9	10
다면체 그래프의 개수	0	0	0	1	2	7	34	257	2606	32300

1 꼭지점이 4개인 (연결된) 평면 그래프는 아래의 6개뿐이다. 다음에서 사면체 그래프는 어느 것인가?

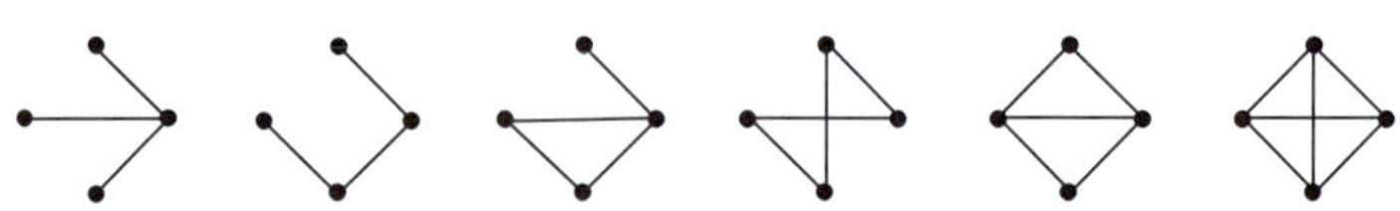

5) 평면그래프에서 면을 꼭지점으로, 꼭지점을 면으로 바꾼 그래프, 다면체에서의 듀얼에 대해서는 [206-4 정다면체 안의 정다면체] 참고

6) http://mathworld.wolfram.com/PolyhedralGraph.html

2 꼭지점이 5개인 다면체 그래프는 모두 몇 종류일까? 모두 그려라.

이제 6개의 꼭지점을 가진 다면체 그래프가 7종류임을 증명하여보자.
다면체 그래프는 한 꼭지점에 연결된 모서리의 수가 3 이상이므로 모서리의 개수가 가장 적은 그래프는 다음과 같이 모서리가 9개인 경우이다.

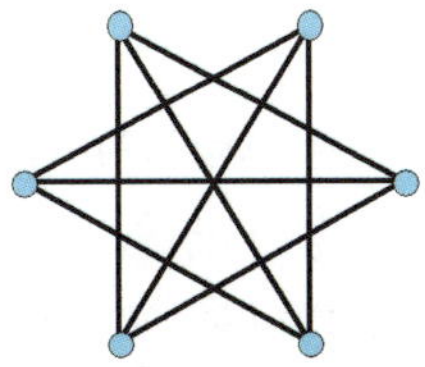

이 그래프가 다면체 그래프임은 아래와 같이 확인할 수 있다.

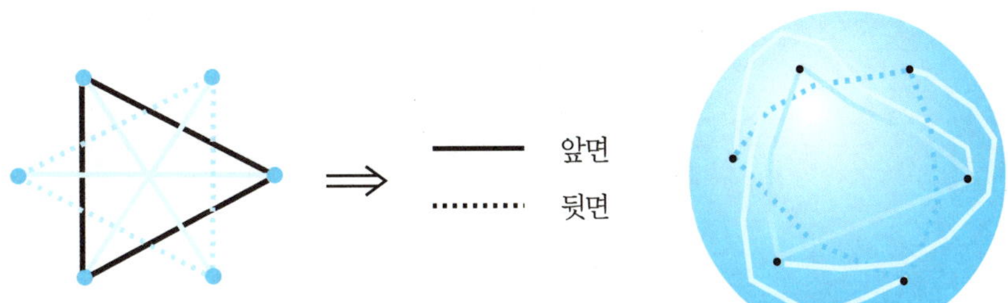

다면체 그래프 확인

모서리의 수를 1개 늘리면 다음과 같은 두 가지 경우가 가능하다.

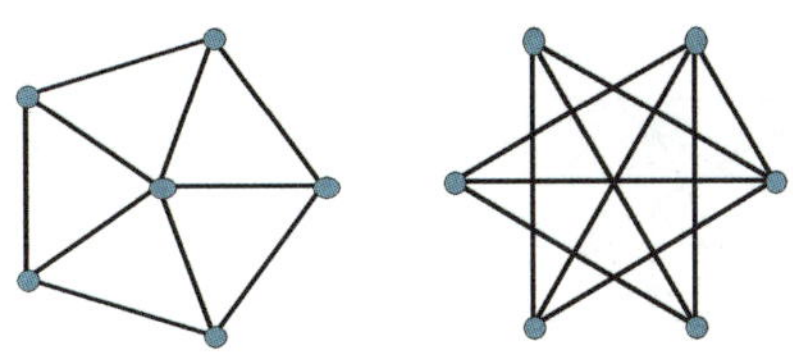

다시 모서리를 1개 더 늘리면 모서리의 수는 11개로 아래와 같은 두 가지 모양이 가능하다.

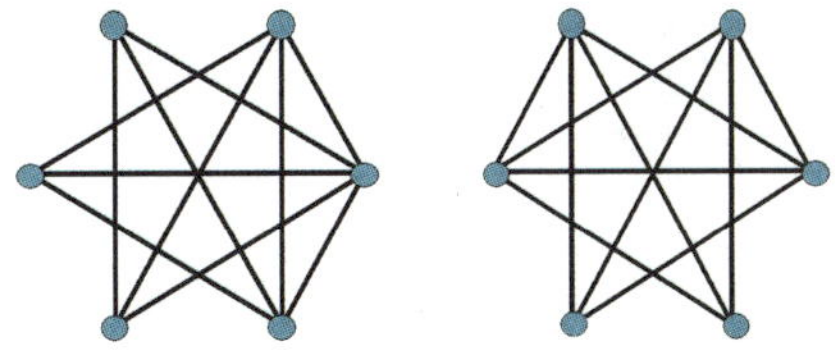

이제 모서리가 12개가 되면 아래와 같은 두 가지 모양을 더 만들 수 있다.

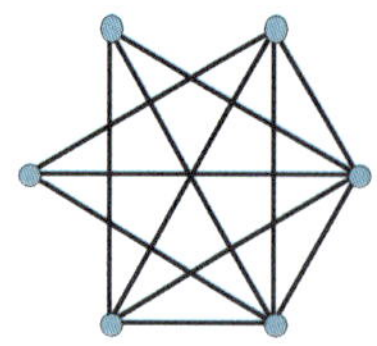 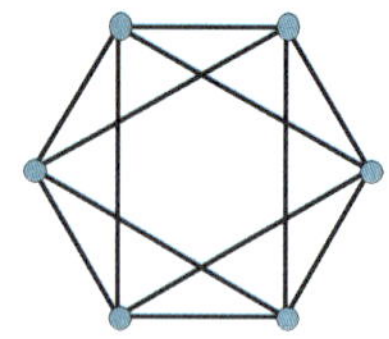

3 꼭지점이 3개 이상인 단순 연결 그래프에서는 모든 면에 대하여 면을 둘러싸고 있는 모서리의 개수는 3 이상이다. 즉, $2e \geq 3f$ 이다. 이것을 오일러 식[7]에 대입하여 꼭지점이 6개인 다면체 그래프는 더 이상 없음을 증명하여라.

4 이제까지의 결과를 이용하여 육면체 그래프에서 꼭지점에 연결된 모서리의 수를 수열(꼭지점의 차수 수열 : degree sequence)로 나타내어라. 또 각 육면체 그래프에서 모서리의 수도 구하여라.

	꼭지점의 차수 수열	e
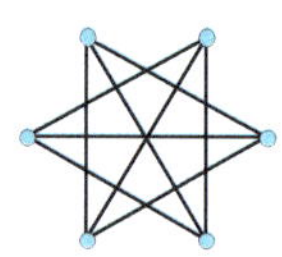	(3, 3, 3, 3, 3, 3)	9
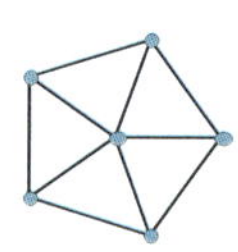		
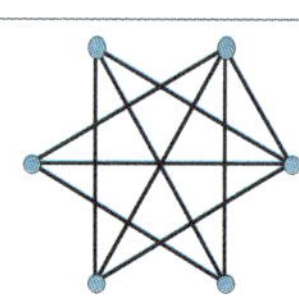		
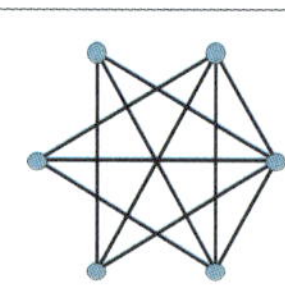		
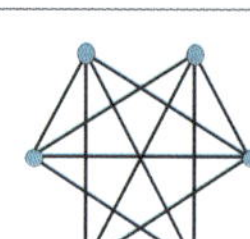		

7) [206-1 오일러 식] 참고

	꼭지점의 차수 수열	*e*
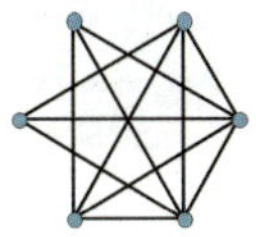		
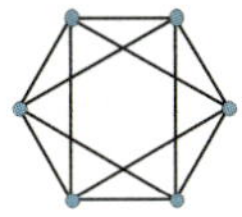		

3 n-다면체 찾기

앞에서 n다면체의 종류를 알려면 n개의 꼭지점을 갖는 다면체 그래프를 찾고 그것의 듀얼(Dual) 그래프를 생각하면 된다고 하였다. 듀얼 그래프에서는 n개의 꼭지점이 n개의 면으로 바뀌므로 n다면체를 찾은 것이다.

1. 사면체와 오면체

앞에서 사면체 그래프는 한 종류이었으므로 사면체도 한 종류뿐이다. 사면체의 모양을 알아보기 위해서는 사면체 그래프에서 점과 점 사이의 관계를 보면 된다. 사면체 그래프에서 각 꼭지점이 모두 3개의 꼭지점과 연결되어 있으므로 듀얼 그래프에서 각 면은 모두 3개의 면과 연결된다. 즉, 각 면은 모두 삼각형이다. 특별히, 모든 면이 정삼각형일 때 정사면체가 된다.

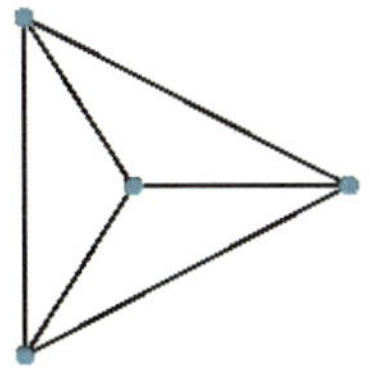

오면체 그래프는 두 종류이었으므로 오면체도 두 종류이다. 사면체와 같이 오면체의 모양을 알아보자. 다음은 첫 번째 오면체 그래프에 대한 오면체의 모양을 알아보는 과정이다.

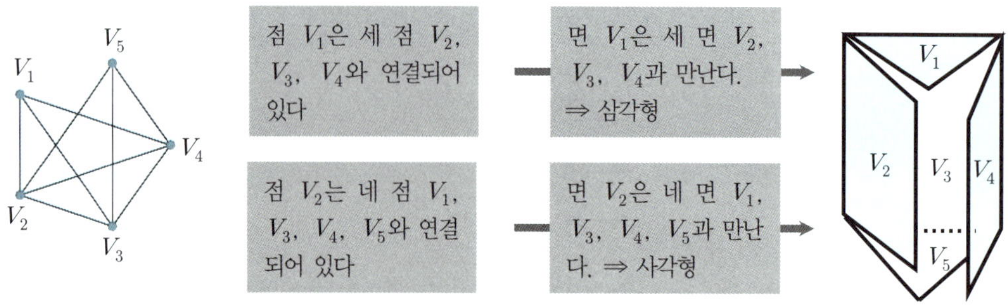

오면체 그래프　　　　듀얼 그래프　　　　오면체

위와 같이 생각하면 꼭지점 차수 수열 (3, 3, 4, 4, 4)에서 오면체의 각 면의 모양은 삼각형이 2개, 사각형이 3개임을 알 수 있고 각 면이 어떤 면과 이웃해 있는지도 알 수 있다. 우리는 면의 모양이 어떤 다각형이냐에만 관심이 있고 그 구체적인 모양에는 관심이 없으므로 위의 오면체 그래프에서는 오직 삼각기둥 한 개만 만들어지는 것이다.
따라서 다면체의 모양을 알기 위해서는 다면체 그래프의 꼭지점 차수의 수열이 중요하다.

1 두 번째 오면체 그래프에서 꼭지점 차수 수열을 이용하여 이 오면체 그래프에서 얻어지는 오면체의 모양을 알아보아라.

(1) 꼭지점 차수 수열을 구하여라.

(2) 이 그래프에서 만들어지는 오면체의 면은 몇 각형인가?

(3) 이 그래프에서 만들어지는 오면체의 모양을 설명하여라.

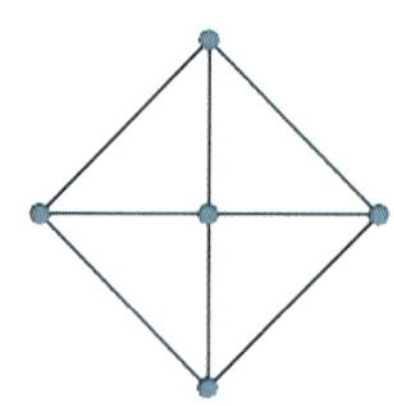

2. 육면체

육면체 그래프의 종류는 7가지이었으므로 이 세상의 육면체는 모두 7가지이다. 이제 육면체 하나 하나의 모양을 알아보자.

육면체 그래프 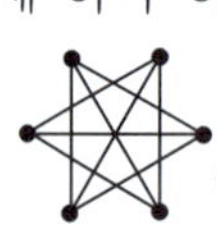 에 대응하는 육면체는 다음과 같이 찾을 수 있다.

이 육면체 그래프의 꼭지점 차수의 수열은 (3, 3, 3, 3, 4, 4)이다. 꼭지점 차수가 3이라는 것은 3개의 꼭지점과 이어져 있다는 뜻이므로 듀얼 그래프를 생각하면 3개의 면과 만난다는 뜻이다. 따라서 위의 그래프로 만들어지는 육면체는 삼각형 4개, 사각형 2개로 이루어진다. 구체적인 모양은 듀얼 그래프를 그리기면 알 수 있는데, 그래프에 의하면 삼각형 a는 면 c, d, e와 만나고, 삼각형 b는 면 c, d, e와 만나고, 사각형 e는 면 a, b, c, f와 만난다.

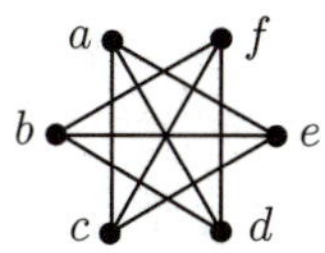

육면체 그래프

1. 꼭지점을 면으로 바꾸어 그린다.
2. 3개의 점과 연결되어 있으면 삼각형, 4개의 점과 연결되어 있으면 사각형으로 그린다.
3. 꼭지점이 연결되어 있으면 이웃한 면으로 그린다.
4. 외부를 먼저 정한 후, 그린다.

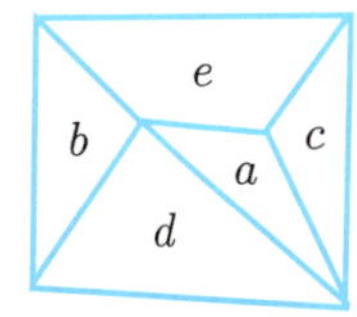

f : 외부

듀얼 그래프

듀얼 그래프를 다면체의 뼈대로 생각할 때는 외부를 밑면으로 생각하여 입체 형태로 만들면 육면체의 모양을 알 수 있다. 이 육면체 그래프에서 만들어지는 육면체는 아래와 같다. 이것은 철사를 이용하여 만든 것이다.

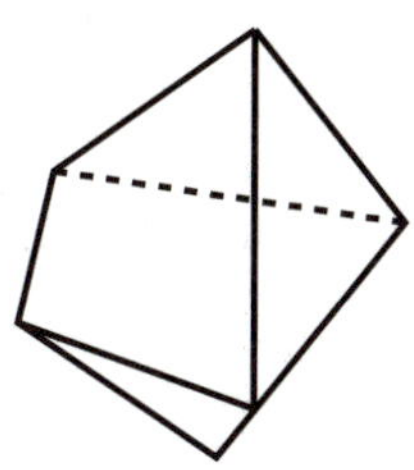

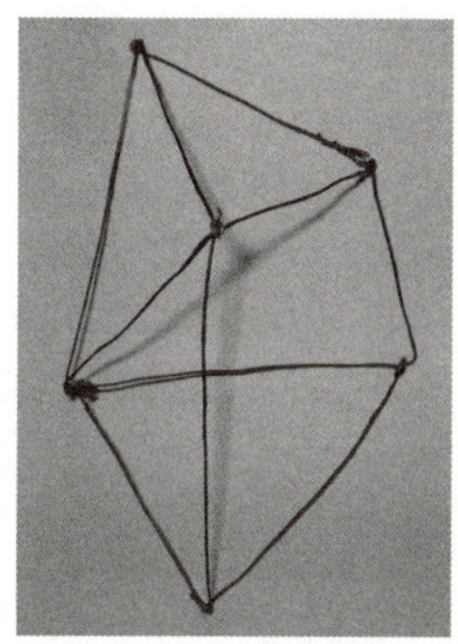

2 위와 같은 과정을 거쳐 모든 육면체 그래프에 대응하는 육면체의 모양을 구할 수 있다. 아래 표를 채워라. 또, 육면체를 철사를 이용하여 만들어보아라.

육면체	꼭지점 차수의 수열	꼭지점	모서리	면의 모양별 개수		
				△	□	⬠
삼각겹각뿔	(3, 3, 3, 3, 3, 3)	5	9	6		
오각겹각뿔	(3, 3, 3, 3, 3, 5)		10			
	(3, 3, 3, 3, 4, 4)		10			
	(3, 3, 3, 4, 4, 5)		11			
	(3, 3, 4, 4, 4, 4)		11			
	(3, 3, 4, 4, 5, 5)		12			
정육면체	(4, 4, 4, 4, 4, 4)		12			

위의 7개의 볼록육면체 중에 정다각형으로 만들 수 있는 것은 첫 번째(삼각겹각뿔, Triangular dipyramid), 두 번째(정오각뿔), 일곱 번째(정육면체)뿐이다.

이제 사면체, 오면체, 육면체가 각각 몇 종류 존재하는지에 대한 앞의 고찰을 일반화하면 n다면체의 종류를 예상할 수 있다.
칠면체의 개수는 칠면체 그래프와 같은 34개이고 그 모양은 오면체, 육면체의 모양을 찾던 방법대로 찾을 수 있다. 팔면체, 구면체 등도 마찬가지로 그 종류와 모양을 알 수 있다. 그러나 앞에서 언급한 대로 n에 대하여 n다면체 그래프를 찾는 일반적인 방법이 알려져 있지 않으므로 n면체의 개수와 모양을 구하는 것은 그에 필요한 특정 알고리즘을 수행하는 복잡한 과정을 거쳐야 한다.

육면체는 모두 몇 종류인가

❷ 꼭지점이 n개인 다면체그래프의 종류

1

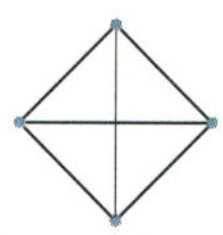

2

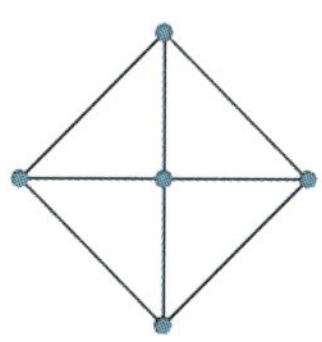

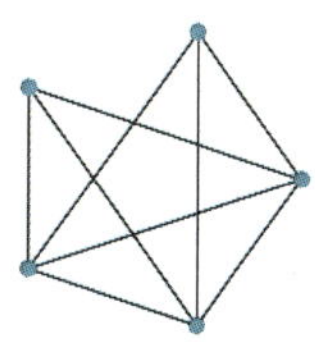

3 $v - e + \frac{2e}{3} \geq 2$, $e \leq 3v - 6$에 $v = 6$을 대입하면 $e \leq 12$이다. 즉, 모서리의 개수는 12 이하이다. 따라서 우리는 이미 꼭지점이 6개인 다면체 그래프를 모두 찾은 것이다.

4

꼭지점의 차수 수열	e
(3, 3, 3, 3, 3, 3)	9
(3, 3, 3, 3, 3, 5)	10
(3, 3, 3, 3, 4, 4)	10
(3, 3, 3, 4, 4, 5)	11
(3, 3, 4, 4, 4, 4)	11
(3, 3, 4, 4, 5, 5)	12
(4, 4, 4, 4, 4, 4)	12

❸ n-다면체 찾기

1 (1) (3, 3, 3, 3, 4)

(2) 삼각형 4개, 사각형 1개

(3) 사각뿔

2

육면체	꼭지점 차수의 수열	꼭지점	모서리	면의 모양별 개수		
				△	□	⬠
삼각겹각뿔	(3, 3, 3, 3, 3, 3)	5	9	6		
오각겹각뿔	(3, 3, 3, 3, 3, 5)	6	10	5		1
	(3, 3, 3, 3, 4, 4)	6	10	4	2	
	(3, 3, 3, 4, 4, 5)	7	11	3	2	1
	(3, 3, 4, 4, 4, 4)	7	11	2	4	
	(3, 3, 4, 4, 5, 5)	8	12	2	2	2
정육면체	(4, 4, 4, 4, 4, 4)	8	12		6	

육면체 그래프	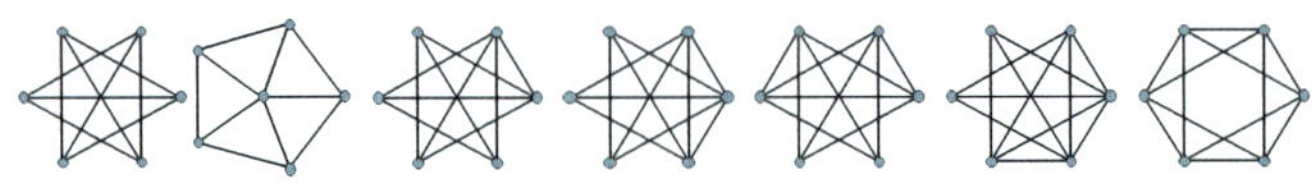
육면체 그래프의 듀얼 (육면체의 구조)	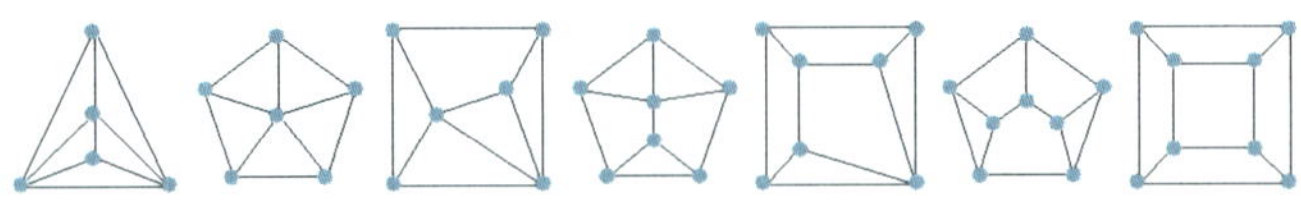
육면체	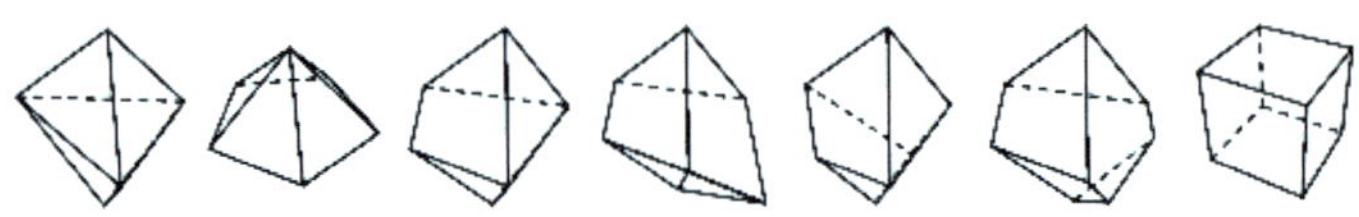

210-5

그래프의 응용

Keywords 카탈란 수, 크로매틴 수, 클리크 수

1 카탈란 수

스위스 수학자 오일러(L. Euler, 1701-1783)는 'n개의 변을 갖는 볼록 다각형에 교차하지 않는 대각선[8])을 그어서 삼각 분할하는 방법의 수'를 구하는 문제에 관심을 두었다. 예를 들면, 삼각형, 사각형의 경우는 1가지, 2가지이다.

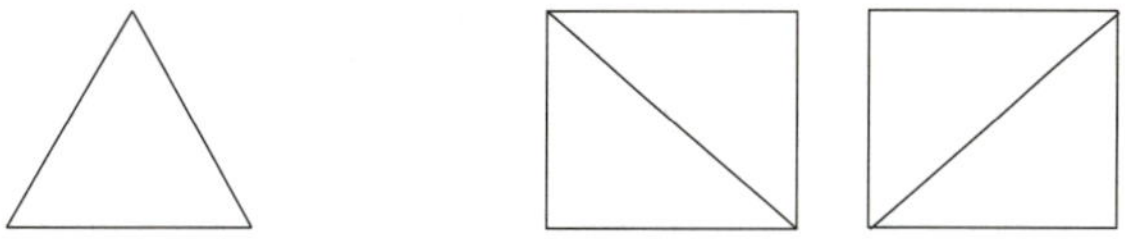

이제 $(n+2)$개의 변을 갖는 다각형에 교차하지 않는 대각선을 그어 n개의 삼각형으로 분할하는 방법의 수를 c_n이라 하자.

1 오일러의 방법으로 오각형, 육각형에 교차하지 않는 대각선을 그어 삼각 분할하는 방법의 수를 그림을 그려 구하여라.

다각형	삼각형	사각형	오각형	육각형
삼각 분할하는 방법의 수	$c_1=1$	$c_2=2$	$c_3=$	$c_4=$

이 문제는 1838년 벨기에 수학자 카탈란(E. Catalan, 1814-1894)에 의해 '문

8) 대각선이란 인접하지 않은 두 꼭지점을 이은 선분을 말하고, 두 대각선이 교차하지 않는다는 것은 두 대각선이 꼭지점에서만 만나는 것을 말한다.

자열에 괄호를 넣어 구별하는 방법의 수'를 구하는 문제로 재발견되었다. 이 방법을 자세히 살펴보자.

다음에 주어진 규칙에 맞춰 그래프를 만들자.

(규칙 1) 주어진 다각형을 삼각형으로 분할한다.
(규칙 2) 삼각형 내부에 검은 점 ●을 놓고 검은 점끼리 연결한다. 이때, 연결선은 삼각 분할에 포함된 변과는 반드시 한 번만 만나도록 한다.
(규칙 3) 검은 점에서 다각형의 변을 지나 외부로 선을 긋고 그 끝에 흰 점 ○을 놓는다. 이때, 다각형의 한 개의 변(그림에서 굵은 선)을 고정하여 이 변을 지나는 선은 긋지 않는다.

다음은 삼각형, 사각형에 대하여 위의 규칙대로 그린 것이다.

다각형과 그래프		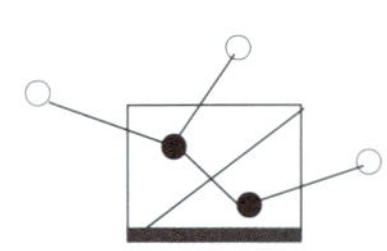	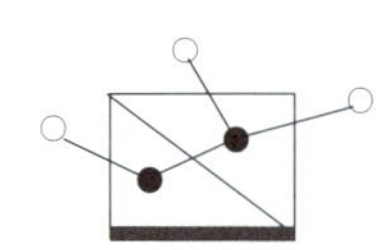

2 **1** 에서 오각형을 삼각 분할하였다. 그 분할을 이용하여 위와 같은 방법으로 그래프를 만들어라.

위에서 얻은 그래프를 다시 그리면 (거꾸로 된) 근-이진트리[9]이다.

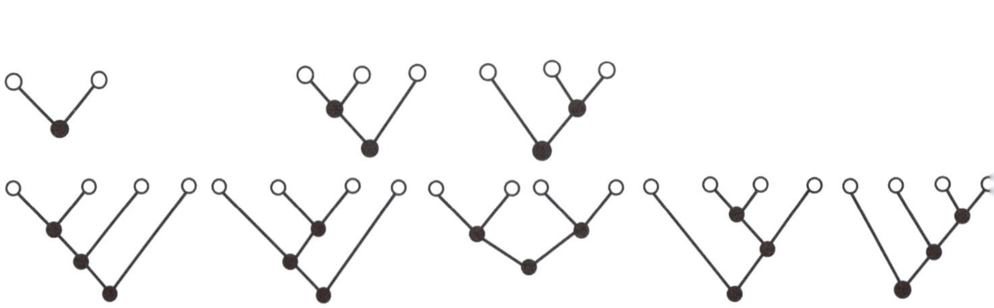

9) [210-1 그래프 이론] 참고

즉, 오일러의 방법으로 정의된 c_n은 n개의 내부 꼭지점(또는 $n+1$개의 잎)을 가지는 근-이진트리(내부 꼭지점은 반드시 2개의 잎을 가진 트리)의 개수이다.

이제 근-이진트리의 잎에 왼쪽부터 차례로 $s_1, s_2, s_3, \cdots$로 이름을 붙이기로 하자. 그리고 문자열 $s_1, s_2, s_3, \cdots$에 근-이진트리에서 검은 점에 연결된 순서대로 괄호를 넣으면 아래와 같다.

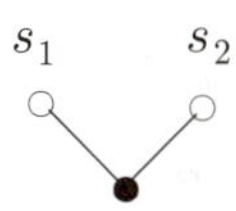

$(s_1 s_2)$

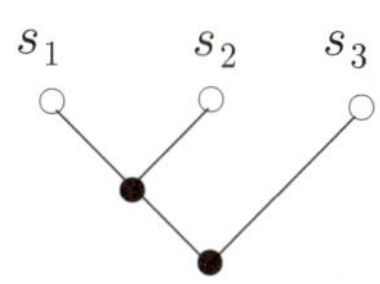

$((s_1 s_2) s_3)$

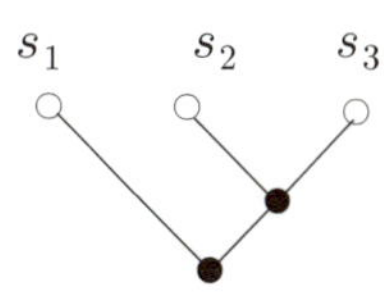

$(s_1 (s_2 s_3))$

3 $n=3$인 경우에 근-이진트리의 잎에 s_1, s_2, s_3, s_4을 써넣고 문자열 $s_1 s_2 s_3 s_4$에 괄호를 넣어보아라.

오일러의 방법으로 정의된 c_n은 사실은 $(n+1)$개의 문자열에 n개의 괄호를 괄호의 열고 닫음이 정확하게 맞게 나열하여 구별하는 방법의 수이다. 단, 괄호 1개는 $(n-1)$개의 괄호를 포함한다.

위의 과정을 통해서 카탈란은 다각형을 삼각형으로 분할하는 방법의 수에서 출발하여 문자열에 괄호를 넣어 구별하는 방법의 수로 바꾸었다. 그래서 이 방법의 수 c_n을 n번째 카탈란 수(Catalan number)라 부른다.

4 카탈란의 방법으로 5개의 문자열 $abcde$에 4개의 괄호를 넣어 구별하는 방법의 수를 구하여라. 단, 괄호 1개는 $(n-1)$개의 괄호를 포함한다.

문자열	ab	abc	$abcd$	$abcde$
표현	(ab)	$((ab)c), (a(bc))$		
괄호를 넣어 구별하는 방법의 수	$c_1=1$	$c_2=2$	$c_3=5$	$c_4=$

5 아래의 근-이진트리를 보고 $s_1 s_2 s_3 s_4 s_5$에 괄호를 넣고, 이에 대응하는 다각형의 삼각분할을 그려라.

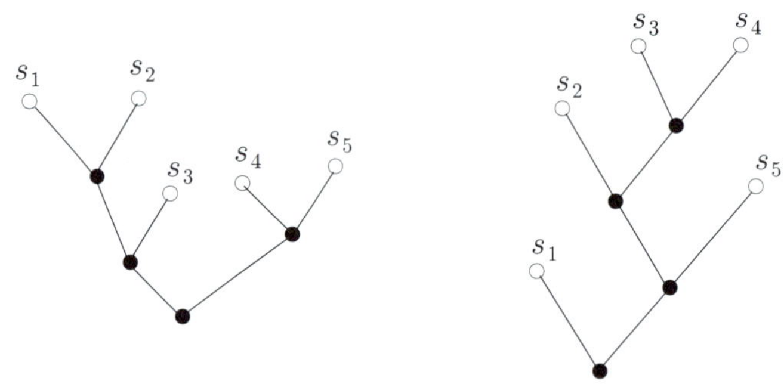

$s_1\ s_2\ s_3\ s_4\ s_5$ $\qquad$ $s_1\ s_2\ s_3\ s_4\ s_5$

2 카탈란 수를 구하는 여러 가지 방법

좌표평면에서 원점(0,0)에서 점(n,n)까지 이동하는 경로를 생각해보자. 대각선 $y=x$ 이하에서 오른쪽 방향과 위쪽 방향으로 길이가 1인 단위 이동만 가능하다고 하자. $n=1,2$인 경우는 아래 그림과 같다.

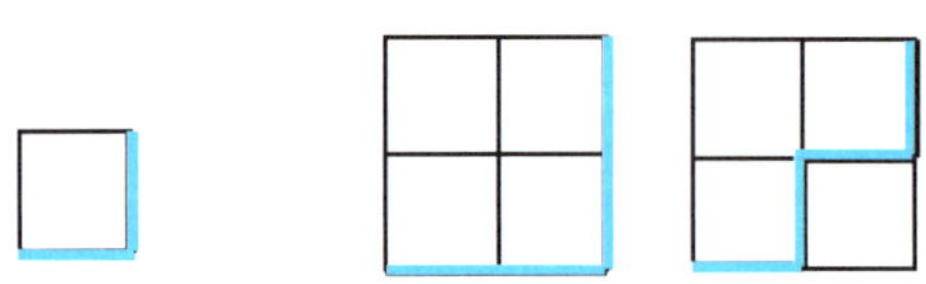

$n=1$ $\qquad$ $n=2$

이러한 이동 경로를 딕 경로(Dyck path)라 한다. 딕 경로에서 위수가 n이라는 것은 오른쪽 방향의 단위 이동 n개, 위쪽 방향의 단위 이동 n개로 구성되는 경우를 말한다. 따라서 위에서 위수 1인 딕 경로는 카탈란 수 c_1, 위수가 2인 딕 경로는 카탈란 수 c_2임을 확인할 수 있다.
물론 위수 3인 딕 경로는 모두 아래와 같이 5가지이고, 이는 카탈란 수 $c_3=5$와 같다.

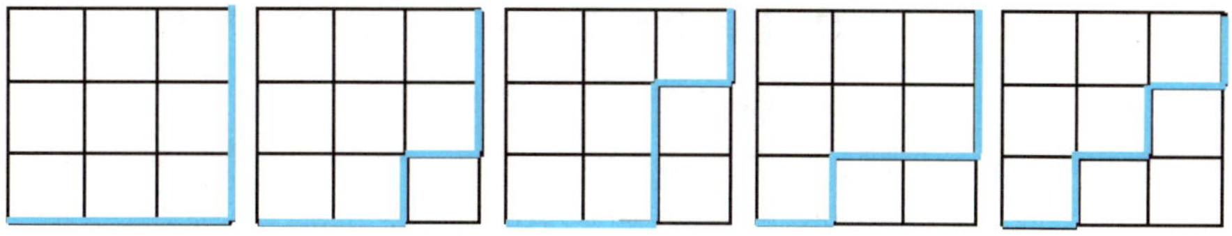

딕 경로에서 오른쪽 방향으로의 단위 이동을 숫자 1로 대신하고, 위쪽 방향으로의 단위 이동을 숫자 -1로 대신하자. 그러면 딕 경로는 '1과 -1을 각각 n개씩 나열하는데 모든 부분 합이 음수가 되지 않도록 나열하는 방법의 수'와 같다. 다시 말하면 정수 수열 $a_1, a_2, \cdots, a_{2n}$을 만드는 방법의 수는 카탈란 수 c_n와 같다. 단, $a_i = \pm 1$이고, 모든 부분 합은 음이 아니다. 예를 들면,

$n = 1$: 1 -1 (1가지)
$n = 2$: 1 1 -1 -1, 1 -1 1 -1 (2가지)

는 카탈란 수 $c_1 = 1, c_2 = 2$와 같다.

1 1과 -1을 각각 세 개 나열하면서 모든 부분 합이 음수가 되지 않도록 나열하는 경우의 수는 카탈란 수 $c_3 = 5$와 같음을 확인하여라.

2 다음에서 $c_3 = 5$임을 각각 확인하여라.

(1) 정수 수열 $a_1, a_2, \cdots, a_n$을 만드는 방법의 수는 카탈란 수 c_n와 같다.
단, $1 \le a_1 \le a_2 \le \cdots \le a_n$, $a_i \le i$.

(2) 정수 수열 $a_1, a_2, \cdots, a_{n-1}$을 만드는 방법의 수는 카탈란 수 c_{n+1}와 같다.
단, $a_i \le i$, 모든 부분 합은 음이 아니다.

(3) 정수 수열 $a_1, a_2, \cdots, a_n$을 만드는 방법의 수는 카탈란 수 c_n와 같다.
단, $a_i \ge -1$, 모든 부분 합은 음이 아니다, $a_1 + a_2 + \cdots + a_n = 0$

(4) 정수 수열 $a_1, a_2, \cdots, a_n$을 만드는 방법의 수는 카탈란 수 c_n와 같다.
단, $a_1 = 0$, $0 \le a_{i+1} \le a_i + 1$

(5) 정수 수열 $a_1, a_2, \cdots, a_{2n}$을 만드는 방법의 수는 카탈란 수 c_n와 같다.
단, $a_i \ge 0$, $a_1 = 1$, $a_{2n} = 0$, $a_i - a_{i+1} = \pm 1$

(6) 정수 수열 $a_1, a_2, \cdots, a_n$을 만드는 방법의 수는 카탈란 수 c_n와 같다.
단, $a_i \ge 2$, 수열 $1, a_1, \cdots, a_n, 1$에서 각 a_i는 a_i의 양 옆의 수의 합을 나눈다.

(7) 정수 수열 $a_1, a_2, \cdots, a_n$을 만드는 방법의 수는 카탈란 수 c_n와 같다.

단, $a_i = j \mid a_j < a_i, j < i$

이번에는 원을 이용하여 카탈란 수를 구해보자.
n개의 원이 있다. 원이 서로 만나지 않게 원의 중심을 일직선 위에 배열하려고 한다. $n=1$인 경우, 즉 원이 1개인 경우 배열하는 방법은 한 가지, $n=2$인 경우 배열하는 방법은 따로따로 놓는 경우와 동심원과 같이 놓는 경우 두 가지가 있다. 아래 그림은 $n=3, 4$인 경우이다.

$n=3$	 : 5가지
$n=4$	 : 14가지

따라서 위의 조건에 따라 원 n개를 배열하는 방법의 수는 카탈란 수와 같다.

3 n개의 X, n개의 Y로 이루어지는 길이가 $2n$인 문자열을 생각하자. 문자열의 왼쪽에 X보다 Y가 많이 올 수 없을 때, $n=1, 2, 3, 4$인 경우에 문자열의 방법의 수를 구하여라. 또, 여기에서 구한 방법의 수가 카탈란 수인지 확인하여라.

원 위에 있는 $2n$개의 점을 가지고 교차하지 않는 n개의 현을 만드는 방법의 수를 생각하자. 예를 들면, 원 위에 있는 2개의 점은 한 가지 방법으로 1개의 현을 만든다. 원 위에 있는 4개의 점은 두 가지 방법으로 교차하지 않는 2개의 현을 만든다. 즉, 카탈란 수 $c_1 = 1, c_2 = 2$와 같다.

4 원 위에 있는 6개의 점은 카탈란 수 $c_3 = 5$ 가지 방법으로 교차하지 않는 3개의 현을 만드는 것을 그림을 그려 확인하여라.

카탈란 수는 순열과 조합론의 여기저기에서 나타난다. 스탠리(R. Stanley)가 쓴 책[10]과 부록[11]에는 카탈란 수를 구하는 95가지의 방법이 소개되어 있다. **5**에서 보았듯이 카탈란 수를 구하는 많은 방법이 문자열의 가짓수를 세는 방법과 밀접한 관계를 가지고 있는데, 이 방법은 1887년 앙드레(D. André)에 의하여 발견되었다.

3 카탈란 수의 공식 유도

카탈란 수 c_n $(n \geq 0)$는 문자열 $s_1 s_2 \cdots s_{n+1}$에 n개의 괄호를 넣어 구별하는 경우의 수이다. 단, 괄호 1개는 $(n-1)$개의 괄호를 포함한다. 괄호 1개는 $(n-1)$개의 괄호를 포함한다는 조건은 상당히 불편하다. 이것을 더 쉬운 방법으로 고쳐보자.

정칙괄호구조

열리는 괄호와 닫히는 괄호의 개수가 같은 괄호 형태를 말한다.

괄호가 있는 계산식 $(3-1)\cdot(4+(15-9)\cdot(2+6))$의 계산의 순서는 4개의 괄호에 의해 결정된다. 이 경우는 괄호는 ()(()()) 와 같은 형태로 열리는 괄호 ' ('의 개수와 닫히는 괄호 ') '의 개수가 같다. 이러한 형태를 정칙괄호구조(regular bracket structure)라 부른다. 1개의 괄호는 1개의 정칙괄호구조 ()를 만들고, 2개의 괄호는 2개의 정칙괄호구조 ()(), (())를 만든다.

1 3개의 괄호는 몇 개의 정칙괄호구조를 만드는가?

n개의 괄호로 만들어지는 정칙괄호구조의 전체 개수를 c_n이라 할 때, 이 수를 카탈란 수라 한다. 편의상 $c_0 = 1$이라 하자.
이제 정칙괄호구조가 만들어지는 방법을 분석하여 카탈란 수의 식으로 가까이 가보자. 예를 들어, $c_3 = 5$: ()()(), ()(()), (())(), (()()), ((())) 을 분석해보자.

10) *Enumerative Combinatorics*, vol. 2, Cambridge University Press, Cambridge, UK, 1999
11) Catalan addendum, 2002. Available online at http://www-math.mit.edu/~rstan/ec/catadd.pdf

()()(), ()(()) : () 안에는 정칙괄호구조가 없고 () 밖에는 2개의 괄호로 이루어진 정칙괄호구조가 있다. 즉 $c_0c_2 = 2$이다.

(())() : () 안에는 1개의 괄호로 이루어진 정칙괄호구조가 있고 () 밖에는 1개의 괄호로 이루어진 정칙괄호구조가 있다. 즉 $c_1c_1 = 1$이다.

(()()), ((())) : () 안에는 2개의 괄호로 이루어진 정칙괄호구조가 있고 () 밖에는 정칙괄호구조가 없다. 즉 $c_2c_0 = 2$이다.

위의 분석으로부터 다음과 같은 관계식을 얻는다.

$c_3 = 5 = 2 + 1 + 2 = c_0c_2 + c_1c_1 + c_2c_0$

일반적으로 $(n+1)$개의 괄호로 이루어진 정칙괄호구조 $\cdots(\cdots)\cdots$에서 () 안이 개의 괄호로 이루어진 정칙괄호구조이면 () 밖에는 $n-k$개의 괄호로 이루어진 정칙괄호구조이다. 즉 c_kc_{n-k}이다. 따라서 카탈란 수는 다음과 같은 점화식으로 정의된다.

$$c_{n+1} = c_0c_n + c_1c_{n-1} + \cdots + c_nc_0 \ (n \geq 0,\ c_0 = 1)$$

위의 점화식으로부터 c_4, c_5, c_6은 다음으로 주어진다.

$c_4 = c_0c_3 + c_1c_2 + c_2c_1 + c_3c_0 = 5 + 2 + 2 + 5 = 14$

$c_5 = c_0c_4 + c_1c_3 + c_2c_2 + c_3c_1 + c_4c_0 = 14 + 5 + 4 + 5 + 14 = 42$

$c_6 = c_0c_5 + c_1c_4 + c_2c_3 + c_3c_2 + c_4c_1 + c_5c_0 = 42 + 14 + 10 + 10 + 14 + 42 = 132$

몇 개의 카탈란 수를 더 써보면

$$c_7 = 429,\ c_8 = 1430,\ c_9 = 4862,\ c_{10} = 16796,\ c_{11} = 58786,$$
$$c_{12} = 208012,\quad c_{13} = 742900,\ c_{14} = 2674440,\ c_{15} = 9694845$$

이제 c_n의 생성함수[12)]를 $f(x) = \sum_{n=0}^{\infty} c_nx^n = c_0 + c_1x + c_2x^2 + \cdots + c_nx^n + \cdots$ 라 하면,

$$\begin{aligned} f(x)^2 &= (c_0 + c_1x + c_2x^2 + c_3x^3 + \cdots)(c_0 + c_1x + c_2x^2 + c_3x^3 + \cdots) \\ &= c_0c_0 + (c_0c_1 + c_1c_0)x + (c_0c_2 + c_1c_1 + c_2c_0)x^2 + \cdots \\ &= c_1 + c_2x + c_3x^2 + c_4x^3 + \cdots \end{aligned}$$

12) [112-3 생성함수 1] 참고

이므로

$$xf(x)^2 = c_1x + c_2x^2 + c_3x^3 + \cdots = c_0 + (c_1x + c_2x^2 + c_3x^3 + \cdots) - c_0$$
$$= f(x) - 1$$

이다. 즉, c_n의 생성함수 $f(x)$는 방정식

$$xf(x)^2 - f(x) + 1 = 0$$

을 만족한다. 따라서 근의 공식에 의해

$$f(x) = \frac{1 \pm \sqrt{1-4x}}{2x}$$

이다. 충분히 작은 x에 대하여 $f(0)=1$이 성립, 즉 $x \to 0$일 때 $f(x) \to 1$이어야 하므로 카탈란 수 c_n의 생성함수는

$$f(x) = \frac{1 - \sqrt{1-4x}}{2x}$$

이다.

2 무리수 $500000 - 1000\sqrt{249999}$의 십진수 전개를 하면

$$50\,0000 - 1000\sqrt{249999}$$
$$= 1.0000010000020000050000140000420001320004290014300004862\cdots$$

으로 주어진다. 놀랍게도 이 수에서 0을 제외한 수들은 모두 카탈란 수이다. 그 이유를 설명하여라.

3 다음을 보여라.

> $\binom{n}{k} = {}_nC_n$
>
> $\binom{2n}{n} = 2nC_n$를 뜻하는 기호이다.

(1) $c_0 = 1,\ c_n = \dfrac{1}{n+1}\dbinom{2n}{n} = \dfrac{1}{n+1}\dfrac{(2n)!}{n!n!} \quad (n \geq 1).$

(2) $c_n = \dfrac{1}{2n+1}\dbinom{2n+1}{n} \quad (n \geq 1)$

(3) $c_n = \dfrac{4n-2}{n+1}c_{n-1} \quad (n \geq 1)$

4 카탈란 수의 생성함수 $f(x)$는 연분수 표현을 갖는다. 그 표현을 구하여라.

5 근-이진트리로부터 카탈란 수를 얻은 것과 같이 오일러의 공식

$$\frac{2\cdot 6\cdot 10\cdot \cdots \cdot(4n-10)}{(n-1)!}$$

으로부터 카탈란 수를 얻을 수 있다. 이를 확인하여라.

한편, 카탈란 수는 파스칼 삼각형과 깊은 관계가 있다. 이를 알아보자.

1
1 1
1 2 1
1 3 3 1
1 4 6 4 1
1 5 10 10 5 1
1 6 15 20 15 6 1
1 7 21 35 35 21 7 1
1 8 28 56 70 56 28 8 1
1 9 36 84 126 126 84 36 9 1
1 10 45 120 210 252 210 120 45 10 1

위의 파스칼 삼각형에서 하늘색 수에서 파란색 수를 빼면, 즉

$2-1=1,\ 6-4=2,\ 20-15=5,\ 70-56=14,\ 252-210=42,\ \cdots$

은 카탈란 수가 된다. 그런데 하늘색 수들은 이항계수 $\binom{2n}{n}$으로부터 만들어지고 파란색 수들은 이항계수 $\binom{2n}{n+1}=\binom{2n}{n-1}$로부터 만들어진다. 따라서 다음 등식을 얻는다.

$$c_n=\binom{2n}{n}\binom{2n}{n+1}(n=1,\ 2,\ 3,\ \cdots)$$

6 파스칼 삼각형에서 카탈란 수를 구하는 또 다른 등식을 찾아라.

4 크로매틱 수와 클리크 수

그래프 G의 꼭지점에 색을 칠하는데 인접하는 꼭지점에는 서로 다른 색을 칠한다. 이 과정에서 사용된 최소의 색의 수를 G의 크로매틱 수(chromatic number)라 하고, $\chi(G)$로 표현한다.

그래프 G의 가장 큰 완전(complete) 부분그래프[13]를 G의 클리크(clique)라 한다. 클리크의 꼭지점의 개수를 G의 클리크 수(clique number)라 하고, $w(G)$로 표현한다. 주어진 그래프의 크로매틱 수와 클리크 수를 찾는 문제는 NP-완전 문제이다. 즉 임의의 그래프의 크로매틱 수와 클리크 수를 계산하는 최적의 방법은 알려져 있지 않다.

크로매틱 수 n을 가진 그래프를 n-크로매틱 그래프라 한다. 특히, 2-크로매틱 그래프를 2-colorable, 3-크로매틱 그래프를 3-colorable, 일반적으로 n보다 작거나 같은 크로매틱 수를 가진 그래프를 n-colorable이라 부른다.

N_n은 위수가 n인 영(null) 그래프, 즉 n개의 꼭지점만 있고 변이 없는 그래프를 말한다.

1 $\chi(N_n)$과 $w(N_n)$을 구하여라.

K_n은 위수가 n인 완전그래프를 말한다. 다음은 $K-1$, K_2, ⋯ , K_6이다.

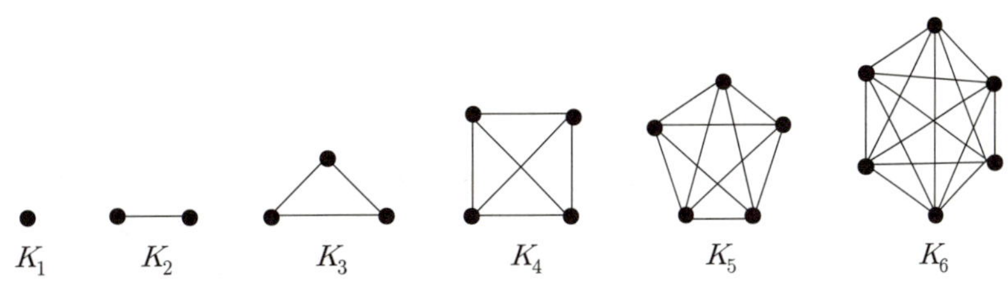

2 완전그래프 K_n의 크로매틱 수와 클리크 수를 구하여라.

	K_1	K_2	K_3	K_4	K_5	⋯	K_n
크로매틱 수							
클리크 수							

이로부터 $\chi(k_n) = n = w(k_n)$임을 알 수 있다.

13) [210-1 그래프 이론] 참고

C_n은 위수가 $n(n \geq 2)$인 순환(cycle)그래프, 즉 모든 꼭지점을 지나는 하나의 순환을 가진 그래프를 말한다.

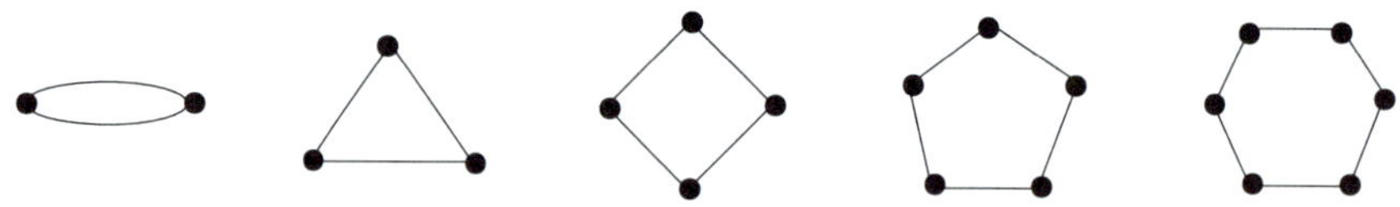

C_2 C_3 C_4 C_5 C_6

3 순환그래프 C_n의 크로매틱 수와 클리크 수를 구하여라.

	C_1	C_2	C_3	C_4	C_5	…	C_n
크로매틱 수							
클리크 수							

이로부터 다음을 알 수 있다.

$$\chi(C_n) = \begin{cases} 3 & n = \text{홀수} \\ 2 & n = \text{짝수} \end{cases} \qquad w(C_n) = \begin{cases} 3 & n = 3 \\ 2 & n \neq 3 \end{cases}$$

S_n은 위수가 n인 별(star)그래프, 즉 한 꼭지점의 차수는 $n-1$이고 나머지 꼭지점의 차수는 1인 트리이다. 따라서 $K_{1,n-1} = S_n$이다.

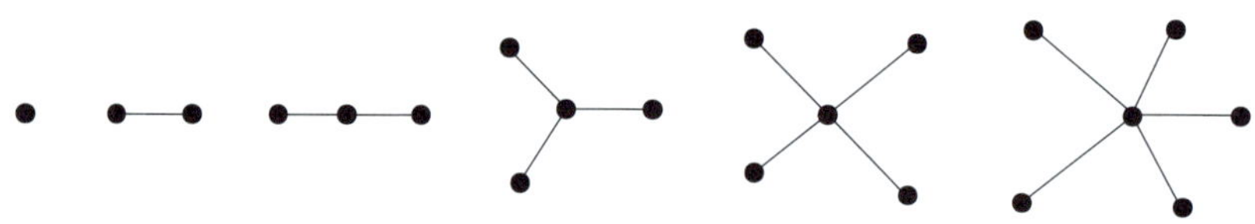

S_1 S_2 S_3 S_4 S_5 S_6

4 별그래프 S_n의 크로매틱 수와 클리크 수를 구하여라.

	S_1	S_2	S_3	S_4	S_5	…	S_n
크로매틱 수							
클리크 수							

이로부터 다음을 알 수 있다.

$$\chi(S_n) = \begin{cases} 1 & n = 1 \\ 2 & n \neq 1 \end{cases} \qquad w(S_n) = \begin{cases} 1 & n = 1 \\ 2 & n \neq 1 \end{cases}$$

W_n은 위수가 n인 바퀴(wheel)그래프, 즉 위수가 $n-1$인 순환을 포함하고

그 순환에 있는 모든 꼭지점은 바퀴그래프의 축(hub, 차수는 $n-1$)과 연결되어 있고 축이 아닌 꼭지점의 차수는 모두 3인 그래프이다.

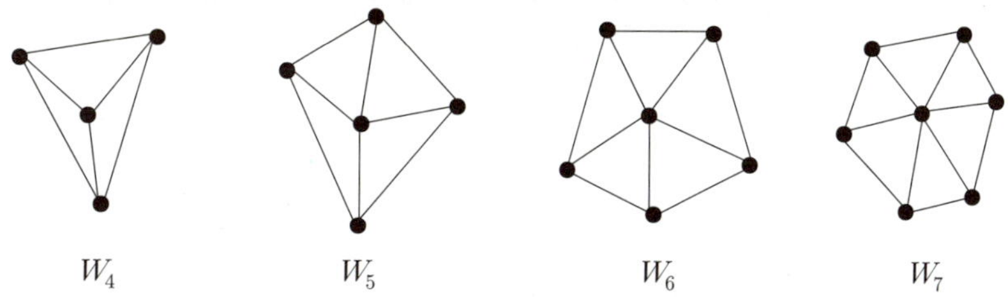

5 바퀴그래프 W_n의 크로매틱 수와 클리크 수를 구하여라.

	W_4	W_5	W_6	W_7	W_8	…	W_n
크로매틱 수							
클리크 수							

이로부터 다음을 알 수 있다.

$$\chi(W_n)=\begin{cases}3 & n=\text{홀수}\\ 4 & n=\text{짝수}\end{cases};\ w(W_n)=\begin{cases}4 & n=4\\ 3 & \text{n}\neq 4\end{cases};W_4=K_4, W_n=K_1+C_{n-1}$$

6 주어진 그래프의 k번째 꼭지점의 차수를 d_k라 하자. 빈칸을 채워라.

	N_n	K_n	$C_n\,(n\geq 2)$	S_n	$W_n\,(n\geq 4)$
d_k				1 혹은 $n-1$	3 혹은 $n-1$
$\frac{1}{n-d_k}$				$\frac{1}{n-1}$ 혹은 1	$\frac{1}{n-3}$ 혹은 1
$\sum_{k=1}^{n}\frac{1}{n-d_k}$				$n=1:1$ $n\geq 2:2$	$n=4:4$ $n\geq 4:2+\frac{2}{n-3}$
클리크 수				1 혹은 2	4 혹은 3

6을 분석하면 다음을 얻는다.

$$w(G)\geq\sum_{k=1}^{n}\frac{1}{n-d_k},\ \text{여기서 } d_k\text{는 } k\text{번째 꼭지점의 차수}$$

위수가 $n(\geq 1)$인 그래프 G에 대해서 그래프의 꼭지점을 색칠하는 것으로부터 크로매틱 수와 그래프의 모양을 관련지을 수 있다.

7 위수가 $n(\geq 1)$인 그래프 G에 대해, 다음을 설명하여라.

(1) $1 \leq \chi(G) \leq n$

(2) $\chi(G) = n \Leftrightarrow G = K_n$

(3) $\chi(G) = 1 \Leftrightarrow G = N_n$

8 다음을 보여라.

(1) H가 그래프 G의 부분그래프이면 $\chi(G) \geq \chi(H)$이다.

(2) 그래프 G가 완전그래프 K_p와 같은 부분그래프를 가진다면 $\chi(G) \geq p$이다.

위 문제로부터 임의의 그래프 G에 대해 항상 다음이 성립한다.

$$\chi(G) \geq w(G)$$

9 다음 그래프 G의 크로매틱 수와 클리크 수를 구하여라.

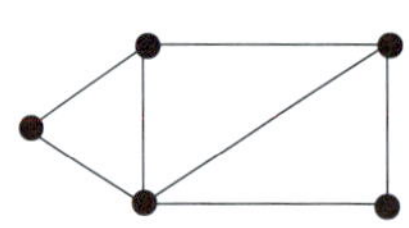

그래프 $G=(V,\ E)$가 1, 2, 3, $\cdots$, k개의 색으로 색칠이 가능하다고 하자. V_i를 색 i를 가진 꼭지점들의 집합이라 하면 $V = V_1 \cup V_2 \cup \cdots \cup V_k$ (disjoint union)이다. 이것을 G의 색-분할(color-partition)이라 한다. 이때 새로 만들어지는 부분그래프 G_{V_1}, $\cdots$, G_{V_k}는 모두 영 그래프이다.

10 그래프의 크로매틱 수를 그래프의 색-분할과 연관시켜 말해보아라.

11 위수가 n인 그래프 G의 가장 큰 영 부분그래프를 N_q라 하고 기호 $[[x]]$을 x보다 크거나 같은 정수 중 가장 작은 정수라 하자. $\chi(G) \geq \left[\frac{n}{q}\right]$임을 보여라.

12 그래프 G가 적어도 하나의 변을 가진다고 하자. 다음을 설명하여라.

$\chi(G)=2 \Leftrightarrow$ 그래프 G는 이분그래프[14)]

13 나에게 주어진 일이 9가지가 있다. 그 일을 a, b, c, d, e, f, g, h, i라 하자. 그러나 주어진 순서대로, 예를 들면, a와 b, b와 c, … 즉 두 가지 일을 동시에 할 수 없다. 그리고 i와 a도 동시에 일을 할 수 없다. 충돌 없이 스케줄을 짜려고 할 때, 일은 어떻게 분류하면 되겠는가?

14) 이분그래프에 대해서는 [210-1 그래프 이론] 참고 (338쪽)

그래프의 응용

❶ 카탈란 수

1 5가지, 14가지

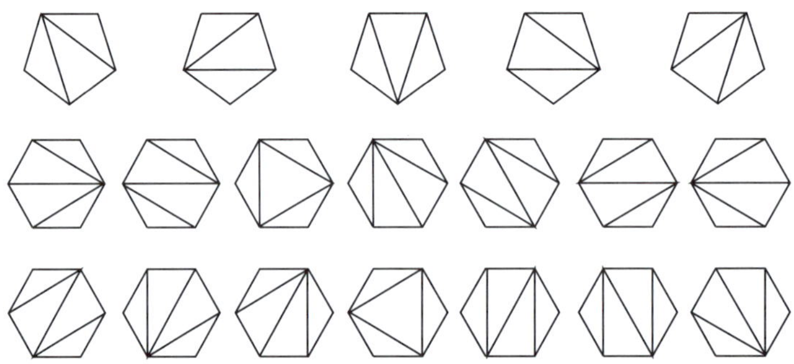

2

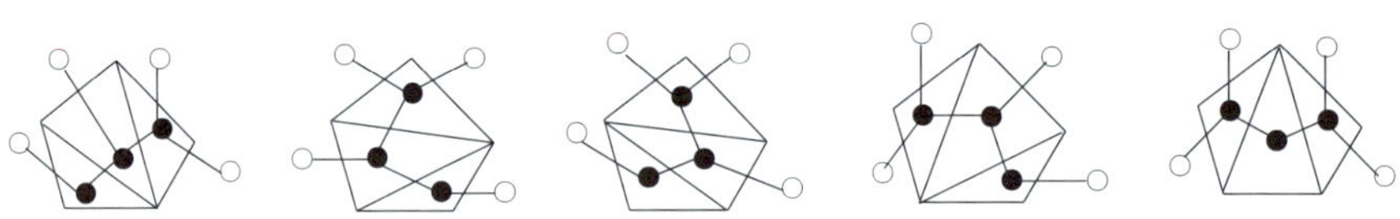

3 $(s_1(s_2(s_3s_4)))$, $((s_1(s_2s_3))s_4)$, $(s_1((s_2s_3)s_4))$, $(((s_1s_2)s_3)s_4)$, $((s_1s_2)(s_3s_4))$

4 $c_4 = 14$

$(a(b(c(de))))$, $(a(b((cd)e)))$, $(a((bc)(de)))$, $(a((b(cd))e))$, $(a(((bc)d)e))$, $((ab)(c(de)))$

$((ab)((cd)e))$, $((a(bc))(de))$, $((a(b(cd)))e)$, $((a((bc)d))e)$, $(((ab)c)(de))$, $(((ab)(cd))e)$

$(((a(bc))d)e)$, $((((ab)c)d)e)$

5 (1)

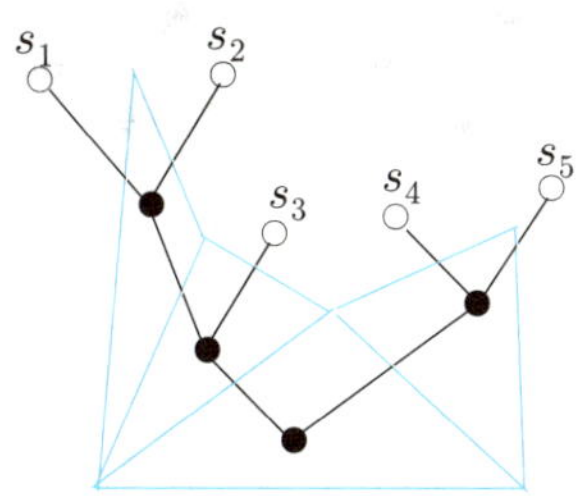

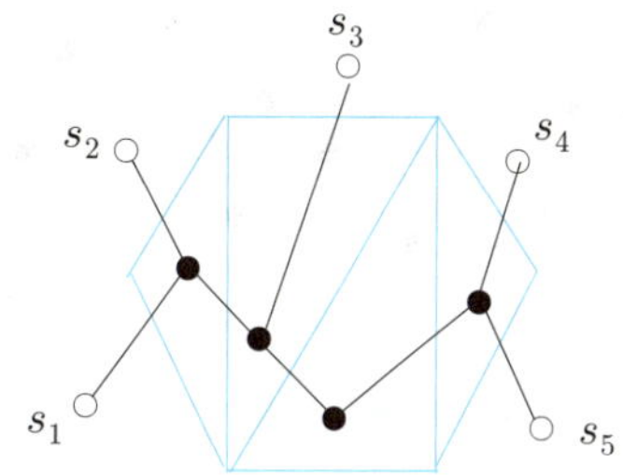

$(((s_1s_2)s_3)(s_4s_5))$

(2)

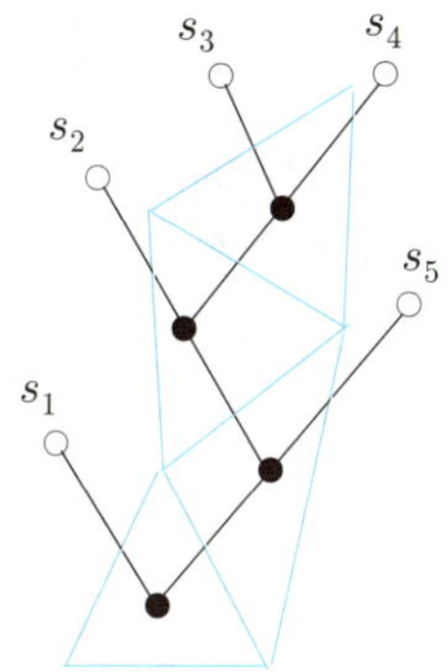

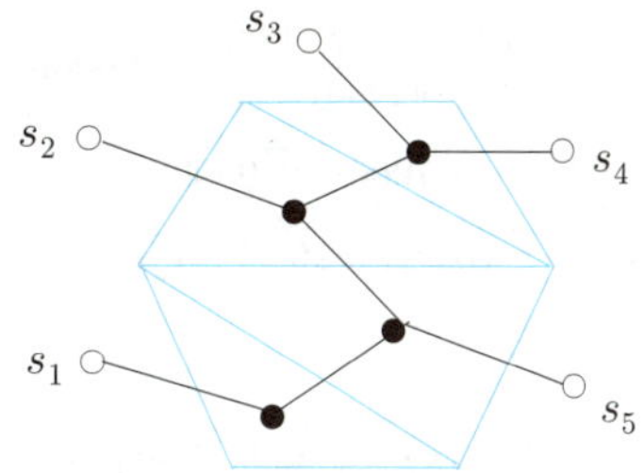

$(s_1((s_2(s_3s_4))s_5))$

❷ 카탈란 수를 구하는 여러 가지 방법

1 1 1 1 -1 -1 -1 ; 1 1 -1 1 -1 -1 ; 1 -1 1 1 -1 -1, 1 -1 1 -1 1 -1 ; 1 1 -1 -1 1 -1

2 (1) 1 1 1 ; 1 1 2 ; 1 1 3 ; 1 2 2 ; 1 2 3

(2) 0 0 ; 0 1 ; 1 0 ; 1 1 ; 1 -1

(3) 0 0 0 ; 0 1 -1 ; 1 0 -1 ; 1 -1 0 ; 2 -1 -1

(4) 0 0 0 ; 0 0 1 ; 0 1 0 ; 0 1 1 ; 0 1 2

(5) 1 2 3 2 1 0 ; 1 2 1 2 1 0 ; 1 2 1 0 1 0

1 0 1 2 1 0 ; 1 0 1 0 1 0

(6) 4 3 2 ; 3 5 2 ; 3 2 3 ; 2 5 3 ; 2 3 4

(7) 0 0 0 ; 0 0 2 ; 0 1 0 ; 0 1 1 ; 0 1 2

3 1, 2, 5, 14

$n=3$인 경우 : XXXYYY XXYYXY XXYXYY XYXXYY XYXYXY

3

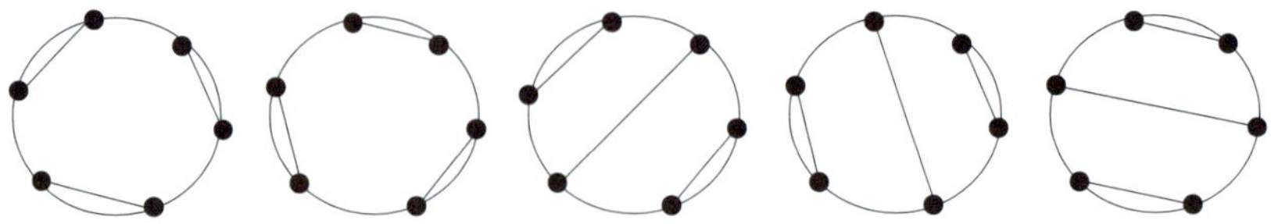

❸ 카탈란 수의 공식

1 3개의 괄호는 정칙괄호구조 5가지를 만든다. ((())), (())(), (()()), ()(()), ()()() 정칙괄호구조의 전체 개수는 카탈란 수이다.

2 카탈란 수 c_n의 생성함수 $f(x)=\dfrac{1-\sqrt{1-4x}}{2x}$에 $10^{-6}=\dfrac{1}{1000000}$을 대입하면

$$\begin{aligned} f(10^{-6}) &= \frac{1-\sqrt{1-4/1000000}}{2/1000000}=500000-500000\sqrt{\frac{249999}{250000}} \\ &= 500000-1000\sqrt{249999} \\ &= c_0+c_1 10^{-6}+c_2 10^{-12}+c_3 10^{-18}+\cdots \end{aligned}$$

3 (1) $\sqrt{1-4x}=(1-4x)^{\frac{1}{2}}$에 대해 이항급수전개식

$(1+b)^a=1+\dfrac{a}{1!}b+\dfrac{a(a-1)}{2!}b^2+\cdots+\dfrac{a(a-1)(a-2)\cdots(a-n+1)}{n!}b^n+\cdots$을 이용하면

다음을 얻는다.

$$\begin{aligned} f(x) &= \frac{1-\sqrt{1-4x}}{2x} \\ &= \frac{1-\left(1+\frac{\frac{1}{2}}{1!}(-4x)+\cdots+\frac{\frac{1}{2}\left(\frac{1}{2}-1\right)\cdots\left(\frac{1}{2}-n\right)}{(n+1)!}(-4x)^{n+1}+\cdots\right)}{2x} \\ &= \frac{2x+\frac{4x^2}{2!}+\cdots+\frac{1\cdot 3\cdot \cdots \cdot(2n-1)}{(n+1)!}2^{n+1}x^{n+1}+\cdots}{2x} \\ &= 1+x+\cdots+\frac{1\cdot 3\cdot \cdots \cdot(2n-1)2^n}{(n+1)!}x^n+\cdots \end{aligned}$$

따라서 $c_0=1$,

$$\begin{aligned} c_n &= \frac{1\cdot 3\cdot \cdots \cdot(2n-1)}{(n+1)!}2^n=\frac{(2n)!}{(n+1)!(2\cdot 4\cdot \cdots \cdot 2n)}2^n \quad (n\geq 1) \\ &= \frac{(2n)!}{(n+1)!n!}=\frac{1}{n+1}\binom{2n}{n} \end{aligned}$$

(2) $c_n=\frac{1}{n+1}\binom{2n}{n}=\frac{1}{n+1}\frac{(2n)!}{n!n!}=\frac{(2n+1)!}{(2n+1)(n+1)!n!}=\frac{1}{2n+1}\binom{2n+1}{n}$

(3) $\frac{c_n}{c_{n-1}}=\frac{\frac{1}{n+1}\binom{2n}{n}}{\frac{1}{n}\binom{2n-1}{n-1}}=\frac{4n-2}{n+1}(n\ge 1)$

4 카탈란 수의 생성함수 $f(x)$가 만족하는 방정식

$xf(x)^2-f(x)+1=0$ 혹은 $f(x)(1-xf(x))=1$

으로부터 카탈란 수의 생성함수 $f(x)$는 다음과 같은 연분수 표현을 갖는다.

$$f(x)=\frac{1}{1-xf(x)}=\cfrac{1}{1-\cfrac{x}{1-xf(x)}}$$

$$=\cfrac{1}{1-\cfrac{x}{1-\cfrac{x}{1-xf(x)}}}=\cfrac{1}{1-\cfrac{x}{1-\cfrac{x}{1-\cfrac{x}{1-\cdots}}}}$$

5 오일러의 공식 $\frac{2\cdot 6\cdot 10\cdot \cdots \cdot (4n-10)}{(n-1)!}$ 으로부터

$n=3$: $\frac{2}{2!}=1=c_1$; $n=4$: $\frac{2\cdot 6}{3!}=2=c_2$; $n=5$: $\frac{2\cdot 6\cdot 10}{4!}=5=c_3$

$n=6$: $\frac{2\cdot 6\cdot 10\cdot 14}{5!}=14=c_4$; $\cdots$

6 $c_n=\binom{2n-1}{n}-\binom{2n-1}{n+1}(n=1,2,3,\cdots)$

❹ 크로매틱 수와 클리크 수

1 $\chi(N_n)=1$; $w(N_n)=1$

2

	K_1	K_2	K_3	K_4	K_5	$\cdots$	K_n
크로매틱 수	1	2	3	4	5	$\cdots$	n
클리크 수	1	2	3	4	5	$\cdots$	n

3

	C_2	C_3	C_4	C_5	C_6
크로매틱 수	2	3	2	3	2
클리크 수	2	3	2	2	2

4

	S_1	S_2	S_3	S_4	S_5
크로매틱 수	1	2	2	2	2
클리크 수	1	2	2	2	2

5

	W_4	W_5	W_6	W_7	W_8
크로매틱 수	4	3	4	3	4
클리크 수	4	3	3	3	3

6

	N_n	K_n	$C_n\,(n \ge 2)$	S_n	$W_n\,(n \ge 4)$
d_k	0	$n-1$	2	1 또는 $n-1$	3 또는 $n-1$
$\frac{1}{n-d_k}$	$\frac{1}{n}$	1	$\frac{1}{n-2}$	$\frac{1}{n-1}$ 또는 1	$\frac{1}{n-3}$ 또는 1
$\sum_{k=1}^{n} \frac{1}{n-d_k}$	1	n	$\frac{n}{n-2}$	$n=1:1$ $n \ge 2:2$	$n=4:4$ $n \ge 4:2+\frac{2}{n-3}$
클리크 수	1	n	3 또는 2	1 또는 2	4 또는 3

7

(1) 적어도 하나의 꼭지점은 적어도 하나의 색이 필요하고 서로 다른 n개의 색으로 그래프의 꼭지점 n개를 색칠할 수 있으므로 $1 \le \chi(G) \le n$이다.

(2) $G=K_n$의 임의의 두 꼭지점은 항상 인접해 있으므로 같은 색을 칠할 수 없다. 즉 n개의 꼭지점은 서로 다른 색을 필요로 한다. 따라서 $\chi(G)=n$. 만약 $G \ne K_n$이면 인접하지 않는 두 꼭지점이 존재한다. 그 점을 x, y라 하자. x, y에 같은 색을 칠하고 나머지 $n-2$개의 꼭지점에는 서로 다른 색을 칠하자. 즉 $(n-1)$개의 색으로 색칠할 수 있다. 따라서 $\chi(G) \le n-1$이다.

(3) $G=N_n$의 모든 꼭지점에 같은 색을 칠할 수 있다. 따라서 $\chi(G)=1$. 만약 $G \ne N_n$이면 인접하는 두 꼭지점이 존재한다. 그 점을 x, y라 하자. x, y에 같은 색을 칠할 수 없다. 즉 $\chi(G) \ge 2$이다.

8

(1) 크로매틱 수의 정의에 따라 H가 그래프 G의 부분그래프이면 $\chi(G) \ge \chi(H)$이다.

(2) 앞의 표에 의하여 성립한다.

9 이 그래프는 K_3을 포함하므로 $\chi(G) \geq 3 = w(G)$이다. 1, 2, 3을 서로 다른 색이라 하면 아래 그림으로부터 $\chi(G)=3$.

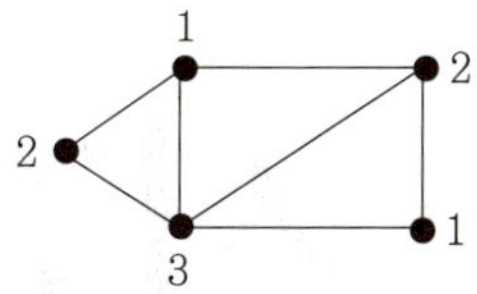

10 만약 그래프 G의 꼭지점이 k개의 null 그래프로 분할된다면 $x(G) \leq k$, 따라서 $x(G)$는 G의 꼭지점을 k개의 null 그래프로 분할시킬 수 있는 가장 작은 자연수 k이다.

11 $|V_i| \leq q$ $(i=1, \cdots, k)$이므로 $n=|V|=|V_1|+ \cdots +|V_k| \leq kq=\chi(G)q$ 또는

$\chi(G) \geq \dfrac{n}{q}$ 즉, $\chi(G) \geq \left[\left[\dfrac{n}{q}\right]\right]$

12 적어도 하나의 변을 가지는 그래프의 크로매틱 수는 2 보다 크거나 같다. 만약 G가 이분그래프이면, 두 가지 색으로 색칠이 가능하다. 따라서 $\chi(G)=2$. 역으로 두 가지 색으로 색칠이 가능하다면 얻어지는 색-분할은 G의 bipartition이다. 따라서

$$\chi(G)=2 \Leftrightarrow \text{그래프 } G\text{는 이분그래프}$$

13 일 a, b, c, d, e, f, g, h, i을 꼭지점으로 하고 동시에 일을 할 수 없는 일들 사이에 변을 연결하면 다음과 같은 충돌-그래프 G를 얻는다.

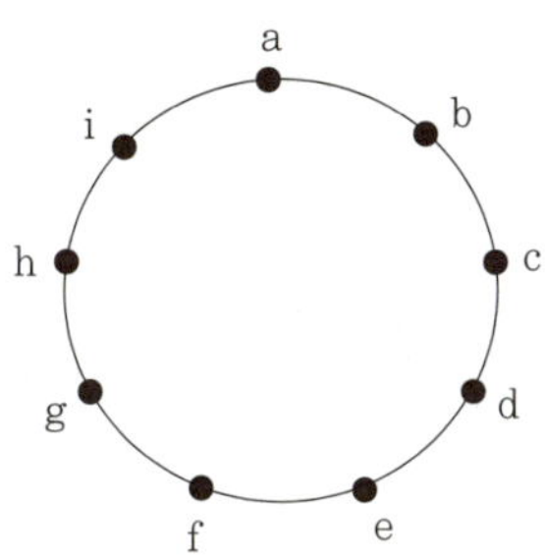

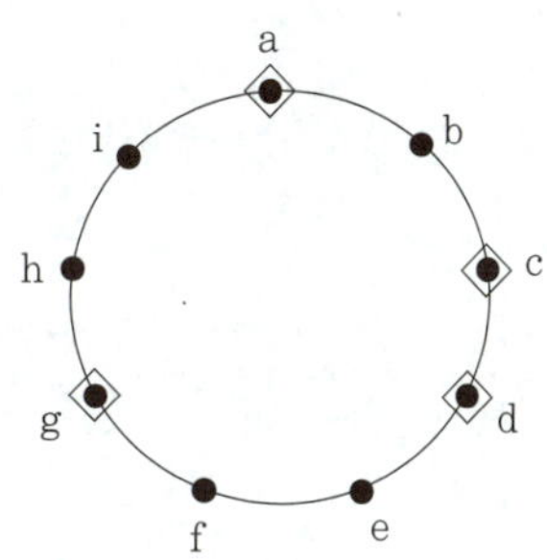

그래프를 살펴보면 모든 4개의 꼭지점 중 적어도 2개는 인접해 있다. 예를 들면, 두 번째 그래프에서 a, c, d, g 중 c와 d는 인접해 있다. 따라서 $\chi(G) \geq \left[\left[\dfrac{9}{4}\right]\right]=3$. 세 가지 색이 존재하는 것을 쉽게 찾을 수 있다. 따라서 $\chi(G)=3$. 즉, 9개의 일을 세 그룹 $\{a, c, e, g\}$, $\{b, d, f, h\}$, $\{i\}$로 나누어 진행하면 된다.

211

해시계와 시간

• 교육과정
중 3 _ 도형, 삼각비
고 1 _ 삼각함수
수학 II _ 벡터, 내적

주제 1	해를 이용하여 만든 시계
Keywords	삼각비, 삼각함수
주제 2	낮의 길이
Keywords	삼각함수, 벡터, 내적

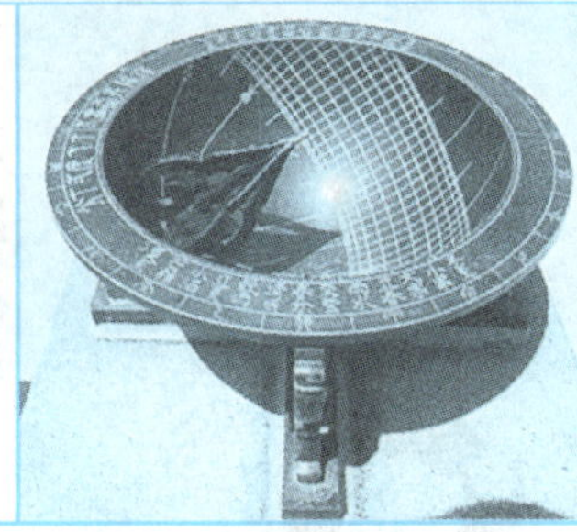

기계식 시계가 발명되기 이전, 인간은 그림자의 방향으로 하루의 시간을 읽고 그림자의 길이로 절기를 짐작하였다. 이러한 장치를 해시계라고 한다. 이제는 더 이상 시간을 측정하는 도구로 해시계가 쓰이지는 않지만 해시계의 원리는 충분히 탐구할 만한 가치가 있다. 해시계의 원리를 탐구하면서 평면 삼각법보다 먼저 발달된 구면 삼각법을 접해보는 것도 매우 의미 있는 일이기 때문이다. 해시계에 대한 탐구는 자연스럽게 낮의 길이를 어떻게 계산할 수 있는가에 대한 의문으로 이어진다. 낮의 길이는 일출과 일몰 사이의 길이를 말하는데, 지구의 자전 · 공전으로 인하여 일년을 주기로 하여 달라진다. 즉, 하지 때 가장 길었다가 동지 때 가장 짧게 되는 낮의 길이를 빛과 지면의 관계를 통하여 계산해낼 수 있다.

주제 1은 해시계에 대한 내용으로 적도형 해시계, 평면형 해시계, 수직형 해시계를 만드는 방법과 함께 그 원리를 소개하였다. 적도형 해시계는 앙부일구와 같은 원리로 만들어지는데, 그 원리가 간단한 반면 평면형 해시계는 구면 삼각법을 이용해야 한다.

주제 2는 낮의 길이를 계산하는 방법을 두 가지로 소개하였다. 하나는 일출 · 일몰시 빛과 지면이 수직이 됨을 이용하였고 또 하나는 일출 · 일몰시 지평면 위에 해가 위치함을 이용하였다. 벡터를 이용하여 약간 까다로운 계산을 거쳐야 하지만, 일기예보에 의지하지 않고 일출 · 일몰 시간을 예측할 수 있는 즐거움을 갖게 될 것이다.

211-1 해를 이용하여 만든 시계

Keywords 삼각비, 삼각함수

1 해시계의 원리

시간에 따라 그림자의 길이와 방향이 달라지는 것은 흔히 볼 수 있는 일이다. 모터가 있는 시계가 없던 시절, 우리 선조들은 이러한 지구와 해의 움직임의 원리를 이용하여 해시계를 만들어 사용하였다. 지구는 서쪽에서 동쪽으로 자전하므로 태양, 달, 별 등 모든 천체는 그 반대, 즉 동쪽에서 서쪽으로 움직이는 것처럼 보인다. 이와 같이 모든 천체가 하루에 한 바퀴를 돌아 다시 제자리로 오는 겉보기 운동을 천체의 일주운동이라고 한다.

해시계의 원리는 태양의 일주운동에서 찾을 수 있다. 우리나라에서 해가 떠오를 때의 그림자는 서쪽으로 생기고, 정오의 그림자는 정북쪽으로 지며, 오후의 그림자는 동쪽으로 생긴다. 해시계가 없어도 그림자의 위치를 보고 오전인지 오후인지, 어느 정도의 오후인지 구별할 수 있다. 그러나 오후 1시와 2시를 구별하는 것은 어려운 일이다. 해시계는 이 어려움을 극복한 장치이다. 따라서 해시계를 이용하면 더 정확히 시간을 읽을 수 있다.

지구의 자전축은 양극과 지구의 중심을 통과하는 가상의 선이다. 이 축은 23.5° 기울어져 한 번 도는데 하루, 즉 24시간이 걸린다. 지구 위의 어느 누구도 지구가 자전하고 있는 속도를 느끼지 못하는 것은 우리 주위의 모든 것이 같은 속도로 움직이고 있기 때문이다.

1 적도 위의 사람들은 시간당 몇 km를 움직이고 있는가? 단, 지구의 반지름은 6400km로 한다.

2 '하루'는 지구의 자전으로 인하여 결정된다. 즉, 하루인 24시간 동안 지구는 360도 회전하는 것이다. 그러면 지구는 1시간 동안 경도 몇 도를 회전하는가?

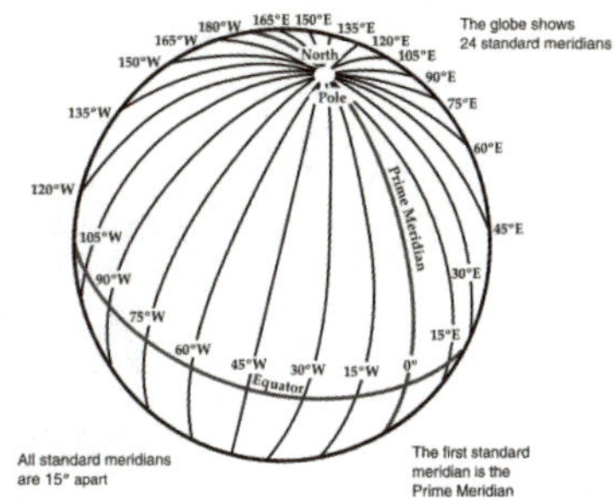

경도가 같은 나라들은 같은 시간을 사용한다고 생각할 수 있다. 다음은 시간 권역 지도이다.

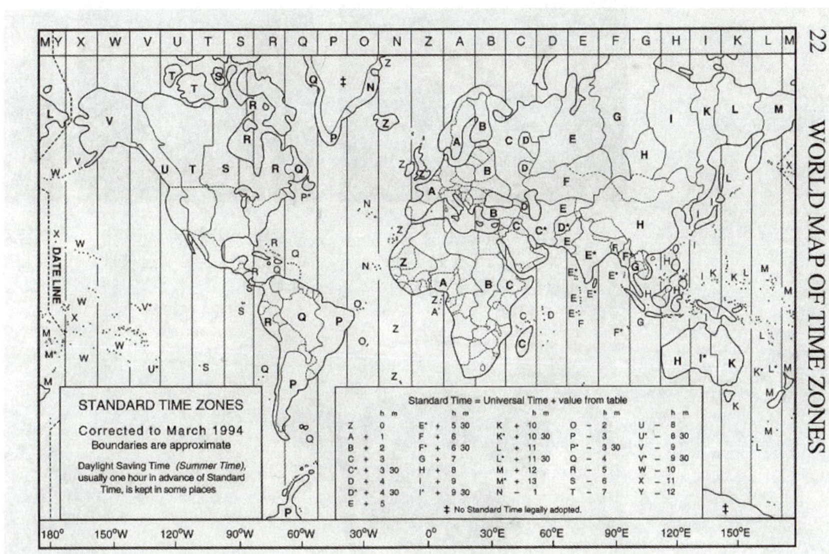

1. 세계의 해시계

해시계는 이처럼 간단한 원리에 기초하기 때문에 세계의 어느 문명권에서나 공통적으로 쓰였다. 경주박물관에는 6, 7세기경의 신라 시대 해시계의 파편이 소장되어 있다. 반지름 약 33.4cm, 두께 약 16.8cm의 원반 모양의 화강석 해시계이다. 다음에 나오는 사진에서 보듯이 자(子)시에서 묘(卯)시까지의 부분이 남아 있다. 한편, 세종대에 장영실 등에 의해서 앙부일구 등 여러 종류의 해시계가 제작되었다.

신라 해시계 파편

휴대용 앙부일구

앙부일구, 여주군 영릉, 장영실

이집트 룩소르 유물
수직해시계, 서기 1~2세기,
베를린, 이집트 박물관

로마, 사자 두 마리가
떠받치고 있는 '스카페'
해시계, 대리석, 1~2세기,
영국박물관,

페르시아 유물, 휴대용 나침반과
해시계, 놋쇠, 17~18세기, 런던,
영국박물관

독일 또는 프랑스 유물
태양시와 항성시를 측정하는 토르퀘툼식
해시계, 놋쇠, 17세기 말 런던,
과학박물관[1)]

한스 코흐
다면해시계, 금도금한 놋쇠, 1578년
뮌헨, 바이에른 국립박물관

1) 사진 출처 : 에른스트. H. 곰브리치·움베르트 에코·크리스틴 리핀톳 지음, 김석희 옮김, 《시간 박물관》, 푸른숲, 2000.

2. 앙부일구

앙부일구는 조선시대 우리 과학자들이 고심하여 거의 원에 가까운 태양의 운동을 왜곡 없이 읽어낼 수 있는 방법으로 만든 것이다. 즉, 세종대의 학자들은 평면을 파서 오목한 구형으로 만들고 그림자를 만드는 막대의 축을 북극에 일치시키는 방식의 해시계를 만들었다. 이렇게 되면 지구 주위를 도는 태양의 위치를 거의 완전하게 재현할 수 있는 것이다. 앙부일구의 내부에 설치된 영침(影針, 그림자를 만드는 침)의 방향을 지축과 평행한 정북극 방향을 맞추고, 영침의 끝은 구의 중심에 맞춘다. 그리고 앙부일구의 평면은 그 지점의 적도면이 된다. 여기에서 해시계의 정확도를 높이는 데 필수적인 것은 정북극의 방향을 정하는 것이다.

세종 당시의 유수한 천문학자들이 서울을 기준으로 하는 정북극의 위치를 정확히 알아냈고 이를 기준으로 앙부일구 내부의 눈금선이 정확히 매겨질 수 있었다고 한다. 앙부일구에서의 시간은 세로선으로 읽으면 된다. 시간은 중앙에 오시를 기준으로 왼쪽은 오전, 오른쪽은 오후를 나타낸다. 세로선은 15분 간격으로 되어 있다.

3 아래의 사진에서 시간을 읽어보아라.

한편, 앙부일구에서는 가로선으로 절기도 읽을 수 있다. 해는 지축과 23.5도 기울어져 운행한다. 때문에 하지 때는 고도가 높지만 동지 때는 낮다. 따라서 하지 때는 태양의 고도가 높아 그림자가 짧고 동지 때는 태양의 고도가 낮아 그림자가 길다. 그림자 선은 매일 변하지만 1년 후의 오늘이 되면 그림자가 지나가는 길이 되풀이된다. 이로 인하여 일년 내내 관측을 해서 그림자 선을 그려두면 내년에는 이 그림자 선을 보고 절기를 읽고, 그림자의 각도를 보고 시간을 읽을 수 있게 되는 것이다.

4 오른쪽 그림은 하지, 춘·추분, 동지일 때의 해의 고도를 나타낸 것이다. 해의 고도가 이와 같이 계절에 따라 다르므로 앙부일구에서 영침의 그림자가 그리는 선의 위치도 계절에 따라 다르다. 오른쪽 그림의 앙부일구 안쪽에 하지, 춘·추분, 동지일 때의 영침의 그림자가 그리는 선을 각각 그려보아라.

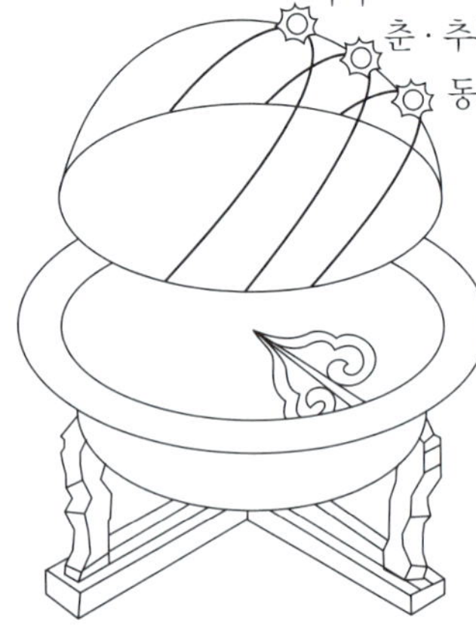

5 위 3 의 사진에서 절기를 읽어보아라.

2 해시계 만들기

해시계는 그 모양에 따라 크게 적도형 해시계, 평면형 해시계, 수직형 해시계로 나눌 수 있다. 그 원리와 만드는 방법을 알아보자.

1. 적도형 해시계

적도형 해시계(Equatorial Sundial)에서 시계판은 지구 적도면을 나타내며 판의 중심을 지나는 시표는 자전축을 나타낸다. 즉, 시표와 판은 수직이다. 따라서 시간선은 15도 간격으로 그어져 있으며 시표의 그림자가 위치하는 시간선의 시간을 읽으면 된다. 시간선은 판의 위를 향한 면과 아래를 향한 면, 두 면 모두에 그어져 있는데 봄·여름에는 윗면을, 가을·겨울에는 아랫면을 읽게 된다.

1 오른쪽 그림에서 ∠P는 적도형 해시계의 시표와 지평면이 이루는 각이다. 이 각이 그 지역의 위도와 같음을 설명하여라.

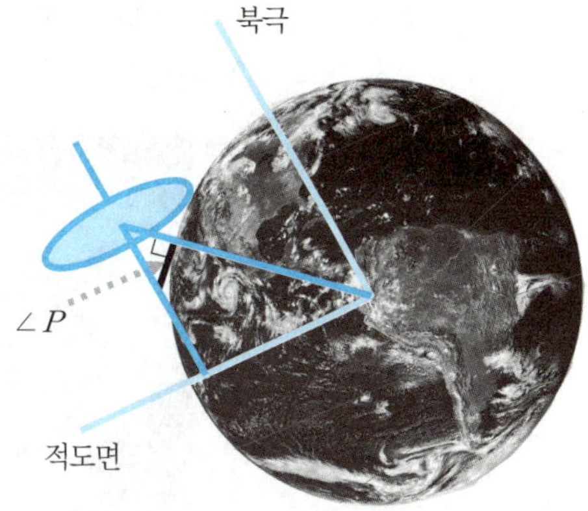

나침반이 없을 때 방향 잡기

시계의 시침을 태양과 일직선이 되도록 들고 있을 때 시침과 12시 방향과의 각도를 이등분한 방향이 남쪽이다. 편편한 곳에 수직으로 세운 가느다란 막대의 그림자와 시계의 시침을 일치시키면 더 정확하다

해시계에 생기는 그림자는 절기에 따라 위, 아래로 위치가 바뀐다. 북반구에서는 봄, 여름에는 해시계의 위쪽에, 가을, 겨울에는 아래쪽에 생긴다.

다음 사진은 콜로라도 대학에 설치되어 있는 적도형 해시계이다. 시간선은 15도 간격으로 표시되어 있다.

2 아래 사진의 적도형 해시계에서 그 지역의 위도와 같은 각을 표시해보아라. 또, 시표와 시계판이 만나는 점부터 지면까지의 시계판의 길이를 r이라고 할 때, 시표 아래쪽의 길이 l 을 구하여라.

3 아래 적도형 해시계의 시간선은 15도 간격으로 표시되어 있다. 빈칸에 시간을 써넣어라.

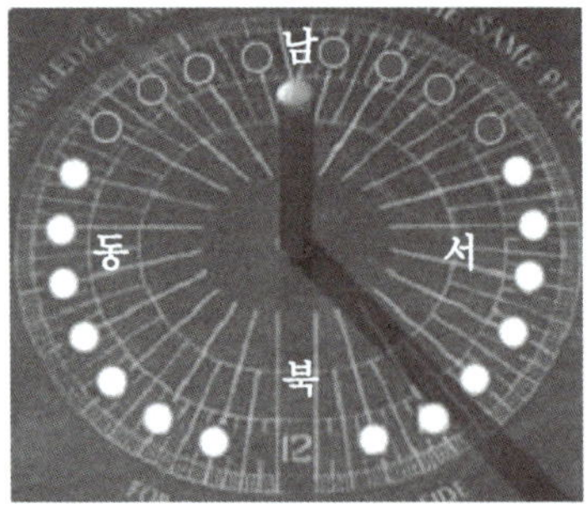

북반구 또는 봄, 여름

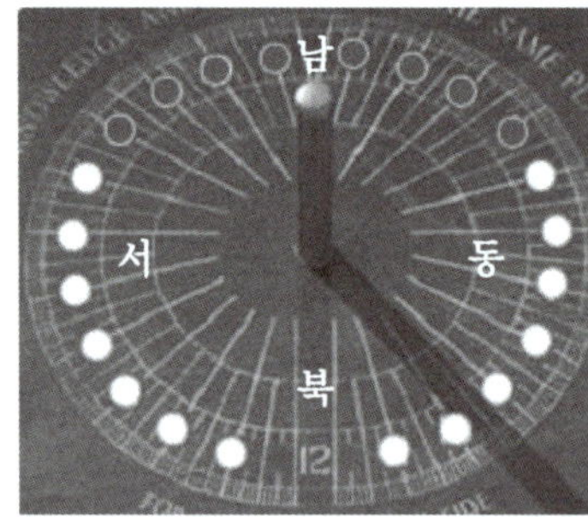

남반구 또는 가을, 겨울

• 적도형 해시계 만들기

준비물 : 원모양 종이(시계판), 종이(시표), 테이프, 각도기
만드는 순서 :

1. 시계판에 시간선을 그린다.
2. 시계판의 길이 r을 정하여 시표 아래쪽의 길이 l을 계산한다.
3. 적당한 길이의 시표를 준비한다.
4. 중심에 시표가 들어갈 수 있도록 구멍을 뚫고 시계판의 12시 선이 바닥에 닿도록 시계판에 시표를 수직으로 고정한다.

2. 평면형 해시계

평면형 해시계는 지평면에 시계판을 놓는 해시계이다. 사진과 같이 시계판(하늘색)을 지평면으로 하고 시표(파란색)를 위도만큼 기울여 북쪽으로 향하게 만든 것이다. 평면형 해시계에서 시표는 위도만큼 지평면과 기울어져 있다. 그 이유는 적도형 해시계와 같다. 평면형 해시계의 특징은 평면형 해시계의

시계판은 적도면과 평행하지 않으므로 적도형 해시계나 오목 해시계에서와는 달리 시간선 간격을 15도로 하면 정확한 시간을 읽을 수 없다는 점이다. 평면형 해시계에서 시간선 사이의 간격 A는 구면삼각법[2)]을 이용하여 계산하면 된다.

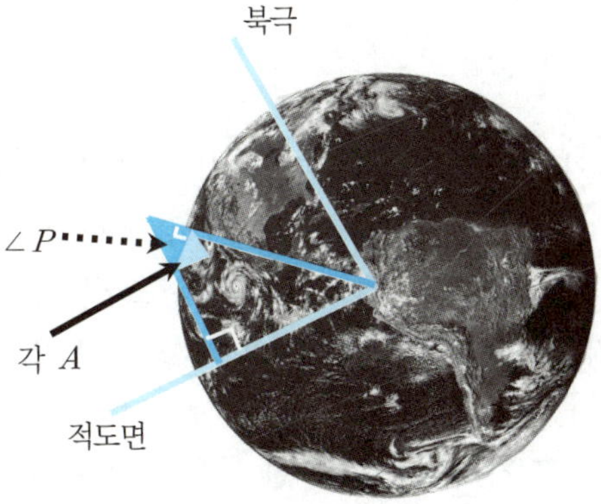

4 위의 그림에서 $\angle P$는 평면형 해시계의 시표와 지평면이 이루는 각이다. 이 각이 그 지역의 위도와 같음을 설명하여라.

각 A가 해의 이동 각도(즉, 1시간에 15도)를 나타내고 ϕ는 위도를 나타낸다면 평면형 해시계에서의 시간선 간격 a는 A에 비례하지 않는다. 해의 이동에 따른 지평면에서의 그림자의 각의 변화 a를 구면삼각법에 의하여 구하면

tan (그림자의 각) = tan (시간각) sin(위도)

즉,

$$\tan a = \tan A \ \sin\phi$$ [3)]

이다.

5 서울의 위도를 37.5도로 하여 시간에 따른 각 a를 구하여라.

시간	12시	13시	14시	15시	16시	17시	18시
시간각 $\angle A$	0°						
그림자 각도 a							

2) 406-407쪽 참고
3) 407-408쪽 참고

다음은 평면형 해시계를 만드는 과정이다. 아래와 같은 단계를 거쳐 만든 평면형 해시계는 시표의 빗변이 북쪽을 향하도록 한 후 시간을 읽으면 된다.

• 평면형 해시계 만들기

준비물 : 두꺼운 종이(시계판, 시표), 각도기, 테이프, 자

만드는 순서

① 시계판 만들기 : 선분에 수직이등분선을 그어 12시 선으로 한 후, 각도기를 이용하여 12시 선부터 좌우로 각 a만큼의 간격으로 시간선을 긋고 시간을 써넣는다. 단, 해가 동쪽에서 뜨므로 오전은 서쪽에, 오후는 동쪽에 표시한다.

② 시표 만들기 : 그 지역의 위도를 한 각으로 하는 직각삼각형 모양을 만들어 시계판에 사진과 같이 붙인다.

3. 수직형 해시계

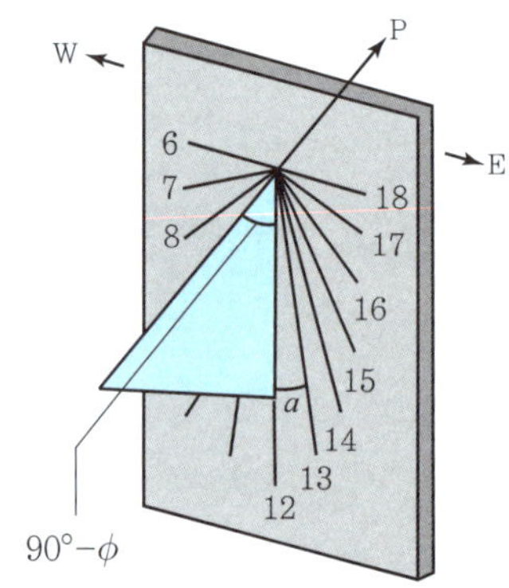

벽면에 거는 수직형 해시계의 시표는 벽면에서 그 지점 위도의 여각 $90°-\phi$만큼 세우면 된다. 남쪽을 향한 수직면에 이 시표가 던지는 그림자 방향으로 시간을 알 수 있다. 시간선 사이의 간격을 a라고 하면

$$\tan a = \cos\phi \tan A$$

이다.

3 해시계와 우리가 사용하는 시계의 시간 차이

해시계로 시각을 읽어보면 우리가 평소 사용하는 시계의 시간과 상당히 차이가 나는 것을 발견할 수 있다. 이것은 해시계가 정확하지 않기 때문이 아니라 지금 우리가 쓰고 있는 시간과 해로 읽는 시간이 차이가 나기 때문이다. 즉,

오늘날의 시간이 표준시를 쓰기 때문이지 해시계가 부정확하기 때문은 아니다. 여기에는 두 가지 문제가 있는데 하나는 경도 문제이고 또 하나는 해의 운동 경로 문제이다.

먼저 경도 문제를 알아보자. 우리는 현재 그리니치 천문대를 지나는 자오선을 본초자오선으로 하는 세계 표준시를 쓰고 있다. 경도 15도에 한 시간 간격으로 세계 각국이 자신의 경도에 해당하는 표준시를 쓴다. 그런데 우리나라는 동경 135도선에 표준시를 맞추므로 서울 지역을 지나는 동경 127도선보다 약 30분 정도 빠른 시간을 쓰게 된다. 그래서 우리나라에서 12시 정각의 태양은 자오선에 아직 다다르지 않는다. 해시계에서 읽은 시간이 2시 10분이었다면 현재 우리가 사용하는 시간은 2시 40분 ~ 2시 50분 정도인 이유가 이 때문이다.

또 하나의 이유인 해의 운동 경로 문제를 알아보자. 해의 궤도는 적도에 대해 23.5도 기울어 있으며, 타원 궤도를 운행하는 속력은 일정하지 않다.(진짜로는 지구가 타원 궤도를 운행하는 것이지만 겉보기 운동은 해가 운행하는 것으로 보인다.) 해의 고도가 변하는 것과 타원 궤도에 따른 부등속 운동으로 실제 하루의 길이는 정확히 24시간이 아니다. 이런 차이를 없애기 위해 우리는 '해가 적도 위를 등속 원운동하고 있다'는 가정하에 모든 하루가 정확히 24시간이 되도록 수정한 평균태양시를 쓴다. 반면 하늘에서의 해의 운행을 그대로 따라가는 해시계가 나타내는 시간은 진태양시라고 한다. 날짜에 따라 진태양시와 평균태양시가 많게는 16분 이상 차이가 난다.

결국 표준시를 동경 135도를 기준으로 한 것과 진태양시와 평균태양시의 차이가 결합되어 해시계의 그림자가 보여주는 시간과 우리가 사용하는 시간이 차이가 나는 것이다. 즉, 이제 우리는 더 이상 해를 보고 시간을 읽지 않기 때문에 해시계와 우리가 사용하는 시간은 차이가 나는 것이다. 이 모든 차이를 고려하면

(실제 시각) = (해시계로 읽은 시각) + 32 − [(시태양시)−(평균태양시)]

로 하여 해시계로 읽은 시각을 현재 우리가 사용하는 시간으로 바꿀 수 있다.

구면삼각법

구면삼각형은 구면 위에서 각 변이 최단거리인 호(대원)인 삼각형이다. 구면삼각형에서 성립하는 법칙을 구면삼각법(球面三角法)이라고 한다. 구면삼각법에서도 평면삼각법에서와 비슷한 식이 성립한다.

① 사인 법칙

$$\frac{\sin a}{\sin A} = \frac{\sin b}{\sin B} = \frac{\sin c}{\sin C}$$

② 코사인 법칙

$$\cos a = \cos b \cos c + \sin b \sin c \cos A$$
$$\cos b = \cos c \cos a + \sin c \sin a \cos B$$
$$\cos c = \cos a \cos b + \sin a \sin b \cos C$$

증명❙ ① 사인 법칙

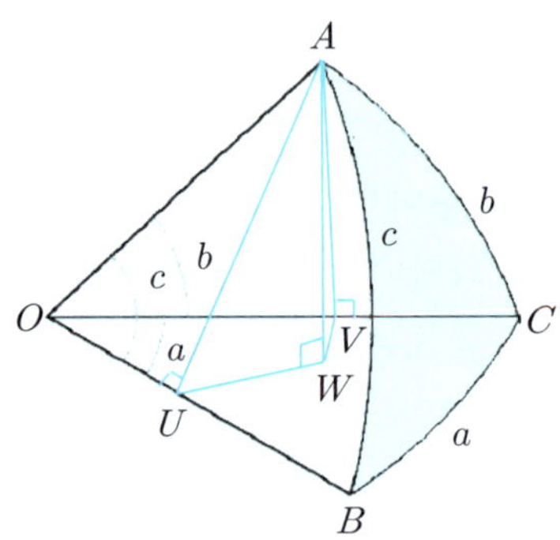

$\sin c = \frac{\overline{AU}}{\overline{AO}}$, $\sin b = \frac{\overline{AV}}{\overline{AO}}$ 이다. 한편, $\angle AUW$는 호 AB, BC를 포함하는 두 평면에 사이의 각이므로 $\angle AUW = \angle B$이 되어 $\sin B = \frac{\overline{AW}}{\overline{AU}}$, $\sin C = \frac{\overline{AW}}{\overline{AV}}$ 이다.

$\overline{AW} = \overline{AU} \sin B = \overline{AO} \sin c \sin B$, $\overline{AW} = \overline{AV} \sin C = \overline{AO} \sin b \sin C$에서

$$\frac{\sin b}{\sin B} = \frac{\sin c}{\sin C}$$

를 얻는다. 마찬가지로 하여 구면삼각형에서의 사인 법칙

$$\frac{\sin a}{\sin A} = \frac{\sin b}{\sin B} = \frac{\sin c}{\sin C}$$

을 얻을 수 있다.

② 코사인 법칙

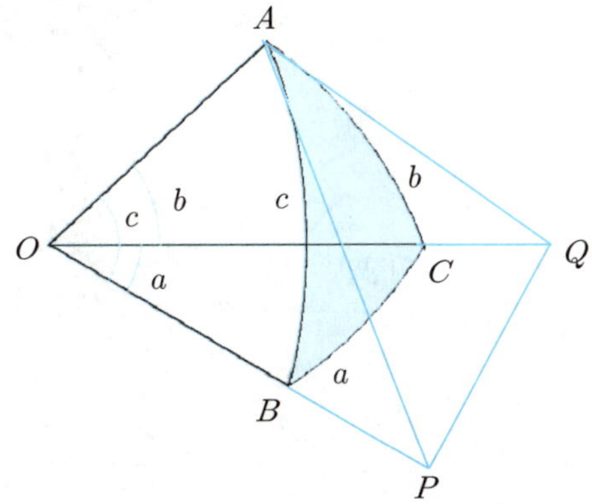

$\overline{PQ}^2 = \overline{PO}^2 + \overline{QO}^2 - 2\,\overline{PO}\;\overline{QO}\cos a$

$$\overline{PQ}^2 = \overline{PA}^2 + \overline{QA}^2 - 2\,\overline{PA}\;\overline{QA}\cos A$$

에서

$$(\overline{PO}^2 - \overline{PA}^2) + (\overline{QO}^2 - \overline{QA}^2) - 2\overline{PO}\;\overline{QO}\cos a + 2\,\overline{PA}\;\overline{QA}\cos A = 0$$

그런데 $\overline{PA}$, $\overline{QA}$는 구의 접선으로 $\angle OAP = \angle OAQ = 90^\circ$ 이므로

$$\overline{PO}\,\overline{QO}\cos a = \overline{AO}^2 + \overline{PA}\;\overline{QA}\cos A$$

$$\cos a = (\overline{AO}^2 + \overline{PA}\;\overline{QA}\cos A)\,/\,(\overline{PO}\;\overline{QO})$$

$$= \frac{\overline{AO}}{\overline{PO}}\frac{\overline{AO}}{\overline{QO}} + \frac{\overline{PA}}{\overline{PO}}\frac{\overline{QA}}{\overline{QO}}\cos A$$

$$= \cos b\;\cos c + \sin b\;\;\sin c\;\;\cos A$$

마찬가지로 하여 구면삼각형에서 위와 같은 코사인 법칙이 성립한다.

tan(그림자의 각) = tan(시간각) sin(위도) 구하기

각 A가 해의 이동 각도(즉, 1시간에 15도)를 나타내고 ϕ는 위도를 나타낸다면 평면형 해시계에서의 시간선 간격, 즉 지평면에서의 이동각도 a는 A에 비례하지 않는다. 지평면에서의 이동각도 a를 구하기 위해서는 구면삼각법을 이용해야 한다.[1] 여기에서는 자오선이 적도면과 수직으로 만나는 사실($\angle C = 90^\circ$)과 구면삼각법에서의 사인법칙, 코사인법칙을 이용한다.

1) Lancelot Hogben, Mathematics for the Million, Norton, 1993, p. 329-333

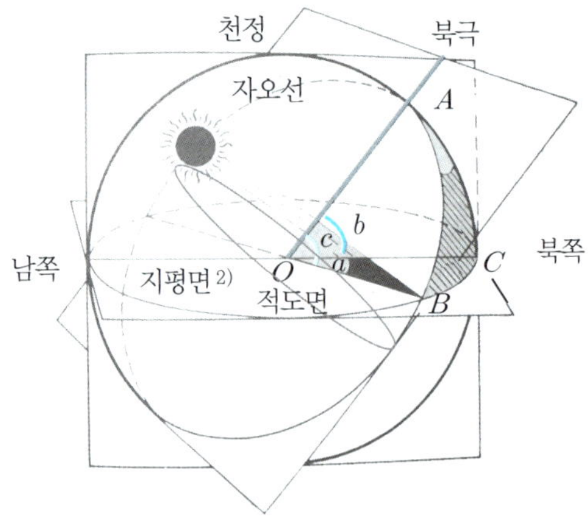

지평좌표계에 의한 그림

구면삼각형의 사인법칙에 $\sin C = 1$을 대입하면

$$\sin A = \frac{\sin a}{\sin c}$$

위의 식과 구면삼각형에서의 코사인 법칙 $\cos A = \dfrac{\cos a - \cos c \cos b}{\sin c \sin b}$에 의하여

$$\frac{\sin A}{\cos A} = \frac{\sin a}{\sin c}\,\frac{\sin c \sin b}{\cos a - \cos c \cos b} = \frac{\sin a \sin b}{\cos a - \cos c \cos b}$$

양변에 $\sin b$를 곱하면

$$(*) \qquad \tan A \sin b = \frac{\sin a \sin^2 b}{\cos a - \cos c \cos b}$$

한편, 구면삼각형의 코사인 법칙에 $\cos C = 0$을 대입하면

$$\cos c = \cos a \cos b$$

이 식을 (*)에 대입하면

$$\tan A \sin b = \frac{\sin a \sin^2 b}{\cos a - \cos a \cos^2 b} = \frac{\sin a \sin^2 b}{\cos a (1 - \cos^2 b)} = \frac{\sin a}{\cos a} = \tan a$$

따라서

tan(그림자의 각) = tan(시간각) sin(위도)

가 된다.

2) 지평선(celestial horizon) : 관측자를 지나며 천정과 천저를 지나는 축에 수직인 평면이 하늘과 만나는 곳. 지평선상의 모든 점은 천정과 천저로부터 90°의 거리에 있다.

해를 이용하여 만든 시계

❶ 해시계의 원리

1 $\dfrac{12800\pi}{24} = 1675.5(\text{km})$

2 15°

3 오전 11시 45분경

5 하지

❷ 해시계 만들기

1 $\angle C = \angle D = 90°$ 이므로 두 삼각형 APC와 ABD는 닮은 삼각형이 되어 $\angle B = \angle P$이다. 따라서 시표와 지평면이 이루는 각 P는 위도를 나타내는 각 B와 크기가 같다.

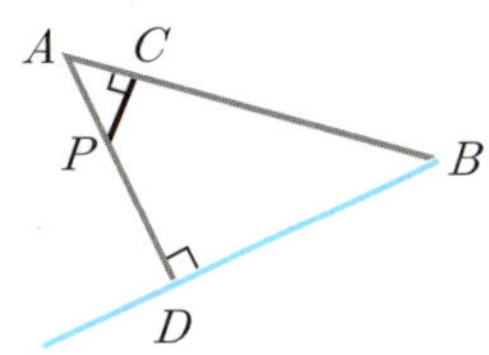

2 $\ell = \dfrac{r}{\tan\phi}$

3

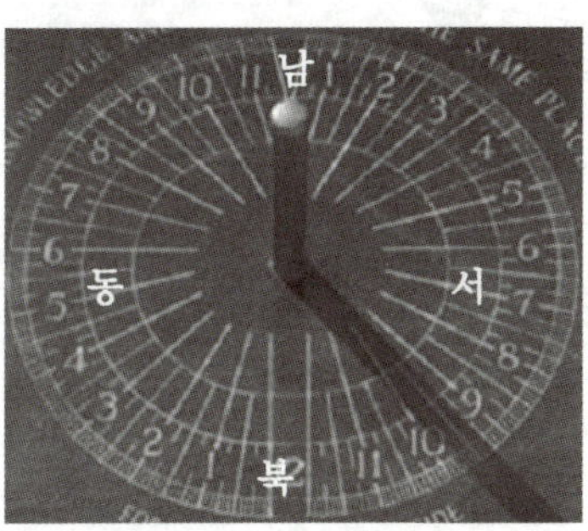

앞면 : 북반구 또는 봄, 여름

뒷면 : 남반구 또는 가을, 겨울

5

시간	1시	2시	3시	4시	5시
시간각 A	15°	30°	45°	60°	75°
그림자 각도 a	9.27°	19.37°	31.33°	45.52°	66.24°

211-2 낮의 길이

Keywords 삼각함수, 벡터, 내적

지구가 태양을 도는 궤도는 타원으로 지구가 타원 궤도를 움직이는 속도는 등속이 아니라 태양에 가까울 때는 속력이 빨라졌다가 태양에서 멀어지면 속력이 느려진다. 이로 인하여 연중 하루의 길이(자정에서 자정까지의 시간)가 달라진다.

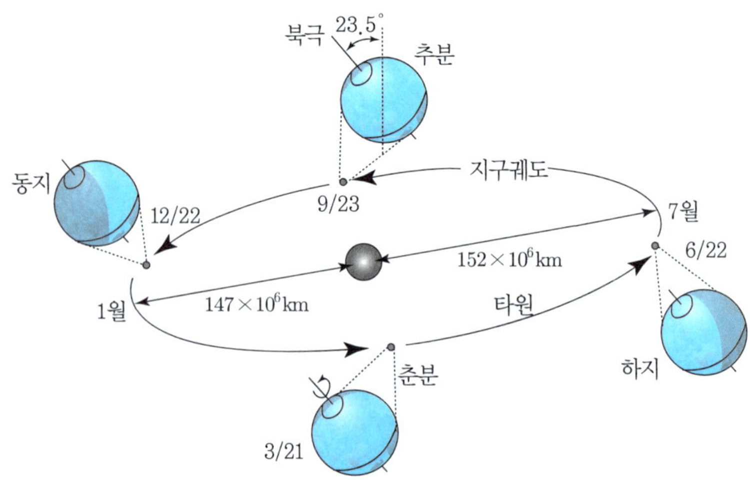

1 내적을 이용하여 구하기

하루의 길이가 달라짐에 따라 낮의 길이, 즉 일출에서 일몰까지 걸리는 시간도 달라진다. 낮의 길이를 구하기 위해서는 다음을 관찰하면 된다.

일출과 일몰은 관찰자의 위치에서 지구에 대한 법선 벡터가 빛과 수직을 이루기 시작할 때 이루어진다.

이제 서울을 기준으로 하루의 길이를 구하는 식을 도출해보자. 다음 그림에서 $\mathbf{I}(\eta)$은 지구로 들어오는 빛의 방향과 기울어진 정도를 나타내는 벡터를 나타내고, $\mathbf{n}(\phi, \theta)$은 지평면에 수직인 법선 벡터, θ는 지구가 자전하는 회전각을 나타낸다.

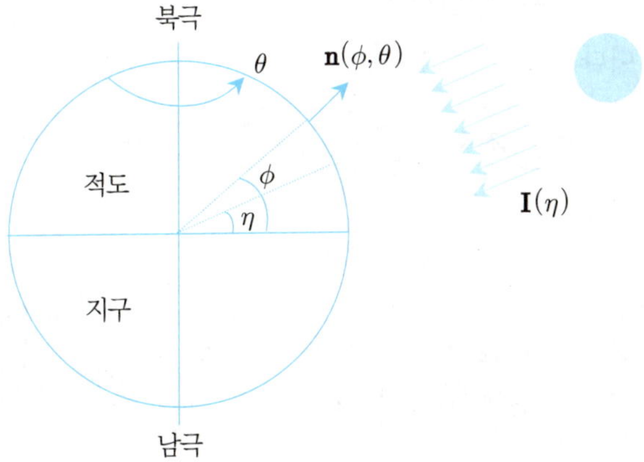

$\eta = 23.5°$, $\phi = 37.5°$ **(북위)**, $\theta = 180°$ **(정오)**

위 그림에 따르면, 여러 가지 변수를 정의할 수 있다. 위도 ϕ는 북반구에서는 0°에서 90° 사이의 범위에 있으므로 남반구는 음의 각도로 보아 $\phi \in [-90°, 90°]$이다. 지구는 춘분과 추분일 때는 황도 위에 있고, 여름에는 황도보다 북쪽에 최고 23.5°지점에, 겨울에는 황도보다 아래쪽에 최저 23.5°지점에 위치하므로 지구 궤도가 황도에 기운 정도를 나타내는 η는 $\eta \in [-23.5°, 23.5°]$이다. 예를 들어, 봄이나 가을의 첫날은 $\eta = 0°$이고, 하지에는 $\eta = 23.5°$이다. 한편, 하루에 지구가 자전하는 각도인 θ는 0°일 때는 자정(일출과 일몰의 가운데), 180°일 때는 정오로 본다.

이 모델은 실제와는 다른 몇 가지 제한점이 있다. 우선 우리가 사용하고 있는 시간은 경도에 따라 기계적으로 나뉘어져 있지 않고 앞에서 소개한 대로 광역으로 나누어 정하여져 있으므로 여기에서의 시간은 우리가 사용하는 시간과 일치하지는 않는다.

우리는 24시간 동안 η를 상수로 취급하는데 지구는 궤도를 따라 계속 움직이고 있으므로 η는 항상 조금씩 변한다. 또, 지구는 구가 아니라 회전타원체임에도 불구하고 우리는 구로 취급하였다. 이외에도 지구의 운행에 관련된 몇 가지 고려할 사항을 단순화하거나 무시하였다.

이제 법선 벡터와 빛 벡터를 구면좌표를 이용하여 나타내어보자. 아래 그림에서 법선 벡터는 구면좌표에 의하여

$$\mathbf{n}(\phi, \theta) = [r\cos\phi\cos\theta, r\cos\phi\sin\theta, r\sin\phi]$$

로 나타낼 수 있다. 빛은 정오 방향에서 비쳐오므로 $\phi = \eta,\ \theta = 180°$ 인데, 법선 벡터와 방향이 반대이므로 $\mathbf{I}(\eta) = -\mathbf{n}(\eta, -180°)$이 되어

$$\mathbf{I}(\eta) = [r\cos\eta,\ 0,\ -r\sin\eta]$$ 3)

이다.

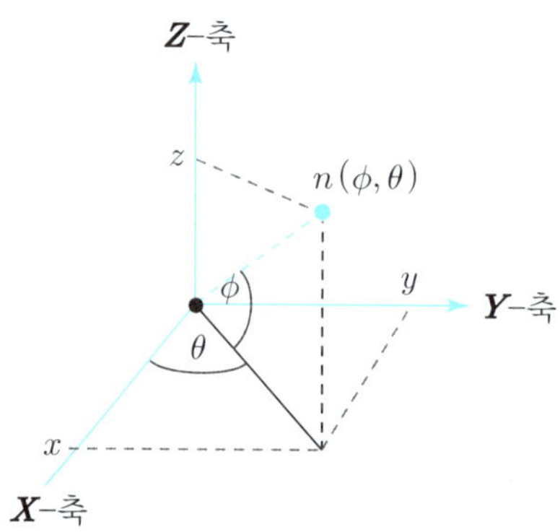

구면좌표

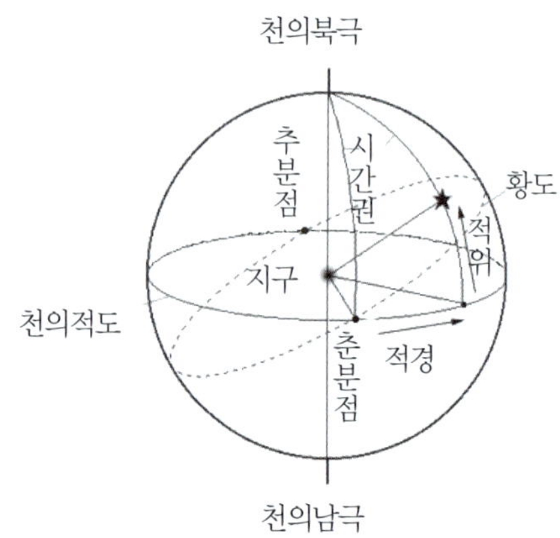

적도좌표계 : 천구의 적도면이 기준4)

지구가 자전하는 과정에 태양 광선 벡터와 관찰자 위치에서의 지구 표면에의 법선 벡터가 수직이 되면 일출이 일어난다. 이후 낮 시간 동안 태양 광선이 관찰자에게 비추다가 다시 태양 광선 벡터와 법선 벡터가 수직이 되면 일몰이 일어난다. 아래는 이를 그림으로 나타낸 것이다.

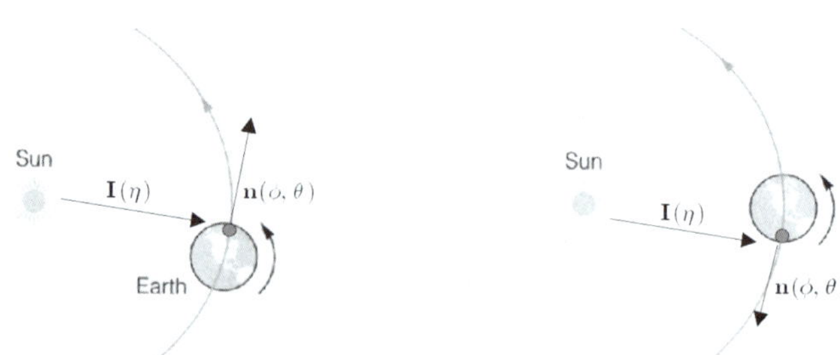

일출과 일몰 때의 빛 $\mathbf{I}(\eta)$과 지구 표면에의 법선 벡터 $\mathbf{n}(\phi, \theta)$ 사이의 관계

3) Albert Schueller, *How Long Was Your Day?*, The College Mathematics journal, Vol. 35. No. 1, January 2004, p.31−33

4) 적경 : 춘분점에서 서에서 동으로 천구의 적도를 따라 측정, 별을 지나는 시간권이 천구의 적도와 만나는 지점까지의 각을 0h~24h로 표시
적위 : 천체가 천구의 적도면과 이루는 각(0°~90°)

두 벡터가 수직이 되면 그 내적은 0이 되므로

$$\mathbf{I}(\eta) \cdot \mathbf{n}(\phi, \theta) = \cos\eta\cos\theta\cos\phi - \sin\eta\ \sin\phi = 0$$

따라서 일출과 일몰이 일어나는 시간은 η, ϕ가 주어졌을 때 위의 식을 만족하는 θ를 구하는 문제가 된다.

1 위의 식을 θ에 대하여 풀어라.

2 위 **1**에서 구한 식은 θ가 [0, 360°)의 범위에 있을 때, η, ϕ의 값에 따라 1개 또는 2개의 근을 갖거나 근이 없다. 이 근을 θ_1, θ_2라고 할 때, 이 근들을 η, ϕ으로 나타내어라.

낮의 길이는 지구가 θ_1에서 θ_2까지 이동할 때 걸리는 시간이다. 이 때, θ_1, θ_2의 값은 두 함수 $y = \cos\theta$ 와 $y = \tan\eta\tan\phi$의 교점에서 구할 수 있다. $y = \tan\eta\tan\phi$는 정해진 위치, 정해진 날짜에 대해서는 상수값을 가지므로 아래와 같이 $y = \cos\theta$ 의 그래프와 직선의 교점에서 θ_1, θ_2을 구할 수 있고, 두 점 θ_1, θ_2 사이의 길이에서 낮의 길이를 구할 수 있다.

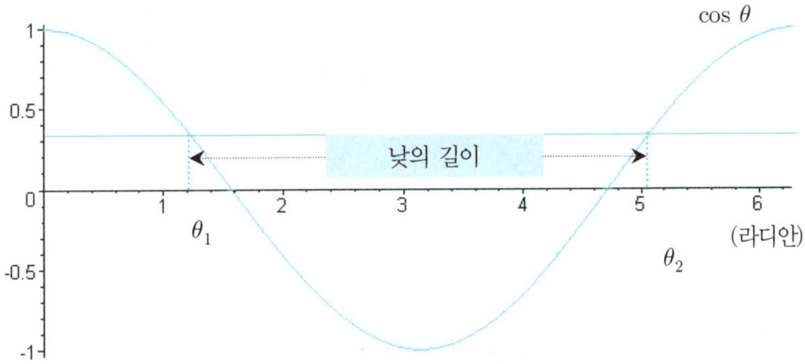

3 낮의 길이를 θ_1, θ_2로 나타내어라.

4 서울의 위도는 37.5°이다. 다음을 참고하여 하지, 동지 때의 하루의 길이를 구하여라.

	춘분점 vernal equinox	하지점	추분점 autumnal equinox	동지점
적경	0	6	12	18
적위	0	+23.5	0	−23.5

5 춘분, 추분일 때, 서울에서의 일출, 일몰 시간을 알아보자. 또, 춘분, 추분일 때는 지구 상의 모든 지점에서 서울에서와 같은 결과를 얻는지 생각해보자.

위 식에 의하여 낮의 길이를 구하려면 지구 궤도가 황도에 기운 정도인 η의 값을 알아야 한다. 지구 궤도가 황도에 기운 정도는 춘분과 추분일 때는 0°, 하지에는 23.5°, 동지에는 23.5°라는 것을 알고 있다. 그러면 춘·추분, 동·하지가 아닌 경우에는 어떻게 할까? η의 값을 알려주는 다음 식을 이용하자. 1월 1일부터 N번째 날인 경우, η의 값은 다음 식으로 나타낼 수 있다.

$$\eta = 23.5 \times \sin \frac{360(284+N)}{365} \,°$$ [5)]

6 서울(위도 37.5°)에서 3월 14일, 6월 10일의 낮의 길이를 구하여라.

7 지축의 경사로 인해 지구의 북극 부근의 지방에서는 하루 종일 해가 지지 않는 백야 현상이 일어나고, 남극 부근의 지방에서는 하루 종일 해가 뜨지 않는 극야 현상이 발생한다. 하지 날 이 현상이 일어나는 지역의 위도를 구하여라.

2 접평면을 이용하여 구하기

이번에는 지구의 표면에 접하는 평면을 기준으로 생각해보자. 관찰자의 위치에서 법선 벡터에 수직인 지구의 표면에 접하는 평면 위에 해가 있을 때가 일출·일몰이 된다. 해가 이 평면보다 위에 있으면 낮이고 이 평면보다 아래 있으면 밤이 되는 것이다. 이 관계를 이용하여 낮의 길이를 구해보자.[6)] 이 모델

5) 주기는 365, 최대·최소값은 23.5이면서 춘분, 추분일 때는 0, 동지일 때는 −23.5, 하지일 때는 23.5이 되는 사인함수이다.

6) Donald A. Teets, *Predicting Sunrise and Sunset Times*, The College Mathematics journal, Vol. 34. No. 4, September 2003, p. 317−320

에서는 xy평면과 지구 궤도를 포함하는 황도면 사이의 각은 23.5°(=0.410 라디안)[7]로 고정된다는 점에 주의하자.

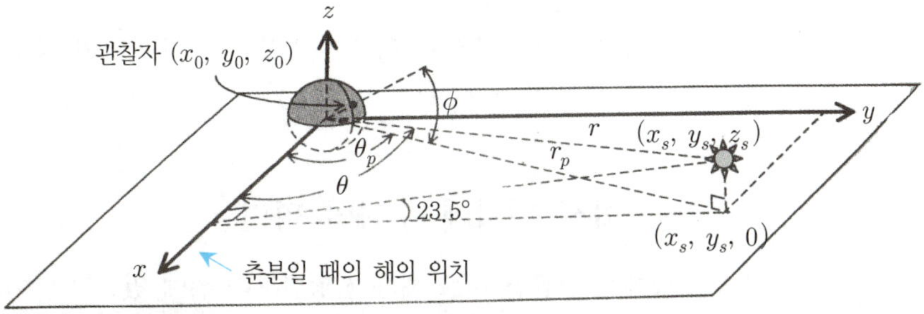

위의 그림은 아래와 같이 설정된 것이다.

- xy평면은 지구 적도면을 포함하는 평면이다.
- 양의 x축은 해가 춘분점에 있을 때로 정한다.
- xy평면과 지구 궤도를 포함하는 황도면 사이의 각은 0.410라디안이다.
- 정오에 해는 관찰자의 자오선 바로 위에 위치하는데 이 지점을 (x_s, y_s, z_s)라고 한다.
- θ_p는 벡터 $(x_s, y_s, 0)$과 양의 x축 사이의 각이다.
- $R = 6378\text{km}$
- 지구 궤도를 원이라고 가정하고 $r = 149598000\text{km}$으로 놓는다.
- θ는 양의 x축과 해 사이의 각인데, 지구 궤도를 원이라고 가정하면 $\theta = \frac{2\pi}{365.25}(N-80)$이다.

1. 관찰자의 위치

위와 같은 설정 아래에서 정오의 관찰자의 위치 (x_0, y_0, z_0)는 다음과 같이 나타낼 수 있다.

$$x_0 = R\cos\phi\ \cos\theta_p,\ \ y_0 = R\cos\phi\sin\theta_p,\ \ z_0 = R\sin\phi$$

지구는 하루(1440분)에 2π만큼 회전하므로 정오로부터 t분 후의 관찰자의 위치는 다음과 같다.

7) 이 모델에서는 각의 단위로 라디안을 사용한다.

$$x_0 = R\cos\phi\ \cos\left(\theta_p + \frac{2\pi}{1440}t\right),\ y_0 = R\cos\phi\sin\left(\theta_p + \frac{2\pi}{1440}t\right),$$

$$z_0 = R\sin\phi$$

여기서, t가 음수이면 정오 이전을 나타내고, t가 양수이면 정오 이후를 나타낸다.

2. 법선 벡터에 수직인 평면

앞에서 언급한 대로 해가 접평면보다 위에 있으면 낮이고 접평면보다 아래 있으면 밤이 된다. 따라서 해가 접평면 위에 있을 때 일출·일몰이 일어나므로 관찰자의 위치에서 접평면의 방정식을 구하는 것이 문제의 핵심이 된다. 따라서 이야기를 더 진행하기 전에 어떤 주어진 벡터가 있을 때, 그 벡터에 수직인 평면의 방정식을 구하는 방법을 알아보자.

공간에서 한 점을 지나 주어진 벡터에 수직인 평면은 단 하나뿐이다. 이 성질을 이용하여 공간에 있는 평면의 방정식을 구할 수 있다.
한 점 $A(x_0, y_0, z_0)$를 지나 벡터 $\vec{n} = (a, b, c)$에 수직인 평면을 p라고 하고 p 위의 임의의 점을 $P(x, y, z)$이라고 하자.
평면 p와 벡터 $\vec{n}$은 수직이므로 $\overrightarrow{AP} \cdot \vec{n} = 0$이다.

벡터 $\overrightarrow{AP} = (x - x_0,\ y - y_0,\ z - z_0)$를 대입하면

$$\begin{aligned}\overrightarrow{AP} \cdot \vec{n} &= (x - x_0,\ y - y_0,\ z - z_0) \cdot (a, b, c) \\ &= (x - x_0)a + (y - y_0)b + (z - z_0)c\end{aligned}$$

따라서 구하는 평면의 방정식은 $a(x - x_0) + b(y - y_0) + c(z - z_0) = 0$이다.

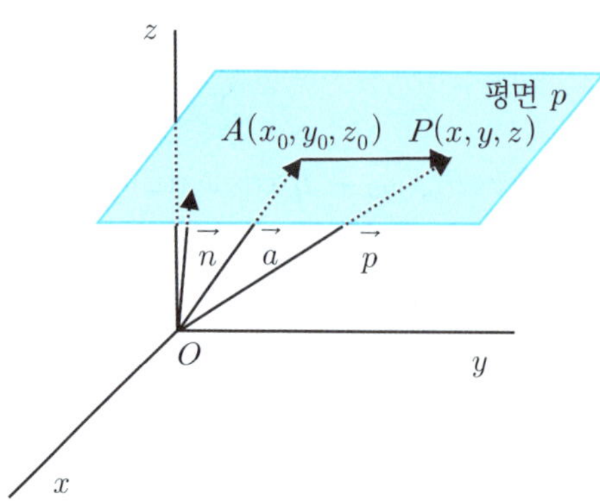

다시 원래의 문제 상황으로 돌아가자.

벡터 $(x_0,\ y_0,\ z_0)$는 관찰자의 위치를 나타내는 벡터로 설정하였으나 이것은 관찰자의 위치에서 지구 표면에 접하는 평면(접평면)에 수직인 법선 벡터로 생각할 수도 있다. 따라서 관찰자의 위치에서의 접평면의 방정식은

$$x_0(x-x_0)+y_0(y-y_0)+z_0(z-z_0)=0$$

이다.

3. 일출 · 일몰 때의 해의 위치

해가 접평면 위에 있을 때 일출 · 일몰이 일어나므로 해의 위치를 나타내는 $(x_s,\ y_s,\ z_s)$를 위의 식에 대입하면 여기서 얻어지는 시간이 일출 · 일몰의 시간이 된다. 즉, 일출 · 일몰의 시간을 구하는 것은

$$x_0(x_s-x_0)+y_0(y_s-y_0)+z_0(z_s-z_0)=0$$

를 만족하는 t를 구하는 문제이다.

4. 시간 구하기

$(x_0,\ y_0,\ z_0)$는 지구 표면 위의 점이므로 $x_0^2+y_0^2+z_0^2=R^2$이다. 따라서 위 식을 정리하면

$$x_0x_s+y_0y_s+z_0z_s=R^2$$

이다. 여기에 앞의 관찰자의 위치에서 구한 $x_0,\ y_0,\ z_0$을 각각 대입하면

$$x_s\ R\cos\phi\ \cos\left(\theta_p+\frac{2\pi}{1440}t\right)+y_sR\cos\phi\sin\left(\theta_p+\frac{2\pi}{1440}t\right)$$
$$+z_sR\sin\phi=R^2$$

사인, 코사인의 합 공식 $\sin(A+B)=\sin A\cos B+\cos A\sin B$, $\cos(A+B)=\cos A\cos B-\sin A\sin B$를 적용하면

$$x_s\ \cos\phi\ \cos(\theta_p)\cos\left(\frac{2\pi}{1440}t\right)-\sin(\theta_p)\sin\left(\frac{2\pi}{1440}t\right)$$
$$+y_s\cos\phi\sin(\theta_p)\cos\left(\frac{2\pi}{1440}t\right)+\cos(\theta_p)\sin\left(\frac{2\pi}{1440}t\right)$$

$$+ z_s \sin\phi = R$$

이제 $\cos\theta_p = \dfrac{x_s}{r_p}$, $\sin\theta_p = \dfrac{y_s}{r_p}$ 를 대입하면

$$x_s \cos\phi \ \frac{x_s}{r_p} \cos\left(\frac{2\pi}{1440}t\right) - \frac{y_s}{r_p} \sin\left(\frac{2\pi}{1440}t\right)$$
$$+ y_s \cos\phi \ \frac{y_s}{r_p} \cos\left(\frac{2\pi}{1440}t\right) + \frac{x_s}{r_p} \sin\left(\frac{2\pi}{1440}t\right) + z_s \sin\phi = R$$

그런데 $x_p^2 + y_p^2 = r_p^2$ 이므로

$$r_p \ \cos\phi \cos\left(\frac{2\pi}{1440}t\right) = R - z_s \sin\phi$$

이다. 이 식에서 t를 구하면

$$t = \frac{1440}{2\pi} \cos^{-1}\left(\frac{R - z_s \ \sin\phi}{r_p \cos\phi}\right)$$

이다.

위의 식으로 서울에서 6월 10일(161번째날)의 낮의 길이를 구하여보자.
문제의 조건에서

$$\phi = 37.5^\circ = 0.654$$
$$N = 161$$
$$\theta = \frac{2\pi}{365.25}(161 - 80) = 1.393$$
$$z_s = r\sin\theta \ \sin 0.410 = 58598041$$
$$r_p = \sqrt{r^2 - z_s^2} = 137643856$$

이므로

$$t = \frac{1440}{2\pi} \cos^{-1}\left(\frac{6378 - 58598041 \times \sin 0.654}{137643856 \times \cos 0.654}\right)$$
$$= 436.25 \ (\text{분})$$
$$= 7.27 \ (\text{시간})$$

이다.

t =7.27시간 = 7시간 16분이므로 정오를 기준으로 7시간 16분 이전인 오전 4

시 34분에 일출, 정오를 기준으로 7시간 16분 이후인 오후 7시 16분에 일몰이 있었다. 따라서 서울의 6월 10일의 낮의 길이는 14시간 32분이다.

1 위의 식을 이용하여 서울에서 3월 14일의 낮의 길이를 구하여라.

낮의 길이

❶ 내적을 이용하여 구하기

1 $\cos\theta = \tan\eta \tan\phi$

2 $\theta_1 = \cos^{-1}(\tan\eta\ \tan\phi)$, $\theta_2 = 360^\circ - \theta_1$

3 $\dfrac{24}{360^\circ}(\theta_2 - \theta_1)$

4 하지 : $\cos\theta_1 = \tan(23.5^\circ)\tan(37.5^\circ) \approx 0.333$

$$\theta_1 \approx \cos^{-1}0.33 \approx 70.549^\circ,\ \theta_2 = 360^\circ - 70.549^\circ = 289.451^\circ$$

$$D = \frac{24}{360^\circ}(\theta_2 - \theta_1) = 14.593 = 14\text{시간 } 36\text{분}$$

일출 때의 $\theta = 70.549^\circ$ 이고 지구는 하루에 360° 자전한다. 앞에서 $\theta = 0^\circ$ 일 때를 자정으로 정하였으므로 일출 시간은 $\dfrac{24\times 70.549^\circ}{360^\circ} = 4.7$로 환산하면 오전 4시 12분이고 일몰 시간은 $\dfrac{24\times 289.451^\circ}{360^\circ} = 19.297$로 환산하면 오후 7시 18분이다.

동지 : 낮의 길이 9시간 23분, 일출시간 오전 7시 18분, 일몰 시간 오후 4시 41분

5 낮의 길이 12시간, 일출시간 오전 6시, 일몰 시간 오후 6시
춘분 또는 추분일 때는 $\tan\eta = 0$이므로 사실상 위도에 관계없이 위의 식이 성립하여 위도가 90도인 극지방을 제외한 모든 지역에서 하루의 길이는 12시간이 된다.

6 3월 14일 : 11시간 40분, 6월 10일 : 14시간 32분

7 $\tan 23.5^\circ\ \tan\phi > 1$, $\tan\phi > \dfrac{1}{\tan 23.5^\circ} \approx 2.2998$, $\phi > 66.46^\circ$

❷ 접평면을 이용하여 구하기

1 11시간 44분

찾아보기

ㅁ

ㅂ

ㅅ

ㅇ

ㅈ

ㅊ

ㅋ